泛函分析及其应用

张世清　编著

科学出版社
北京

内 容 简 介

泛函分析是现代数学的一个重要分支，它不但具有高度的抽象性，而且具有高度的统一性和广泛的应用性. 本书试图将抽象的泛函分析与一些具体的物理问题联系起来，内容涉及经典变分中的几个著名例子，线性泛函分析中一些基本定理，广义函数和 Sobolev 空间，泛函极值的一阶和二阶必要条件及充分条件，Ekeland变分原理及其推广和应用，Pontryagin最大值原理及其应用，共轭凸函数理论及其应用，极小极大原理尤其是山路引理及其应用，具有Newton势的$N(\geqslant 2)$体问题的周期解，以及几个经典的不动点定理.

本书可作为数学、物理、力学、航天、自动控制以及经济数学等专业的高年级本科生及研究生的教材或教学参考书，也可供相关专业的教师和科研人员阅读和参考.

图书在版编目(CIP)数据

泛函分析及其应用/张世清编著. —北京：科学出版社，2018. 5
ISBN 978-7-03-057281-3

Ⅰ. ①泛… Ⅱ. ①张… Ⅲ. ①泛函分析 Ⅳ. ①O177

中国版本图书馆 CIP 数据核字 (2018) 第 078294 号

责任编辑：王丽平／责任校对：彭珍珍
责任印制：吴兆东／封面设计：黄华斌

科学出版社 出版
北京东黄城根北街 16 号
邮政编码：100717
http://www.sciencep.com
北京厚诚则铭印刷科技有限公司 印刷
科学出版社发行 各地新华书店经销
*
2018 年 5 月第 一 版 开本：720 × 1000 B5
2023 年 6 月第十六次印刷 印张：22 3/4
字数：420 000
定价：88.00 元
(如有印装质量问题，我社负责调换)

修 改 说 明

本次修改增加了附录 7 和附录 8, 附录 7 涉及我的导师史树中先生于二十世纪八十年代中用 Ekeland 变分原理巧妙证明张恭庆先生关于局部 Lipschitz 泛函的山路引理及一般的 minimax 定理的经典论文, 此时我们更加深切怀念史先生, 他深厚的数学功底, 独特的思想和创造性, 宽广的知识面以及清晰的表达, 永远是我们后辈学习的榜样.

附录 8 涉及作者早年在南开数学所做学生时, 研究凸 Hamilton 系统极小周期解的 Rabinowitz 猜测的一个工作, 1991 年由史先生推荐在《东北数学》发表了一个 (3 页纸的) 摘要, 然后于 1996 年在《重庆大学学报》发表了较详细的证明. 至今很多人不知道, 但最近有专家认为这是一个重要工作, 且还有很多人没认识到 Ekeland-Hofer 发表在顶尖数学刊物《Inventiones Mathematicae》上的论文有漏洞, 且后来还有多人重复错误. 因此有必要在此说明.

本次修改得到 "四川大学研究生培养教育创新改革项目资助", 特此致谢!

2023 年 2 月 1 日

于四川大学

前 言

泛函分析主要是综合利用代数、几何、拓扑与分析的思想和方法, 研究各种无限维空间以及无限维空间上的泛函和算子.

历史上曾有一些数学家认为泛函分析属于软分析, 解决不了硬问题, 而很多普通人认为泛函分析太抽象没什么用处. 其实不然, 泛函是函数的自然推广, 有了微积分就自然有了泛函, 就有了经典的变分. 只不过, 在十七世纪它的抽象的严密的理论框架还没有建立起来. 近三百年来, 经过许多大师的共同努力, 泛函分析已长成了参天大树, 根深叶茂. 它不仅理论上已经相当丰富, 而且应用上也解决了很多重要问题. 国内外已有许多有关泛函分析及其应用的优秀教材和专著, 但就教材而言, 大多较抽象, 应用的例子较少; 就专著而言, 各有侧重点且大多数太专业, 起点太高. 鉴于此, 作者试图写一本面向国内数学、物理、力学、天文及部分工科高年级本科生及研究生的比较易读的教材.

本书尝试将线性泛函分析与非线性泛函分析结合, 尤其强调将抽象的泛函分析中的部分重要定理与一些具体的来自物理、几何中的经典变分问题结合起来, 试图使读者既能体会到泛函分析的高度抽象性和统一性, 又能体会到它应用的广泛性, 尤其是通过变分最小即物理中的最小作用原理, 可以领悟到泛函分析与大自然的和谐统一.

本书深受关肇直、夏道行、张恭庆、龙以明等院士、教授的有关教材和专著的影响, 也深受苏联 Gelfand 院士、法国 Brezis 院士、比利时 Mawhin 院士及德国 Zeidler 教授等的教材和专著的影响. 张恭庆院士和龙以明院士还对本书提出了一些重要的修改意见, 在此对他们表示衷心感谢.

由于泛函分析及其应用涉及的内容广泛, 作为教材或教学参考书, 本书仅选取部分内容, 还有许多重要的理论及其应用, 如拓扑度理论、Lusternik-Schnirelmann 理论、Morse 理论、算子谱理论、Hamilton 系统指标理论及其各种应用等均未能论及, 且由于作者学识有限, 书中难免有疏漏之处, 恳请读者批评指正. 作者联系邮箱为 zhangshiqing@scu.edu.cn.

2017 年 11 月 8 日

于四川大学

目　　录

第 1 章　变分法的几个经典例子

变分法 (Calculus of Variations, Variational Calculus 或 Variational Methods) 是十七世纪末开始正式发展起来的数学分析的一个分支, 研究的是求解泛函极值的方法, 但是它的起源可以追溯到公元前古希腊数学家研究过的等周问题.

1.1 节通过几个经典的变分问题的例子来说明泛函和变分的概念. 这些来自几何与物理的经典例子直接或间接刺激了直接变分方法、抽象泛函分析以及大范围分析等许多理论的建立及各种应用[1−128].

1.1　等周问题与捷线问题等经典极值问题

例 1.1.1　等周问题 (Isoperimetric Problem). 在平面上给定长度为 L 的所有光滑不打结的简单闭曲线中, 求出一条能围成最大面积的曲线.

等周问题又称为 Dido 问题 [57], 它可以追溯到古希腊以前的时代. 有一个故事说: 古代腓尼基的提尔城 (也称为推罗国) 的公主狄多 (Dido) 被迫离开自己的家园定居在北非的地中海沿岸. 在那里她指望得到一块土地, 并同意付给一笔固定的金额来换取用一张公牛皮能围起来的土地. 精明的狄多把公牛皮切成非常细的条, 把条与条的端点结起来, 再去围出一个面积 (一片土地), 其周长正好等于这些细牛皮条的总长. 而且她选的土地都是靠海的, 所以沿海岸不用牛皮条. 根据传奇所说, 狄多决定牛皮的总长应围成一个半圆 —— 围出最大面积的正确形状:

图 1.1.1　半圆

据说生活在公元前 200 年到 100 年之间的亚历山大里亚城的 Zenodorus 写过一本关于等周形的书, 他就认为这条曲线是一个圆周. 但严格的存在性证明直到十九世纪七十年代才由德国大数学家 Weierstrass(1815—1897) 首先给出.

图 1.1.2　圆周围的面积最大

变分问题的数学描述：

设闭曲线的参数方程为

$$x = x(t), \quad y = y(t) \quad (t_0 \leqslant t \leqslant t_1); \tag{1.1.1}$$

其中函数 $x(t), y(t)$ 连续可微, 且 $x(t_0) = x(t_1), y(t_0) = y(t_1)$. 再设闭曲线 C 的长度是 L, 即

$$L = \int_{t_0}^{t_1} \sqrt{x'^2(t) + y'^2(t)}dt. \tag{1.1.2}$$

不打结的简单闭曲线 C 围的区域 Ω 的面积为

$$S = \iint\limits_{\Omega} dxdy = \frac{1}{2}\int_{t_0}^{t_1} \left(x\frac{dy}{dt} - y\frac{dx}{dt}\right) dt = \int_C xdy = -\int_C ydx. \tag{1.1.3}$$

从而等周问题可描述为在满足 (1.1.2) 的所有曲线 (1.1.1) 中, 求使得 (1.1.3) 取最大值的曲线.

注意, 上面的 L 和 S 的值都依赖于曲线的选取, 它们实际上是函数的函数, 是所谓的“泛函”.

注意上述问题也等价于在平面区域 Ω 的面积 S 一定的条件下, 求边界 $\partial\Omega$ 长度 L 最短的曲线.

有关等周问题的高维推广及其应用是经典变分方法及微分几何中的重要研究课题 (R.Osserman, The isoperimetric inequalities, BAMS 84(1978), 1182–1238).

例 1.1.2　最速降线或捷线问题 (Brachistochrone Curve or Curve of Fastest Descent Problem). 历史上, 这是对变分方法影响最大的一个经典例子, 也是变分法发展的一个标志.1630 年, 意大利著名科学家 G.Galilei(1564~1642) 提出分析力学中的一个基本问题:“一个质点在重力作用下, 从一个给定点到不在它垂直下方的另一点, 假若不计摩擦力, 问沿什么曲线滚下所用的时间最少”, 伽俐略猜想这曲线是圆弧, 后来发现是错误的.1696 年, Johann Bernoulli (1667–1748) 再次提出这个问题并写信向他哥哥 Jakob Bernoulli (1654–1705) 等人征求答案. 问题的提法是：设 A 和 B 是铅直平面上不在同一铅直线上的两点, 在所有连接 A 和 B 的平面曲线中, 求出一条曲线, 使仅受重力作用且初速度为 v_0 的质点从 A 点到 B 点沿这条曲线运动时所需时间最少 (图 1.1.3).

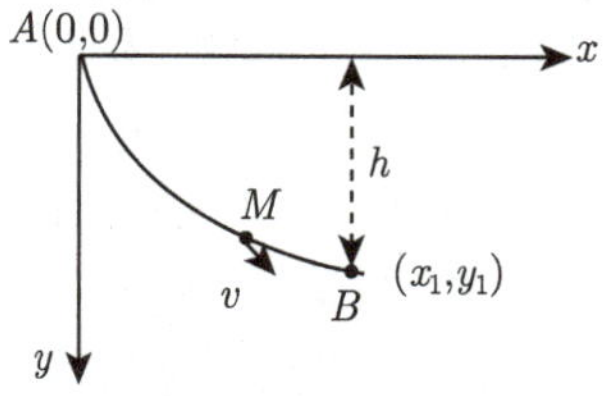

图 1.1.3 最速降线

捷线问题的数学描述：取 A 为平面直角坐标系的原点, x 轴置于水平位置, y 轴正面朝下. 设 B 点的重力势能为 0. 显然, 最速降线应在这个平面内. A 点坐标为 $(0,0)$, 设 B 点坐标为 $(x_1,y_1)=(x_1,h)$. 取连接 A 和 B 的曲线方程为

$$y=y(x) \quad (0\leqslant x\leqslant x_1). \tag{1.1.4}$$

它在区间 $[0,x_1]$ 的两个端点满足条件

$$y(0)=0, \quad y(x_1)=y_1. \tag{1.1.5}$$

设 $M(x,y)$ 为曲线 $y=y(x)$ 上的任意一点, 则由能量守恒定律可得如下关系：

$$mgh+\frac{1}{2}mv_0^2=mg(h-y)+\frac{1}{2}mv^2. \tag{1.1.6}$$

在上式中, g 为重力加速度, 故有

$$v=\sqrt{v_0^2+2gy}. \tag{1.1.7}$$

设 $y=y(x)$ 为质点的运动曲线方程, 质点沿着该曲线从 A 点运动到 B 点. 质点的运动速度可表示为

$$v=\frac{ds}{dt}=\sqrt{1+y'^2}\frac{dx}{dt}. \tag{1.1.8}$$

由式 (1.1.7) 和 (1.1.8) 消去 v 并积分, 得质点沿曲线从点 A 滑行到点 B 所需总时间“泛函”为

$$T=\int_0^{x_1}\frac{\sqrt{1+y'^2}}{\sqrt{v_0^2+2gy}}dx^{①}. \tag{1.1.9}$$

捷线问题可描述为在满足条件 (1.1.5) 的所有函数 (1.1.4) 中, 求使积分式 (1.1.9) 最小的函数. 这个问题当年就由 Bernoulli 兄弟及 Newton、Leibniz 和 L'Hôpital 用不同的方法独立解决, 同时发表在次年 1697 年的《教师学报》上, 十分惊讶的是解曲线为连结两个给定点 A 和 B 的唯一的一段凹的旋轮线 (又名圆滚线、摆线、等时曲线, 这类曲线最早出现在 1501 年 C. 鲍威尔的书中, 后来在十七世纪, 许多著名

① dx 等有时也省去.

的科学家研究它的性质). 但这类问题的一般解法直到十八世纪三十年代才由瑞士数学家 L.Euler(1707–1783) 和法国数学家 J.L.Lagrange(1736–1813) 所创立.

例 1.1.3 (力学中的最小作用原理)　早在公元一世纪, 古希腊亚历山大的科学家 Heron 就发现了几何光学中的“反射定律”; 光线经镜面反射所走的实际路径是所有可能的路径中最短的, 这也等价于“入射角等于反射角”.

1662 年, 法国著名数学家 P.de Fermat(1601–1665) 提出光线传播的实际路径是花费时间最短的路径. 由 Fermat 的最小作用原理可以推出荷兰数学家 W.Snell (1580–1626) 于 1621 年发现的关于光的折射定律.1774 年, 法国哲学家 P.L.M.de Maupertuis(1698-1759) 发表了所谓最小作用量原理, 他指出“对于所有自然现象, 作用量趋向于最小值”, 他定义作用量为物体的质量与移动距离及移动速度的乘积, 他的原理曾引起很大争议, 直到 Euler 和 Lagrange 才把经典力学的最小作用原理弄清楚.

力学系统的基本规律可由变分原理来表述. 力学系统在这里指一个质点组, 例如有 N 个质点, 第 i 个质点的质量为 m_i, 位置为 $q_i = (x_i(t), y_i(t), z_i(t))$, 速度为 $\dot{q}_i = (\dot{x}_i(t), \dot{y}_i(t), \dot{z}_i(t))$. 在任意一个给定时刻, 这 N 个质点的位置可以用 R^{3N} 中的一个点 $(x_1, y_1, z_1; \cdots; x_N, y_N, z_N)$ 来表示. 设一力学体系的状态函数为 $L(q_1, \cdots, q_N; \dot{q}_1, \cdots, \dot{q}_N; t) \triangleq L(q, \dot{q}, t)$, 而系统的运动满足下面的条件:

假设在 $t = t_1$ 和 $t = t_2$ 时刻, 系统有两个确定的位置, 这两个位置分别由两组坐标值 $q^{(1)}$ 和 $q^{(2)}$ 决定. 物理学家认为, 自然界最“节省”, 系统选择的实际真实运动是在连接 $q^{(1)}$ 和 $q^{(2)}$ 的所有曲线中, 使积分

$$f(q) = \frac{1}{t_2 - t_1} \int_{t_1}^{t_2} L(q(t), \dot{q}(t), t) dt \tag{1.1.10}$$

最小的运动. 函数 L 叫做该系统的 Lagrange 函数 (Lagrangian Function), 而积分 (1.1.10) 则叫做平均作用量 (Average Action), 又叫做 Lagrange 作用量. 实际上, 它是一个泛函, 因为它的值依赖于轨道的选取, 可以看成函数的函数.

由此可见, 求解一力学系统的运动问题, 归结为 $f(q)$ 在边值条件 $q|_{t=t_i} = q^{(i)}$, $i = 1, 2$ 下的极值问题.

特别地, 对经典的 Newton 多体问题, $L = K - V$, 这里 $K = \sum\limits_{i=1}^{N} \frac{1}{2} m_i |\dot{q}_i|^2$ 是系统的动能; $V = -\sum\limits_{1 \leqslant i < j \leqslant N} \frac{G m_i m_j}{|q_i - q_j|}$ 是系统的势能 (G 是万有引力常量).

日–地–月系统是最经典的 3 体问题, 或更一般地, 对太阳系中的行星及其卫星组成的 N 体系统, 它们的周期运动及其稳定性问题是我们最关心的重大问题.

例 1.1.4　测地线 (Geodesic Curve) 问题. 现在考虑最简单的经典问题: 在曲面 S 上给定两点 A 和 B, 如何在 S 上寻找连接 A 和 B 的最短曲线?

若曲面 S 为平面, 则由平面几何性质可知在平面上连接 A 和 B 的所有曲线中

以直线段 $\overline{AB}$ 最短.

若曲面 S 为球面, 给定 S 上任何两点 A, B, 则过 A、B 及球心的平面与球面交线的劣弧即为测地线.

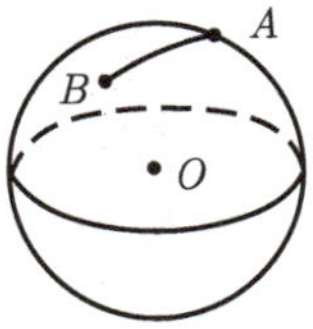

图 1.1.4 球面上测地线

若曲面由 $\varphi(x,y,z)=0$ 所给定, 在其满足 $\varphi(x,y,z)=0$ 的函数 $y(x), z(x)$ 中, 选取一组变量函数, 极小化"泛函":

$$L=\int_{x_0}^{x_1}(1+y'^2+z'^2)^{\frac{1}{2}}dx, \tag{1.1.11}$$

其中

$$y=y(x), \quad z=z(x) \quad (x_0 \leqslant x \leqslant x_1) \tag{1.1.12}$$

为连续可微函数, 且满足约束条件

$$\varphi(x,y,z)=0. \tag{1.1.13}$$

此测地线问题可归结为在满足约束条件 (1.1.13) 下, 寻求过 A 和 B 两点的函数 (1.1.12), 使得泛函 (1.1.11) 取得最小值.

Hilbert 曾将上述问题推广到 Riemann 流形情形. 历史上还有许多杰出的数学家如 Jacobi, Hadamard, Cartan, Poincaré, Birkhoff, Morse, Ljusternik, Šnirel'man, Bott, Klingenberg 等研究过闭测地线问题, 可见 Klingenberg 的专著 Lectures on closed geodesics, Springer, Berlin, 1978.

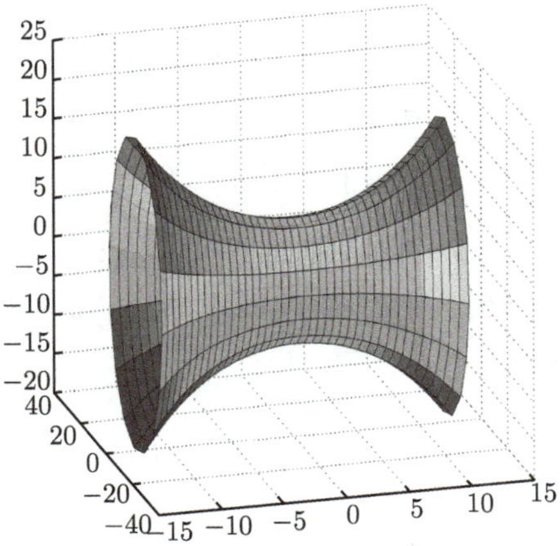

图 1.1.5

例 1.1.5　极小曲面问题 (Plateau 问题, 1873).　早在 1744 年 Euler 出版的名著《寻找具有某种极大或极小性质的曲线的技巧》中, 他就证明了平面上连结二个给定点的曲线 $y = f(x)$ 绕 x 轴旋转的所有曲面中, 悬链面的面积最小 (见图 1.1.5).

1760 年, Lagrange 第一次写出了 R^3 中函数 $z = f(x, y)$ 在固定边值条件下图像面积最小时必须满足的非线性二阶偏微分方程:

$$(1 + f_y^2)f_{xx} - 2f_xf_yf_{xy} + (1 + f_x^2)f_{yy} = 0. \tag{1.1.14}$$

直到 1915 年, 乌克兰年青数学家 S. Bernstein(1880–1968) 才证明上述方程在全平面上的解只有一次多项式 $f(x, y) = ax + by + c$, 这是关于非线性偏微分方程的一个十分深刻的整体性结果, 也称为极小曲面的 Bernstein 定理.

1873 年, 比利时物理学家 J. Plateau(1801~1883) 在著名的 Plateau 实验中, 把围成各种拓扑结构的空间封闭金属细丝放入肥皂水中, 然后取出来, 由于表面张力的作用, 在它上面就蒙有表面积最小的薄膜, 即所谓极小曲面, 著名数学家 R. Courant(1888~1972) 在二十世纪四十年代还提供过肥皂水的理想配方, 他也做过许多实验. (见: R. 柯朗等著, 左平等译,《什么是数学》(中文版第四版), 复旦大学出版社, 2018 年)

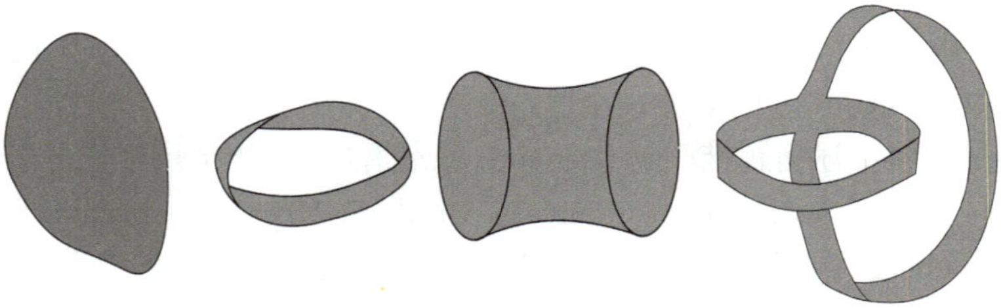

图 1.1.6

极小曲面问题即是在空间中以给定的曲线为边界而张成的所有曲面中, 求面积最小的曲面. 设 $\Gamma \subset R^3$ 是一条给定的不打结的 Jordan 简单闭曲线. 令

$$D = \{(u, v) \in R^2 | u^2 + v^2 \leqslant 1\}. \tag{1.1.15}$$

考虑张在 Γ 上的圆盘型曲面类，即映射类 $X_\Gamma = \{\psi : D \to R^3, \psi$ 是分片 C^1 映射，且 $\psi|_{\partial D}$ 是 Γ 的单调参数化$\}$, 这里单调参数化是指 $\forall p \in \Gamma, \psi^{-1}(p)$ 是 ∂D 的连通子集. 在 X_Γ 上定义“泛函”:

$$A(\psi) = \int_D |\psi_u \wedge \psi_v| dudv, \tag{1.1.16}$$

这里

$$|\psi_u \wedge \psi_v| = \sqrt{|\psi_u|^2|\psi_v|^2 - |\psi_u \cdot \psi_v|^2}. \tag{1.1.17}$$

Plateau 问题即是求 $\varphi \in X_\Gamma$ 使

$$A(\varphi) = \inf_{\psi \in X_\Gamma} A(\psi). \tag{1.1.18}$$

平面是仅有的极小可展曲面, 除平面外, 旋转极小曲面都是悬链面, 直纹极小曲面都是正螺面.

“极小曲面的存在性问题”在二十世纪三十年代初由美国数学家 J. Douglas(1897–1965), 匈裔美国数学家 T. Radó (1895–1965) 首先取得突破, Douglas 因此于 1936 年获得首届 Fields 奖. 但直到 1970 年才由美国微分几何学家 R. Osserman 证明 Douglas 的解是没有奇点的“正则”极小曲面. 极小曲面的重要综述文献见 R. Osserman, A survey of minimal surfaces, New York: Dover Pub., Inc., 1986. 直到现在还有许多数学家关注这一重要课题.

例 1.1.6 (Dirichlet 原理) 求 Laplace 方程的 Dirichlet 边值问题, 即设 $\Omega \subset R^n$ 是有界开集, $\varphi(x) : \partial\Omega \to R$ 是给定的位势函数, 求 $u(x) : \overline{\Omega} \to R$ 使

$$\begin{cases} \Delta u = 0, x \in \Omega, \\ u|_{\partial\Omega} = \varphi(x). \end{cases} \tag{1.1.19}$$

我们知道, 上述问题仅对 Ω 是很特殊的对称区域时, 可用 Green 函数法写出解的解析表达式; 一个自然的问题是对一般的有界开区域 Ω, 上述边值问题的解是否存在? 这个问题可转化为极小化“泛函”:

$$D(u) = \frac{1}{2}\int_\Omega |\nabla u|^2 dx, \quad u \in \{\text{适当函数空间}\}. \tag{1.1.20}$$

上述 “泛函” 积分 (作用量) 有多个起源, 最早起源于 Green(1793–1841) 于 1833 年研究椭球体引力势的论文, 另外一个起源是十九世纪中叶 Dirichlet(1805–1859) 在柏林大学的讲稿及 Gauss(1777–1855) 于 1839 年在哥廷根的著作, Dirichlet 积分 $\frac{1}{2}\int_\Omega |\nabla u|^2 dx$ 对应于表面电荷位势 $\varphi(x)$ 在 Ω 内部产生的场的总势能, 当时物理学家相信 Ω 内部的位势分布函数应对应于总势能最少的分布, 即满足 Laplace 方程 $\Delta u = 0$. Riemann(1826–1866) 于 1847–1849 年在柏林大学访问听过 Dirichlet 的演讲, 并于 1851 年在博士论文中应用它证明复变函数几何理论中最重要的黎曼映射定理, 1857 年 Rieman 在一篇研究复解析函数的论文中正式称这个源于通过导体表面电荷位势分布决定导体内部位势的最小作用原理及其推广为 Dirichlet 原理.

但在当时, $D(u)$ 定义于什么合适的空间是不清楚的. 实际上, 当时认为自然地, $u \in M = \{u \in C^1(\bar{\Omega}) \cap C^2(\Omega), u|_{\partial\Omega} = \varphi(x)\}$ 且因 $D(u) \geqslant 0$, 故 D 在 M 上取到最小值. 事实上, 这是不严格的. 1870 年, 德国分析大师 Weierstrass(1815–1897) 就举出了一个反例. 虽然 D 在 M 上有下界, 故下确界存在, 但下确界不一定能达到. 事实上, 用现代泛函分析观点看, $C^1(\bar{\Omega})$ 不是自反 Banach 空间, 因此 M 不是自反

Banach 空间中的弱闭子集, 事实上这需要将 $C^1(\bar{\Omega})$ 扩充成一个特殊的自反 Banach 空间即所谓 Sobolev 空间, 且在扩充后的 Sobolev 空间上, $D(u)$ 还有某种强制性 (紧性). 后面我们将看到 Sobolev 空间是联系抽象的泛函分析与具体的微分方程的桥梁.

在 Dirichlet 原理的严格化过程中, 德国哥廷根的数学大师 D. Hilbert(1862 ~1943) 也曾做出过重大贡献. 他在 1900 年的巴黎国际数学家大会提出的 23 个著名数学问题中有 3 个涉及包括 Dirichlet 原理在内的变分问题. 有关 Dirichlet 原理的研究参见 Hilbert 的学生 R. Courant 的著作：Dirichlet's principle, conformal mapping and minimal surfaces. Interscience, New York, 1950. 有关变分方法的 Hilbert 第 19, 第 20 及第 23 问题的历史及进展见美国偏微分方程大师 Morrey C.B. (1907–1984) 的专著 [77].

1.2　定义与记号

1. 多重指标 $\alpha=(\alpha_1,\cdots,\alpha_n)$, 其中 $\alpha_1,\cdots,\alpha_n\geqslant 0$ 是整数,

$$|\alpha|=\sum_{i=1}^n\alpha_i,\quad \alpha!=\alpha_1!\cdots\alpha_n!,$$
$$x^\alpha=x_1^{\alpha_1}x_2^{\alpha_2}\cdots x_n^{\alpha_n}\quad (\forall x=(x_1,\cdots,x_n)\in R^n),$$
$$\partial^\alpha=\partial_{x_1}^{\alpha_1}\cdots\partial_{x_n}^{\alpha_n}.$$

若 $\beta\leqslant\alpha$ (指 $\beta_j\leqslant\alpha_j, j=1,\cdots,n$), 则

$$\begin{pmatrix}\alpha\\ \beta\end{pmatrix}=\frac{\alpha!}{\beta!(\alpha-\beta)!}=\begin{pmatrix}\alpha_1\\ \beta_1\end{pmatrix}\begin{pmatrix}\alpha_2\\ \beta_2\end{pmatrix}\cdots\begin{pmatrix}\alpha_n\\ \beta_n\end{pmatrix}.$$

2. 对定义在区域 Ω 上的连续函数 u, 集合 $\operatorname{supp} u=\{x\in\Omega|u(x)\neq 0\}$ 的闭包称为 u 的支集. 如果 $\operatorname{supp} u\subset\subset\Omega$, 则称 u 在 Ω 中有紧支集. 其中 $\operatorname{supp} u\subset\subset\Omega$ 表示为 $\overline{\operatorname{supp} u}$, 是 Ω 的紧子集 (有界闭集).

3. 对函数 $u(x)=u(x_1,\cdots,x_n)$, 记 $D_iu=\dfrac{\partial u}{\partial x_i}=u_{x_i}, D_{ij}u=\dfrac{\partial^2 u}{\partial x_i\partial x_j}=u_{x_ix_j}, D^\alpha u=\dfrac{\partial^\alpha u}{\partial x^\alpha}=\dfrac{\partial^{\alpha_1+\cdots+\alpha_n}u}{\partial x_1^{\alpha_1}\partial x_2^{\alpha_2}\cdots\partial x_n^{\alpha_n}}$. $Du=\nabla u=(D_1u,\cdots,D_nu)$ 为 u 的梯度, $Du\cdot Dv=D_1u\cdot D_1v+\cdots+D_nu\cdot D_nv, |Du|=(|D_1u|^2+\cdots+|D_nu|^2)^{1/2}, \Delta u=D_{11}u+\cdots+D_{nn}u=u_{x_1x_1}+\cdots+u_{x_nx_n}$, Δ 称为 n 维 Laplace 算子.

4. 设 m 为非负整数, 我们常用到下面一些由连续函数组成的集合 (也叫函数空间):

$$C^m(\Omega)=\{u|D^\alpha u\text{在}\Omega\text{内连续},\forall|\alpha|\leqslant m\},$$

$$C^\infty(\Omega)=\bigcap_{m=0}^{\infty}C^m(\Omega)=\{u|D^\alpha u\text{在}\Omega\text{内连续},\forall 0\leqslant\alpha<+\infty\},$$

$$C_0^m(\Omega)=\{u\in C^m(\Omega)|u\text{在}\Omega\text{中有紧支集}\},$$

$$C_0^\infty(\Omega)=\{u\in C^\infty(\Omega)|u\text{在}\Omega\text{中有紧支集}\},$$

$$C^m(\bar{\Omega})=\{u|D^\alpha u\text{在}\overline{\Omega}\text{上连续},\forall|\alpha|\leqslant m\}.$$

以后如果没有特别说明, 都假定 Ω 是 R^n 中任意开区域, 并简记 $C(\Omega)=C^0(\Omega)$, $C_0(\Omega)=C_0^0(\Omega), C(\bar{\Omega})=C^0(\bar{\Omega})$.

5. $C_c^m(R^n)=C_0^m(R^n)=\{f\in C^m(R^n)|\exists$ 紧集 $K\subset R^n$ 使得 $\forall x\in R^n\setminus K, f(x)=0\}$, $0\leqslant m\leqslant+\infty$.

6. $L^p(\Omega)=\left\{f(x)\text{在}\Omega\text{上 Lebesgue 可测}\left|\int_\Omega|f(x)|^p dx<+\infty\right.\right\}$.

7. $W^{k,p}(\Omega)=\{u|u\in L^p(\Omega), D^\alpha u\in L^p(\Omega),\quad |\alpha|\leqslant k\}$.

8. $W_0^{k,p}(\Omega)=\{u\in W^{k,p}(\Omega), u|_{\partial\Omega}=0\}$.

习　题

1. 请阅读 M.Kline《古今数学思想》中有关“变分方法”的历史的章节.

2. 对“等周问题”试给出一个解答.

3. 请阅读 J. Dieudonne《泛函分析史》, North-Holland-Pubishing Company, 1983 (中译本, 曲安京等译, 高等教育出版社, 2016 年)

第 2 章　Banach 空间与 Hilbert 空间简介

S. Banach(1892 ~1945) 和 D. Hilbert(1862 ~1943) 是二位对线性泛函分析做出了最大贡献的数学家, 其中有许多基本定义和定理是以他们的名字命名的.

本章仅对线性泛函分析中的 Banach 空间及 Hilbert 空间中的少数几个重要定义、定理做了简要介绍, 更多定义、定理及证明细节请查阅相关书籍 [10], [16], [29], [49], [50], [53], [59], [92], [110], [112], [115], [118]. 本章涉及到的实分析基础也可参考附录 1 和 2.

2.1　Banach 空间及其一些基本概念

1920 年, Banach 在他的老师之一 Steinhaus H. (1887–1972, Hilbert 的学生) 的指导下提交了博士学位论文, 论文中包含了赋范线性空间的公理化定义:

定义 2.1.1　设 X 是数域 K 上的一个线性空间, 若 $X \to R$ 的映射 $x \to \|x\|$ 满足:

(i) (非负性) $\|x\| \geqslant 0, \forall x \in X; \|x\| = 0$ 当且仅当 $x = 0$;

(ii) (正齐次性) $\|ax\| = |a|\|x\|, \forall a \in K, x \in X$;

(iii) (三角不等式) $\|x + y\| \leqslant \|x\| + \|y\|, \forall x, y \in X$,

则称 $\|x\|$ 是 X 中元素 x 的范数. 对线性空间 X 赋予范数后, 称 X 为线性赋范空间.

定义 2.1.2　设 X 是一个线性赋范空间, 且 $x_n \in X, n = 1, 2, \cdots$. 如果 $m, n \to \infty$ 时, $\|x_m - x_n\| \to 0$, 则称序列 $\{x_n\}$ 为 X 中的 Cauchy 序列. 如果 $x \in X$, 且当 $n \to \infty$ 时, $\|x_n - x\| \to 0$, 则称序列 $\{x_n\}$ 在 X 中强收敛于 x.

定义 2.1.3　设 X 是一个线性赋范空间, 如果 X 中每一个 Cauchy 序列均收敛于 X 中的一个元素, 则称 X 为完备的, 完备的线性赋范空间又称为 Banach 空间.

例 2.1.1　对有界区域 $\Omega \subset R^n$, 函数空间:

$$C^m(\bar{\Omega}) = \{u | D^\alpha u \text{在} \overline{\Omega} \text{上连续}, \forall |\alpha| \leqslant m\}$$

关于范数

$$\|u\|_{C^m(\overline{\Omega})} = \max_{|\alpha| \leqslant m} \max_{x \in \overline{\Omega}} \left| D^\alpha u(x) \right| \text{或者} \sum_{|\alpha| \leqslant m} \max_{x \in \bar{\Omega}} \left| D^\alpha u(x) \right|$$

构成一个 Banach 空间.

线性空间是否完备与其上赋予的范数紧密相关, 例如, 闭区间 $[0, 1]$ 上所有连续函数的集合 $C([0, 1])$ 关于范数:

$$\|u\|_1=\int_0^1|u(x)|dx$$

构成一个线性赋范空间, 但它是不完备的 (请读者自己验证). 我们可以对不完备的线性赋范空间补充一些新元素而得到一个完备的线性赋范空间 (Banach 空间), 这是所谓空间的完备化, 这类似于, 把有理数集再并上有理 Cauchy 序列的极限集中不是有理数的那些数组成的集合 (无理数集), 而把有理数集完备化.

定义 2.1.4 包含给定线性赋范空间 X 的最小的完备度量空间称为 X 的完备化空间. 其中最小的含义是: 任何一个以 X 为子空间的 Banach 空间都以此空间为子空间.

例 2.1.2 设 $1\leqslant p<+\infty,\Omega$ 为 n 维区域, 则 $C(\overline{\Omega})$ 关于范数

$$\|u\|_{L^p(\Omega)}=\|u\|_p=\left(\int_\Omega|u(x)|^pdx\right)^{1/p}$$

的完备化是 Ω 上 p 次方可积函数空间

$$L^p(\Omega)=\left\{u:\Omega\to R\text{且 Lebesgue 可测且}\int_\Omega|u(x)|^pdx<+\infty\right\}.$$

此时, $L^p(\Omega)$ 按上述范数成为赋范线性空间.

若 $p=+\infty$, 且存在 M 使 $|f(x)|\leqslant M$, 对 a.e. $x\in\Omega$ 成立, 则称 f 是 Ω 上的本性有界可测函数, 令

$$||f||_\infty=\inf_{\substack{\mu(\Omega_0)=0\\ \Omega_0\subset\Omega}}(\sup_{\Omega\backslash\Omega_0}|f(x)|)=ess\sup_{x\in\Omega}|f(x)|$$

称它为 f 的本性最大模.

匈牙利数学家 F.Riesz (1880–1956) 与奥地利数学家 E.S.Fischer(1875–1954) 于 1907 年证明了 $L^2(\Omega)$ 与 l^2 等距同构, F.Riesz 于 1910 年定义了空间 $L^p(\Omega)$ 并本质上证明了它的完备性, 因此以下定理也常称为 Riesz-Fischer 定理:

定理 2.1.1 对 $\forall 1\leqslant p\leqslant+\infty, L^p$ 是一个完备的赋范线性空间 (Banach 空间).

证明 (1) $p=+\infty$ 时, 设 $\{f_n\}\subset L^\infty$ 是 Cauchy 列. 则任给整数 $k\geqslant 1,\exists N_k$ 使得当 $n\geqslant N_k$ 时有

$$||f_m-f_n||_\infty\leqslant\frac{1}{k},\quad\forall m,n\geqslant N_k$$

因此存在零测集 E_k 使 $\forall m,n\geqslant N_k$ 时,

$$|f_m(x)-f_n(x)|\leqslant\frac{1}{k},\quad\forall x\in\Omega\backslash E_k,\tag{2.1.1}$$

然后我们令 $E=\cup_{k=1}^\infty E_k$, 则 E 是零测集, 且 $\forall x\in\Omega\backslash E,\{f_n(x)\}$ 是实数集 R^1 中的 Cauchy 列, 故由实数集 R^1 的完备性可知, $\forall x\in\Omega\backslash E, f_n(x)\to f(x)$. 在 (2.1.1) 中令 $m\to+\infty$, 我们有

$$|f(x)-f_n(x)|\leqslant\frac{1}{k}\quad\forall x\in\Omega\backslash E,\forall n\geqslant N_k$$

因此 $f \in L^\infty$ 且

$$||f - f_n||_\infty \leqslant \frac{1}{k}, \quad \forall n \geqslant N_k$$

因此在 L^∞ 模下, $f_n \to f$ 成立.

(2) $1 \leqslant p < +\infty$ 时, 设 $\{f_n\}$ 是 L^p 中的 Cauchy 列, 为证它本身收敛, 只需要证 $\{f_n\}$ 存在按 L^p 范数的收敛子列.

由于 $\{f_n\}$ 是 L^p 中 Cauchy 列, 故可以抽取子列 $\{f_{n_k}\} \subset L^p$ 使

$$||f_{n_{k+1}} - f_{n_k}||_p \leqslant \frac{1}{2^k}, \quad \forall k \geqslant 1$$

事实上, 先选取 n_1 使 $\forall m, n \geqslant n_1$ 有

$$||f_m - f_n||_p \leqslant \frac{1}{2}$$

然后选 $n_2 \geqslant n_1$ 使 $\forall m, n \geqslant n_2$ 有

$$||f_m - f_n||_p \leqslant \frac{1}{2^2}$$

一般地, 选 $n_k \geqslant n_{k-1}$ 使 $\forall m, n \geqslant n_k$ 有

$$||f_m - f_n||_p \leqslant \frac{1}{2^k}$$

下证 $\{f_{n_k}\}$ 在 L^p 中收敛:

下面为了简化下标记号, 我们用 f_k 代替 f_{n_k}, 以致于成立

$$||f_{k+1} - f_k||_p \leqslant \frac{1}{2^k}, \quad \forall k \geqslant 1, \tag{2.1.2}$$

令

$$g_n(x) = \sum_{k=1}^{n} |f_{k+1}(x) - f_k(x)|$$

故有

$$||g_n||_p \leqslant \sum_{k=1}^{n} ||f_{k+1} - f_k||_p \leqslant \sum_{k=1}^{n} \frac{1}{2^k} \leqslant 1$$

由 Levi 单调收敛引理, $g_n(x)$ 在 Ω 上几乎处处收敛于有限极限函数 $g(x)$ 且 $g \in L^p$.

另一方面, 对 $m \geqslant n \geqslant 2$, 我们有

$$|f_m(x) - f_n(x)| \leqslant |f_m(x) - f_{m-1}(x)| + \cdots + |f_{n+1}(x) - f_n(x)| \leqslant g(x) - g_{n-1}(x) \tag{2.1.3}$$

故对 a.e. $x \in \Omega, \{f_n(x)\}$ 是 R^1 中 Cauchy 列, 故收敛到有限极限函数, 记为 $f(x)$.

在 (2.1.3) 式两边令 $m \to +\infty$ 有

$$|f(x) - f_n(x)| \leqslant g(x) - g_{n-1}(x) \leqslant g(x), \qquad \forall n \geqslant 2$$

且 $||f||_p \leqslant ||f_n||_p + ||f - f_n||_p \leqslant ||f_n||_p + ||g||_p < +\infty$, 故 $f \in L^p(\Omega)$.

由于 $|f_n(x) - f(x)|^p \to 0, a.e.x \in \Omega$, 且 $|f_n - f|^p \leqslant g^p \in L^1(\Omega)$, 故由 Lebesgue 控制收敛定理有

$$||f_n - f||_p \to 0$$

定理 2.1.2([16]) 设 $\{f_n\} \subset L^p(\Omega), f \in L^p(\Omega), ||f_n - f||_p \to 0$, 则 $\{f_n\}$ 存在子列 $\{f_{n_k}\}$ 及 $h \in L^p(\Omega)$ 使

(i) $f_{n_k}(x) \to f(x), a.e.x \in \Omega$;

(ii) $|f_{n_k}(x)| \leqslant h(x), \forall k, a.e.x \in \Omega$.

证明 (1) 当 $p = +\infty$ 时, 结论显然.

(2) $1 \leqslant p < +\infty$.

因为 $\{f_n\}$ 满足 $||f_n - f||_p \to 0$, 故 $\{f_n\}$ 是 L^p 中的 Cauchy 列, 故类似于上面定理 2.1.1 的证明, 存在子列 $\{f_{n_k}\}$ 仍记为 $\{f_k\}$ 满足 (2.1.2) 且几乎处处收敛一个极限函数 $f^*(x) \in L^p(\Omega)$, 进一步可以类似于定理 2.1.1 的证明有

$$|f^*(x) - f_k(x)| \leqslant g(x), \qquad a.e.x \in \Omega, \forall k$$

且 $g \in L^p(\Omega)$.

由 Lebesgue 控制收敛定理我们有 $||f_k - f^*||_p \to 0$, 因而由极限的唯一性有 $f(x) = f^*(x), a.e.x \in \Omega$, 进一步有

$$|f_k(x)| \leqslant |f^*(x)| + g(x) = h(x) \in L^p.$$

定义 2.1.5 设 X 是数域 K 上的线性赋范空间, $f : X \to K$ 是线性泛函, 即 $\forall \alpha, \beta \in K, \forall x, y \in X$ 成立 $f(\alpha x + \beta y) = \alpha f(x) + \beta f(y)$.

令 $||f|| = \sup\limits_{x \neq 0} \dfrac{|f(x)|}{||x||}$. 若 f 是实线性泛函, 则由 $\|-x\| = \|x\|$ 及 $f(-x) = -f(x)$ 知

$$||f|| = \sup_{x \neq 0} \frac{f(x)}{||x||} = \sup_{x \neq 0, ||x|| \leqslant 1} \frac{f(x)}{||x||} = \sup_{||x|| \leqslant 1} |f(x)| = \sup_{||x|| \leqslant 1} f(x) = \sup_{||x|| = 1} f(x),$$

若 $||f|| < +\infty$, 则称 f 是有界 (连续) 线性泛函.

定义 2.1.6 设 X 是赋范线性空间, 则 X 上的有界线性泛函的全体称为 X 的共轭空间, 记为 X^*.

X 的二次共轭空间为 $X^{**} = (X^*)^*$. 存在典则内射 $J : X \to X^{**}$: 给定 $x \in X$, 映射 $f \mapsto \langle f, x \rangle$ 是 X^* 上的连续线性泛函, 因而它是 X^{**} 中的元素, 记为 Jx, 我们有 $\langle Jx, f \rangle = \langle f, x \rangle$. 易见, J 是线性的且保度量, 即 $||Jx||_{X^{**}} = ||x||_X$. 若 $J(X) = X^{**}$, 则称 X 自反. 常用的 Banach 空间自反的充要条件见附录 3.

注 James R. C. 在 Annals of Math 52(1950), 518–527. 举出反例说明存在 Banach 空间 B, 它与 B^{**} 等距同构且 B^{**} 可分, 但 B 不自反.

进一步在 Proc N. A. S. 37(1951); 174–177 中通过修改 B 的范数构造了与 B 同构且与 E^{**} 等距的空间 E.

$\|f\|$ 的定义中的上确界一般达不到, 但若 X 是自反 Banach 空间, 则 sup 可以达到, 见 James R. C. Annals of Math. 66(1957), 159–169, Trans. AMS 113 (1964), 129–140. James 在 Jsrael J. Math 2(1964) , 101–119 中进一步证明其逆命题也成立.

定义 2.1.7 设 X 是赋范线性空间, A 是 X 的一个子集.

(i) 如果 $\forall x\in X$, 都存在 $\{x_n\}\subset A$, 使得当 $n\to\infty$ 时, 在 X 中有 $x_n\to x$, 则称 A 为 X 的稠密子集.

(ii) 如果存在 $c>0$, 使得 $\|x\|\leqslant c,\forall x\in A$, 则称 A 为 X 中的有界集.

(iii) 如果 A 中的每一个收敛序列的极限都属于 A, 则称 A 为 X 中的闭集.

(iv) 如果 A 中的任意点列在 X 中有一个收敛子列, 则称 A 是 X 中的列紧集. 若这个子列还收敛于 A 中的点, 则称 A 是 X 中的自列紧集或紧集.

在有限维 Banach 空间中, 有界集都是列紧集, 有界闭集都是紧集. 无穷维 Banach 空间的有界集不一定是列紧集. 例如, 在$L^2([0,\pi])$中, 取$u_n(x)=\cos nx$, 有

$$\|u_n(x)\|_{L^2}^2=\int_0^\pi \cos^2 nxdx=\int_0^\pi \frac{1+\cos 2nx}{2}dx=\frac{\pi}{2},$$

因而序列 $\{u_n(x)\}$ 是 $L^2([0,\pi])$ 中的有界集, 但 $\forall m\neq n$, 有

$$\|u_m-u_n\|_{L^2}^2=\int_0^\pi |\cos mx-\cos nx|^2dx=\pi\neq 0.$$

从而 $\{u_n(x)\}$ 在 $L^2([0,\pi])$ 中没有收敛子列, 但有某种弱收敛意义下的子列.

定义 2.1.8 (1) 设 X 是赋范线性空间, $\{x_n\}\subset X$, 若 $\forall f\in X^*, f(x_n)\to f(x)$, 则称 x_n 弱收敛于 x, 记为 $x_n\rightharpoonup x$.

(2) 设 $\{f_n\}\subset X^*, f\in X^*$, 若 $\forall x\in X, f_n(x)\to f(x)$, 则称 f_n 弱 * 收敛于 f, 记为 $f_n\xrightarrow{w^*}f$.

例 2.1.3 由 Riemann-Lebesgue 定理知, 在 $L^2([0,\pi])$ 中, $u_n(x)=\cos nx\rightharpoonup 0$, $\sin nx\rightharpoonup 0$.

注 ([16]、[110]) (1) n 维线性空间中所有范数等价.

(2) n 维赋范线性空间中的强收敛, 弱收敛与弱 * 收敛均等价.

(3) 无穷维赋范线性空间中的单位球面在弱拓扑下的闭包是单位球体.

2.2 Hahn-Banach 延拓定理与凸集分离定理

定理 2.2.1 (Hahn-Banach 延拓定理) 设 E 是实数域或复数域上的赋范线性空间, $G\subset E$ 是线性子空间，则对于 G 上的任一给定的有界线性泛函 g, 必存在 E 上的有界线性泛函 f, 使得

(i) $f(x)=g(x), \forall x \in G$;

(ii) $\|f\|_{E^*}=\|g\|_{G^*}$.

实际上, 早在 1912 年, 奥地利犹太青年数学家 E.Helly(1884–1943) 就本质上证明了上述 Hahn-Banach 延拓定理, 奥地利数学家 H.Hahn(1879–1934) 于 1927 年, 波兰数学家 S.Banach 于 1932 年各自独立地给出泛函延拓定理的特殊形式和一般形式.

当 E 是实的赋范线性空间时, 有以下更一般形式的 Hahn-Banach 延拓定理.

定理 2.2.2 (Hahn-Banach)　设 E 是实数域 R 上的线性空间, 泛函 $p: E \to R$ 满足:

(i) (非负齐次性) $p(\lambda x)=\lambda p(x), \forall \lambda \geqslant 0, \forall x \in E$;

(ii) (次可加性) $p(x+y) \leqslant p(x)+p(y), \forall x, y \in E$.

设 $G \subset E$ 是线性子空间, $g: G \to R$ 是线性泛函且满足:

$$g(x) \leqslant p(x), \quad \forall x \in G.$$

则存在线性泛函 $f: E \to R$ 扩张 g, 即 $\forall x \in G, f(x)=g(x)$ 且 $\forall x \in E$ 有

$$f(x) \leqslant p(x).$$

证明　定义集合:

$$\begin{aligned} P=\{h: D(h) \subset E \to R \mid & D(h)\text{是}E\text{的线性子空间}, h\text{是线性泛函};\\ & G \subset D(h), h\text{扩张}g, \text{且}h(x) \leqslant p(x), \forall x \in D(h)\}. \end{aligned}$$

在 P 上定义序关系:

$$h_1 \leqslant h_2 \Leftrightarrow D(h_1) \subset D(h_2)\text{且}h_2\text{扩张}h_1.$$

因为 $g \in P$, 故 $P \neq \varnothing$.

下证 P 是可归纳的, 即 P 中每个全序子集 Q 都有上界, 然后再由 Zorn 引理可知, P 有极大元.

设 $Q \subset P$ 是全序子集, 记 $Q=\{h_i, i \in I\}$, 令

$$D(h)=\bigcup_{i \in I} D(h_i).$$

若存在 $i \in I$, 使 $x \in D(h_i)$, 则令 $h(x)=h_i(x)$, 易见 h 的定义有意义, 即 $h \in P$ 且 h 是 Q 的一个上界, 应用 Zorn 引理, 故有极大元 $f \in P$. 进一步须证 $D(f)=E$. 采用反证法. 设若 $D(f) \neq E$, 则 $D(f)$ 真包含在 E 中, $\exists x_0 \notin D(f)$, 定义 h 使得

(1) $D(h)=D(f)+R x_0$;

(2) $h(x+t x_0)=f(x)+t \alpha, \forall x \in D(f), \forall t \in R$,

这里 $\alpha \in R$. 适当选取 α 以使 $h \in P$, 即

(3) $f(x)+t\alpha\leqslant p(x+tx_0),\forall x\in D(f),\forall t\in R$.

如果存在这样的 α, 则因为 $\forall x\in D(f),h(x)=f(x)$, 但在 $D(f)+tx_0$ 上 h 又有定义, 所以 h 是 f 的扩张, 这与 f 是极大元矛盾.

剩下来要证明满足条件 (3) 的 α 存在.

若成立 (i) $f(x)+\alpha\leqslant p(x+x_0),\forall x\in D(f)$;

(ii) $f(x)-\alpha\leqslant p(x-x_0),\forall x\in D(f)$,

则有

(1) $t>0, f(x)+t\alpha=t\left[f\left(\frac{x}{t}\right)+\alpha\right]\leqslant t\left[p\left(\frac{x}{t}+x_0\right)\right]=p(x+tx_0)$;

(2) $t<0, f(x)+t\alpha=(-t)\left[f\left(\frac{x}{-t}\right)-\alpha\right]\leqslant -tp\left(\frac{x}{-t}-x_0\right)=p(x+tx_0)$;

(3) $t=0, f(x)\leqslant p(x)$.

由 (i), (ii) 可知, 只须 α 满足:

$$\begin{cases}\alpha\leqslant p(x+x_0)-f(x), & \forall x\in D(f),\\ \alpha\geqslant f(x)-p(x-x_0), & \forall x\in D(f),\end{cases}$$

则有

$$\sup_{y\in D(f)}\{f(y)-p(y-x_0)\}\leqslant\alpha\leqslant\inf_{x\in D(f)}\{p(x+x_0)-f(x)\}.$$

这样的 α 的存在性来自于以下不等式

$$f(y)-p(y-x_0)\leqslant p(x+x_0)-f(x),\quad \forall x,y\in D(f).$$

而此不等式成立源于 f 的线性性、p 的次可加性及在 $D(f)$ 上成立 $f(x)\leqslant p(x)$, 故有

$$\begin{aligned}f(x)+f(y)=f(x+y)&\leqslant p(x+y)=p(x+x_0+y-x_0)\\ &\leqslant p(x+x_0)+p(y-x_0).\end{aligned}$$

故定理 2.2.2 得证.

注　读者可试试定理 2.2.2 能否推广到复数域上的线性空间上.

现回到定理 2.2.1 的证明, 当 E 是实的赋范线性空间时, 它可以看作定理 2.2.2 的一个推论.

事实上，令 $p(x)=||g||_{G^*}\cdot||x||$. 由于 $||g||_{G^*}=\sup\limits_{x\in G,x\neq 0}\dfrac{g(x)}{||x||}$, 故 $f(x)=g(x)\leqslant p(x),\forall x\in G$, 则由定理 2.2.2 知, 存在定义在全空间 E 上的线性泛函 f, 它扩张 g 且有

$$f(x)\leqslant p(x)=||g||_{G^*}\cdot||x||,\quad \forall x\in E,$$

故

$$\sup_{x\in E,x\neq 0}\frac{f(x)}{||x||}\leqslant||g||_{G^*},$$

即 $||f||_{E^*} \leqslant ||g||_{G^*}$. 又显然有 $||f||_{E^*} \geqslant ||g||_{G^*}$, 故 $||f||_{E^*} = ||g||_{E^*}$.

由 Hahn-Banach 延拓定理易证：$\forall \tilde{x} \in E, \exists \tilde{f} \in E^*$ 使得 $\|\tilde{f}\| = \|\tilde{x}\|$ 且 $\tilde{f}(\tilde{x}) = \|\tilde{x}\|^2$, 由此我们 $\forall x \in E$, 还有

$$\|x\| = \sup\{|f(x)| : f \in E^*\} = \max\{f(x) : f \in E^*\}$$

当 E 是复数域上的赋范线性空间时, 定理 2.2.1 的证明可参见 [16], [110].

下面研究 Hahn-Banach 定理的几何形式, 即凸集分离定理. 为此先定义实线性空间 V 中的所谓凸集 C:

若 $\forall x, y \in C$ 及 $0 \leqslant \lambda \leqslant 1$ 都成立：$\lambda x + (1-\lambda)y \in C$, 则称 C 是 V 中凸集.

定理 2.2.3 (Hahn-Banach 定理第一几何形式)　设 E 是实的赋范线性空间, $A \subset E, B \subset E$ 是两个非空凸子集且 $A \cap B = \varnothing$, 设 A, B 中有一个是开集, 则存在闭超平面 H 分离 A 和 B. 即存在非零连续线性泛函 $f: E \to R$ 及 $\alpha \in R$ 满足:

(i) $H = \{x \in E | f(x) = \alpha\}$;

(ii) $\forall x \in A, f(x) \leqslant \alpha; \forall x \in B, f(x) \geqslant \alpha$.

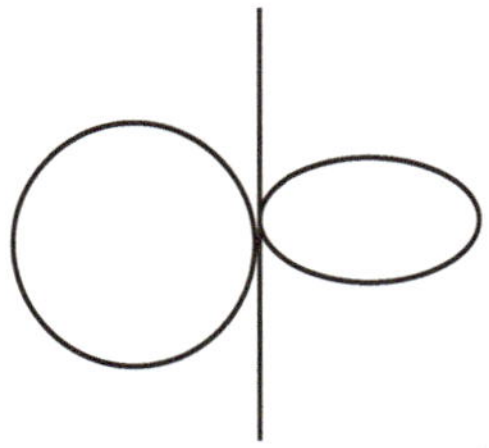

图 2.2.1

首先注意到超平面 H 在强拓扑下闭等价于非零线性泛函 f 连续.

历史上, Minkowski H. (1864—1909) 首先于 1911 年对欧氏空间中有界闭凸集的每个边界点证明承托超平面的存在性; Mazur S. M. (1905—1980) 于 1933 年将 Minkowski 的分离定理推广到无穷维赋范线性空间, 给出了 Hahn-Banch 定理的几何观点.

为了证明上述定理, 我们先证明两个引理.

引理 2.2.1　设 E 是赋范线性空间, C 是包含原点 0 的 E 的一个凸开子集, 对 $\forall x \in E$, 定义 C 的规范泛函 (Minkowski 泛函) 为

$$p(x) = \inf\left\{\alpha > 0, \frac{x}{\alpha} \in C\right\},$$

则 p 满足:

(1) $p(\lambda x) = \lambda p(x), \forall \lambda \geqslant 0, \forall x \in E$;

(2) $p(x+y) \leqslant p(x) + p(y), \forall x, y \in E$;

(3) $\exists M > 0$, s.t. $0 \leqslant p(x) \leqslant M||x||, \forall x \in E$;

(4) $C=\{x\in E|p(x)<1\}$.

证明 (1) 先设 $\lambda>0$,

$$\begin{aligned}p(\lambda x)&=\inf\left\{\alpha>0,\frac{\lambda x}{\alpha}\in C\right\}\\&=\lambda\cdot\inf\left\{\frac{\alpha}{\lambda}>0,\frac{x}{\frac{\alpha}{\lambda}}\in C\right\}\\&=\lambda\inf\left\{\beta>0,\frac{x}{\beta}\in C\right\}\\&=\lambda\cdot p(x).\end{aligned}$$

显然, $p(0)=0$, 故 (1) 式对 $\lambda=0$ 也成立.

(3) 因为 C 是包含 0 的开集, 故 $\exists r>0$, s.t. $B(0,r)\subset C$, 又因

$$\frac{x}{\left(\frac{1}{r}||x||\right)}\in B(0,r)\subset C,$$

故 $p(x)\leqslant\frac{1}{r}||x||,\forall x\in E$.

(4) (i) 设 $x\in C$, 由于 C 是开集, 故对 $\varepsilon>0$ 充分小有 $(1+\varepsilon)x\in C$, 故有 $x/(1/(1+\varepsilon))\in C$, 故由 p 的定义有 $p(x)\leqslant\frac{1}{1+\varepsilon}<1$. 因此, $C\subset\{x\in E|p(x)<1\}$.

(ii) 反之, 若 $p(x)<1$, 则 $\exists 0<\alpha<1$, s.t. $\frac{x}{\alpha}\in C$. 由于 C 是凸集, 故

$$x=\alpha\left(\frac{1}{\alpha}x\right)+(1-\alpha)\cdot 0\in C.$$

故 $\{x\in E|p(x)<1\}\subset C$.

最后证 (2). $\forall x,y\in E,\forall\varepsilon>0$, 则由已证的 (1) 和 (4) 有

$$\frac{x}{p(x)+\varepsilon}\in C,\qquad\frac{y}{p(y)+\varepsilon}\in C,$$

因此, $\forall 0\leqslant t\leqslant 1$ 有

$$\frac{tx}{p(x)+\varepsilon}+\frac{(1-t)y}{p(y)+\varepsilon}\in C.$$

取 $t=\frac{p(x)+\varepsilon}{p(x)+p(y)+2\varepsilon}$, 则有

$$\frac{x+y}{p(x)+p(y)+2\varepsilon}\in C.$$

再一次由 (1) 和 (4) 有

$$p(x+y)<p(x)+p(y)+2\varepsilon,$$

令 $\varepsilon\to 0$ 即得 (2).

注 对凸集来说, $p(x)$ 是比通常的集合的特征函数

$$\chi_C(x)=\begin{cases}1, & x\in C,\\ 0, & x\notin C\end{cases}$$

更精细的所谓规范函数, 因为对集 C 的特征函数来说, C 内 (外) 的点取值都一样, 而规范函数 $p(x)$ 依赖 x 的选取, 且它具有性质:

(I) $\operatorname{int} C=\{x\in E|p(x)<1\}$,

(II) $\partial C=\{x\in E|p(x)=1\}$,

(III) $E\backslash\bar{C}=\{x\in E|p(x)>1\}$.

注意, 在 $\bar{C}$ 外的点有 $p(x)>1$, 我们希望把 x 压缩适当倍后回到 $\bar{C}$ 中, 在 C 内的点 $x, p(x)$ 并不为 1, 还可以更小, 直到把 x 伸长 $\dfrac{1}{p(x)}$ 倍后仍落在 $\bar{C}$ 内即可, 注意到 $\dfrac{x}{p(x)}$ 刚好在 C 的边界 ∂C 上, 又注意到 $p(0)=0$.

引理 2.2.2 设 E 是实数域上的赋范线性空间, $C\subset E$ 是开凸非空集, $x_0\in E, x_0\notin C$. 则 $\exists f\in E^*$ 使 $\forall x\in C, f(x)<f(x_0)$, 故 $f\neq 0$ 且超平面 $H=\{x\in E|f(x)=f(x_0)\}$ 分离 $\{x_0\}$ 和 C.

证明 通过适当平移变换, 可设 $0\in C$, 然后可定义 C 的规范函数 $p(x)$. 定义线性子空间 $G=Rx_0$ 及线性泛函 $g:G\to R$

$$g(tx_0)=t,\quad t\in R,$$

注意 $x_0\notin C$, 故 $p(x_0)>1$.

(1) 当 $t>0$ 时, $p(tx_0)=tp(x_0)\geqslant t=g(tx_0)$.

(2) $t\leqslant 0$ 时, $p(tx_0)\geqslant t=g(tx_0)$ 显然成立.

综合上述两种情况, $\forall x\in G, g(x)\leqslant p(x)$

由 Hahn-Banach 延拓定理的一般形式 (定理 2.2.2) 可知, 存在 E 上线性泛函 f 扩张 g 且满足

$$f(x)\leqslant p(x),\quad \forall x\in E.$$

特别地, $f(x_0)=g(x_0)=1$ 且由引理 2.2.1 的 (3) 知

$$f(x)\leqslant p(x)\leqslant M\cdot\|x\|,\quad \forall x\in E.$$

即 $\|f\| < +\infty, f$ 连续, 又由引理 2.2.1 的 (4) 知

$$f(x) \leqslant p(x) < 1, \quad \forall x \in C.$$

下面我们来证明定理 2.2.3.

不妨设 A 是开集, 令 $C = A - B = \{x - y, x \in A, y \in B\}$. 由 A, B 凸, 则 C 是凸集. 因为 A 是开集, 且 $C = \cup_{y\in B}(A - y)$, 故 C 是开集, 因为 $A \cap B = \varnothing$, 故 $0 \notin C$. 则由上述引理 2.2.2 知, $\exists f \in E^*$, 使 $\forall z \in C, f(z) < f(0) = 0$

$$f(x) < f(y), \quad \forall x \in A, \quad \forall y \in B,$$

故有

$$\sup_{x\in A} f(x) \leqslant \inf_{y\in B} f(y).$$

可选取 α 使得:

$$\sup_{x\in A} f(x) \leqslant \alpha \leqslant \inf_{y\in B} f(y),$$

则 $H = \{x \in E | f(x) = \alpha\}$ 分离 A 和 B.

进一步还可以证明, 若令 $\alpha = \sup\limits_{x\in A} f(x)$, 则

$$f(x) < \alpha \leqslant f(y), \quad \forall x \in A, \quad y \in B.$$

定理 2.2.4 (Hahn-Banach 定理第二几何形式) 设 E 是实数域上的赋范线性空间, 设 $A, B \subset E$ 是两个非空凸子集, 且 $A \cap B = \varnothing$, 设 A 是闭集, B 是紧集, 则存在闭超平面严格分离 A, B, 即存在 $f \in E^*$ 及 $\alpha \in R$ 使

$$H = \{x \in E | f(x) = \alpha\} \text{ 且 } \exists \varepsilon > 0, \text{ s.t.}$$

$$\begin{cases} f(x) \leqslant \alpha - \varepsilon, & \forall x \in A, \\ f(x) \geqslant \alpha + \varepsilon, & \forall x \in B. \end{cases}$$

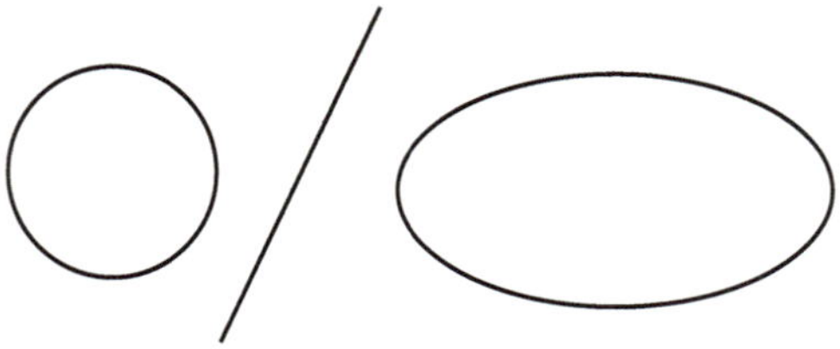

图 2.2.2

证明 令 $C = A - B$, 则由 A, B 凸知 C 是凸集. 进一步由于 A 闭, B 紧, 故易证 $C = A - B$ 是闭集. 又由 $A \cap B = \varnothing$, 故 $0 \notin C$. 因此存在 $r > 0$, 使 $B(0,r) \cap C = \varnothing$, 故由 Hahn-Banach 定理第一几何形式知, 存在闭超平面分离 $B(0,r)$ 和 C. 故 $\exists f \in E^*, f \not\equiv 0$ 使

$$f(x-y) \leqslant f(rz), \quad \forall x \in A, \quad y \in B, \quad \forall z \in B(0,1).$$

故

$$f(x-y) \leqslant \inf_{||z|| \leqslant 1} f(rz), \quad \forall x \in A, \quad \forall y \in B.$$

注意,

$$\begin{aligned} f(rz) &= -rf(-z), \\ \inf_{||z|| \leqslant 1} f(rz) &= (-r) \cdot \sup_{||z|| \leqslant 1} f(-z) \\ &= -r \cdot \sup_{||w|| \leqslant 1} f(w) = -r||f||. \end{aligned}$$

故有

$$f(x-y) \leqslant -r||f||, \quad \forall x \in A, \quad \forall y \in B.$$

令 $\varepsilon = \frac{1}{2}r||f|| > 0$, 有

$$f(x) + \varepsilon \leqslant f(y) - \varepsilon, \quad \forall x \in A, \quad \forall y \in B.$$

选取 α 使

$$\sup_{x \in A} f(x) + \varepsilon \leqslant \alpha \leqslant \inf_{y \in B} f(y) - \varepsilon,$$

则超平面 $H = \{x \in E | f(x) = \alpha\}$ 严格分离 A 和 B:

$$\begin{cases} f(x) \leqslant \alpha - \varepsilon, & \forall x \in A, \\ f(x) \geqslant \alpha + \varepsilon, & \forall x \in B. \end{cases}$$

注. 可利用凸集分离定理证明关于赋范线性空间的 Hahn-Banach 延拓定理.

2.3 Hilbert 空间、Riesz 表示定理及 Lax-Milgram 定理

曾在德国哥延根参加过 Hilbert 组织的研讨班的匈裔美籍大数学家 von Neumann (1903–1957) 于 1929~1930 年提出了 Hilbert 空间的公理化方法. 由于 Hilbert 早在二十世纪初 (1904–1906) 在研究积分方程过程中就提出无限维空间 l^2, 因此后来更一般的抽象的完备内积空间荣誉仍归于 Hilbert, 叫 Hilbert 空间.

定义 2.3.1 设 X 是复数域 C 上的线性空间, 如果对于任意两个元素 $x, y \in X$, 都有一个复数 $(x,y) \in C$ 与之对应且满足:

(i) (共轭对称性) $(x,y) = \overline{(y,x)}$, $\forall x, y \in X$;

(ii) (对第一变元的线性性) $(\alpha x+\beta y,z)=\alpha(x,z)+\beta(y,z)$, $\forall\alpha,\beta\in C, x,y,z\in X$;

(iii) (正定性) $(x,x)\geqslant 0,\forall x\in X$ 且 $(x,x)=0$ 当且仅当 $x=0$,

则称 (x,y) 为 X 的内积, 有时也记为 $\langle x,y\rangle$. 线性空间 X 赋予内积后称为内积空间, 实内积空间是复内积空间的特例.

内积空间一定是赋范线性空间, 可赋予范数 $\|x\|=(x,x)^{\frac{1}{2}},\forall x\in X$.

完备的内积空间又称为 Hilbert 空间.

例 2.3.1　设 $\Omega\subset R^n$ 为一有界开集, Ω 上平方可积函数空间 $L^2(\Omega)$ 关于内积

$$(u,v)=\int_\Omega u(x)v(x)dx,\quad \forall u,v\in L^2(\Omega)$$

成为一个内积空间, 进一步可以证明 $L^2(\Omega)$ 是一个 Hilbert 空间.

注　[110] 内积空间 X 中十分重要的概念是正交性, 若 $x,y\in X$ 且 $(x,y)=0$, 则称 x 与 y 正交, 有限维空间中的勾股定理可以推广至一般的内积空间.

注　P. Jordan 和 J. von Neumann 在 1935 年发表在 Ann. of Math. 36: 719–723 上的论文证明了实线性赋范空间 $(X,||\ ||)$ 可成为内积空间的充要条件是范数满足平行四边形公式:

$$||u+v||^2+||u-v||^2=2(||u||^2+||v||^2),\quad \forall u,v\in X$$

法国数学家 R.M. Fréchet (1878–1973) 于 1907 年研究了 $L^2(\Omega)$ 上线性连续泛函的表示定理; 匈牙利数学家 F.Riesz 于 1909 年推广了 Fréchet 的结果.

定理 2.3.1 (Fréchet-Riesz 表示定理)　设 H 是实 Hilbert 空间, f 是 H 上线性有界泛函，则存在唯一的 $y\in H$ 使

$$f(x)=(x,y),\quad \forall x\in H,\quad 且\quad \|f\|=\|y\|.$$

证明　设 $M=f^{-1}(0)=\{x\in H|f(x)=0\}$, 由于 f 是线性连续泛函, 则 M 是 H 的闭线性子空间.

(1) 若 $M=H$, 则 $f\equiv 0$, 取 $y=0$ 即可;

(2) $M\neq H$,

则 $\exists\tilde{x}\in H$ 使

$$||\tilde{x}||=1,\quad (\tilde{x},x)=0,\quad \forall x\in M.$$

事实上, 因 $M\neq H$, 故 $\exists x_0\in H, x_0\notin M$. 令 $x_1=P_Mx_0$ (即 x_1 是 x_0 向 M 上的正交投影, 由 Hilbert 投影定理 ([110]) 知, 给定 H 的闭子空间 M, x_0 在 M 上的投影是存在唯一的). 则

$$\tilde{x}=\frac{x_0-x_1}{||x_0-x_1||},\tag{2.3.1}$$

即满足条件.

给定任意 $x \in H$, 令

$$z = x - \lambda\tilde{x}, \quad \lambda = \frac{\langle f, x\rangle}{\langle f, \tilde{x}\rangle}. \tag{2.3.2}$$

因为 $\tilde{x} \notin M$, 故 $\langle f, \tilde{x}\rangle \neq 0, \lambda$ 是有定义的, 从而 z 有定义, 更进一步, $z \in M$.

事实上 $f(z) = f(x) - \lambda f(\tilde{x}) = 0$, 即 $z \in M$, 故 $(\tilde{x}, z) = 0$. 又

$$\begin{aligned}(\tilde{x}, z) &= (\tilde{x}, x - \lambda\tilde{x}) \\ &= (\tilde{x}, x) - \lambda(\tilde{x}, \tilde{x}),\end{aligned} \tag{2.3.3}$$

故由 (2.3.2) 和 (2.3.3) 有

$$\lambda = (\tilde{x}, x) = \frac{\langle f, x\rangle}{\langle f, \tilde{x}\rangle}, \tag{2.3.4}$$

$$f(x) = \langle f, \tilde{x}\rangle(\tilde{x}, x) = (y, x), \tag{2.3.5}$$

其中 $y = f(\tilde{x})\tilde{x}$. 给定 f, 易证 y 是唯一的且 $\|y\| = \|f\|$.

下面介绍著名的 Lax-Milgram 定理, 它是 Riesz 表示定理的推广, 它源于匈裔美籍数学家 P.D.Lax(1926–) 和美国数学家 Milgram 于 1954 年合作的一篇论文.

定义 2.3.2 设 X 是实数域 R 上的赋范线性空间, 定义所谓 X 上的有界双线性型:

$$a : X \times X \to R,$$

它满足:

(i) (双线性性) $\forall u, v, w \in X, \forall \alpha, \beta \in R$ 成立:

$$a(\alpha u + \beta v, w) = \alpha a(u, w) + \beta a(v, w),$$

$$a(w, \alpha u + \beta v) = \alpha a(w, u) + \beta a(w, v);$$

(ii) (有界性或连续性) $\exists d > 0$ 使

$$|a(u, v)| \leqslant d||u|| \cdot ||v||, \quad \forall u, v \in X.$$

进一步, 若 $\forall u, v \in X$ 有

$$a(u, v) = a(v, u),$$

则称 a 是对称的; 若 $\forall u \in X, a(u, u) \geqslant 0$, 则称 a 是正的; 若 $\exists c > 0$, 使 $\forall u \in X$ 有 $a(u, u) \geqslant c||u||^2$, 则称 a 是强正的.

注 当实赋范线性空间 X 上的双线性型 a 是内积时, 显然满足上述所有条件. Lax-Milgram 最初仅对 X 是实 Hilbert 空间情形证明下面定理, 它可以看成 $X \times X$ 上的新内积 $(u, v) = a(u, v)$ 下的 Riesz 表示定理. 我们试图推广到 Banach 空间情形.

定理 2.3.2 (Lax-Milgram)　假设 X 是一个实的 Banach 空间, 且 a,b 满足如下条件:

(i) $a: X\times X\to R$ 是对称、有界、强正定双线性型;

(ii) $b: X\to R$ 是 X 上的线性连续泛函,

则 (1) 定义在 X 上的二次变分泛函的极小化问题

$$\min_{u\in X}\left\{\frac{1}{2}a(u,u)-b(u)\right\} \tag{2.3.6}$$

有唯一解.

(2) 问题 (2.3.6) 等价于下面的变分方程: $\exists\tilde{u}\in X$, 使 $\forall v\in X$ 有

$$a(\tilde{u},v)=b(v). \tag{2.3.7}$$

证明　第一步. (2.3.6) 等价于 (2.3.7).

由已知假设, $\exists c,d>0$ 使

$$c||u||^2\leqslant a(u,u)\leqslant d||u||^2. \tag{2.3.8}$$

$\forall u\in X$, 令 $f(u)=\dfrac{1}{2}a(u,u)-b(u)$, 对固定的 $\tilde{u}\in X$ 及 $\forall v\in X$ 令

$$\phi(t)=f(\tilde{u}+tv),\quad \forall t\in R. \tag{2.3.9}$$

注意到, $a(u,v)=a(v,u)$, 故有

$$\phi(t)=\frac{1}{2}t^2a(v,v)+t[a(\tilde{u},v)-b(v)]+\left[\frac{1}{2}a(\tilde{u},\tilde{u})-b(\tilde{u})\right]. \tag{2.3.10}$$

注意到, $\forall v\in X, v\neq 0$ 有 $a(v,v)\geqslant c||v||^2>0$. 而当 $v=0$ 时, $\phi(t)=\dfrac{1}{2}a(\tilde{u},\tilde{u})-b(\tilde{u})$. 因而 (1) 当 $v\neq 0$ 时, $\phi(t)$ 严格凸且存在唯一的最小值点; (2) 当 $v=0$ 时 $\phi(t)=$ 常值等价于 $\phi'(t)=0$.

$f(u)$ 在某 $\tilde{u}\in X$ 达到极小等价于 $f(\tilde{u}+tv)\geqslant f(\tilde{u})$ 也等价于 $\phi(t)\geqslant\phi(0)$, 即实二次函数 $\phi(t)$ 在 $t=0$ 达到极小值, 由关于 $\phi(t)$ 的二种情形的分析, 它等价于 $\phi'(0)=0$, 即有方程

$$a(\tilde{u},v)-b(v)=0,\quad \forall v\in X.$$

第二步. 解的唯一性. 设 $\tilde{u}$ 和 $\bar{u}$ 是问题 (2.3.6) 的两个解, 则 $\forall v\in X$ 有

$$\begin{cases} a(\tilde{u},v)=b(v),\\ a(\bar{u},v)=b(v). \end{cases} \tag{2.3.11}$$

令 $v=\tilde{u}-\bar{u}$, 则以上二式相减有

$$a(\tilde{u}-\bar{u},\tilde{u}-\bar{u})=0. \tag{2.3.12}$$

又由于 a 是强正定的, 故有

$$a(\tilde{u}-\bar{u},\tilde{u}-\bar{u})\geqslant c||\tilde{u}-\bar{u}||^2. \tag{2.3.13}$$

故 $\tilde{u}=\bar{u}$, 即原问题 (2.3.6) 至多有一个解.

第三步. 解的存在性.

令

$$e=\inf_{u\in X}f(u). \tag{2.3.14}$$

由已知假设有

$$\begin{aligned}f(u)=&\frac{1}{2}a(u,u)-b(u)\\ \geqslant&\frac{1}{2}c||u||^2-||b||\cdot||u||\to+\infty,\quad ||u||\to+\infty.\end{aligned}$$

故 $\exists M>0$, s.t. 当 $||u||\geqslant M$ 时 $f(u)\geqslant 1$.

又当 $||u||\leqslant M$ 时有

$$f(u)\geqslant-||b||\cdot M>-\infty.$$

故

$$e\triangleq\inf_{u\in X}f(u)>-\infty. \tag{2.3.15}$$

由下确界的定义, $\exists\{u_n\}\subset X$ 使

$$f(u_n)\to e,\quad n\to+\infty. \tag{2.3.16}$$

又由 a 的双线性性和对称性, 注意到恒等式:

$$2a(u_n,u_n)+2a(u_m,u_m)=a(u_n-u_m,u_n-u_m)+a(u_n+u_m,u_n+u_m). \tag{2.3.17}$$

故由 f 的表示式有

$$\begin{aligned}f(u_n)+f(u_m)=&\frac{1}{4}a(u_n-u_m,u_n-u_m)+2f\left(\frac{u_n+u_m}{2}\right)\\ \geqslant&\frac{1}{4}c||u_n-u_m||^2+2e.\end{aligned} \tag{2.3.18}$$

由于

$$f(u_n)+f(u_m)\to 2e, \tag{2.3.19}$$

故 $||u_n-u_m||\to 0$, 即 $\{u_n\}$ 是一个 Cauchy 序列. 由于 X 是完备的, 故 $\exists\tilde{u}\in X$ 使 $u_n\to\tilde{u}$.

又因 $a(u,v)$ 是双线性有界的, 易证 $a(u,u)$ 它连续, 故 $f: X \to R$ 连续, 故

$$f(u_n) \to f(\tilde{u}), \tag{2.3.20}$$

即 $f(\tilde{u}) = e, \tilde{u}$ 使

$$f(\tilde{u}) = \inf_{u \in X} f(u), \tag{2.3.21}$$

即 $\tilde{u}$ 是 f 的最小值点.

注　由于定理条件要求 $X \times X$ 上要存在强正定对称双线性泛函 a, 本质上 $((u,v)) = a(u,v)$ 满足内积三条公理, X 应为 Hilbert 空间.

习　　题

1. 设 X 是一个赋范线性空间, 证明

$$\|x\| = \sup_{f \in X^*, \|f\| \leqslant 1} |f(x)| = \max_{f \in X^*, \|f\| \leqslant 1} f(x), \quad \forall x \in X.$$

2. 设 X 是一个赋范线性空间, $L \subset X$ 是一个线性子空间且

$$\bar{L} \neq X.$$

证明: $\exists f \in X^*, f \not\equiv 0$ 使

$$f(x) = 0, \quad \forall x \in L.$$

3. 设 E 是 Banach 空间, $\{x_n\} \subset E$, 且 $x_n \rightharpoonup x$, 令

$$\sigma_n = \frac{1}{n}(x_1 + x_2 + \cdots + x_n).$$

证明 $\sigma_n \rightharpoonup x$.

4. 设 X 是无限维自反 Banach 空间. 证明存在序列 $\{x_n\} \subset X$ 使 $\|x_n\| = 1, x_n \rightharpoonup 0$.

5. 设 X 是一个无穷维赋范线性空间. 构造一个 X 上的线性但不连续的泛函.

6. 证明 Baire 纲定理:

设 X 是一个完备度量空间, 且设 $\{X_n, n = 1, 2, \cdots\}$ 是 X 中一列闭子集. 假设 X_n 是无处稠密集, 即 X_n 的内点集是空集

$$\mathrm{int} X_n = \varnothing, \quad \forall n \geqslant 1,$$

则

$$\mathrm{int}\left(\bigcup_{n=1}^{\infty} X_n\right) = \varnothing.$$

7. 证明 Banach 逆算子定理:

设 T 是从 Banach 空间 X 到 Banach 空间 Y 上的有界线性算子, 且是从 X 到 Y 上的 1-1 映射, 则 T 的逆算子 T^{-1} 连续 (有界).

8. 证明 Banach 开映照原理:

设 T 是从 Banach 空间 X 到 Banach 空间 Y 的有界线性算子. 如果 T 是满射, 即 $T(X)=Y$, 则 T 是开映射, 即它把 X 中任何开集映成 Y 中的开集.

9. 证明 Banach 闭图像定理:

设 T 是从 Banach 空间 X 到 Banach 空间 Y 的线性算子. 假设 T 的图像 $G(T)=\{(x,Tx),x\in X\}$ 是 $X\times Y$ 中的闭集, 则 T 是连续 (有界) 的.

10. 证明 Banach-Steinhaus 一致有界性原理 (共鸣原理):

设 $\{T_i,i\in I\}$ 是从 Banach 空间 X 到 Banach 空间 Y 中的连续线性算子. 且假设满足逐点有界条件:

$$\sup_{i\in I}||T_i x||\leqslant M(x)<+\infty,\quad \forall x\in X,$$

则存在不依赖于 x 的 $C>0$ 使

$$\sup_{i\in I}||T_i||\leqslant C<+\infty.$$

11. (Goldstine 定理) 设 E 是 Banach 空间, J 是 E 到 E^{**} 的典则内射, B_E 表示 E 中单位球, $B_{E^{**}}$ 表示 E^{**} 中单位球. 证明 $J(B_E)$ 相对于拓扑 $\sigma(E^{**},E^*)$ 在 $B_{E^{**}}$ 中稠密.

12. 设 X 和 Y 是两个 Banach 空间. $a:X\times Y\to R$ 是双线性型且满足:

(1) 对每个固定 $x\in X,y\to a(x,y)$ 是连续的;

(2) 对每个固定 $y\in Y,x\to a(x,y)$ 是连续的.

证明: 存在 $C\geqslant 0$ 使

$$|a(x,y)|\leqslant C||x||\cdot||y||,\quad \forall x\in X,\quad \forall y\in Y.$$

13. 设 X 是 Banach 空间. $T:X\to X^*$ 是线性算子且满足:

$$\langle Tx,x\rangle\geqslant 0,\quad \forall x\in X,$$

证明: T 是有界算子.

14. (1)$\forall p\geqslant 1$, 证明 $L^p(\Omega)$ 在范数 $||u||=\left(\int_\Omega |f|^p dx\right)^{1/p}$ 下是 Banach 空间;

(2) $\forall p\neq 2$, 证明 $L^p(\Omega)$ 不是 Hilbert 空间.

(3) (Fischer-Riesz, 1907) 证明 $L^2(\Omega)$ 与平方可和序列空间 l^2 等距同构.

15. (闭凸集上的投影定理) 设H是Hilbert空间, 而$C\subset H$是非空闭凸子集. 则$\forall f\in H$, 证明存在唯一的 $g\in C$ 使

$$\begin{aligned}||f-g||&=\min_{h\in C}||f-h||=d(f,C)\\&=\inf_{h\in C}||f-h||.\end{aligned}$$

16. 证明每个可分 Hilbert 空间有规范正交基.

17. 试将 Lax-Milgram 定理推广到 Banach 空间的闭凸子集上.

18. 试将 Lax-Milgram 定理中的有界性及强正定性条件减弱.

第 3 章　广义函数与 Sobolev 空间

3.1　广义函数

广义函数是定义在某些“性质很好”的函数空间上的连续线性泛函,“性质很好”的函数空间越小, 它上的连续线性泛函组成的空间 (共轭空间) 就越大, 因此就包含了很多“奇异”的函数. 广义函数起源于二十世纪二三十年代物理学家和工程师研究的一些集中分布现象, 尤其是与奥地利物理学家 E. Schrödinger (1887–1961) 共同分享 1933 年诺贝尔物理学奖的英国物理学家 P.A. Dirac(1902-1984) 在研究量子力学时曾提出了 Delta 函数 (δ 函数, Dirac 函数):

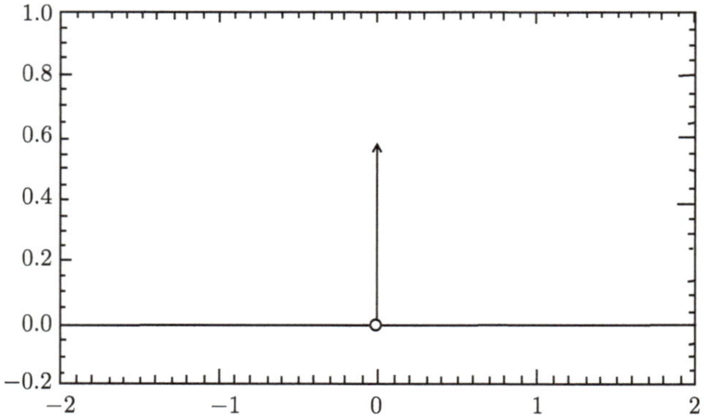

图 3.1.1　δ 函数示意图

$$\delta(x) = \begin{cases} +\infty, & x = 0, \\ 0, & x \neq 0, \end{cases} \qquad \int_{-\infty}^{\infty} \delta(x)dx = 1.$$

显然, 同时满足上述两条性质的普通函数不存在, 如何给出 δ 函数的严格定义是数学家面临的一个难题.

后来, 人们发现早在十九世纪末, 英国电气工程师 Heaviside 就提出了电流开关函数:

$$H(x) = \begin{cases} 1, & x \geqslant 0, \\ 0, & x < 0. \end{cases}$$

Heaviside 还在电路的理论分析中广泛使用开关函数求导. 若对 H 进行求导运算,

可得

$$\frac{dH(x)}{dx} = \delta(x).$$

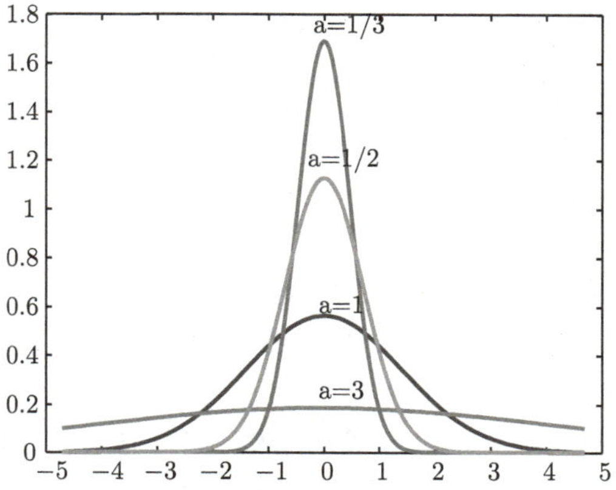

图 3.1.2 δ 函数的逼近

$\delta(x)$ 有广泛的应用. 例如, 我们会看到可通过求热方程 $\dfrac{\partial u}{\partial t} - a^2\dfrac{\partial^2 u}{\partial x^2} = \delta(x)$ 的基本解 $\dfrac{1}{2a\sqrt{\pi t}}e^{-x^2/4a^2t}$ 与 $f(x)$ 卷积得到非齐次方程 $\dfrac{\partial u}{\partial t} - a^2\dfrac{\partial^2 u}{\partial x^2} = f(x)$ 的解, 这里的基本解在某种弱收敛意义下, 趋于 $\delta(x)$.

可以证明一些常规意义下的函数列在某种弱收敛意义下收敛于 δ 函数, 例如:

$$(\sin\mathrm{c}\ \text{函数核})\ \frac{1}{\pi}\frac{\sin kx}{x} \rightharpoonup \delta(x), \quad k \to +\infty;$$

$$(\text{Dirichlet-Fourier 核})\ \frac{\sin\left(k+\dfrac{1}{2}\right)x}{2\pi\sin\left(\dfrac{x}{2}\right)} \rightharpoonup \delta(x), \quad k \to +\infty;$$

$$(\text{Fejér 核})\ \frac{1}{2\pi}\frac{\sin^2\dfrac{kx}{2}}{k\left(\dfrac{x}{2}\right)^2} \rightharpoonup \delta(x), \quad k \to +\infty;$$

$$(\text{Poisson 核})\ \frac{1}{\pi}\frac{\varepsilon}{\varepsilon^2+x^2} \rightharpoonup \delta(x), \quad \varepsilon \to 0.$$

前苏联数学家 S.L.Sobolev(1908–1989) 曾在二十世纪三十年代研究 Sobolev 空间时引进过广义函数 (分布) 的概念, 但广义函数的严格数学基础直到二十世纪四十年代中后期至五十年代初才由法国数学家 L.Schwartz(1915~2002) 和前苏联数学家 I.Gelfand (1913~2009) 等建立起来, L.Schwartz 也因此于 1950 年获得 Fields 奖. 本书仅对广义函数理论做简要介绍, 有兴趣的读者可以参考有关专著[46,98].

为了给出广义函数的严格定义, 需要用到一些特殊的拓扑向量空间, 为此我们先给出一般的拓扑空间及拓扑向量空间的定义[5,110].

定义 3.1.1　设 X 是一个非空集合, τ 是由 X 的某些子集组成的集合类, 假设 τ 满足以下三条性质:

(1) $X, \phi \in \tau$;

(2) 对任意指标集 I 及任意 $U_i \in \tau (i \in I)$ 有

$$\bigcup_{i \in I} U_i \in \tau;$$

(3) $\forall U_1, U_2 \in \tau$ 成立 $U_1 \cap U_2 \in \tau$,

则称 τ 是 X 的拓扑, 上述三条性质称为拓扑的三条公理. 当集合被赋予拓扑 τ 后, 就称 (X, τ) 是一个拓扑空间.

一般说来, 拓扑空间不一定具有线性结构, 但若它是特殊的线性空间, 我们可以把线性结构与拓扑结构结合起来引进拓扑线性空间 (线性拓扑空间).

定义 3.1.2　设 X 是数域 K 上的线性空间 (向量空间), 即在 X 中定义了加法 $(+)$ 和数乘运算 $(\times)$. 对加法来说, X 是一个交换群; 对数乘运算本身不仅有结合律, 还有与加法运算相匹配的分配律. 假设 X 被赋予的拓扑 τ 还使得线性空间 X 中的加法和数乘两种运算都连续, 则称 (X, τ) 是拓扑向量空间 (拓扑线性空间或线性拓扑空间).

下面, 我们可以先定义一类所谓“性质很好”的特殊的拓扑线性空间[110], 观察函数空间 $C_0^\infty(\Omega)$ 的拓扑.

定义 3.1.3　设 $\Omega \subset R^n$ 是开集, $C_0^\infty(\Omega)$ 是定义在 Ω 上且具有紧支集的 C^∞ 函数集合. 在集合 $C_0^\infty(\Omega)$ 上定义收敛性如下：我们说序列 $\{\varphi_j\}$ 收敛于 φ_0, 如果

(1) 存在一个相对于 Ω 的紧集 $K \subset \Omega$, 使得 $\mathrm{supp}(\varphi_j) \subset K (j = 0, 1, 2, \cdots)$;

(2) 对于任意指标 $\alpha = (\alpha_1, \cdots, \alpha_n)$, 都有

$$\max_{x \in K} |\partial^\alpha \varphi_j(x) - \partial^\alpha \varphi_0(x)| \to 0 \quad (j \to +\infty).$$

赋予上述拓扑收敛性的线性空间 $C_0^\infty(\Omega)$, 称为基本空间 $D(\Omega)$.

注　空间 $D(\Omega)$ 的拓扑是“不能距离化的”, 上面是采取所谓“归纳极限”方法定义的拓扑, 实际上 $D(\Omega)$ 是一个局部凸拓扑线性空间.

定义 3.1.4　$D(\Omega)$ 上的线性连续泛函称为广义函数, 即若 $f : D(\Omega) \to R^1$ 是广义函数, 则它满足:

(1) 线性性:

$$\forall \varphi_1, \varphi_2 \in D(\Omega), \quad \forall \lambda_1, \lambda_2 \in R^1;$$

$$\langle f, \lambda_1 \varphi_1 + \lambda_2 \varphi_2 \rangle = \lambda_1 \langle f, \varphi_1 \rangle + \lambda_2 \langle f, \varphi_2 \rangle;$$

(2) 对于任意的 $\{\varphi_j\} \subset D(\Omega)$, 若按上面定义的拓扑只要 $\varphi_j \to \varphi_0 \in D(\Omega)$, 都有

$$\langle f, \varphi_j \rangle \to \langle f, \varphi_0 \rangle \quad (j \to \infty).$$

一切广义函数所组成的集合记作 $D^*(\Omega)$ 或者 $D'(\Omega)$, 它是 $D(\Omega)$ 的共轭空间.

注 也称 $D'(\Omega)$ 中的元素 f 为 Ω 上的 Schwartz 分布, 它具有以下性质: 给定 Ω 中任一紧子集 K, 存在常数 $C(K)$ 及整数 $m(K) \geqslant 0$ 使对所有 $\operatorname{supp} \varphi \subset K$ 的 $\varphi \in D(\Omega)$ 成立

$$|f(\varphi)| \leqslant C(K) \sup\{|D^\alpha \varphi(x)| : |\alpha| \leqslant m(K), x \in K\}.$$

例 3.1.1 (δ 函数) 设 $0 \in \Omega$, 定义

$$\delta(\varphi) = \langle \delta, \varphi \rangle = \varphi(0), \quad \forall \varphi \in D(\Omega),$$

则显然 δ 是线性的, 而且当 $\varphi_j \to \varphi_0 \in D(\Omega)$ 时, 有

$$|\varphi_j(0) - \varphi_0(0)| \to 0 \quad (j \to \infty).$$

从而

$$\langle \delta, \varphi_j \rangle = \varphi_j(0) \to \varphi_0(0) = \langle \delta, \varphi_0 \rangle \quad (j \to \infty),$$

即 δ 在 $D(\Omega)$ 上是连续的, 所以 δ 是一个广义函数.

例 3.1.2 设 $f(x)$ 是 Ω 上的一个局部 p 阶可积函数, 即对于任意相对于 Ω 的紧集 K, 积分

$$\int_K |f(x)|^p dx < +\infty.$$

Ω 上的所有局部 p 阶可积函数全体记作 $L^p_{loc}(\Omega)$.

任给 $f(x) \in L^1_{loc}(\Omega)$, 那么 f 对应着一个广义函数:

$$f(\varphi) = \langle f, \varphi \rangle = \int_\Omega f(x)\varphi(x)dx, \quad \forall \varphi \in D(\Omega).$$

注 不存在任何 $f \in L^1_{loc}(\Omega)$ 及 $a \in \Omega$ 使 $\varphi(a) = \int_\Omega f(x)\varphi(x)dx$ 对所有 $\varphi \in D(\Omega)$ 成立.

事实上, 定义 $\varphi_n \in D(R^n)$:

$$\varphi_n(x) = \begin{cases} e^{\frac{1}{|n(x-a)|^2-1}}, & |x-a| < \frac{1}{n} \\ 0, & |x-a| \geqslant \frac{1}{n} \end{cases}$$

则 $\exists n_0 \geqslant 1$, 使 $\forall n \geqslant n_0$, $\varphi_n|_\Omega \in D(\Omega)$. 令

$$W = \{x \in \Omega : \varphi_{n_0}(x) \neq 0\}$$

则 $\forall f \in L^1_{loc}(\Omega)$ 有 $f \in L^1(W)$ 及 a.e. $x \in W$, 当 $n \geqslant n_0$ 时有

$$|f(x)\varphi_n(x)| \leqslant |f(x)|$$

又当 $n \to +\infty$ 时, 对 a.e. $x \in W$ 有 $f(x)\varphi_n(x) \to 0$.

故在 W 上由 Lebesgue 控制收敛定理知当 $n \to +\infty$ 时, $\int_\Omega f(x)\varphi_n(x)dx = \int_W f(x)\varphi_n(x)dx \to 0$, 但另一方面对 $\forall n \geqslant 1$, $\varphi_n(a) = e^{-1}$, 这是矛盾.

我们可以通过分部积分恒等式来定义广义函数的 (弱) 广义导数[46,98].

定义 3.1.5 设 $f \in D^*(\Omega)$, 称 $g_i \in L^1_{loc}(\Omega)$ 是 f 关于 x_i 的 (弱) 广义 (偏) 导数, 是指

$$\int_\Omega g_i(x) \cdot \varphi dx = -\int_\Omega f \cdot \frac{\partial \varphi}{\partial x_i} dx, \quad \forall \varphi \in D(\Omega).$$

记 $g_i = \partial^\alpha f = D_i f$, 其中 $\alpha = (0, \cdots, 1, \cdots, 0)$ 的第 i 个指标为 1, 其余为 0.

例 3.1.3 设 $f \in L^1_{loc}(\Omega)$. 由例 3.1.2 可知 $f \in D^*(\Omega)$, 若存在 $g_i \in L^1_{loc}(\Omega)$, 使得

$$\int_\Omega g_i \cdot \varphi dx = -\int_\Omega f \cdot \frac{\partial \varphi}{\partial x_i}, \quad \forall \varphi \in D(\Omega),$$

则 g_i 就是 f 关于 x_i 的 (弱) 广义导数, 记 $g_i = \dfrac{\partial f}{\partial x_i} = D_i f$.

定义 3.1.6 称 $D^\alpha = (-1)^{|\alpha|}(\partial^\alpha)^*$ 为 α 阶广义微商运算, 即 $\forall f \in D^*(\Omega)$, 定义

$$\langle D^\alpha f, \varphi \rangle = (-1)^{|\alpha|} \langle f, \partial^\alpha \varphi \rangle, \quad \forall \varphi \in D(\Omega).$$

注 1 若 $f(x) \in C^1(\Omega)$, 则自然按定义

$$f(\varphi) = \langle f, \varphi \rangle = \int_\Omega f(x)\varphi(x)dx, \quad \forall \varphi \in D(\Omega)$$

产生的广义函数 f 有广义微商 $D_i f$, 即

$$D^\alpha f, \quad \alpha = (\overbrace{0, \cdots, 0, 1}^{i}, 0, \cdots, 0),$$

同时 $f(x)$ 有普通的微商 $\partial_{x_i} f$, 我们说 $D_i f$ 正是 $\partial_{x_i} f$ 对应的广义导数, 这是因为 $\forall \varphi \in D(\Omega)$, 有以下等式:

$$\langle D_i f, \varphi \rangle = -\langle f, \partial_{x_i} \varphi \rangle = -\int_\Omega f(x)\partial_{x_i}\varphi(x)dx = \int_\Omega \partial_{x_i} f(x)\varphi(x)dx.$$

注 2 广义函数对微商运算是封闭的, 即任意广义函数 $f \in D^*(\Omega)$, 都可以作任意次广义微商.

例 3.1.4 Heaviside 函数

$$H(x)=\begin{cases}1, & x\geqslant 0,\\ 0, & x<0.\end{cases}$$

求 $H(x)$ 的弱广义导数.

解 $\forall\varphi\in D(R^1)$, 我们有

$$\langle D_xH,\varphi\rangle=-\langle H,\partial_x\varphi\rangle=-\int_0^{+\infty}\varphi'(x)dx=\varphi(0)=\langle\delta,\varphi\rangle.$$

从而 $H(x)$ 的弱广义导数为 $D_xH(x)=\delta(x)$.

定义 3.1.7[46,98] 设 $f\in L^p(\Omega)$. 若存在 $f_k(x)\in C^1(\Omega)$ 使 $\|f_k-f\|_{L^p}\to 0$. 且 $\dfrac{\partial f_k}{\partial x_i}\in L^p(\Omega)$, 使得 $\exists g_i\in L^p$ 满足:

$$\left\|\frac{\partial f_k}{\partial x_i}-g_i\right\|_{L^p}\to 0,\qquad k\to+\infty.$$

则称 g_i 是 f 关于 x_i 的 (强) 广义导数.

以下要研究强广义导数与弱广义导数的关系[46,98], 为此需引入光滑化子和卷积的定义. 光滑化方法最早出现在德裔美籍数学家 K.O.Friedrichs (1901–1982) 于 1944 年发表的论文中.

首先定义 R^n 上的 C^∞ 钟型母函数为:

设

$$j(x)\triangleq\begin{cases}c_ne^{-\frac{1}{1-|x|^2}}, & |x|<1,\\ 0, & |x|\geqslant 1,\end{cases}$$

其中

$$c_n\triangleq\left(\int_{|x|\leqslant 1}e^{-\frac{1}{1-|x|^2}}dx\right)^{-1}$$

是一个仅依赖于维数的常数, 那么 $j(x)\in C_0^\infty(R^n)$, 并且

$$\int_{R^n}j(x)dx=1.$$

由 $j(x)$ 出发, 可得到许多属于 $C_0^\infty(R^n)$ 的子函数, $\forall\varepsilon>0$, 令

$$j_\varepsilon(x)\triangleq\frac{1}{\varepsilon^n}j\left(\frac{x}{\varepsilon}\right)=\begin{cases}\dfrac{c_n}{\varepsilon^n}\exp\left\{\left(\dfrac{x^2}{\varepsilon^2}-1\right)^{-1}\right\}, & |x|<\varepsilon,\\ 0, & |x|\geqslant\varepsilon.\end{cases}$$

则 $j_\varepsilon(x)$ 是一个支集在 $|x|\leqslant\varepsilon$ 中的 $C_0^\infty(R^n)$ 函数, 称 j_ε 为一个磨光核 (光滑化子), 若 $f\in L^1(R^n)$, 定义 f 的磨光算子为 f 与 j_ε 的卷积:

$$M_\varepsilon(f)(x)=\int_{R^n}f(y)j_\varepsilon(x-y)dy\triangleq f*j_\varepsilon.$$

更一般地, 若 $\Omega \subset R^n$ 是开集, $f \in L^1_{loc}(\Omega)$, 对 $x \in \Omega$ 且 $0 < \varepsilon < dist(x, \partial\Omega)$, 且注意到 j 是偶函数, 定义 f 与 j_ε 的卷积 (又叫 f 的正则化或光滑化子) 为:

$$
\begin{aligned}
M_\varepsilon(f)(x) &= f * j_\varepsilon = \int_\Omega f(y) j_\varepsilon(x-y)dy \\
&= \frac{1}{\varepsilon^n}\int_\Omega j\left(\frac{x-y}{\varepsilon}\right) f(y)dy \\
&= \int_{|z|\leqslant 1} j(z) f(x+\varepsilon z)dz
\end{aligned}
$$

因为 f 在任意闭球 $\overline{B_r(x)} \subset \Omega$ 上可积, 因此 $M_\varepsilon(f)$ 是适定的.

我们有

引理 3.1.1[72]　设 $f \in L^1_{loc}(\Omega)$, 则

(i) $M_\varepsilon(f) \in C^\infty(\Omega_\varepsilon)$, 这里 $\Omega_\varepsilon = \{x \in \Omega, d(x, \partial\Omega) > \varepsilon\}$;

(ii) 设 $\mathrm{supp} f = K \subset\subset R^n$ (K 为紧集), 则 $M_\varepsilon(f)$ 也有紧支集且位于 K 的 ε 邻域 $K_\varepsilon = \bigcup_{x\in K} \overline{B_\varepsilon(x)}$ 内, 其中 $B_\varepsilon(x)$ 表示以 x 为心 ε 为半径的 n 维球体;

(iii) 若 f 在 Ω 中连续, 则当 $\varepsilon \to 0$ 时, $M_\varepsilon(f)$ 在 Ω 的任一紧子集中一致收敛于 f;

(iv) 若 $f \in L^p(\Omega), 1 \leqslant p < +\infty$, 则

$$
\|M_\varepsilon(f) - f\|_{L^p(\Omega)} \to 0 \quad (\varepsilon \to 0).
$$

证　(i) $M_\varepsilon(f)(x) = f * j_\varepsilon = j_\varepsilon * f$

$$
= \frac{1}{\varepsilon^n}\int_\Omega j\left(\frac{x-y}{\varepsilon}\right) f(y)dy = \int_{|z|\leqslant 1} j(z) f(x+\varepsilon z)dz
$$

因为 f 在任意闭球 $\overline{B_\varepsilon(x)} \subset \Omega$ 上是 Lebesgue 可积的, 因此 $M_\varepsilon(f)$ 是有定义的, 进一步, 因 $M_\varepsilon(f)$ 关于 x 的导数可以通过积分号且只须 j 对 x 求导. 又因为当 $|z| \leqslant 1$ 时, $\forall x \in \Omega, f(x+\varepsilon z)$ 在 Ω_ε 上有定义且局部可积. 故 $M_\varepsilon(f) \in C^\infty(\Omega_\varepsilon)$.

(ii) 由于 $M_\varepsilon(f)(x) = f * j_\varepsilon = \int_{|z|\leqslant 1} j(z) f(x+\varepsilon z)dz$, 又 $f(x+\varepsilon z)$ 当 $x \in \Omega, |z| \leqslant 1$ 时, 在 K_ε 之外为 0.

(iii) 设 $0 < \varepsilon < d(K, \partial\Omega)$, 由于

$$
\int_{|z|\leqslant 1} j(z)dz = 1
$$

因此我们有

$$
\begin{aligned}
M_\varepsilon(f)(x)-f(x)&=\int_{|z|\leqslant 1} j(z)(f(x+\varepsilon z)-f(x))dz,\\
\sup_{x\in K}|M_\varepsilon(f)(x)-f(x)|&\leqslant \sup_{x\in K}\sup_{|z|\leqslant 1}|f(x+\varepsilon z)-f(x)|\\
&\leqslant \sup_{x,y\in U_\varepsilon,|x-y|\leqslant\varepsilon}|f(y)-f(x)|
\end{aligned}
$$

其中 $U_\varepsilon=\{y\in\Omega|\ d(y,K)<\varepsilon\}$. 由于 f 在 $\bar{U}_\varepsilon$ 上是一致连续的, 故 $M_\varepsilon(f)$ 在 K 上一致收敛于 f.

(iv) 若 $f\in L^p(\Omega)$, 把 f 扩张到 R^n:

$$
\tilde{f}(x)=\begin{cases} f(x), & x\in\Omega;\\ 0, & x\in R^n\backslash\Omega\end{cases}
$$

则 $\forall x\in\Omega_\varepsilon,\varepsilon<d(x,\partial\Omega)$, 由 $M_\varepsilon(\widetilde{f})(x)=(j_\varepsilon*\tilde{f})x=\int\limits_{|z|\leqslant 1} j(z)\tilde{f}(x+\varepsilon z)dz=\int\limits_{|z|\leqslant 1} j(z)f(x+\varepsilon z)dz=M_\varepsilon(f)(x)$ 及 $j=j^{1/p'}j^{1/p}$ 及 Hölder 不等式有

$$
|M_\varepsilon\tilde{f}(x)|\leqslant\left(\int_{|z|\leqslant 1} j(z)|\tilde{f}(x+\varepsilon z)|^p dz\right)^{1/p}
$$

上式两边取 p 次方并在 R^n 上积分并由 Fubini 定理有:

$$
\begin{aligned}
\int_\Omega|M_\varepsilon f|^p dx=\int_{R^n}|M_\varepsilon\tilde{f}(x)|^p dx&\leqslant\int_{R^n}\int\limits_{|z|\leqslant 1} j(z)|\tilde{f}(x+\varepsilon z)|^p dzdx\\
&\leqslant\int\limits_{|z|\leqslant 1} j(z)\int_{R^n}|\tilde{f}(y)|^p dydz=\int_{R^n}|\tilde{f}(y)|^p dy=\int_\Omega|f(y)|^p dy
\end{aligned}
$$

因此有不等式:

$$
||M_\varepsilon f||_{L^p(\Omega)}\leqslant||f||_{L^p(\Omega)},\qquad \forall\varepsilon>0.
$$

即 $M_\varepsilon f\in L^p(\Omega)$ 且正则化 $M_\varepsilon f$ 不增加 L^p- 模.

下证 $M_\varepsilon f(x)$ 按照 $L^p(\Omega)$ 拓扑收敛于 $f(x)$.

由于一个著名引理 (参 [16]): $L^p(\Omega)(1\leqslant p<+\infty)$ 中任何函数可用 Ω 中具有紧支集的连续函数按 $L^p(\Omega)$- 模逼近, 因此存在 $\phi\in C_0(\Omega)$, 使 $||f-\phi||_{L^p}<\varepsilon/3$.

又由上述已证明的“正则化不增加 L^p- 模”知

$$
||M_\varepsilon(f)-M_\varepsilon(\phi)||_{L^p(\Omega)}\leqslant||f-\phi||_{L^p(\Omega)}<\varepsilon/3
$$

又由 Lebesgue 控制收敛定理易证“若 $u \in L^p(\Omega)(1 \leqslant p < +\infty)$ 且 $z \in R^n$, 则当 $|z| \to 0$ 时, 平移函数 $S_z u(x) = u(x-z)$, 按 $L^p(\Omega)$- 模一致收敛于 $u(x)$”.

或者由引理 3.1.1 中 (ii) 存在紧子集 $K \subset \Omega$, 它包含 supp ϕ 及 supp $M_\varepsilon(\phi)$.

由 (iii) 及 $||\phi - M_\varepsilon(\phi)||_p \leqslant |K|^{1/p}||\phi - M_\varepsilon(\phi)||_{L^\infty(K)}$. 我们有 $||M_\varepsilon(\phi) - \phi||_p \to 0$, 因此可以取 ε 充分小, 使 $||M_\varepsilon(\phi) - \phi||_p < \varepsilon/3$, 因此

$$||M_\varepsilon(f) - f||_p \leqslant ||M_\varepsilon(f) - M_\varepsilon(\phi)||_p + ||M_\varepsilon(\phi) - \phi||_p + ||\phi - f||_p < \varepsilon$$

即 $M_\varepsilon(f)$ 按 $L^p(\Omega)$ 范数逼近 f.

推论　设 Ω 是 R^n 中一个区域 (连通开集).

(i) 如 Ω 是有界区域, 则 $C^\infty(\bar{\Omega})$ 在 $C(\bar{\Omega})$ 中稠.

(ii) 如 Ω 是任意区域, 则 $C_0^\infty(\Omega)$ 在 $L^p(\Omega)$ 中稠, 也在 $H_0^{1,p}(\Omega) = W_0^{1,p}(\Omega)$ 中稠 $(1 \leqslant p < +\infty)$.

定理 3.1.1[46,98]　设 $f \in L^p(\Omega)$. 则 f 具有强广义导数 $\dfrac{\partial f}{\partial x_i} \in L^p(\Omega)$ 当且仅当 f 具有弱广义导数 $\dfrac{\partial f}{\partial x_i} \in L^p(\Omega)$.

证明　充分性. 假设 $f \in L^p(\Omega)$ 具有强广义导数, 则存在 $f_k \in C^1(\Omega)$ 使 $\|f_k - f\|_{L^p} \to 0$, 且 $\dfrac{\partial f_k}{\partial x_i} \in L^p(\Omega)$, 并存在 $g_i \in L^p(\Omega)$ 使 $\left\|\dfrac{\partial f_k}{\partial x_i} - g_i\right\|_{L^p} \to 0$, 任取 $\varphi \in D(\Omega)$, 则有

$$\int_\Omega f_k(x)\frac{\partial \varphi}{\partial x_i}(x)dx = -\int_\Omega \frac{\partial f_k}{\partial x_i}(x)\varphi(x)dx.$$

又由 Hölder 不等式有

$$\left|\int_\Omega (f_k - f)\frac{\partial \varphi}{\partial x_i}dx\right| \leqslant \|f_k - f\|_{L^p} \cdot \left\|\frac{\partial \varphi}{\partial x_i}\right\|_{L^q} \to 0,$$

其中 $\dfrac{1}{p} + \dfrac{1}{q} = 1$. 即

$$\int_\Omega f_k \frac{\partial \varphi}{\partial x_i}dx \to \int_\Omega f\frac{\partial \varphi}{\partial x_i}dx,$$

故

$$\int_\Omega \frac{\partial f_k}{\partial x_i}\varphi dx \to -\int_\Omega f\frac{\partial \varphi}{\partial x_i}dx.$$

同理可证

$$\int_\Omega \frac{\partial f_k}{\partial x_i}\varphi dx \to \int_\Omega g_i\varphi dx,$$

从而

$$\int_\Omega f\frac{\partial \varphi}{\partial x_i}dx = -\int_\Omega g_i\varphi dx,$$

g_i 是 f 的弱广义导数.

必要性. 因为 $g_i(x)$ 是 $f(x)$ 的弱广义导数, 故若令 $\varphi(x)$ 为 $j_\varepsilon(x)$, 则 $j_\varepsilon(x-y) = \varphi(x-y)$,

$$M_\varepsilon(g_i)(x) = \int_\Omega g_i(y)\varphi(x-y)dy = -\int_\Omega f(y)\frac{\partial\varphi(x-y)}{\partial y_i}dy,$$

但

$$\frac{\partial}{\partial x_i}M_\varepsilon(f)(x) = \int_\Omega f(y)\frac{\partial\varphi(x-y)}{\partial x_i}dy = -\int_\Omega f(y)\frac{\partial\varphi(x-y)}{\partial y_i}dy,$$

故

$$\frac{\partial}{\partial x_i}M_\varepsilon(f)(x) = M_\varepsilon(g_i)(x).$$

又由引理 3.1.1 可知, 当 $\varepsilon \to 0$ 时,

$$\|M_\varepsilon(g_i) - g_i\|_{L^p} \to 0, \quad \|M_\varepsilon(f) - f\|_{L^p} \to 0.$$

故 $\dfrac{\partial f}{\partial x_i}(x) = g_i(x)$, 即 g_i 是 f 关于 x_i 的强广义导数.

德国数学家 Paul David Gustav du Bois-Reymond(1831 ~1889) 曾在一些特殊情况下, 证明了以下变分基本引理, 但现在的一般情形仍叫 Reymond 变分基本引理.

定理 3.1.2 设 $u \in L^1_{loc}(\Omega)$ 且 $\forall\psi \in C_0^\infty(\Omega)$ 有

$$\int_\Omega u(x)\psi(x)dx = 0.$$

则对 a.e. $x \in \Omega$ 成立 $u(x) = 0$.

证明 任取包含在 Ω 中的紧子集 K, 我们定义 $f(x) = \begin{cases} \mathrm{sign}u(x), & x \in K, \\ 0, & x \in \Omega\backslash K. \end{cases}$ 注意后面涉及 f 的积分, f 在一个零测集上的值不影响积分, 这里不妨假设 $u(x)$ 是逐点定义的. $\forall\varepsilon > 0$, 令

$$u_\varepsilon(x) = \int_\Omega f(y)j_\varepsilon(y-x)dy, \quad \forall x \in \Omega_\varepsilon = \{x \in \Omega | d(x,\partial\Omega) \geqslant \varepsilon\},$$

由于当 $y \notin \Omega$ 时, $\forall x \in \Omega_\varepsilon, |y-x| = d(y,x) \geqslant d(x,\partial\Omega) \geqslant \varepsilon$, 故有 $j_\varepsilon(y-x) = 0$, 即 $\forall x \in \Omega_\varepsilon$, 我们有 $\psi(y) = j_\varepsilon(y-x) \in C_0^\infty(\Omega)$, 且由引理 3.1.1 可知 $u_\varepsilon(x) = \int_\Omega f(y)j_\varepsilon(y-x)dy \in C^\infty(\Omega_\varepsilon)$, 且 u_ε 的紧支集包含在 Ω 中. 再注意到 $f \in L^1(\Omega)$, 故由引理 3.1.1 及定理 2.1.2 知, u_ε 存在子列 $u_{\varepsilon_k}(x) \to f(x)$, a.e. $x \in \Omega$, 由 $\int_\Omega u \cdot u_\varepsilon dx = 0$ 可知 $\int_K u \cdot f dx = \int_K |u| dx = 0$. 即 $u(x) = 0$, a.e. $x \in K$. 由于紧集 $K \subset \Omega$ 可任意, 故对 a.e. $x \in \Omega, u(x) = 0$.

德裔美籍大数学家 Herman Weyl (1885–1955) 于 1940 年证明了以下著名定理:

定理 3.1.3 (Weyl 引理) 设 $\Omega\subset R^n$ 是开集且 $u\in L^1_{loc}(\Omega)$ 满足

$$\int_\Omega u(x)\Delta\varphi(x)dx=0,\quad \forall\varphi\in C_0^\infty(\Omega) \tag{3.1.1}$$

则至多在 Ω 的一个零测集上重新定义 u 的值可使 $u\in C^\infty(\Omega)$ 且在 Ω 中有 $\Delta u=0$.

证 Weyl 引理对 $n=1$ 的证明是很简单的, 可直接验证. 下设 $n\geqslant 2$, 可分为以下三步来证明.

第 1 步 证明 u 的正则化满足平均值公式.

对 $x\in\Omega, r>0$, 记 $B_r(x)=\{y\in R^n:|y-x|<r\}$.

选取偶函数 $\varphi\in C_0^\infty(B_1(0))$ 且 $\int\varphi(x)dx=1$, 定义

$$\varphi_\varepsilon(x)=\frac{1}{\varepsilon^n}\varphi\left(\frac{x}{\varepsilon}\right),\ \Omega_\varepsilon=\{x\in\Omega:\overline{B_\varepsilon(x)}\subset\Omega\}$$

因为 $u\in L^1_{loc}(\Omega)$, 则由引理 3.1.1 知 $\varphi_\varepsilon*u\in C^\infty(\Omega_\varepsilon)$.

对 $\forall\psi\in C_0^\infty(\Omega_\varepsilon)$, 由分部积分公式及 Fubini 定理并注意到 φ_ε 是偶函数, 我们有:

$$\begin{aligned}&\int_\Omega\Delta(\varphi_\varepsilon*u)(x)\psi(x)dx=\int_\Omega(\varphi_\varepsilon*u)(x)\Delta\psi(x)dx\\&=\int_\Omega u(y)(\varphi_\varepsilon*\Delta\psi)(y)dy=\int_\Omega u(x)(\varphi_\varepsilon*\Delta\psi)(x)dx\end{aligned}$$

又因为 $\varphi_\varepsilon*\Delta\psi=\Delta(\varphi_\varepsilon*\psi)$, 因此上式变为

$$\int_\Omega\Delta(\varphi_\varepsilon*u)(x)\psi(x)dx=\int_\Omega u(x)\Delta(\varphi_\varepsilon*\psi)(x)dx$$

由于 $(\varphi_\varepsilon*\psi)\in C_0^\infty(\Omega_\varepsilon)$, 因此由已知假设的积分恒等式有

$$\int_\Omega\Delta(\varphi_\varepsilon*u)(x)\psi(x)dx=0,\quad\forall\psi\in C_0^\infty(\Omega_\varepsilon)$$

由变分基本引理即定理 3.1.2 知

$$\Delta(\varphi_\varepsilon*u)(x)=0,\quad x\in\Omega_\varepsilon.$$

由于任何调和函数均满足平均值公式, 因此, $\forall x\in\Omega_\varepsilon$, 我们有

$$(\varphi_\varepsilon*u)(x)=\frac{n}{\sigma_{n-1}r^n}\int_{B_r(x)}(\varphi_\varepsilon*u)(y)dy \tag{3.1.2}$$

这里 σ_{n-1} 是 $n-1$ 维单位球面的“表面积”, $\sigma_{n-1}=n\omega_n$, 这里 ω_n 是 n 维单位球体的“体积”, $\omega_n=2\pi^{\frac{n}{2}}\cdot\left[n\Gamma\left(\frac{n}{2}\right)\right]^{-1}$, 这里 $\Gamma(x)$ 是 Γ 特殊函数.

第 2 步 证明 u 本身满足平均值公式.

由引理 3.1.1 及定理 2.1.2 知, 对任意有界开集 $O \subset \bar{O} \subset \Omega$, 存在子列, 仍记为 $(\varphi_\varepsilon * u)$ 使得

$$||\varphi_\varepsilon * u - u||_{L^1(O)} \to 0, \quad \varphi_\varepsilon * u \to u, \ a.e. \ x \in O$$

因此由 (3.1.2) 可知, 对 a.e. $x \in O$ 有

$$u(x) = \lim_{\varepsilon \to 0} (\varphi_\varepsilon * u)(x) = \frac{n}{\sigma_{n-1} r^n} \int_{B_r(x)} u(y) dy$$

因此, 至多重新在 Ω 的一个零测集上定义 u 值可使 u 满足平均值公式:

$$u(x) = \frac{n}{\sigma_{n-1} r^n} \int_{B_r(x)} u(y) dy,$$

这里 $x \in \Omega, r > 0$ 充分小以致于 $\overline{B_r(x)} \subset \Omega$.

第 3 步 证明 u 在 Ω 上连续.

设 $x, y \in \Omega$ 且 $r > 0$ 充分小以致于 $\overline{B_r(x)} \cup \overline{B_r(y)} \subset \Omega$. 则我们有

$$\begin{aligned} |u(x) - u(y)| &= \frac{n}{\sigma_{n-1} r^n} \left| \int_{B_r(x)} u(z) dz - \int_{B_r(y)} u(z) dz \right| \\ &\leqslant \frac{n}{\sigma_{n-1} r^n} \int_O |u(z)| dz \leqslant C(r) \cdot |x - y| \end{aligned}$$

其中 $O = (B_r(x) \cup B_r(y)) - (B_r(x) \cap B_r(y))$.

由于当 $y \to x$ 时, $mes(O) \to 0$, 由 Lebesgue 积分的基本性质可知 $\int_O |u(z)| dz \to 0$, 因此 u 在 Ω 上连续.

由第 2 和第 3 步进一步易证 $u \in C^\infty(\Omega)$, 进而由 (3.1.1) 及分部积分公式和变分基本引理可知在 Ω 中 $\Delta u = 0$.

由上述变分基本引理 3.1.2, 立即可得广义函数的广义导数的唯一性 (几乎处处相等). 前面是选取具有紧支集的光滑函数空间 $C_0^\infty(\Omega)$ 作为基本函数空间, 然后在其上引进适当的拓扑收敛性, 再定义 $C_0^\infty(\Omega)$ 的共轭空间, 从而得到一类广义函数空间. 我们也还可以选取其他性质很好的函数空间作为基本空间, 例如, Schwartz 速降函数空间 $S = S(R^n)$. 然后, 研究 S 在适当拓扑下的共轭空间, 从而又得到一类广义函数空间.

广义函数空间中的广义函数不仅可以定义广义 (偏) 导数, 还可以定义 Fourier 变换, 以及广义函数之间的卷积运算等, 并能得到许多有用的性质, 从而为研究微分方程的广义解等方面提供了很有用的基本工具, 由于篇幅所限, 这里就不展开了.

3.2 几个常用的经典不等式

不等式理论在数学中占有非常重要的地位, 尤其是在分析数学中的各种先验估计本质上是研究各种形式的不等式.

这里介绍几个本书后面要反复用到的简单但重要的不等式.

1. 几何平均数与算术平均数之间成立所谓 Cauchy-Schwarz 不等式:

$$(a_1^{p_1}a_2^{p_2}\cdots a_n^{p_n})^{\frac{1}{\sum\limits_{i=1}^{n}p_i}}\leqslant\frac{\sum\limits_{i=1}^{n}p_ia_i}{\sum\limits_{i=1}^{n}p_i},$$

其中 $a_i\geqslant 0, p_i\geqslant 0(i=1,\cdots,n), p_i$ 不同时为 0; p_i 与 a_i 不同时为 0.

虽然上述一般性 Cauchy-Schwarz 不等式很基本但证明也较复杂, 可见英国著名数学家 G.H.Hardy(1877~1947) 与 J.E.Littlewood (1885~1977) 及美籍匈牙利数学家 G.Polyá (1887~1985) 的名著《不等式》.

2. 当 $n=2, a_1=a^p, a_2=b^{p'}, p_1=\dfrac{1}{p}, p_2=\dfrac{1}{p'}$ 时, 由上面不等式可得 W.H.Young (1863~1942) 不等式:

$$ab\leqslant\frac{a^p}{p}+\frac{b^{p'}}{p'},$$

其中 $p>1, p'=\dfrac{p}{p-1}\triangleq q$ 称为 p 的共轭指标, 满足:

$$\frac{1}{p}+\frac{1}{p'}=1.$$

证 由 ln 函数的凹性, 我们有

$$\ln\left(\frac{1}{p}a^p+\frac{1}{p'}b^{p'}\right)\geqslant\frac{1}{p}\ln a^p+\frac{1}{p'}\ln b^{p'}=\ln ab$$

再由 ln 函数在 $(0,\infty)$ 上的单调增性即得所证不等式.

3. 对任意 $\varepsilon>0$, 在上面不等式中用 $\varepsilon^{\frac{1}{p}}a$ 代替 a, 以 $\varepsilon^{-\frac{1}{p}}b$ 代替 b, 有内插不等式:

$$ab\leqslant\frac{\varepsilon a^p}{p}+\frac{\varepsilon^{-q/p}b^q}{q}\leqslant\varepsilon a^p+\varepsilon^{-\frac{q}{p}}b^q.$$

4. 德国数学家 Hölder(1859–1937) 在 1884 年证明以下所谓 Hölder 不等式:

(1) 离散形式的 Hölder 不等式为 (设 $(a_1,\cdots,a_n),(b_1,\cdots,b_n)$ 是二组非负实数)

$$\sum_{i=1}^{n}a_ib_i\leqslant\left(\sum_{i=1}^{n}a_i^p\right)^{\frac{1}{p}}\left(\sum_{i=1}^{n}b_i^q\right)^{\frac{1}{q}}\quad\left(p>1,\frac{1}{p}+\frac{1}{q}=1\right);$$

(2) 积分形式的 Hölder 不等式. 设 $p \geqslant 1, \dfrac{1}{p}+\dfrac{1}{q}=1$. 对 $\forall u \in L^p(\Omega), v \in L^q(\Omega)$, 成立:

$$\int_\Omega |u\cdot v|dx \leqslant \|u\|_p \cdot \|v\|_q.$$

由于离散型 Hölder 不等式与连续型 Hölder 不等式证明方法类似, 故我们这里仅证连续型.

证明 (i) 当 p, q 中有一个为 1, 另一个为 $+\infty$ 时, 上述不等式显然成立.

(ii) 当 $||u||_p=0$ 或 $||v||_q=0$ 时, 则

$$u(x)v(x)=0, \quad a.e.\ x\in\Omega$$

上述不等式也显然成立.

(iii) 当 $||u||_p>0, ||v||_q>0$, 且 $1<p,q<+\infty$ 时, 在 Young 不等式

$$a^{\frac{1}{p}}b^{1/q} \leqslant \frac{a}{p}+\frac{b}{q}, \quad a,b>0$$

中, 令

$$a=\frac{|u|^p}{||u||_p^p}, \quad b=\frac{|v|^q}{||v||_q^q}$$

则有

$$\frac{|u(x)v(x)|}{||u||_p\cdot||v||_q} \leqslant \frac{1}{p}\frac{|u|^p}{||u||_p^p}+\frac{1}{q}\frac{|v|^q}{||v||_q^q}$$

上式两边在 Ω 上积分得:

$$||uv||_1 \leqslant ||u||_p\cdot||v||_q$$

下面若未特别说明 q 是 p 的共轭指数，则表示它们可以没有共轭关系.

定理 3.2.1[72] (i) 设 $m(\Omega)=|\Omega|<+\infty$, 且 $p\leqslant q, \forall u\in L^q(\Omega)$ 有 $u\in L^p(\Omega)$ 且有不等式:

$$|\Omega|^{-\frac{1}{p}}\|u\|_p \leqslant |\Omega|^{-\frac{1}{q}}\|u\|_q;$$

(ii) 若 $u\in L^p(\Omega)$, 且 $u\in L^q(\Omega)$, 则 $u\in L^r(\Omega)$, 且有内插不等式:

$$\|u\|_r \leqslant \|u\|_p^\lambda\cdot\|u\|_q^{1-\lambda},$$

其中 $p\leqslant r\leqslant q, \dfrac{1}{r}=\dfrac{\lambda}{p}+\dfrac{1-\lambda}{q}, 0\leqslant\lambda\leqslant 1$;

(iii) 设 $u\in L^p(\Omega)\cap L^q(\Omega)$. 则有 $\|u\|_r\leqslant\varepsilon\|u\|_q+\varepsilon^{-\alpha}\|u\|_p$, 其中 $p\leqslant r\leqslant q$, $\varepsilon>0, \alpha=\left(\dfrac{1}{p}-\dfrac{1}{r}\right)^{-1}\left(\dfrac{1}{r}-\dfrac{1}{q}\right)$.

证明　(i) 由 Hölder 不等式有

$$\|u\|_p^p = \int_\Omega |u|^p \cdot 1dx \leqslant \left[\int_\Omega (|u|^p)^{\frac{q}{p}} dx\right]^{\frac{p}{q}} \left(\int_\Omega 1^{\frac{q}{q-p}} dx\right)^{1-\frac{p}{q}}$$
$$= \left[\int_\Omega |u|^q dx\right]^{\frac{p}{q}} |\Omega|^{1-\frac{p}{q}},$$

从而

$$\|u\|_p \leqslant \|u\|_q \cdot |\Omega|^{\frac{q-p}{pq}} = \|u\|_q \cdot |\Omega|^{\frac{1}{p}-\frac{1}{q}}.$$

(ii) 由于 $\dfrac{\lambda \cdot r}{p} + \dfrac{(1-\lambda)r}{q} = 1$, 故由 Hölder 不等式有

$$\|u\|_r^r = \int_\Omega |u|^r dx = \int_\Omega |u|^{\lambda r} \cdot |u|^{(1-\lambda)r} dx$$
$$\leqslant \left[\int_\Omega (|u|^{\lambda r})^{\frac{p}{\lambda r}} dx\right]^{\frac{\lambda r}{p}} \left[\int_\Omega (|u|^{(1-\lambda)r})^{\frac{q}{(1-\lambda)r}} dx\right]^{\frac{(1-\lambda)r}{q}}$$
$$= \|u\|_p^{\lambda r} \cdot \|u\|_q^{(1-\lambda)r},$$

上面不等式两边开 r 次方即得证.

(iii) 在内插不等式中取 $a = \|u\|_q^{1-\lambda}, b = \|u\|_p^{\lambda}, p = \dfrac{1}{1-\lambda}$ 得 $p' = \dfrac{1}{\lambda}$ 及:

$$\|u\|_p^{\lambda} \cdot \|u\|_q^{1-\lambda} \leqslant \varepsilon \|u\|_q + \varepsilon^{-\frac{1-\lambda}{\lambda}} \|u\|_p.$$

令 $\alpha = \dfrac{1-\lambda}{\lambda}$, 则由 $\dfrac{\lambda \cdot r}{p} + \dfrac{(1-\lambda)r}{q} = 1$ 可得

$$\alpha = \left(\frac{1}{p} - \frac{1}{r}\right)^{-1} \cdot \left(\frac{1}{r} - \frac{1}{q}\right),$$

把上面不等式代入 (ii) 中可得 (iii).

用数学归纳法可以证明下列**推广的 Hölder 不等式:**

设 $u_i \in L^{p_i}(\Omega), p_i \geqslant p > 0 (i = 1, 2, \cdots, m), \dfrac{1}{p_1} + \cdots + \dfrac{1}{p_m} = \dfrac{1}{p}$, 则

$$\left(\int_\Omega |u_1 u_2 \cdots u_m|^p dx\right)^{1/p} \leqslant \|u_1\|_{p_1} \|u_2\|_{p_2} \cdots \|u_m\|_{p_m}. \tag{3.2.1}$$

证　(1) $m = 2$ 时, 我们要证

$$(\int_\Omega |u_1 u_2|^p dx)^{1/p} \leqslant ||u_1||_{p_1} \cdot ||u_2||_{p_2} \tag{3.2.2}$$

由条件 $\frac{1}{p_1} + \frac{1}{p_2} = \frac{1}{p}$ 知

$$\left(\frac{p_1}{p}\right)^{-1}+\left(\frac{p_2}{p}\right)^{-1}=1$$

即 $\frac{p_1}{p}$ 和 $\frac{p_2}{p}$ 是一对共轭指数, 我们由此利用前面已证明的标准 Hölder 不等式

$$\begin{aligned}\int_\Omega |u_1\cdot u_2|^p dx &= \int_\Omega (|u_1|^p)(|u_2|)^p dx\\ &\leqslant \left[\int_\Omega (|u_1|^p)^{\frac{p_1}{p}}dx\right]^{\frac{p}{p_1}}\cdot\left[\int_\Omega (|u_2|^p)^{\frac{p_2}{p}}dx\right]^{\frac{p}{p_2}}\\ &=\left(\int_\Omega |u_1|^{p_1}dx\right)^{\frac{p}{p_1}}\left(\int_\Omega |u_2|^{p_2}dx\right)^{p/p_2}=||u_1||_{p_1}^p\cdot||u_2||_{p_2}^p\end{aligned}$$

由上式即得 (3.2.2) 式成立.

(2) 若 $m=k$ 时 (3.2.1) 式成立:

$$\begin{aligned}\left(\int_\Omega |u_1\cdots u_k|^p dx\right)^{1/p} &= \left[\int_\Omega |u_1\cdots u_k|^{(\frac{1}{p_1}+\cdots+\frac{1}{p_k})^{-1}}dx\right]^{(\frac{1}{p_1}+\cdots+\frac{1}{p_k})}\\ &\leqslant ||u_1||_{p_1}\cdots||u_k||_{p_k}\end{aligned}\tag{3.2.3}$$

我们要证 $m=k+1$ 时 (3.2.1) 也成立, 事实上, 由 $\dfrac{1}{p_1}+\cdots+\dfrac{1}{p_{k+1}}=\dfrac{1}{p}$ 有

$$\left(1-\frac{p}{p_{k+1}}\right)=\frac{p}{p_1}+\cdots+\frac{p}{p_k}=p\cdot\left(\frac{1}{p_1}+\cdots+\frac{1}{p_k}\right)$$

$$\left(1-\frac{p}{p_{k+1}}\right)^{-1}=p^{-1}\left(\frac{1}{p_1}+\cdots+\frac{1}{p_k}\right)^{-1}$$

$$\begin{aligned}&\left(\int_\Omega |u_1\cdots u_{k+1}|^p dx\right)\\ &=\int_\Omega (|u_1\cdots u_k|^p)\cdot(|u_{k+1}|^p)\,dx\\ &\leqslant\left[\int_\Omega (|u_1\cdots u_k|^p)^{(1-\frac{p}{p_{k+1}})^{-1}}dx\right]^{(1-\frac{p}{p_{k+1}})}\left[\int_\Omega (|u_{k+1}|^p)^{\frac{p_{k+1}}{p}}dx\right]^{\frac{p}{p_{k+1}}}\\ &=\left[\int_\Omega |u_1\cdots u_k|^{(\frac{1}{p_1}+\cdots+\frac{1}{p_k})^{-1}}dx\right]^{p\cdot(\frac{1}{p_1}+\cdots+\frac{1}{p_k})}\cdot\left[\int_\Omega |u_{k+1}|^{p_{k+1}}\right]^{\frac{p}{p_{k+1}}}\\ &\leqslant\left[\int_\Omega |u_1|^{p_1}dx\right]^{p/p_1}\cdots\left(\int_\Omega |u_k|^{p_k}dx\right)^{p/p_k}\cdot||u_{k+1}||_{p_{k+1}}^p\\ &=||u_1||_{p_1}^p\cdots||u_{k+1}||_{p_{k+1}}^p\end{aligned}$$

不等式两边开 p 次方即得证.

H.Minkowski (1864–1909)在研究 n 维空间中的对称凸体时定义了一种新的距离 $d(x,y)=\left(\sum\limits_{i=1}^n|x_i-y_i|^p\right)^{\frac{1}{p}}$, 并证明了相应的三角不等式, 他的工作为二十世纪

二十年代赋范空间理论的创立铺平了道路, 因此在 L^p 空间中的三角不等式仍叫 Minkowski 不等式.

定理 3.2.2 (Minkowski 不等式)　设 $1 \leqslant p \leqslant +\infty, u, v \in L^p(\Omega)$, 则

$$\|u+v\|_p \leqslant \|u\|_p + \|v\|_p.$$

证明

$$\begin{aligned}\|u+v\|_p^p &= \int_\Omega |u+v|^p dx \leqslant \int_\Omega |u+v|^{p-1} \cdot (|u|+|v|)dx \\ &= \int_\Omega |u||u+v|^{p-1}dx + \int_\Omega |v||u+v|^{p-1}dx \\ &\leqslant \left(\int_\Omega |u|^p dx\right)^{1/p} \left[\int_\Omega (|u+v|^{p-1})^{\frac{p}{p-1}}\right]^{\frac{p-1}{p}} \\ &\quad + \left(\int_\Omega |v|^p dx\right)^{1/p} \left[\int_\Omega (|u+v|^{p-1})^{\frac{p}{p-1}}\right]^{\frac{p-1}{p}}.\end{aligned}$$

上面不等式两端约去因子 $\left(\int_\Omega |u+v|^p dx\right)^{\frac{p-1}{p}}$ 即可证.

定理 3.2.3 (Cauchy-Schwarz 不等式)　设 $(X, (\cdot,\cdot))$ 是实的或者复的内积空间. 若令

$$\|x\| = (x,x)^{\frac{1}{2}} \quad (\forall x \in X), \tag{3.2.4}$$

则有

$$|(x,y)| \leqslant \|x\| \cdot \|y\| \quad (\forall x, y \in X), \tag{3.2.5}$$

而且上面不等式取等号当且仅当 x 与 y 线性相关.

证明 (i) 当 X 是实内积空间时, 我们分两种情形:

(1) $y=0$ 时, 不等式显然成立.

(2) $y \neq 0$ 时, 由于 $\forall \lambda \in R, (x-\lambda y, x-\lambda y) \geqslant 0$, 故关于 λ 的二次多项式

$$(y,y)\lambda^2 - 2(x,y)\lambda + (x,x) \geqslant 0$$

则判别式

$$\Delta = 4|(x,y)|^2 - 4(y,y)\cdot(x,x) \leqslant 0.$$

进一步可见上述不等式取等号的充要条件是 x 与 y 线性相关.

(ii) 当 X 是复内积空间时, 注意到 $\forall \lambda \in C$, 由内积公理有不等式:

$$0 \leqslant \langle x-\lambda y, x-\lambda y\rangle = |y|^2|\lambda|^2 - 2Re\{\langle x,y\rangle\bar{\lambda}\} + |x|^2$$

由于当 $y=0$ 时, Cauchy-Schwarz 不等式显然成立. 下设 $y \neq 0$, 取 $\lambda = \langle x,y\rangle \cdot |y|^{-2}$, 则有

$$\left|\frac{\langle x,y\rangle}{|y|^2}\right|^2 \cdot |y|^2 - 2\frac{|\langle x,y\rangle|^2}{|y|^2} + |x|^2 \geqslant 0$$

整理即得 (3.2.5). 且不等式取等号的充要条件是 $x=\lambda y$, 即 x, y 线性相关.

3.3 Sobolev 空间

在二十世纪三十年代, 前苏联数学家 S.L.Sobolev(1908–1989) 提出了广义函数 (分布) 的概念并由此定义了一类新的函数空间即 Sobolev 空间, 他还本质上证明了连续嵌入定理的一些情形. 本节内容主要参考了文献 [2], [16] 和 [72].

定义 3.3.1[2] 设 $\Omega \subset R^n$ 为开区域, k 为非负整数, $1 \leqslant p \leqslant +\infty$. 设 $u \in L^p(\Omega)$, 若对满足 $|\alpha| \leqslant k$ 的所有 α, 存在 $g_\alpha \in L^p(\Omega)$ 使得以下分部积分恒等式 $\forall \varphi \in C_0^\infty(\Omega)$ 成立:

$$\int_\Omega u \cdot D^\alpha \varphi dx = (-1)^{|\alpha|} \int_\Omega g_\alpha \varphi(x) dx$$

则称 g_α 是 u 的 α 阶广义 (弱) 导数, 也记为 $D^\alpha u$, 所有这样的 u 组成的集合记作 $W^{k,p}(\Omega)$ 或 $W_p^k(\Omega)$. 称集合

$$W^{k,p}(\Omega) = \{u | u \in L^p(\Omega), D^\alpha u \in L^p(\Omega), |\alpha| \leqslant k\}$$

按模

$$\|u\|_{W^{k,p}(\Omega)} = \|u\|_{k,p} = \begin{cases} \sum\limits_{|\alpha| \leqslant k} \left(\int_\Omega |D^\alpha u|^p dx \right)^{1/p} & (1 \leqslant p < +\infty), \\ \sum\limits_{|\alpha| \leqslant k} \operatorname{ess\,sup} |D^\alpha u| & (p = +\infty) \end{cases}$$

构成的空间为 Sobolev 空间.

注 Sobolev 空间有许多重要性质[2], 例如:

(1) $W^{k,p}(\Omega)$ 是 Banach 空间.

(2) 如果 $1 \leqslant p < +\infty$, 则 $W^{k,p}(\Omega)$ 是可分的; $1 < p < +\infty$ 时, 它还是自反的.

(3) $W^{k,p}(\Omega)$ 空间也可看作 $C^\infty(\Omega) \cap W^{k,p}(\Omega)$ 在范数 $\|\cdot\|_{k,p}$ 下的完备化空间. 而 $C_0^\infty(\Omega) \cap W^{k,p}(\Omega) = C_0^\infty$ 在范数 $\|\cdot\|_{k,p}$ 下的完备化空间为 $W_0^{k,p}(\Omega)$. 若 $u \in W_0^{k,p}(\Omega)$, 则 $u \in W^{k,p}(\Omega)$ 且对 $\forall \alpha$ 满足 $|\alpha| \leqslant k-1$ 成立 $D^\alpha u|_{\partial\Omega} = 0$ (在迹意义下).

Sobolev 空间最重要的性质是有连续嵌入定理和紧嵌入定理，首先我们研究连续嵌入.

定义 3.3.2[2,72] 若 X 和 Y 是两个 Banach 空间且作为集合有包含关系 $X \subset Y$ 并且成立不等式

$$||u||_Y \leqslant C||u||_X, \quad \forall u \in X,$$

则称 X(连续) 嵌入 Y, 记为 $X \hookrightarrow Y$.

定理 3.3.1 设 $\Omega \subset R^n$ 为有界开集. 则

$$W_0^{1,p}(\Omega) \hookrightarrow \begin{cases} L^q(\Omega), & 1 \leqslant q \leqslant \dfrac{np}{n-p}, \quad 1 \leqslant p < n, \\ L^\infty(\overline{\Omega}), & p > n, \end{cases} \tag{3.3.1}$$

其中“$\hookrightarrow$”表示嵌入.

注意到, 在 $p < n$ 的 Sobolev 嵌入定理中, 存在最优值 $q = \dfrac{np}{n-p}$. 为了找 $W^{k,p}(\Omega)$ 当 $kp > n$ 时相似的“最优嵌入”, 引入 Hölder 连续的概念.

若 $0 \leqslant \lambda < 1, u$ 在 x_0 的邻域 U 中是 C^m 的, 且设 $|\alpha| = \alpha_1 + \cdots + \alpha_n = m$.

$$[D^\alpha u]_{\alpha;x_0} = \sup_{x\in U} \frac{|D^\alpha u(x) - D^\alpha u(x_0)|}{|x-x_0|^\lambda} < \infty, \tag{3.3.2}$$

则称 u 在 x_0 是具 m 阶连续可微且 Hölder 指数 λ 的连续函数. $[D^\alpha u]_{\lambda,x_0}$ 依赖 U 的选取. 若上式对 $\forall x_0 \in \Omega$ 是有限的, 则称 $D^\alpha u$ 是局部 Hölder 连续 (在 Ω 内具指数 λ), 且把这样的函数的并记为 $C^{m,\lambda}(\Omega)$. 由有限覆盖定理易证 $C^{m,\lambda}(\Omega)$ 是 $C^m(\Omega)$ 中满足以下条件的函数组成的集合:

$$[D^m u]_{\lambda,K} = \max_{0\leqslant|\alpha|\leqslant m} \sup_{x,y\in K, x\neq y} \left\{ \frac{|D^\alpha u(x) - D^\alpha u(y)|}{|x-y|^\lambda} \right\} < +\infty,$$

这里 K 是 Ω 中任意紧子集.

类似地, 我们可以定义 $C^{m,\lambda}(\bar{\Omega})$ 为 $C^m(\bar{\Omega})$ 中所有使得

$$[D^m u]_{\lambda,\bar{\Omega}} \triangleq [D^m u]_\lambda = \max_{0\leqslant|\alpha|\leqslant m} \sup_{x,y\in\bar{\Omega}} \frac{|D^\alpha u(x) - D^\alpha u(y)|}{|x-y|^\lambda} < +\infty$$

的函数组成的集合.

若 Ω 有界, 则易证 $C^{m,\lambda}(\bar{\Omega})$ 在范数

$$\begin{aligned}\|u\|_{C^{m,\lambda}(\bar{\Omega})} &= \|u\|_{C^m(\overline{\Omega})} + [D^m u]_{\lambda,\overline{\Omega}} \\ &= \max_{0\leqslant|\alpha|\leqslant m} \sup_{x\in\bar{\Omega}} |D^\alpha u(x)| + \max_{0\leqslant|\alpha|\leqslant m} \sup_{x,y\in\bar{\Omega}} \frac{|D^\alpha u(x) - D^\alpha u(y)|}{|x-y|^\lambda}\end{aligned} \tag{3.3.3}$$

下是一个 Banach 空间, 且有连续嵌入 $C^{m_1,\lambda_1}(\bar{\Omega}) \hookrightarrow C^{m_2,\lambda_2}(\bar{\Omega}) \hookrightarrow C^{m_2}(\bar{\Omega})(0 \leqslant \lambda_2 \leqslant \lambda_1 < 1, 0 \leqslant m_2 \leqslant m_1 < +\infty)$.

美国著名数学家 C.B.Morrey (1907~1984) 于 1940 年将 Sobolev 的定理 3.3.1 中的第二部分改进为以下定理:

定理 3.3.2 (Morrey 定理)[77]　若 $kp > n$, $(k-m)p > n \geqslant (k-m-1)p$ 且 $\Omega \subset R^n$ 是有界开集, 则

$$W_0^{k,p}(\Omega) \hookrightarrow C^{m,\alpha}(\overline{\Omega}), \quad 0 \leqslant \alpha \leqslant k - m - \frac{n}{p}. \tag{3.3.4}$$

证明　我们这里仅证明 $k=1$ 情形, 我们采用 McOwen[72] 的书中的证明. 将 $u \in C_0^1(\Omega)$ 扩张使得 $u \in C_0^1(R^n)$(令 $u(x) = 0, x \notin \Omega$). 如图 3.3.1, $\forall x, y \in R^n$, 记

$$|x-y| = \sigma, \quad B_\sigma = \left\{ z \in R^n : \left| z - \frac{x+y}{2} \right| \leqslant \sigma \right\}.$$

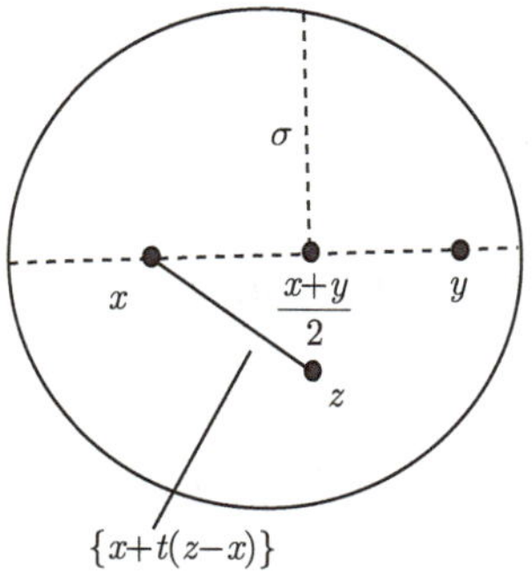

图 3.3.1

记 $\overline{\omega}_n$ 为 R^n 中单位球体积, 则 $\mathrm{Vol}(B_\sigma)=\overline{\omega}_n\sigma^n$.

设 $z\in B_\sigma$. 则由 Newton-Leibniz 公式有

$$u(z)-u(x)=\int_0^1\frac{d}{dt}u(x+t(z-x))dt=\int_0^1\nabla u(x+t(z-x))\cdot(z-x)dt.$$

上式两边关于 z 在 B_σ 上积分可得

$$\left|\int_{B_\sigma}u(z)dz-u(x)\overline{\omega}_n\sigma^n\right|\leqslant\int_{B_\sigma}\int_0^1|(\nabla u(x+t(z-x))\cdot(z-x)|dtdz.\tag{3.3.5}$$

因为 $z\in B_\sigma$, 所以 $|z-x|=|z-\dfrac{x+y}{2}-\dfrac{x-y}{2}|\leqslant\sigma+\dfrac{\sigma}{2}<2\sigma$. 令 $\bar{z}=x+t(z-x)(0\leqslant t\leqslant 1)$. 则 $d\bar{z}=t^n dz$. 所以由 Hölder 不等式, (3.3.5) 可化为

$$\begin{aligned}\left|\int_{B_\sigma}u(z)dz-u(x)\overline{\omega}_n\sigma^n\right|&\leqslant 2\sigma\int_0^1 t^{-n}\int_{\bar{B}_{t\sigma}}|\nabla u(\bar{z})|d\bar{z}dt\\&\leqslant 2\sigma\int_0^1 t^{-n}dt\left(\int_{\bar{B}_{t\sigma}}d\bar{z}\right)^{\frac{1}{p'}}\left(\int_{\bar{B}_{t\sigma}}|\nabla u|^p d\bar{z}\right)^{\frac{1}{p}}\\&\leqslant(\bar{\omega}_n\sigma^n)^{\frac{1}{p'}}\cdot 2\sigma\int_0^1 t^{-n}t^{\frac{n}{p'}}dt\|\nabla u\|_{L^p(R^n)}\\&\leqslant 2\bar{\omega}_n\sigma^{1-\frac{n}{p}+n}\int_0^1 t^{-\frac{n}{p}}dt\|\nabla u\|_{L^p(R^n)},\end{aligned}\tag{3.3.6}$$

其中 $\dfrac{1}{p}+\dfrac{1}{p'}=1$, $B_{t\sigma}$ 是半径为 $t\sigma$, 中心可能不在 $\dfrac{x+y}{2}$ 的球, 从而

$$\left|\int_{B_\sigma}u(z)dz-u(x)(\overline{\omega}_n\sigma^n)\right|\leqslant 2|x-y|^{1-\frac{n}{p}+n}\bar{\omega}_n\left(\int_0^1 t^{-\frac{n}{p}}dt\right)\|\nabla u\|_{L^p}.\tag{3.3.7}$$

同理可得

$$\left|\int_{B_\sigma}u(z)dz-u(y)\overline{\omega}_n\sigma^n\right|\leqslant 2|x-y|^{1-\frac{n}{p}+n}\overline{\omega}_n\left(\int_0^1 t^{-\frac{n}{p}}dt\right)\|\nabla u\|_{L^p}.\tag{3.3.8}$$

由 (3.3.7) 和 (3.3.8) 可得 Morrey 不等式

$$|u(x)-u(y)| \leqslant c|x-y|^{1-\frac{n}{p}}\|\nabla u\|_{L^p}, \tag{3.3.9}$$

其中 c 可取为 $4\int_0^1 t^{-\frac{n}{p}}dt$. 取 $y \in \partial\Omega,\quad u(y)=0$. 又由 Ω 有界可知 $\exists M>0$ 使得 $\forall x \in \Omega, |x| \leqslant M$. 故可得

$$|u(x)| \leqslant c(n,p,\Omega)\|\nabla u\|_{L^p},$$

$$\|u\|_{L^\infty(\overline{\Omega})} = \max_{\overline{\Omega}}|u(x)| \leqslant c(n,p,\Omega)\|\nabla u\|_{L^p}, \quad \forall u \in C_0^1(\bar{\Omega}). \tag{3.3.10}$$

因为 $C_0^1(\bar{\Omega})$ 在 $W_0^{1,p}(\Omega)$ 中稠密, 所以当 $u \in W_0^{1,p}(\Omega)$ 时, 存在 $u_n \in C_0^1(\bar{\Omega})$ 使 $||u_n-u||_{W_0^{1,p}(\Omega)} \to 0$, 故 $\|\nabla u_n - Du\|_{L^p(\Omega)} \to 0$ 且 $||u_n-u||_{L^p(\Omega)} \to 0$, 存在 $u_{n_k} \to u$, a.e.. 又由 (3.3.10) 知 $\{u_n\}$ 按 $C(\bar{\Omega})$ 是 Cauchy 列, 故 $\exists \tilde{u} \in C(\bar{\Omega})$ 使 $|u_n-\tilde{u}|_{L^\infty(\bar{\Omega})} \to 0$, 故对 $\{u_{n_k}\}$, $u_{n_k} \to \tilde{u}$, 故 a.e., $u=\tilde{u}$. 故将 u_{n_k} 代入 (3.3.10) 且取极限知对 $u \in W_0^{1,p}(\Omega)$ 也成立.

令 $\alpha = 1-\dfrac{n}{p}$. 则由 (3.3.9) 有

$$[u]_\alpha = \sup_{x,y\in\bar{\Omega}} \frac{|u(x)-u(y)|}{|x-y|^\alpha} \leqslant C \cdot ||Du||_{L^p}. \tag{3.3.11}$$

又由 (3.3.10) 及 $||u||_{C^\alpha(\bar{\Omega})}$ 的定义, 有

$$||u||_{C^\alpha(\bar{\Omega})} \leqslant \tilde{C}||Du||_{L^p} \leqslant \tilde{C} \cdot ||u||_{W_0^{1,p}}. \tag{3.3.12}$$

为证定理 3.3.1 中 $p<n$ 情形的 Sobolev 不等式, 只需证明以下不等式:

定理 3.3.3 (Sobolev-Gagliardo-Nirenberg)　若 $\Omega \subset R^n$ 是开域且 $1 \leqslant p < n, p^* = \dfrac{np}{n-p}, u \in W_0^{1,p}(\Omega)$, 则 $u \in L^{p^*}$, 且 $\exists c = c(n,p)$ 满足:

$$\|u\|_{p^*} \leqslant c\|Du\|_p. \tag{3.3.13}$$

注　若 $\Omega = R^n$, 则对 $u \in W^{1,p}(\Omega)$ 上式仍成立.

此定理的证明很基本，仅用到微积分基本定理和 Hölder 不等式. 尽管其证明很冗长, 但为了学习其中的证明技巧及读者查阅方便, 我们这里还是给出其证明.

我们可以先假设 $\Omega = R^n$, 此时不需要 u 具紧支集. 然后再考虑一般情况.

首先临界 Sobolev 指数 $p^* = \dfrac{np}{n-p}$ 可以通过物理学家常用的尺度重整化方法很容易得到.

事实上, 假设存在常数 $C>0$ 和 $1 \leqslant q \leqslant +\infty$ 使

$$||u||_q \leqslant C||\nabla u||_p, \quad \forall u \in C^\infty(R^n).$$

固定任意一个 $u\in C^\infty(R^n)$, 令 $u_\lambda(x)=u(\lambda x)$, 令 $\lambda x=y$, 则

$$||u_\lambda||_q=\left(\frac{1}{\lambda}\right)^{\frac{n}{q}}\left(\int_{R^n}|u(y)|^q dy\right)^{1/q},$$

$$\begin{aligned}||Du_\lambda||_p&=\left(\int_{R^n}|\lambda Du(\lambda x)|^p dx\right)^{1/p}\\&=\left[\lambda^p\left(\frac{1}{\lambda}\right)^n\right]^{1/p}\left(\int_{R^n}|Du(y)|^p dy\right)^{1/p}\\&=\lambda^{1-\frac{n}{p}}\cdot||\nabla u||_p.\end{aligned}$$

故有 $\lambda^{-\frac{n}{q}}||u||_q\leqslant C\lambda^{1-\frac{n}{p}}\cdot||\nabla u||_p,\forall\lambda>0$. 上式要对 $\forall u\not\equiv 0$ 成立, 必有

$$1-\frac{n}{p}+\frac{n}{q}=0,\qquad \frac{1}{q}=\frac{1}{p}-\frac{1}{n},$$

即 $q=\dfrac{np}{n-p}$.

引理 3.3.1[16,72] 设 $n\geqslant 2, f_1,f_2,\cdots,f_n\in L^{n-1}(R^{n-1})$. 对

$$x=(x_1,x_2,\cdots,x_n)\in R^n,\quad 1\leqslant i\leqslant n,$$

令

$$\tilde{x}_i=(x_1,x_2,\cdots,x_{i-1},x_{i+1},\cdots,x_n)\in R^{n-1}.$$

则函数

$$f(x)=f_1(\tilde{x}_1)f_2(\tilde{x}_2)\cdots f_n(\tilde{x}_n)\in L^1(R^n)$$

且

$$||f||_{L^1(R^n)}\leqslant\prod_{i=1}^n||f_i||_{L^{n-1}(R^{n-1})}.$$

证明 (1) $n=2$ 时, 结论成立可由以下等式看出:

$$\int_{R^2}|f_1(x_2)f_2(x_1)|dx_1dx_2=\int_R|f_1(x_2)|dx_2\cdot\int_R|f_2(x_1)|dx_1.$$

(2) $n=3$ 时, 注意到由 Cauchy-Schwarz 不等式有

$$\begin{aligned}\int_R|f(x)|dx_3&=|f_3(x_1,x_2)|\cdot\int_R|f_1(x_2,x_3)|\cdot|f_2(x_1,x_3)|dx_3\\&\leqslant|f_3(x_1,x_2)|\left(\int_R|f_1(x_2,x_3)|^2dx_3\right)^{1/2}\cdot\left(\int_R|f_2(x_1,x_3)|^2dx_3\right)^{1/2}.\end{aligned}$$

故有

$$\begin{aligned}\int_{R^3}|f(x)|dx=&\int_{R^2}\left(\int_R|f(x)|dx_3\right)dx_1dx_2\\ \leqslant&\int_{R^2}|f_3(x_1,x_2)|\left(\int_R|f_1(x_2,x_3)|^2dx_3\right)^{1/2}\\ &\cdot\left(\int_R|f_2(x_1,x_3)|^2dx_3\right)^{1/2}dx_1dx_2.\end{aligned}$$

由 Cauchy-Schwarz 不等式有

$$\begin{aligned}\int_{R^3}|f(x)|dx\leqslant&\left(\int_{R^2}|f_3(x_1,x_2)|^2dx_1dx_2\right)^{1/2}\\ &\cdot\left[\int_{R^2}\left(\int_R|f_1(x_2,x_3)|^2dx_3\cdot\int_R|f_2(x_1,x_3)|^2dx_3\right)dx_1dx_2\right]^{1/2}\\ =&||f_3||_{L^2(R^2)}||f_1||_{L^2(R^2)}\cdot||f_2||_{L^2(R^2)}.\end{aligned}$$

(3) 一般情形可用数学归纳法证明. 假设结果对 $n=N$ 时成立, 下证 $n=N+1$ 时也成立.

固定 $x_{n+1}\in R$, 由 Hölder 不等式有

$$\begin{aligned}\int_{R^N}|f(x)|dx_1dx_2\cdots dx_N=&\int_{R^N}|f_{N+1}\cdot(f_1f_2\cdots f_N)|dx_1dx_2\cdots dx_N\\ \leqslant&||f_{N+1}||_{L^N(R^N)}\left[\int_{R^N}|f_1f_2\cdots f_N|^{N'}dx_1dx_2\cdots dx_N\right]^{1/N'},\end{aligned}$$

这里 N' 是 N 的共轭指数, $N'=\dfrac{N}{N-1}$. 对 $|f_1|^{N'},|f_2|^{N'},\cdots,|f_N|^{N'}$ 应用归纳假设有

$$\begin{aligned}&\int_{R^N}|f_1|^{N'}\cdots|f_N|^{N'}dx_1\cdots dx_N\\ \leqslant&\prod_{i=1}^N|||f_i|^{N'}||_{L^{N-1}(R^{N-1})}\\ =&\prod_{i=1}^N\left(\int|f_i|^{N'(N-1)}d\tilde{x}_i\right)^{\frac{1}{N-1}}\\ =&\prod_{i=1}^N\left(\int|f_i|^Nd\tilde{x}_i\right)^{1/N-1}\\ =&\prod_{i=1}^N||f_i||_{L^N(R^{N-1})}^{N'}.\end{aligned}$$

故有

$$\int_{R^N} |f(x)|dx_1 \cdots dx_N \leqslant ||f_{N+1}||_{L^N(R^N)} \cdot \prod_{i=1}^{N} ||f_i||_{L^N(R^{N-1})}.$$

现在把 x_{N+1} 看成是变量, 则 $\forall 1 \leqslant i \leqslant N$,

$$x_{N+1} \mapsto ||f_i||_{L^N(R^{N-1})}$$

是 $L^N(R)$ 中的函数. 事实上:

$$\begin{aligned}\int_R ||f_i||^N_{L^N(R^{N-1})} dx_{N+1} &= \int_R \int_{R^{N-1}} |f_i|^N d\tilde{x}_i dx_i \\ &= \int_{R^N} |f_i|^N dx_1 \cdots dx_N = ||f_i||^N_{L^N(R^N)} < +\infty.\end{aligned}$$

故由 Hölder 不等式知连乘积 $\prod\limits_{i=1}^{N} ||f_i||_{L^N(R^{N-1})} \in L^1(R)$. 故由 Hölder 不等式有

$$\begin{aligned}\int_{R^{N+1}} |f(x)|dx_1 \cdots dx_N dx_{N+1} &\leqslant ||f_{N+1}||_{L^N(R^N)} \int_R \prod_{i=1}^{N} ||f_i||_{L^N(R^{N-1})} \\ &\leqslant ||f_{N+1}||_{L^N(R^N)} \cdot \prod_{i=1}^{N} ||f_i||_{L^N(R^N)},\end{aligned}$$

故由归纳法, 引理得证.

现在我们来证明定理 3.3.3.

(1) 先设 $\Omega = R^n, p = 1, u \in C_c^1(R^n)$. 由 Newton-Leibniz 公式有

$$\begin{aligned}|u(x_1, x_2, \cdots, x_n)| &= \left| \int_{-\infty}^{x_1} \frac{\partial u}{\partial t}(t, x_2, \cdots, x_n) dt \right| \\ &\leqslant \int_{-\infty}^{+\infty} \left| \frac{\partial u}{\partial t}(t, x_2, \cdots, x_n) \right| dt.\end{aligned}$$

一般地, $\forall 1 \leqslant i \leqslant n$,

$$|u(x_1, x_2, \cdots, x_n)| \leqslant \int_{-\infty}^{\infty} \left| \frac{\partial u}{\partial t}(x_1, \cdots, x_{i-1}, t, x_{i+1}, \cdots, x_n) \right| dt \triangleq f_i(\tilde{x}_i).$$

故

$$|u(x)|^n \leqslant \prod_{i=1}^{n} f_i(\tilde{x}_i).$$

由上述引理有

$$\begin{aligned}\int_{R^n} |u(x)|^{n/(n-1)}dx &\leqslant \int_{R^n} \left|f_1^{\frac{1}{n-1}} \cdots f_n^{\frac{1}{n-1}}\right| dx \\ &\leqslant \prod_{i=1}^{n} \left[\int_{R^{n-1}} |f_i^{\frac{1}{n-1}}|^{n-1} d\tilde{x}_i\right]^{\frac{1}{n-1}} \\ &\leqslant \prod_{i=1}^{n} ||f_i||_{L^1(R^{n-1})}^{1/(n-1)} = \prod_{i=1}^{n} \left\|\frac{\partial u}{\partial x_i}\right\|_{L^1(R^n)}^{1/(n-1)}.\end{aligned}$$

上面不等式两边取 $\dfrac{n-1}{n}$ 次方有

$$||u||_{L^{n/(n-1)}(R^n)} \leqslant \prod_{i=1}^{n} \left\|\frac{\partial u}{\partial x_i}\right\|_{L^1(R^n)}^{1/n}.$$

注意到, 当 $p=1$ 时, $p^* = \dfrac{n}{n-1}$,

$$\nabla u = \left(\frac{\partial u}{\partial x_1}, \cdots, \frac{\partial u}{\partial x_n}\right),$$

$||\nabla u||_{L^1} = \sum\limits_{i=1}^{n} \int_{R^n} \left|\dfrac{\partial u}{\partial x_i}\right| dx$. 由算术平均与几何平均的关系知

$$\left(\prod_{i=1}^{n} \left\|\frac{\partial u}{\partial x_i}\right\|_{L^1}\right)^{1/n} \leqslant \frac{\sum\limits_{i=1}^{n} \left\|\dfrac{\partial u}{\partial x_i}\right\|_{L^1}}{n}.$$

故有

$$\begin{aligned}||u||_{L^{p^*}} &\leqslant \prod_{i=1}^{n} \left\|\frac{\partial u}{\partial x_i}\right\|_{L^1(R^n)}^{1/n} \\ &\leqslant \frac{1}{n} ||\nabla u||_{L^1},\end{aligned}$$

即此时 Sobolev-Gagliardo-Nirenberg 不等式得证.

(2) $\Omega = R^n, 1 < p < n, u \in C_c^1(R^n)$.

设 $m \geqslant 1$, 用 $|u|^{m-1}u$ 代替上面已证明的不等式中的 u, 并用 Hölder 不等式, 我们有

$$\begin{aligned}||u||_{L^{mn/(n-1)}}^m &\leqslant m \cdot \prod_{i=1}^{n} \left\||u|^{m-1} \frac{\partial u}{\partial x_i}\right\|_{L^1}^{1/n} \\ &\leqslant m \cdot ||u||_{p'(m-1)}^{m-1} \prod_{i=1}^{n} \left\|\frac{\partial u}{\partial x_i}\right\|_{L^p}^{1/n},\end{aligned}$$

这里 $\frac{1}{p'}+\frac{1}{p}=1$. 注意到 $p'=\frac{p}{p-1}, p^*=\frac{np}{n-p}$, 我们可以选取 m 使

$$m=\frac{(n-1)p^*}{n},$$

且同时成立:

$$\frac{mn}{n-1}=p'(m-1)=p^*,$$

因为 $1<p<n$, 故 $m>1$, 故有

$$||u||_{p^*}\leqslant m\cdot\prod_{i=1}^{n}\left\|\frac{\partial u}{\partial x_i}\right\|_{L^p}^{1/n}.$$

因为 $\forall i, \left\|\frac{\partial u}{\partial x_i}\right\|_{L^p}\leqslant ||\nabla u||_{L^p}$, 故有

$$||u||_{L^{p^*}}\leqslant m(||\nabla u||_{L^p}^{1/n})^n=m\cdot||\nabla u||_{L^p}.$$

(3) $\Omega=R^n, u\in W^{1,p}(R^n)$.

设 $\{u_n\}\subset C_c^1(R^n)$ 满足: 按 $W^{1,p}(R^n)$ 模 $u_n\to u$, 则存在子列, 仍记为 u_n, 使 $u_n\to u$, a.e., 故一方面由前面已证的对 $C_c^1(R^n)$ 情形的不等式有

$$||u_n||_{L^{p^*}}\leqslant C||\nabla u_n||_{L^p}\to C\cdot||Du||_{L^p}.$$

另一方面又由 Fatou 引理有

$$\begin{aligned}\varliminf_{n\to\infty}||u_n||_{L^{p^*}}&=\varliminf_{n\to\infty}\left(\int_{R^n}|u_n|^{p^*}dx\right)^{1/p^*}\\&\geqslant\left(\int_{R^n}\varliminf_{n\to\infty}|u_n|^{p^*}dx\right)^{1/p^*}=\left(\int_{R^n}|u|^{p^*}dx\right)^{1/p^*},\end{aligned}$$

即 $u\in L^{p^*}$ 且

$$||u||_{L^{p^*}}\leqslant C||Du||_{L^p}.$$

定义 3.3.3 ([16]) 设 $\Omega\subset R^n$ 是有界开集. 称 Ω 是具有 Lipschitz 边界的有界开集, 如果以下条件成立:

$\forall x\in\partial\Omega$, 存在 x 的邻域 $U\subset R^n$ 及 1-1 到上的映射 $H:Q\to U$, 其中

$$\begin{aligned}&Q=\{x\in R^n:|x_j|<1, j=1,2,\cdots,n\}\\&H\in C^{0,1}(\bar{Q}),\ H^{-1}\in C^{0,1}(\bar{U}),\\&H(Q_+)=U\cap\Omega,\ H(Q_0)=U\cap\partial\Omega,\end{aligned}$$

这里 $Q_+=\{x\in Q:x_n>0\}; Q_0=\{x\in Q:x_n=0\}$.

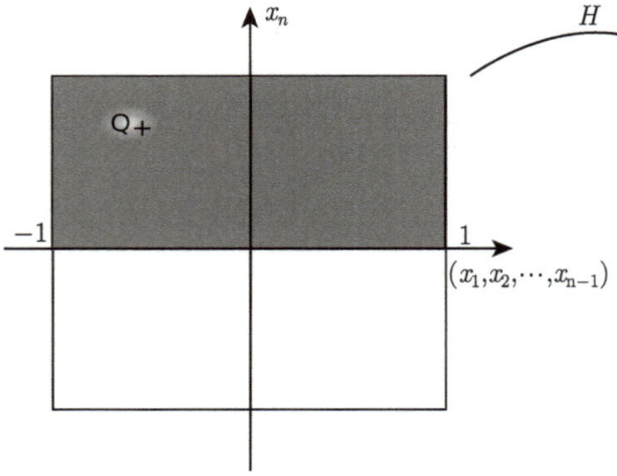

图 3.3.2

相似地, 若上面的 $H\in C^{m,\alpha}, H^{-1}\in C^{m,\alpha}$, 则我们称 Ω 具有 $C^{m,\alpha}$ 边界.

当 $\Omega\subset R^n$ 是具有适当边界条件的开集时, 可用扩张算子

$$P: W^{1,p}(\Omega)\to W^{1,p}(R^n)$$

的性质及前面已证的关于 R^n 中的不等式来证明定理 3.3.3 的一般情形. 这里不详述, 有兴趣的读者可见文献 [2] 和 [16].

现在证明当 $1\leqslant p<n$ 时的 Sobolev 定理 3.3.1.

证明 对 $r\geqslant 1$, 由 Hölder 不等式有

$$\|u\|_q^q=\int_\Omega 1\cdot|u|^q dx\leqslant (\mathrm{Vol}(\Omega))^{\frac{1}{r'}}\|u\|_{rq}^q,\quad \frac{1}{r'}+\frac{1}{r}=1.$$

设 $1\leqslant q<p^*=\dfrac{np}{n-p}$, 且取 $r=p^*/q>1$. 则

$$\|u\|_q\leqslant|\Omega|^{\frac{1}{r'q}}\|u\|_{p^*}\quad (p^*=rq)$$

再由 Sobolev-Gagliardo-Nirenberg 不等式 $\|u\|_{p^*}\leqslant c\|Du\|_p$ 即可得结论.

定理 3.3.4[16] 设 $1\leqslant p<n$. 则 $\forall q\in[p,p^*]$,

$$W^{1,p}(R^n)\subset L^q(R^n)$$

是连续嵌入.

证明 给定 $q\in[p,p^*]$, 则因为 $\dfrac{1}{p^*}\leqslant\dfrac{1}{q}\leqslant\dfrac{1}{p}$, 故存在 $0\leqslant\alpha\leqslant 1$, 使 $\dfrac{1}{q}=\dfrac{\alpha}{p}+\dfrac{1-\alpha}{p^*}$. 又因为由定理 3.2.1 有

$$||u||_q\leqslant||u||_p^\alpha\cdot||u||_{p^*}^{1-\alpha}.$$

又由 Young 不等式有

$$(||u||_p^{\alpha})(||u||_{p^*}^{1-\alpha}) \leqslant ||u||_p + ||u||_{p^*}.$$

故由 Sobolev-Gagliardo-Nirenberg 不等式 (3.3.13) 有

$$\begin{aligned}||u||_q &\leqslant ||u||_p + C_1 \cdot ||\nabla u||_{L^p}\\ &\leqslant C \cdot ||u||_{W^{1,p}}.\end{aligned}$$

定理 3.3.5[16] $\forall q \in [n, +\infty)$, 有连续嵌入:

$$W^{1,n}(R^n) \subset L^q(R^n).$$

证明 假设 $u \in C_c^1(R^n)$, 设 $p = n$, 则 $p' = \dfrac{n}{n-1}$. 故类似于定理 3.3.3 的证明中的方法有以下不等式

$$\begin{aligned}||u||_{mn/(n-1)}^m &\leqslant m \cdot ||u||_{(m-1)n/(n-1)}^{m-1} \prod_{i=1}^n \left\| \frac{\partial u}{\partial x_i} \right\|_n^{1/n}\\ &\leqslant \frac{m}{n} ||u||_{(m-1)n/(n-1)}^{m-1} \cdot \sum_{i=1}^n \left\| \frac{\partial u}{\partial x_i} \right\|_n\\ &= \frac{m}{n} ||u||_{(m-1)n/(n-1)}^{m-1} \cdot ||\nabla u||_n,\\ ||u||_{mn/(n-1)} &\leqslant \left(\frac{m}{n}\right)^{1/m} \cdot ||u||_{(m-1)n/(n-1)}^{\frac{(m-1)}{m}} \cdot ||\nabla u||_n^{1/m}.\end{aligned}$$

由 Young 不等式, 存在 $c > 0$ 使

$$||u||_{mn/(n-1)} \leqslant c(||u||_{(m-1)n/(n-1)} + ||\nabla u||_n).$$

在上式中我们选取 $m = n$, 有

$$||u||_{\frac{n^2}{n-1}} \leqslant C \cdot ||u||_{W^{1,n}}.$$

由于显然有

$$||u||_n \leqslant C \cdot ||u||_{W^{1,n}}.$$

对 $n \leqslant q \leqslant \dfrac{n^2}{n-1}, 0 \leqslant \alpha \leqslant 1$, 再由插值不等式有

$$\begin{aligned}||u||_q &\leqslant ||u||_n^{\alpha} \cdot ||u||_{n^2/(n-1)}^{1-\alpha}\\ &\leqslant C \cdot ||u||_{W^{1,n}}.\end{aligned}$$

注意 $\dfrac{n^2}{n-1} > n+1$, 再以 $m = n+1$ 代替前面的 n, $\exists r_1(n) > n+2$, 类似地对

$n+1 \leqslant q \leqslant r_1(n)$, 仍然得到不等式

$$||u||_q \leqslant C \cdot ||u||_{W^{1,n}}.$$

这样连续迭代, 可得到 $r_i(n) > n+i+1$, 故有覆盖 $[n, +\infty)$ 的闭区间列:

$$\left[n, \frac{n^2}{n-1}\right], \quad [n+1, r_1(n)], \quad [n+2, r_2(n)], \quad \cdots,$$

从而 $\forall q \in [n, +\infty)$ 有

$$||u||_q \leqslant C \cdot ||u||_{W^{1,n}}, \quad \forall u \in C_c^1(R^n).$$

由于 $C_c^1(R^n)$ 在 $W^{1,n}(R^n)$ 中稠密, 故上述不等式对 $u \in W^{1,n}(R^n)$ 仍成立.

定理 3.3.6 (Gagliardo-Nirenberg 不等式) 设 $\Omega \subset R^n$ 是开域, $n > p \geqslant 1, 0 \leqslant \lambda \leqslant 1$, 且满足 $\dfrac{1}{q} = \lambda\left(\dfrac{1}{p} - \dfrac{1}{n}\right) + \dfrac{1-\lambda}{r}$, 则 $\forall u \in C_0^1(\Omega)$ 有

$$\|u\|_q \leqslant c\|Du\|_p^{\lambda} \cdot \|u\|_r^{1-\lambda}. \tag{3.3.14}$$

证明 由 Hölder 插值不等式, 我们有

$$||u||_q \leqslant ||u||_{p^*}^{\lambda} ||u||_r^{1-\lambda},$$

这里

$$\frac{1}{q} = \frac{\lambda}{p^*} + \frac{1-\lambda}{r}.$$

又由 Sobolev-Gagliardo-Nirenberg 不等式有 $||u||_{p^*} \leqslant C||Du||_p$, 故得证.

定理 3.3.7 (Sobolev 嵌入定理)[2] 设 $\Omega \subset R^n$ 是开集. 则 $W_0^{1,p}(\Omega) \hookrightarrow L^q(\Omega)$ 是连续嵌入 $\left(1 \leqslant p \leqslant q \leqslant \dfrac{np}{n-p}\right)$, 且 $\exists c = c(n,p,q)$, 使 $\forall u \in C_0^1(\Omega)$ 有

$$\|u\|_q \leqslant c\|u\|_{1,p} = c(||Du||_p + ||u||_p), \tag{3.3.15}$$

且由 $C_0^1(\Omega)$ 在 $W_0^{1,p}(\Omega)$ 中稠密, 上式对 $\forall u \in W_0^{1,p}(\Omega)$ 亦成立.

证明 取 $r = p$, 由 Gagliardo-Nirenberg 不等式有

$$\|u\|_q \leqslant c\|Du\|_p^{\lambda} \cdot \|u\|_p^{1-\lambda},$$

其中 $0 \leqslant \lambda \leqslant 1$ 而 q 满足:

$$\frac{1}{q} = \lambda\left(\frac{1}{p} - \frac{1}{n}\right) + (1-\lambda) \cdot \frac{1}{p} = \frac{1}{p} - \frac{\lambda}{n} = \frac{n - \lambda p}{pn}.$$

由 Young 不等式

$$ab \leqslant \frac{a^s}{s} + \frac{b^t}{t}, \quad \forall a, b > 0 \quad \left(s, t > 1, \frac{1}{s} + \frac{1}{t} = 1\right).$$

令 $s=\dfrac{1}{\lambda},t=\dfrac{1}{1-\lambda}$, 则有

$$\|Du\|_p^{\lambda}\cdot\|u\|_p^{1-\lambda}\leqslant C(||Du||_p+||u||_p).$$

由 Sobolev 连续嵌入定理可知, $W_0^{1,p}(\Omega)$ 中的有界集放在某个 $L^q(\Omega)$ 中仍是有界集, 但在应用中这还不够, 我们需要研究更强的紧嵌入定理.

定义 3.3.4[2] $f:X\to Y$ 称为紧映射, 是指对任意有界集 $A\subset X$, $f(A)$ 在 Y 中是列紧集或 $\overline{f(A)}$ 是 Y 中紧集. X 嵌入到 Y 中为紧嵌入是指恒同映射 $Id:A\subset X$ 的像 A 按 Y 中拓扑列紧, 记为 $X\hookrightarrow\hookrightarrow Y$.

定理 3.3.8 (Rellich-Kondrashov 紧嵌入定理)[2] 设 $\Omega\subset R^n$ 为有界开集. 则

(i) 若 $p>n$, 且 $0\leqslant\alpha<1-\dfrac{n}{p}$, 则

$$W_0^{1,p}(\Omega)\hookrightarrow\hookrightarrow C^{\alpha}(\overline{\Omega});$$

(ii) 若 $p\leqslant n$, 且 $1\leqslant q<\dfrac{np}{n-p}$, 则

$$W_0^{1,p}(\Omega)\hookrightarrow\hookrightarrow L^q(\Omega).$$

奥裔德国数学家 F.Rellich(1906–1955) 于 1930 年证明了紧嵌入定理的一个特殊情形 $p=q=2$, 苏联数学家 V.I.Kondrashov 于 1945 年证明了紧嵌入定理 $p\leqslant n$ 时的一般情形.

为了证明上述定理，我们需要几个引理.

引理 3.3.2 (Arzelà-Ascoli 定理)[110] 设 $A\subset R^n$ 为紧集, $C(A)$ 为定义在 A 上的连续函数空间 ($L^{\infty}(A)$ 为 A 上的本性有界函数空间). 则 $C(A)$(或 $L^{\infty}(A)$) 中的函数族 F 是一个列紧集的充要条件是 F 一致有界且等度连续 (等度几乎连续).

引理 3.3.3 (L^p 紧性准则, Kolmogorov-Riesz-Fréchet)[16] 设 $1\leqslant p<\infty,\Omega\subset R^n$ 有界开集. 若 $S\subset L^p(\Omega)$ 满足:

(1) 按 L^p 模一致有界, 即

$$\|u\|_{L^p}\leqslant M,\quad \forall u\in S\subset L^p(\Omega);$$

(2) L^p 平均等度连续, 即 $\forall\varepsilon>0,\exists\delta(\varepsilon)>0$, 使得 $\forall u\in S$,

$$\int_{\Omega}|u(y+z)-u(y)|^p dy<\varepsilon,\quad |z|<\delta$$

(这里 u 已被扩张到 Ω 外为 0),

则 S 是 $L^p(\Omega)$ 中列紧集.

注 1 上述二个著名引理的证明也见附录 4.

注 2 设 $\Omega \subset R^n$ 有界开集. 则 $C^1(\overline{\Omega})$ 紧嵌入到 $C(\overline{\Omega})$ 中.

这是因为: 设 $A \subset C^1(\Omega)$ 为有界集, 即

$$\|u\|_{C^1(\overline{\Omega})} = \sup_{x\in\overline{\Omega}}|u(x)| + \sup_{x\in\overline{\Omega}}|Du(x)| \leqslant M, \quad u \in A.$$

则 $\|u\|_{C(\overline{\Omega})} = \sup\limits_{x\in\overline{\Omega}}|u(x)| \leqslant M(\forall u \in A)$, 即 A 按 $C(\overline{\Omega})$ 模一致有界. 另外,

$$|u(x) - u(y)| = |\nabla u(\xi) \cdot (x - y)| \leqslant |Du(\xi)||x - y| \leqslant M|x - y|, \quad u \in A.$$

即 A 中函数族等度连续. 所以由 Arzelà-Ascoli 定理, $C^1(\overline{\Omega}) \hookrightarrow\hookrightarrow C(\overline{\Omega})$. 更一般地, 有以下结论.

引理 3.3.4[72] 设 Ω 有界, 则

$$C^\alpha(\overline{\Omega}) \hookrightarrow\hookrightarrow C^\beta(\overline{\Omega}), \quad 0 \leqslant \beta < \alpha \leqslant 1.$$

这里我们给出一个证明如下.

证明 如果 $0 \leqslant \beta < \alpha \leqslant 1$, 我们证明 $C^\alpha(\bar{\Omega})$ 紧嵌入到 $C^\beta(\bar{\Omega})$.

设 $S \subset C^\alpha(\bar{\Omega})$ 是有界集合, 即 $\exists C_1 > 0$ 使 $\forall u \in S, ||u||_{C^\alpha(\bar{\Omega})} \leqslant C_1$, 故

(1) $||u||_\infty \leqslant C_1$;

(2) $\sup\limits_{x,y\in\bar{\Omega}} \dfrac{|u(x) - u(y)|}{|x - y|^\alpha} \leqslant C_1$,

即

$$|u(x) - u(y)| \leqslant C_1 \cdot |x - y|^\alpha,$$

所以由 Arzelà-Ascoli 引理, S 按 $C(\bar{\Omega})$ 拓扑是列紧集, 即存在序列 $u_n(x) \in S$ 及 $u(x) \in \bar{S} \subset C(\bar{\Omega})$ 使

$$\max_{x\in\bar{\Omega}}|u_n(x) - u(x)| \to 0.$$

进一步, 我们要证 $||u_n - u||_{C^\beta(\bar{\Omega})} \to 0$. 注意到

$$\begin{aligned}
[u_n - u_m]_\beta &\triangleq \sup_{x,y\in\bar{\Omega}} \frac{|u_n(x) - u_m(x) - (u_n(y) - u_m(y))|}{|x - y|^\beta} \\
&\leqslant \sup_{x,y\in\bar{\Omega}} \frac{|(u_n(x) - u_n(y)) - (u_m(x) - u_m(y))|^{1-\varepsilon}}{|x - y|^{\alpha(1-\varepsilon)}} \cdot |x - y|^{\alpha(1-\varepsilon)-\beta} \\
&\quad \cdot |(u_n(x) - u_m(x)) - (u_n(y) - u_m(y))|^\varepsilon.
\end{aligned}$$

因为 $\alpha > \beta$, 所以我们可选取 $\varepsilon > 0$ 充分小使 $\alpha(1-\varepsilon)-\beta > 0$, 又因 $x, y \in \bar{\Omega}$ 且 $\bar{\Omega}$ 有界, 故存在 C_2 使

$$|x-y|^{\alpha(1-\varepsilon)-\beta} \leqslant C_2.$$

故

$$[u_n - u_m]_\beta \leqslant (2C_1)^{1-\varepsilon} \cdot C_2 \sup_{x,y\in\bar{\Omega}} (|u_n(x)-u_m(x)| + |u_n(y)-u_m(y)|)^\varepsilon \to 0.$$

又显然

$$|u_n - u_m|_\infty \to 0,$$

故

$$||u_n - u_m||_{C^\beta(\bar{\Omega})} \to 0.$$

故由 $C^\beta(\bar{\Omega})$ 的完备性即知 $\{u_n\}$ 在 $C^\beta(\bar{\Omega})$ 中收敛, 即 S 是 $C^\beta(\bar{\Omega})$ 中列紧集.

下面证明紧嵌入定理.

(i) $p > n$ 时, 由 Morrey 连续嵌入定理我们有 $W_0^{1,p}(\Omega) \hookrightarrow C^{1-\frac{n}{p}}(\bar{\Omega})$, 又由引理 3.3.4 知 $C^{1-\frac{n}{p}}(\bar{\Omega}) \hookrightarrow\hookrightarrow C^\alpha(\bar{\Omega})$, 故有紧嵌入 $W_0^{1,p}(\Omega) \hookrightarrow\hookrightarrow C^\alpha(\bar{\Omega})$.

(ii) (1) 先证 $q = 1$. 设 $S \subset W_0^{1,p}(\Omega)$ 有界. 由于 $C_0^1(\Omega)$ 在 $W_0^{1,p}(\Omega)$ 中稠密, 故可设 $S \subset C_0^1(\Omega)$.$\forall u \in S$, 不妨设 $\|u\|_{W_0^{1,p}(\Omega)} \leqslant M = 1$.

要证 S 在 $L^1(\Omega)$ 中列紧, 由 Hölder 不等式, 因为 Ω 有界, 故 $\forall u \in S$, 有

$$\|u\|_{L^1(\Omega)} = \int_\Omega |u(x)|dx \leqslant (\text{Vol}(\Omega))^{1/p'} \cdot \|u\|_p \leqslant (\text{Vol}(\Omega))^{1/p'}$$

一致有界. 下证 L^1 平均等度连续.

任给 $y \in \Omega$, 设 $z \in R^n$ 且 $|z| \to 0$. 则

$$u(y+z) - u(y) = \int_0^1 \frac{du(y+tz)}{dt} dt = \int_0^1 \nabla u(y+tz) \cdot z dt,$$

令 $y + tz = x$, 则 $dy = dx$, 且因 $y \in \Omega$(开集), 故当 $|z| \to 0, y+tz \in \Omega$, 因此

$$\begin{aligned}
&\int_\Omega |u(y+z)-u(y)|dy \\
\leqslant & |z| \int_\Omega \left| \int_0^1 \nabla u(y+tz) \cdot dt \right| dy \\
\leqslant & |z| \cdot \int_0^1 \int_\Omega |\nabla u(y+zt)| dy dt \leqslant |z| \int_0^1 dt \int_\Omega |\nabla u(x)| dx \\
\leqslant & |z| \int_\Omega |\nabla u(x)| dx \leqslant |z| \cdot (\text{Vol}(\Omega))^{1/p'} \cdot \|\nabla u\|_{L^p(\Omega)} \leqslant |z| \cdot (\text{Vol}(\Omega))^{1/p'},
\end{aligned}$$

所以当 $q=1$ 时, 由引理 3.3.3, $W_0^{1,p}(\Omega)\hookrightarrow\hookrightarrow L^1(\Omega)$.

(2) $p<n$ 时, 推广紧性至 $1<q<\dfrac{np}{n-p}$. 由内插不等式, 我们有

$$\|u\|_{L^q(\Omega)}\leqslant\|u\|_{L^1(\Omega)}^{\lambda}\|u\|_{L^{\frac{np}{n-p}}}^{1-\lambda},$$

其中 λ 满足 $\dfrac{1}{q}=\dfrac{\lambda}{1}+(1-\lambda)\Big/\left(\dfrac{np}{n-p}\right)$. 再由 Sobolev 不等式 $\|u\|_{L^{\frac{np}{n-p}}}\leqslant C\|Du\|_{L^p}$, 有

$$\|u\|_{L^q}\leqslant C^{1-\lambda}\|u\|_{L^1}^{\lambda}\|Du\|_{L^p}^{1-\lambda}.$$

设 $\{u_n\}\subset W_0^{1,p}(\Omega)$ 有界. 要证它包含一个子列在 L^q 模下收敛. 由前面已证的 $q=1$ 时紧性, 存在子列 $\{u_{n_k}\}\subset\{u_n\}$ 及 $u\in L^1$ 使 $\|u_{n_k}-u\|_{L^1}\to 0$, 故 $\{u_{n_k}\}$ 是 L^1 中的 Cauchy 列, 即当 $k,j\to\infty$ 时, $\|u_{n_k}-u_{n_j}\|_{L^1}\to 0$, 又由 $\{u_{n_k}\}\subset W_0^{1,p}(\Omega)$ 及有界性知 $u_{n_k}-u_{n_j}\in W_0^{1,p}(\Omega), u_{n_k}-u_{n_j}$ 在 $W_0^{1,p}$ 中有界, 则代入上面不等式有

$$\|u_{n_k}-u_{n_j}\|_{L^q}\leqslant c\|u_{n_k}-u_{n_j}\|_{L^1}^{\lambda}\|D(u_{n_k}-u_{n_j})\|_{L^p}^{1-\lambda}\to 0,$$

即 $\{u_{n_k}\}$ 是 $L^q(\Omega)$ 中 Cauchy 列. 由于 $L^q(\Omega)$ 为完备 Banach 空间, 所以 u_{n_k} 按 $L^q(\Omega)$ 模收敛于 u. (即与按 $L^1(\Omega)$ 收敛极限相同).

(3) $p=n$ 时, 任给定 $q\in[1,+\infty)$, 选 $r>q$, 则有连续嵌入 $W_0^{1,p}(\Omega)\hookrightarrow L^r(\Omega)$; 进一步 $W_0^{1,p}(\Omega)$ 紧嵌入 $L^q(\Omega)$.

当 Sobolev 空间没有零边值条件时，有下面的嵌入定理.

定理 3.3.9 (Sobolev-Rellich-Kondrachov 定理)　设 $\Omega\subset R^n$ 是具有 C^1 边界的开区域.

(i) 若 $p<n$, 当 $p\leqslant q\leqslant\dfrac{np}{n-p}$ 时, 有 $W^{1,p}(\Omega)\hookrightarrow L^q(\Omega)$.

进一步, 当 Ω 有界时, 若 $1\leqslant q\leqslant\dfrac{np}{n-p}$, 则 $W^{1,p}(\Omega)\hookrightarrow L^q(\Omega)$.

当 Ω 有界, $1\leqslant q<\dfrac{np}{n-p}$ 时, 有 $W^{1,p}(\Omega)\hookrightarrow\hookrightarrow L^q(\Omega)$.

(ii) 若 $p=n$ 且 $p\leqslant q<+\infty$, 则 $W^{1,p}(\Omega)\hookrightarrow L^q(\Omega)$;

若 Ω 有界, $1\leqslant q<+\infty$, 则 $W^{1,p}(\Omega)\hookrightarrow\hookrightarrow L^q(\Omega)$.

(iii) 若 $p>n,\Omega$ 有界, 则

$$W^{1,p}(\Omega)\hookrightarrow C^{\alpha}(\overline{\Omega}),\qquad 0\leqslant\alpha\leqslant 1-\frac{n}{p};$$

$$W^{1,p}(\Omega)\hookrightarrow\hookrightarrow C^{\alpha}(\overline{\Omega}),\qquad 0\leqslant\alpha<1-\frac{n}{p}.$$

法国大数学家 Henri Poincaré (1854–1912) 曾用不同方法证明了以下著名不等式在 $u\in C^1(\overline{\Omega})$ 时的特殊情形.

引理 3.3.5 (Poincaré 不等式) 设 Ω 为 R^n 中连通有界域, $\partial\Omega \in C^1, 1 \leqslant p \leqslant +\infty$. 则 $\forall u \in W^{1,p}(\Omega)$, 有

$$\|u - u_\Omega\|_{L^p(\Omega)} \leqslant C\|Du\|_{L^p}, \quad C = C(n,p,\Omega) > 0, \tag{3.3.16}$$

其中 $u_\Omega = \dfrac{1}{|\Omega|}\displaystyle\int_\Omega u(x)dx = [u]$ 为 u 的积分平均.

证明 反证法. 设存在函数序列 $u_k \in W^{1,p}(\Omega)$, 使得

$$\|u_k - [u_k]\|_p > k\|Du_k\|_p. \tag{3.3.17}$$

定义

$$v_k = \frac{u_k - [u_k]}{\|u_k - [u_k]\|_p}. \tag{3.3.18}$$

则 $[v_k] = 0, \|v_k\|_p = 1$. 由 (3.3.17) 可得

$$\|Dv_k\|_p < \frac{1}{k}\|v_k\|_p = \frac{1}{k}. \tag{3.3.19}$$

所以 $\{v_k\}$ 在 $W^{1,p}(\Omega)$ 中有界. 从而由紧嵌入 $W^{1,p}(\Omega) \hookrightarrow\hookrightarrow L^p(\Omega)$, 我们知道 $\{v_k\}$ 在 $L^p(\Omega)$ 拓扑下是列紧集, 它有子列 $\{v_{k_j}\}$ 在 $L^p(\Omega)$ 中强收敛, 即

$$\|v_{k_j} - v\|_{L^p} \to 0. \tag{3.3.20}$$

由 $[v_k] = 0, \|v_k\|_p = 1$ 可得 $[v] = 0, \|v\|_p = 1$. 由 (3.3.20) 及 (3.3.19) 及 Hölder 不等式可得 $\forall \varphi \in C_0^\infty(\Omega)$ 有

$$\int_\Omega v \cdot \varphi_{x_i} dx = \lim_{k_j \to \infty} \int_\Omega v_{k_j} \varphi_{x_i} dx = -\lim_{k_j \to \infty} \int_\Omega (v_{k_j})_{x_i} \varphi dx = 0.$$

因此由分部积分公式有 $-\displaystyle\int_\Omega Dv \cdot \varphi d = 0$, 再由变分基本引理有 $Dv = 0$(a.e.). 由于 Ω 连通, 故 $v = \text{const}$. 又因为 $[v] = 0$, 所以 $v \equiv 0$, 即 $\|v\|_p = 0$, 与 $\|v\|_p = 1$ 矛盾. 故反设不成立. 注意上面的反证法的缺点是得不出不等式中的最佳常数.

下面考虑常用的 Poincaré 不等式的一维情形. 奥地利数学家 W. Wirtinger (1865–1945) 本质上先于法国数学家 Poincaré 证明了著名的 Wirtinger 不等式, 它本质上等价于等周不等式.

定理 3.3.10 (Wirtinger 不等式) 若 $I = (a,b) \subset R, T = b - a, u \in W_T^{1,2}(I) = \{u \in W^{1,2}(I), u(a) = u(b)\}$ 满足 $\displaystyle\int_I udx = 0$, 则有

$$||u'||_{L^2} \geqslant \left(\frac{2\pi}{b-a}\right)||u||_{L^2}.$$

最优雅的证明本质上来源于德裔瑞士数学家 A.Hurwitz (1859~1919) 于 1902 年给出的证明, 尽管他当时仅考虑了光滑的情形.

第 1 步, 设 $u \in W_T^{1,2}(a,b) \cap C^2[a,b]$, 将 u 展成 Fourier 级数:

$$u(t) = \frac{a_0}{2} + \sum_{n=1}^\infty \left[a_n \cos\left(\frac{2\pi}{b-a}nt\right) + b_n \sin\left(\frac{2\pi}{b-a} \cdot nt\right)\right]$$

注意到这里 a_n, b_n 是 Fourier 系数:

$$a_n = \frac{2}{b-a}\int_a^b u(t)\cos\frac{2\pi}{b-a}ntdt, \qquad n=0,1,\cdots$$

$$b_n = \frac{2}{b-a}\int_a^b u(t)\sin\frac{2\pi}{b-a}ntdt, \qquad n=1,2,\cdots$$

但由假设 $a_0 = \frac{2}{b-a}\int_a^b u(t)dt = 0$.

由 Hilbert 空间中完备正交系下的勾股定理 (Bessel-Parseval) 公式有

$$\int_a^b |u|^2 dt = \left(\frac{b-a}{2}\right)\sum_{n=1}^{\infty}(a_n^2+b_n^2)$$

$$\int_a^b |u'|^2 dt = \left(\frac{b-a}{2}\right)\left(\frac{2\pi}{b-a}\right)^2\sum_{n=1}^{\infty}(a_n^2+b_n^2)n^2$$

故

$$\int_a^b |u'|^2 dt \geqslant \left(\frac{2\pi}{b-a}\right)^2\cdot\int_a^b |u|^2 dt$$

且不等式取等号的充要条件是

$$a_n = b_n = 0, \qquad \forall n \geqslant 2$$

即

$$u(t) = \alpha\cos\left(\frac{2\pi}{b-a}t\right) + \beta\sin\left(\frac{2\pi}{b-a}t\right)$$

这里 α, β 是与 u 取值同维数的不依赖 t 的任意常值向量.

第 2 步, $\forall u \in W_T^{1,2}(a,b), \exists u_n \in W_T^{1,2}(a,b)\cap C^2[a,b]$, 使

$$||u_n - u||_{W^{1,2}} \to 0$$

因此, $\forall \varepsilon > 0, \exists N \in N^+$, 使 $n > N$ 时有:

$$\int_a^b |u'|^2 dt \geqslant \int_a^b |u_n'|^2 dt - \varepsilon$$

$$\int_a^b |u_n|^2 dt \geqslant \int_a^b |u|^2 dt - \varepsilon$$

再结合第 1 步已证得的不等式有:

$$\int_a^b |u'|^2 dt \geqslant \left(\frac{2\pi}{b-a}\right)^2\int_a^b |u|^2 dt - \left(\frac{2\pi}{b-a}\right)^2\varepsilon - \varepsilon$$

令 $\varepsilon \to 0$ 即得:

$$\int_a^b |u'|^2 dt \geqslant \left(\frac{2\pi}{b-a}\right)^2\cdot\int_a^b |u|^2 dt$$

进一步可以证明上述不等式取等号的充要条件仍然是

$$u(t)=\alpha\cos\frac{2\pi}{b-a}\cdot t+\beta\sin\frac{2\pi}{b-a}t$$

另外，若 $u\in W_0^{1,p}(\Omega)$, 则有下面的著名 Poincaré-Friedrichs 不等式, 它的一个特殊性形 ($p=2$) 曾由 Poincaré 在 1890 年研究 Laplace 算子特征值时考虑过, Friedrics 于 1930's 进一步推广并指出它在应用泛函分析研究椭圆形偏微分方程中的重要性.

定理 3.3.11 (Poincaré-Friedrichs 不等式) 若 $\Omega\subset R^n$ 是有界开集, $1\leqslant p<+\infty$, 则存在 $C=C(\Omega,p)>0$ 使

$$||u||_p\leqslant C||Du||_p,\quad \forall u\in W_0^{1,p}(\Omega).$$

证明 (1) 当 $n=1,\Omega=(a,b),\forall u\in C_0^1((a,b),R^d)$ 有

$$u(t)=\int_a^t\dot{u}(t)dt.$$

由 Hölder 不等式有

$$|u(t)|^p\leqslant\left|\int_a^t\dot{u}(t)dt\right|^p\leqslant(t-a)^{p-1}\int_a^b|\dot{u}(t)|^pdt.$$

两边积分有

$$\int_a^b|u(t)|^pdt\leqslant\frac{(b-a)^p}{p}\int_a^b|\dot{u}(t)|^pdt.$$

(2) $\forall u\in C_0^1(\Omega)$, 因为 $\Omega\subset R^n$ 且有界, 故存在立方体 $D\subset R^n$ 使 $\Omega\subset D$. 令

$$\tilde{u}(x)=\begin{cases}u(x), & x\in\Omega,\\ 0, & x\notin\bar{\Omega}.\end{cases}$$

则

$$\int_D|\tilde{u}|^pdx=\int_\Omega|u|^pdx,\quad \int_D|\nabla\tilde{u}|^pdx=\int_\Omega|\nabla u|^pdx.$$

令 $x=(x_1,\hat{x})$. 则由上面的 1 维的 Poincaré-Friedrichs 不等式有

$$\int_a^b|\tilde{u}(x_1,\hat{x})|^pdx_1\leqslant\frac{(b-a)^p}{p}\int_a^b\left|\frac{\partial\tilde{u}(x_1,\hat{x})}{\partial x_1}\right|^pdx_1,$$

其中 (a,b) 是 D 沿 x_1 方向的投影. 上式两边再对 $\hat{x}$ 积分有

$$\int_D|\tilde{u}|^pdx\leqslant C\int_D|\nabla\tilde{u}|^pdx,$$

即得

$$\int_\Omega|u|^pdx\leqslant C\int_\Omega|\nabla u|^pdx.$$

(3) $\forall u \in W_0^{1,p}(\Omega)$, 由于 $C_0^1(\Omega)$ 在 $W_0^{1,p}(\Omega)$ 中稠密, 故 $\exists u_k \in C_0^1(\Omega)$ 使

$$||u_k - u||_{W_0^{1,p}} \to 0,$$

由 (2) 可知一般情形成立.

由上述 Poincaré-Friedrichs 不等式, 易知 $\forall u \in W_0^{1,p}(\Omega), ||Du||_p$ 与标准范数 $||Du||_p + ||u||_p$ 等价.

另外, 对 $\forall u \in W^{1,p}(\Omega)$, 若 $\Omega \subset R^n$ 是有界开集且 $\partial\Omega$ 是 Lipschitz 的或者 C^1 的, 则

$$\left(||Du||_p^p + \left|\int_\Omega u dx\right|^p\right)^{1/p},$$

$$\left(||Du||_p^p + \left|\int_{\partial\Omega} u dS\right|^p\right)^{1/p},$$

$$\left(||Du||_p^p + \int_{\partial\Omega} |u|^p dS\right)^{1/p}$$

均与标准范数 $||Du||_p + ||u||_p$ 等价.

进一步, 也可以用嵌入不等式的三种情形在以下任一种情形:

(i) 若 $1 \leqslant p < n, 1 \leqslant q \leqslant p^* = \dfrac{np}{n-p}$;

(ii) 若 $p = n, 1 \leqslant q < +\infty$;

(iii) 若 $p > n, 1 \leqslant q < +\infty$,

证明

$$||Du||_{L^p} + ||u||_{L^q}$$

与标准 Sobolev 范数

$$||Du||_{L^p} + ||u||_{L^p}$$

等价. 有关 Sobolev 空间理论的重要结果还很多, 但由于篇幅受限, 这里我们仅介绍美国数学家 N.G.Meyers 和 J.B.Serrin(1926–2012) 于 1964 年发表在 Proc. Nat. Acad. Sci. USA 51(1964) 1055–1056 上的一个著名定理, 我们参考了文献 [72] 中的证明.

定理 3.3.12 (Meyers-Serrin, 1964)　若 $\Omega \subset R^n$ 是开集, $1 \leqslant m < +\infty$ 且 $1 \leqslant p < +\infty$, 则 $C^\infty(\Omega) \cap W^{m,p}(\Omega)$ 在 $W^{m,p}(\Omega)$ 中稠密.

证明　对任意给定的 $\varepsilon > 0, u \in W^{m,p}(\Omega)$, 我们要找 $\phi \in C^\infty(\Omega) \cap W^{m,p}$ 使 $||u - \phi||_{W^{m,p}} < \varepsilon$. 对 $k = 1, 2, \cdots$, 令

$$U_k = \left\{x \in \Omega, |x| < k \text{ 且} d(x, \partial\Omega) > \frac{1}{k}\right\}.$$

则 $\bar{U}_k$ 是紧的且

$$\bar{U}_k \subset U_{k+1}, \quad \Omega = \bigcup_{k=1}^\infty U_k.$$

我们定义 $\Omega_1 = U_2$, 且对 $k \geqslant 2$ 定义

$$\Omega_k = U_{k+1} \cap \left(\bar{U}_{k-1}\right)^C = \{x \in U_{k+1}, x \notin \bar{U}_{k-1}\}.$$

则 $\{\Omega_k, k \geqslant 1\}$ 是 Ω 的可数开覆盖. 设 $\{\phi_k, k \geqslant 1\}$ 是相应于这个开覆盖的单位分解, 即 $\phi_k \in C_0^\infty(\Omega_k)$ 且在 Ω 上有 $0 \leqslant \phi_k \leqslant 1$, $\sum\limits_{k=1}^{\infty} \phi_k = 1$, 且对 $\forall x \in \Omega$, 存在 x 的邻域使 ϕ_k 仅有有限多个在此邻域上不为 0. (单位分解的存在性可见 [2]).

由 3.1 节, 对每个 k, 可选取 $h_k > 0$ 充分小使

$$||(\phi_k u) * j_{h_k} - \phi_k u||_{W^{m,p}} < \frac{\varepsilon}{2^k}.$$

由引理 3.1.1, 因 $(\phi_k u) * j_{h_k}$ 的支集包在 $\phi_k u$ 的支集的邻域中.

则当 $h_k \to 0$ 时, 易证 $(\phi_k u) * j_{h_k} \in C_0^\infty(V_k)$, 这里 $V_k = U_{k+2} \cap (R^n \backslash \bar{U}_{k-2}) \supset \Omega_k$, 即知对任给 $x \in \Omega$, 按下面定义的无穷级数:

$$\phi = \sum_{k=1}^{\infty} (\phi_k u) * j_{h_k}$$

仅有有限多个非零项, 故 $\phi \in C^\infty(\Omega)$. 进一步,

$$\begin{aligned} ||u - \phi||_{W^{m,p}} &= \left\| \sum_{k=1}^{\infty} \phi_k u - \sum_{k=1}^{\infty} (\phi_k u) * j_{h_k} \right\|_{W^{m,p}} \\ &\leqslant \sum_{k=1}^{\infty} ||\phi_k u - (\phi_k u) * j_{h_k}||_{W^{m,p}} \\ &< \sum_{k=1}^{\infty} \frac{\varepsilon}{2^k} = \varepsilon. \end{aligned}$$

Meyers-Serrin 定理表明 $W^{m,p}(\Omega)$ 中的函数可以用 Ω 上的光滑函数按 $W^{m,p}(\Omega)$ 拓扑逼近, 这类似于无理数可以用有理数逼近. 它出现之前曾出现过一些错误的相关结论, 它的出现结束了相关方面的混乱.

习　题

1. 设 $\sigma \neq 0$. 证明 Gauss 分布函数

$$G(\sigma, x) = \frac{1}{2\sqrt{\pi}\sigma} e^{-\frac{x^2}{4\sigma^2}}$$

当 $\sigma \to 0$ 时, 在某种意义下弱收敛 (数学上叫 w^* 收敛) 于 δ 函数.

2. 研究广义函数的卷积并证明 $\delta * f = f$, 对 $\forall f \in D^*(\Omega)$ 成立.

3. 定义 n 维空间 R^n 上的 Laplace 算子为 $\Delta = \sum\limits_{i=1}^{n} \dfrac{\partial^2}{\partial x_i^2}$, 写出 $\Delta u = \delta(x)$ 的解 (又叫基本解) 的表达式.

4. 证明定义 3.3.1 中的 Sobolev 空间 $W^{k,p}(\Omega)$ 是 Banach 空间.

5. 设 $n>1$, 令 $u(x)=\ln\ln\left(1+\dfrac{1}{|x|}\right)$. 证明 $u\in W^{1,n}(B(0,1))$, 这里 $B(0,1)=\{x\in R^n,|x|<1\}$.

6. 设 $\Omega\subset R^n$ 是有界开集, $u\in L^p(\Omega), 1<p\leqslant+\infty$, 证明 $u\in W^{1,p}(\Omega)$ 等价于存在常数 $C>0$, 使 $\forall\varphi\in C_c^\infty(\Omega)$ 有以下不等式:

$$\left|\int_\Omega u\frac{\partial\varphi}{\partial x_i}dx\right|\leqslant C||\varphi||_{L^{p'}(\Omega)},\qquad \forall i=1,2,\cdots,n.$$

7. 对 $\forall u\in W^{2,2}(\Omega)\cap W_0^{1,2}(\Omega)$. 证明插值不等式

$$\int_\Omega|Du|^2dx\leqslant C\left(\int_\Omega u^2dx\right)^{1/2}\cdot\left(\int_\Omega|D^2u|^2dx\right)^{1/2}.$$

8. 设 k 是非负整数, 令

$$H^k(R^n)=W^{k,2}(R^n).$$

设 $u\in L^2(R^n)$. 用 $\hat{u}$ 表示 u 的 Fourier 变换, 证明

(1) $u\in H^k(R^n)$ 的充要条件是

$$(1+|\omega|^k)\hat{u}\in L^2(R^n).$$

(2) $\exists C>0$ 使

$$\frac{1}{C}||u||_{H^k(R^n)}\leqslant||(1+|\omega|^k)\hat{u}||_{L^2(R^n)}\leqslant C||u||_{H^k(R^n)}.$$

受上述结果启示, 可以推广 k 为分数, 由此可以定义分数阶 Sobolev 空间:

设 $0<s<+\infty, u\in L^2(R^n)$. 定义

$$H^s(R^n)=\{u\in L^2(R^n),(1+|\omega|^s)\hat{u}\in L^2(R^n)\}.$$

9. 设 $u\in H^s(R^n)$ 且 $s>n/2$. 证明 $\exists C>0$ 使

$$||u||_{L^\infty(R^n)}\leqslant C||u||_{H^s(R^n)},$$

故 $u\in L^\infty(R^n)$.

10. 对 $s\geqslant 0$, 定义:

$$H^s(S^1)=\left\{u=\sum_{j\in Z}e^{\sqrt{-1}2\pi jt}\cdot u_j\in L^2(S^1):\sum_{j=-\infty}^{\infty}|j|^{2s}\cdot|u_j|^2<+\infty\right\}$$

若 $u\in H^{1/2}(S^1)$, 证明 $u\in L^p(S^1),(1\leqslant p<+\infty)$ 且存在常数 $C(p)$ 使 $\forall u\in H^{1/2}(S^1)$ 有

$$\|u\|_{L^p(S^1)}\leqslant C(p)\|u\|_{H^{1/2}(S^1)}$$

进一步, 上述连续嵌入还是紧的.

第 4 章　泛函极值的一阶和二阶条件

由于一般泛函的定义域是无穷维空间, 为了研究泛函的极值问题, 类似于有限维空间上的函数情形, 我们需要研究无限维空间尤其是 Banach 空间上的泛函或更一般的算子的微分学, 尤其是泛函极值的必要条件和充分条件.

4.1　Fréchet 微分与 Gâteaux 微分

M. Fréchet(1878~1973) 是法国人, 1956 年被评选为法国科学院院士. 1906 年, 在其博士论文中, 他提出了距离空间 (度量空间) 的抽象理论, 为点集拓扑学和泛函分析的诞生创造了条件. 1914 年, 给出距离空间上泛函的可微性定义. 1925 年推广到赋范线性空间上的算子.

定义 4.1.1　设 X, Y 为赋范线性空间, $\Omega \subset X$ 是开集. 映射 $f : \Omega \to Y$ 称为在 Ω 中某点 x_0 可微, 如果存在有界线性算子 $A = A(x_0) : X \to Y$, 使得对 X 中每个满足 $x_0 + h \in \Omega$ 的 h 有

$$f(x_0 + h) - f(x_0) - Ah = \omega(x_0, h),$$

其中余项 ω 满足:

$$\lim_{\|h\|_X \to 0} \frac{\|\omega(x_0, h)\|_Y}{\|h\|_X} = 0.$$

Ah 称为 f 在 x_0 处对于 h 的 Fréchet 微分, 记为 $d[f(x_0)h]$ 或 $f'(x_0)h$ 或 $Df(x_0)h$. $f'(x_0) = Df(x_0)$ 称为 f 在 x_0 的 Fréchet 导算子. 若 $Y = R$, 则 $f'(x_0)$ 称为 Fréchet 导数.

Fréchet 导算子有以下简单性质:

(1) (唯一性) 给定 $x_0 \in \Omega, f$ 在 x_0 的 Fréchet 导算子是唯一的.

(2) (线性性) $(af_1 + bf_2)'(x_0) = af_1'(x_0) + bf_2'(x_0)$.

(3) (链式法则) 若 $f : \Omega \to Y$ 在 $x \in \Omega$ 是 Fréchet 可微, 且 $g : Y \to Z$ 在 $y = f(x)$ 也 Fréchet 可微, 则 $g \circ f$ 在 x 是 Fréchet 可微且

$$(g \circ f)'(x) = g'(f(x)) \circ f'(x).$$

注　Fréchet 微分是数学分析中多元函数的全微分概念的推广, 在有限维空间中, 映射的 Fréchet 导算子是通常的多元映射的 Jacobi 矩阵; 对多元函数, Fréchet 导

算子即为梯度; 对单变量函数, Fréchet 导算子即为普通导数. 设 $f:\Omega\subset R^n\to R^m$. 若 f 在 $x_0\in\Omega$ 是 Fréchet 可微的, 则

$$
\begin{aligned}
Df(x_0)&=f'(x_0):R^n\to R^m,\\
f'(x_0)(h)&=J_f(x_0)h=\sum_{i=1}^{n}\frac{\partial f(x_0)}{\partial x_i}h_i,\quad \forall h\in R^n,
\end{aligned}
$$

这里 $J_f(x_0)$ 是 f 在 x_0 的 Jacobi 矩阵.

例 4.1.1　若 $X=R, f:X\to Y, f(t)=x(t)$.

$$\left\|\frac{x(t_0+\Delta t)-x(t_0)-x'(t_0)\cdot\Delta t}{\Delta t}\right\|_Y\to 0,$$

即

$$\lim_{\Delta t\to 0}\left\|\frac{x(t_0+\Delta t)-x(t_0)}{\Delta t}-x'(t_0)\right\|_Y=0,$$

则 $x'(t_0)=f'(t_0)$ 是抽象函数的导数.

若 $\Omega\subset X$ 是开集, $f:\Omega\to Y$ 在 Ω 中每一点 x 都 Fréchet 可微, 则 $f'(x)$ 随 x 的变化而变化, $f'(x):\Omega\to L(X,Y)$, 其中 $L(X,Y)$ 为有界线性算子空间.

若 f' 又在 $x_0\in\Omega$ 处 Fréchet 可微, 则 f' 在 x_0 的 Fréchet 导算子 $(f')'(x_0)$ 叫做 f 在 x_0 处的二阶 Fréchet 导算子, 记为 $f''(x_0)$. 一般地, $n-1$ 阶算子 $f^{(n-1)}(x)$ 的 Fréchet 导算子 (若存在) 称为原算子 f 的 n 阶 Fréchet 导算子, 记为 $f^{(n)}(x)$. 注意到:

$$
\begin{aligned}
&f'(x)\in L(X,Y),\\
&f''(x)\in L(X,L(X,Y)),\\
&\qquad\cdots\cdots\\
&f^{(n)}(x)\in L(X,L(X,L(X,\cdots,Y))).
\end{aligned}
$$

注意, $\forall x\in\Omega\subset X$,

$$
\begin{aligned}
Df&=f'(x):\Omega\to L(X,Y),\\
D^2f&=f''(x):\Omega\to L(X,L(X,Y)).
\end{aligned}
$$

易证 Banach 空间 $L(X,L(X,Y))$ 与所有从 X 到 Y 的连续双线性映射组成的 Banach 空间 $L^2(X\times X,Y)$ 模掉线性等距同构后等同: $\forall\varphi\in L(X,L(X,Y)),\exists\psi\in L^2(X\times X,Y)$ 使 $\forall x_1,x_2\in X$ 有

$$\varphi(x_1)(x_2)=\psi(x_1,x_2).$$

可以再次微分

$$D^2 f : \Omega \to L^2(X \times X, Y)$$

获得三阶导数, 它在每点 $x \in \Omega$ 处, 将是三线性映射. 一般地, n 阶导数是取值在连续的 n-重线性映射组成的 Banach 空间中的函数

$$D^n f : X \to L^n(X \times X \times \cdots \times X, Y).$$

由数学归纳法, 可定义 $f : \Omega \to Y$ 的 $n+1$ 阶导数.

若 f 在 Ω 上是 n 次可微的且 $\forall x \in \Omega$, 存在连续的 $n+1$ 重线性映射 A 使得下面极限对 X 中的有界集中的 $h_1, h_2, \cdots, h_n$ 一致成立:

$$\lim_{h_{n+1}\to 0} \frac{||D^n f(x+h_{n+1})(h_1,\cdots,h_n) - D^n f(x)(h_1,\cdots,h_n) - A(h_1,\cdots,h_n,h_{n+1})||}{||h_{n+1}||} = 0,$$

则 A 称为 f 在 x 处的第 $n+1$ 阶导数.

进一步, 我们可以通过恒等式 $f(x_1, x_2, \cdots, x_n) = f(x_1 \otimes x_2 \otimes \cdots \otimes x_n)$ 将空间 $L^n(X \times X \cdots \times X, Y)$ 中的成员与一个线性映射 $L(\otimes_{j=1}^n X_j, Y)$ 等同看待, 从而将导数看成线性映射.

1913 年, 法国数学家 René Gâteaux (1889–1914) 独立地引进了较 Fréchet 微分更弱的 Gâteaux 微分的概念, 它是数学分析中方向导数概念的推广.

定义 4.1.2 设 $f : D \to Y (D \subset X$ 开集), $x_0 \in D$. 若 $\forall h \in X$, 有

$$\lim_{t\to 0} \frac{f(x_0+th) - f(x_0)}{t}$$

存在, 则称 f 在 x_0 处 Gâteaux 可微. 上面的极限被称为 f 在 x_0 处沿方向 h 的 Gâteaux 微分, 记为 $f'(x_0, h)$ 或 $D[f(x_0)h]$. 如果 $D[f(x_0)h]$ 可表示为

$$D[f(x_0)h] = Ah, \quad A \in L(X, Y),$$

则称 f 在 x_0 处具有有界线性的 Gâteaux 微分, A 称为 f 在 x_0 处的 Gâteaux 导算子, 记为 $f'(x_0)$, 即

$$D[f(x_0)h] = f'(x_0)h.$$

对 $x_0 \in \Omega \subset X, h \in X$, 定义 $f : \Omega \subset X \to Y$ 在 x_0 处沿方向 h 的 n 阶 Gâteaux 导数为

$$D^n f(x_0; h) = \frac{d^n}{d\varepsilon^n} f(x_0 + \varepsilon h)|_{\varepsilon=0} = f^{(n)}(x_0)h^n,$$

它是关于 h 的 n 次齐次函数.

更一般地, 设 $x_0 \in \Omega \subset X, h_1, \cdots, h_n \in X$, 定义:

$$\begin{aligned}D^n f(x_0; h_1, h_2, \cdots, h_n) &= D[D^{n-1} f(x_0; h_1, \cdots, h_{n-1}), h_n)] \\ &= \frac{d}{dt_n}[D^{n-1} f(x_0 + t_n \cdot h_n; h_1, h_2, \cdots, h_{n-1})]|_{t_n=0} \\ &= D_n D_{n-1} \cdots D_1 f\left(x_0 + \sum_{i=1}^{n} t_i h_i\right)\Bigg|_{t_1=t_2=\cdots=t_n=0}.\end{aligned}$$

注意到, 上面的算子 $D_i = \dfrac{\partial}{\partial t_i}$ 与 $D_j = \dfrac{\partial}{\partial t_j}$ 可交换, 因此可以看出, 若 $D^n f(x_0; h_1, h_2, \cdots, h_n)$ 存在, 则它关于 $(h_1, h_2, \cdots, h_n)$ 是对称的 n 重线性型, 即它对下标 $(1, 2, \cdots, n)$ 的所有排列是不变的.

在下面几个定理中, 令 $l = \{x \in X | x = x_0 + th, 0 \leqslant t \leqslant 1\}$.

定理 4.1.1[51,117]　设 $f: D \to R^1(D \subset X$, 为开集) 是泛函, $l \subset D$, 设在 l 上每一点处, $f^{(n+1)}(x)$ 都存在. 则 $\exists 0 < \theta < 1$ 使得下面的 Taylor 公式成立:

$$\begin{aligned}f(x_0 + h) &= f(x_0) + f'(x_0)h + \frac{1}{2!}f''(x_0)h^2 + \cdots \\ &\quad + \frac{1}{n!}f^{(n)}(x_0)h^n + \frac{1}{(n+1)!}f^{(n+1)}(x_0 + \theta h)h^{n+1}.\end{aligned}$$

令 $\varphi(t) = f(x_0 + th)$, 则上式可化为

$$\varphi(1) = \varphi(0) + \varphi'(0) + \cdots + \frac{1}{n!}\varphi^{(n)}(0) + \frac{1}{(n+1)!}\varphi^{(n+1)}(\theta).$$

定理 4.1.2[51,117]　设 $f: D \subset X \to Y(D$ 为 X 中开集), $l \subset D$, 设在 l 上每一点处, $f^{(n+1)}(x)$ 存在. 则 $\exists 0 < \theta < 1$, 使得

$$\begin{aligned}&\|f(x_0 + h) - f(x_0) - f'(x_0)h - \cdots - \frac{1}{n!}f^{(n)}(x_0)h^n\|_Y \\ \leqslant &\frac{1}{(n+1)!}\|f^{(n+1)}(x_0 + \theta h)h^{n+1}\|_Y.\end{aligned}$$

定理 4.1.3[51,117]　设 $f: D \to Y(D \subset X$，为开集), $l \subset D$, 设 $f^{(n)}(x)$ 在 l 上存在且连续. 则带积分余项的 Taylor 公式成立:

$$\begin{aligned}f(x_0 + h) &= f(x_0) + f'(x_0)h + \cdots + \frac{1}{(n-1)!}f^{(n-1)}(x_0)h^{n-1} \\ &\quad + \frac{1}{(n-1)!}\int_0^1 (1-t)^{n-1} f^{(n)}(x_0 + th)h^n dt.\end{aligned}$$

上述定理 4.1.1~定理 4.1.3 的证明可见文献 [51].

定义 4.1.3[51,117] 设 $f: X \to Y$. 若存在点 $x_0 \in X$, 使得 f 的 Fréchet 导算子 $f'(x_0) = 0$, 则称 x_0 是 f 的一个临界点.

注 若 $f'(x_0) = 0$, 则 f 在 x_0 沿任意方向 h 的 Gâteaux 微分 $f'(x_0, h) = 0$.

定理 4.1.4[51,117] 设 $f: D \to Y(D \subset X$ 开集), $x_0 \in D$. 则

(i) 若 f 在 x_0 处 Fréchet 可微, 则 f 在 x_0 处必具有有界线性的 Gâteaux 微分, 且

$$D[f(x_0)h] = d[f(x_0)h],$$

即 f 在 x_0 的 Gâteaux 导算子和 Fréchet 导算子相等, 均以 $f'(x_0)$ 表示.

(ii) 若 f 在 x_0 的某个邻域内具有有界线性的 Gâteaux 微分, 并且 Gâteaux 导算子 $f'(x_0)$ 在 $x = x_0$ 处连续, 则 f 在 x_0 处 Fréchet 可微.

证明 (i) 的证明是显然的.

(ii) 定义"余项"算子 R:

$$R(h) = f(x_0 + h) - f(x_0) - f'(x_0)h.$$

显然, 对 ε 充分小, R 在球 $B(0, \varepsilon)$ 中 Gâteaux 可微, 且

$$\begin{aligned} D[R(h)k] &= D[f(x_0 + h)k] - D[f(x_0)k] - D[(f'(x_0)h)k] \\ &= [f'(x_0 + h) - f'(x_0)]k. \end{aligned}$$

由于

$$\begin{aligned} ||R(h) - R(0)|| &= ||R(h)|| \\ &\leqslant \sup_{0 \leqslant t \leqslant 1} ||R'(th)|| \cdot ||h||, \end{aligned}$$

又由 R 的定义有

$$R'(th) = f'(x_0 + th) - f'(x_0).$$

故有

$$||R(h)|| \leqslant \sup_{0 \leqslant t \leqslant 1} ||f'(x_0 + th) - f'(x_0)|| \cdot ||h||.$$

又 $f'(x)$ 在 x_0 连续, 故当 $||h|| \to 0$ 时, 有

$$\sup_{0 \leqslant t \leqslant 1} ||f'(x_0 + th) - f'(x_0)|| \to 0.$$

因此有 $R(h) = 0(||h||)$.

利用数学归纳法可以将定理 4.1.4 推广[51,117].

定理 4.1.5 (1) 若在 x_0 的邻域内, f 是 n 次 Fréchet 可微的, 则 f 也是 n 次 Gâteaux 可微的, 且相应的微分相等:

$$f^{(n)}(x_0)(h_1,\cdots,h_n)=D^nf(x_0;h_1,h_2,\cdots,h_n).$$

(2) 若在 x_0 的邻域 U 内, f 的 n 阶 Gâteaux 导数

$$D^nf(x_0;h_1,\cdots,h_n)$$

存在, 且 $D^nf(x;h_1,\cdots,h_n)\in L^n(X\times\cdots\times X,Y)$ 作为 x 的函数, $D^nf(x;h_1,\cdots,h_n)$ 是从 U 到 $L^n(X\times\cdots\times X,Y)$ 中连续的, 则 f 是 n 次 Fréchet 可微的, 且与 Gâteaux 导数相等.

注 f 在 x_0 具有有界线性的 Gâteaux 微分, 一般推不出 f 在 x_0 处 Fréchet 可微.

例 4.1.2[51] 设 $f:R^2\to R^1$ 具下列形式

$$f(x)=\begin{cases}x_1+x_2+\dfrac{x_1^3x_2}{x_1^4+x_2^2}, & x\neq(0,0),\\ 0, & x=(0,0).\end{cases}$$

则 f 在 (0, 0) 处 Gâteaux 可微, 且具有有界线性的 Gâteaux 微分:

$$D[f(0)h]=f'(0)h=h_1+h_2=(1,1)\cdot(h_1,h_2),$$

但 f 在 $(0,0)$ 处不 Fréchet 可微.

例 4.1.3 设 X 是无限维 Banach 空间, $\varphi:X\to R$ 是线性泛函且在 $x=0$ 处不连续. 即 $\forall t\in R,\forall x\in X,\varphi(tx)=t\varphi(x)$, 特别 $\varphi(0)=0$, 但当 $x\to 0$ 时 $\varphi(x)\not\to 0$. 令

$$f(x)=\varphi(x)\cdot||x||.$$

则由 Gâteaux 可微的定义知 $f(x)$ 在 $x=0$ 处是 Gâteaux 可微的且导数为 0. 但用反证法易证 $f(x)$ 在 $x=0$ 处不是 Fréchet 可微的.

为了研究 Banach 空间上的泛函或更一般的算子的隐函数定理, 我们需要经典的 Banach 不动点定理.

引理 4.1.1 设 $(V,||\ ||)$ 是 Banach 空间, $S\subset V$ 是闭子集. 若存在常数 $0\leqslant q<1$ 使算子 $T:S\to S$ 满足:

$$||Ty_1-Ty_2||\leqslant q||y_1-y_2||,\quad \forall y_1,y_2\in S \tag{4.1.1}$$

则 T 存在唯一不动点, 即存在唯一的 $y\in S$ 使

$$Ty=y. \tag{4.1.2}$$

若有连续族 $G(x)$ 满足 (4.1.1), 则 (4.1.2) 的解 $y=y(x)$ 连续依赖 x.

证 令 $y_0\in S$, $y_n=Ty_{n-1}$. 则

$$y_n=\sum_{i=1}^{n}(y_i-y_{i-1})+y_0=\sum_{i=1}^{n}(T^{i-1}y_1-T^{i-1}y_0)+y_0 \tag{4.1.3}$$

由 (4.1.1) 我们有估计

$$\begin{aligned}&\sum_{i=1}^{n}||T^{i-1}y_1-T^{i-1}y_0||\\ \leqslant&\sum_{i=1}^{n}q^{i-1}||y_1-y_0||\leqslant\frac{1}{1-q}||y_1-y_0||\end{aligned}$$

因此在 (4.1.3) 中关于 y_n 的级数绝对且一致收敛于某 y, 注意到已知假设 S 是闭的, 故 $y\in S$, 又因 $y_n(x)$ 绝对一致收敛, 故极限 $y=y(x)$ 连续, 因此

$$y=\lim_{n\to\infty}Ty_n=T(\lim_{n\to\infty}y_n)=Ty$$

由 (4.1.1) 易证不动点唯一.

定理 4.1.6 (隐函数定理) 设 V_1,V_2,W 均是 Banach 空间, $U\subset V_1\times V_2$ 且 U 是开集, $(x_0,y_0)\in U$, $F\in C^1(U,W)$, 即 F 连续可微.

不妨设

$$F(x_0,y_0)=0 \tag{4.1.4}$$

且设 $F(x_0,\cdot):V_2\to W$ 在 $y=y_0$ 的导数:

$$D_2F(x_0,y_0):\ V_2\to W$$

在 $y=y_0$ 处是可逆的.

由我们前面的可微性假设, $D_2F(x,y)$ 在 (x_0,y_0) 的小邻域中是连续的, 且我们还设它的逆是逐点连续的.

则存在 x_0 的开邻域 U_1,y_0 的开邻域 U_2, 且 $U_1\times U_2\subset U$, 且存在可微映射 $\varphi:U_1\to U_2$ 使

$$F(x,\varphi(x))=0 \tag{4.1.5}$$

且 $\forall x\in U_1$, 有:

$$D\varphi(x)=-(D_2F(x,\varphi(x)))^{-1}\circ D_1F(x,\varphi(x)) \tag{4.1.6}$$

这里 $D_1F(\cdot,y):V_1\to W$ 是 $F(\cdot,y):V_1\to W$ 的导数.

进一步, 对 $\forall x \in U_1, \varphi(x)$ 是 (4.1.5) 在 U_2 中的唯一解.

证　下面的证明思想是把隐函数方程 $F(x,y)=0$ 的局部唯一可解性 $y=y(x)$ 问题转化为适当的 Banach 压缩映射的不动点的存在唯一性问题.

令 $L=D_2F(x_0,y_0)$, 构造映射:

$$\Phi(x,y)=y-L^{-1}\cdot F(x,y)$$

则

$$\Phi(x,y)=y \Leftrightarrow F(x,y)=0.$$

因而对 $\forall x$, 我们希望找 $y\mapsto \Phi(x,y)$ 的不动点.

由 $L^{-1}\cdot L=id$, 我们有

$$\Phi(x,y_1)-\Phi(x,y_2)=L^{-1}\cdot[D_2F(x_0,y_0)(y_1-y_2)-(F(x,y_1)-F(x,y_2))] \quad (4.1.7)$$

在 Banach 压缩映射不动点定理中, 我们取 $q=\dfrac{1}{2}$, 且由 F 在 (x_0,y_0) 的可微性及 L^{-1} 的连续性, 我们可以找到 $\delta'>0, \varepsilon>0$ 使当 $||x-x_0||\leqslant\delta', ||y_1-y_0||\leqslant\varepsilon, ||y_2-y_0||\leqslant\varepsilon$ 时

$$||\Phi(x,y_1)-\Phi(x,y_2)||\leqslant\frac{1}{2}||y_1-y_2|| \quad (4.1.8)$$

事实上, 由 (4.1.7), 我们有

$$\begin{aligned}
&||\Phi(x,y_1)-\Phi(x,y_2)||\\
=&||L^{-1}\cdot[(F(x,y_2)-F(x,y_1)-D_2F(x,y_1)\cdot(y_2-y_1))\\
&+(D_2F(x,y_1)-D_2F(x_0,y_0))\cdot(y_2-y_1)]\,||\\
\leqslant&||L^{-1}||\cdot[\varepsilon_1||y_2-y_1||+\varepsilon_2||y_2-y_1||]\\
\leqslant&\frac{1}{2}||y_1-y_2||
\end{aligned}$$

进一步, 我们可以找 $\delta''>0$ 使当 $||x-x_0||\leqslant\delta''$ 时

$$||\Phi(x,y_0)-\Phi(x_0,y_0)||<\frac{\varepsilon}{2}$$

因为由假设 $\Phi(x_0,y_0)=y_0$, 则当 $||x-x_0||\leqslant\delta=\min(\delta',\delta'')$ 时, 对 $||y-y_0||\leqslant\varepsilon$ 我们有

$$\begin{aligned}
||\Phi(x,y)-y_0||\leqslant&||\Phi(x,y)-\Phi(x,y_0)||+||\Phi(x,y_0)-\Phi(x_0,y_0)||\\
\leqslant&\frac{1}{2}||y-y_0||+\frac{\varepsilon}{2}<\varepsilon
\end{aligned}$$

上述不等式即意谓: 若 $||x-x_0||\leqslant\delta, \Phi(x,y)$ 映闭球 $B=\{y\in V_2:||y-y_0||\leqslant\varepsilon\}$ 到自身.

由 Banach 关于压缩映射的不动点定理知, 对满足 $||x-x_0|| \leqslant \delta$ 的任意 x, 存在唯一的 $y=\varphi(x)$ 满足 $||y-y_0|| \leqslant \varepsilon$ 且 $y=\Phi(x,y)$, 即 $F(x,y)=0$. 进一步, 由 Banach 不动点定理, y 连续依赖 x, 余下的要证 $\varphi(x)$ 是可导的且它的导数由 (4.1.6) 给出. 我们考虑开球:

$$U_1=\{x:||x-x_0||<\delta\}, \qquad U_2=\{y:||y-y_0||<\varepsilon\}$$

适当选取 $\delta,\varepsilon>0$ 充分小可使

$$U_1\times U_2\subset U$$

我们考虑

$$(x_1,\varphi(x_1))\in U_1\times U_2$$

且记 $y_1=\varphi(x_1)$. 令

$$L_1=D_1F(x_1,y_1), \qquad L_2=D_2F(x_1,y_1)$$

因为 F 可微, 则

$$F(x,y)=L_1\cdot(x-x_1)+L_2(y-y_1)+r(x,y) \tag{4.1.9}$$

其中余项满足

$$\lim_{\substack{x\to x_1\\ y\to y_1}}\frac{r(x,y)}{||x-x_1||+||y-y_1||}=0 \tag{4.1.10}$$

由于 φ 的构造, 对 $x\in U_1$ 有 $F(x,\varphi(x))=0$, 故再由 (4.1.9), 解出 $\varphi(x)$ 的一个隐式表示为:

$$\varphi(x)=y_1-L_2^{-1}L_1(x-x_1)-L_2^{-1}r(x,\varphi(x)) \tag{4.1.11}$$

由 (4.1.10), $\exists\eta,\rho>0$ 使当 $||x-x_1||\leqslant\eta, ||y-y_1||\leqslant\rho$ 时

$$||r(x,y)||\leqslant\frac{1}{2||L_2^{-1}||}(||x-x_1||+||\varphi(x)-\varphi(x_1)||)$$

因而有

$$||r(x,\varphi(x))||\leqslant\frac{1}{2||L_2^{-1}||}(||x-x_1||+||\varphi(x)-\varphi(x_1)||) \tag{4.1.12}$$

因而由 (4.1.11) 和 (4.1.12) 有:

$$||\varphi(x)-\varphi(x_1)||\leqslant||L_2^{-1}L_1||\cdot||x-x_1||+\frac{1}{2}||x-x_1||+\frac{1}{2}||\varphi(x)-\varphi(x_1)||$$

因此 $\exists C>0$ 使

$$||\varphi(x)-\varphi(x_1)||\leqslant C||x-x_1|| \tag{4.1.13}$$

记 $r_0(x) = -L_2^{-1}r(x,\varphi(x))$ 且重写 (4.1.11) 为:

$$\varphi(x) - \varphi(x_1) = -L_2^{-1}L_1(x - x_1) + r_0(x) \tag{4.1.14}$$

由 (4.1.10), (4.1.13) 以及夹逼定理有

$$\lim_{x\to x_1} \frac{r_0(x)}{||x - x_1||} = 0 \tag{4.1.15}$$

从 (4.1.14) 和 (4.1.15) 易见 φ 是可微的且满足 (4.1.6), $D\varphi(x)$ 在 $B_\delta(x_0)$ 中连续.

推论 4.1.1 (反函数定理) 设 V, W 是 Banach 空间, U 是 V 中开集, $y_0 \in U$. 又 $f : U \to W$ 连续可微且假设导算子 $Df(y_0)$ 具有连续的逆.

则存在 y_0 的开邻域 $U_2 \subset U$, $f(y_0) = x_0$ 的开邻域 U_1 使得 f 一一到上地把 U_2 映到 U_1 且逆映射 $\varphi = f^{-1} : U_1 \to U_2$ 是可微的且

$$D\varphi(x_0) = (Df(y_0))^{-1}$$

证 令 $F(x,y) = f(y) - x$, 因为 $D_2F(x_0,y_0) = Df(y_0)$ 可逆, 我们利用隐函数定理知, 存在 x_0 的开邻域 U_1 及可微映射: $\varphi : U_1 \to V$ 满足 $\varphi(U_1) \subset U_2$, 这里 U_2 是 $y_0 = \varphi(x_0)$ 的一个邻域, 且

$$F(x,\varphi(x)) = 0, \text{ 即 } \forall x \in U_1,\ f(\varphi(x)) = x.$$

当 $\varphi(U_1) = f^{-1}(U_1)$ 是开集时, 我们可以重新定义 $U_2 = \varphi(U_1)$, 则 φ 是从 U_1 到 U_2 的双射.

因为 $f(\varphi(x)) = x$, 利用链式法则有

$$Df(\varphi(x_0)) \cdot D\varphi(x_0) = id,$$

即

$$D\varphi(x_0) = (Df(y_0))^{-1}.$$

关于具体变分泛函在适当定义域空间上的连续可微性问题, 若积分变量是高维的情形, 问题是很复杂的, 这里暂时先讨论 1 维情形.

定理 4.1.7 (Morrey)[77] 设 $L : [0,T] \times R^n \times R^n \to R$. 对任意给定 $x, y \in R^n, (t,x,y) \to L(t,x,y)$ 对 t 可测, 且对 a.e. $t \in [0,T], L$ 对 (x,y) 连续可微. 若存在 $a \in C(R^+,R^+), b \in L^1([0,T],R^+), c \in L^q([0,T],R^+), 1 < q < +\infty$, 使得对 a.e. $t \in [0,T]$ 及 $x, y \in R^n$, 有不等式:

$$\begin{cases} |L(t,x,y)| \leqslant a(|x|)(b(t) + |y|^p), \\ \left|\dfrac{\partial}{\partial x}L(t,x,y)\right| \leqslant a(|x|) \cdot (b(t) + |y|^p), \\ \left|\dfrac{\partial}{\partial y}L(t,x,y)\right| \leqslant a(|x|)(c(t) + |y|^{p-1}), \end{cases}$$

其中 $\frac{1}{p}+\frac{1}{q}=1$. 则变分泛函:

$$\varphi(u)=\int_0^T L(t,u(t),\dot{u}(t))dt$$

在

$$W_T^{1,p}=\{u,\dot{u}\in L^p([0,T],R^n),u(t+T)=u(t)\}$$

上连续可微, 且

$$\begin{aligned}\langle\varphi'(u),v\rangle=&\int_0^T\left[\left\langle\frac{\partial}{\partial x}L(t,u(t),\dot{u}(t),v(t)\right\rangle\right.\\&\left.+\left\langle\frac{\partial}{\partial y}L(t,u(t),\dot{u}(t)),\dot{v}(t)\right\rangle\right]dt.\end{aligned}\tag{4.1.16}$$

证明 由定理 4.1.4 可知, 我们只需证明 φ 在任意点 $u\in W_T^{1,p}$, 存在由 (4.1.16) 给出的方向导数且以下映射是连续的:

$$\varphi':W_T^{1,p}\to(W_T^{1,p})^*,\quad u\mapsto\varphi'(u)$$

由关于 L 的假设可知, φ 在 $W_T^{1,p}$ 上是适定的, 即处处有限.

任意给定 u, 我们要扰动 u 进行变分, 故 $\forall v\in W_T^{1,p},\lambda\in[-1,1]$, 考虑泛函:

$$\psi(\lambda)\triangleq\varphi(u+\lambda v)=\int_0^T L(t,u(t)+\lambda v(t),\dot{u}(t)+\lambda\dot{v}(t))dt\triangleq\int_0^T F(\lambda,t)dt.$$

由 Gâteaux 方向导数的定义有: $\varphi'(u)\cdot v=\lim\limits_{\lambda\to0}\frac{\varphi(u+\lambda v)-\varphi(u)}{\lambda}=\lim\limits_{\lambda\to0}\frac{\psi(\lambda)-\psi(0)}{\lambda}=\psi'(0)$.

另一方面我们来具体计算 $\psi'(0)$. 由关于 L 的已知假设, 我们可做以下估计:

$$\begin{aligned}\left|\frac{d}{d\lambda}F(\lambda,t)\right|=&\left|\left\langle\frac{\partial}{\partial x}L(t,u+\lambda v,\dot{u}+\lambda\dot{v},v\right\rangle\right.\\&\left.+\left\langle\frac{\partial}{\partial y}L(t,u+\lambda v,\dot{u}+\lambda\dot{v}),\dot{v}\right\rangle\right|\\\leqslant&a(|u+\lambda v|)[(b(t)+|\dot{u}+\lambda\dot{v}|^p)|v|\\&+(c(t)+|\dot{u}+\lambda\dot{v}|^{p-1})|\dot{v}|]\\\leqslant&a_0\{[b(t)+(|\dot{u}|+|\dot{v}|)^p]|v|\\&+[c(t)+(|\dot{u}|+|\dot{v}|)^{p-1}]|\dot{v}|\},\end{aligned}$$

其中

$$a_0=\max_{(\lambda,t)\in[-1,1]\times[0,T]}a(|u(t)+\lambda v(t)|).$$

因为 $b \in L^1, (|\dot{u}|+|\dot{v}|)^p \in L^1$, 且由 Sobolev 嵌入定理, $v \in L^\infty([0,T],R^n)$, 故知

$$[b(t)+(|\dot{u}|+|\dot{v}|)^p]\cdot|v| \in L^1.$$

又由 $v \in W_T^{1,p}$ 知 $|\dot{v}| \in L^p$, 故由 Hölder 不等式知

$$\begin{aligned}&\int_0^T(|\dot{u}|+|\dot{v}|)^{p-1}\cdot|\dot{v}|dt\\ \leqslant&\left(\int_0^T(|\dot{u}|+|\dot{v}|)^{(p-1)\cdot\frac{p}{p-1}}dt\right)^{\frac{p-1}{p}}\cdot\left(\int|\dot{v}|^p\right)^{1/p}\\ <&+\infty.\end{aligned}$$

又由 $c \in L^q, |\dot{v}| \in L^p$, 故 $c(t)\cdot|\dot{v}| \in L^1$, 综上知 $[c(t)+(|\dot{u}|+|\dot{v}|)^{p-1}]\cdot|\dot{v}| \in L^1$, 故

$$\left|\frac{d}{d\lambda}F(\lambda,t)\right| \leqslant d(t) \in L^1,$$

故可应用 Lebesgue 控制收敛定理知仍成立所谓 Leibniz 公式, 求导运算通过积分号:

$$\begin{aligned}\psi'(0)=&\int_0^T\left.\frac{d}{d\lambda}F(\lambda,t)\right|_{\lambda=0}dt\\ =&\int_0^T\left[\left\langle\frac{\partial}{\partial x}L(t,u(t),\dot{u}(t)),v(t)\right\rangle\right.\\ &\left.+\left\langle\frac{\partial}{\partial y}L(t,u(t),\dot{u}(t)),\dot{v}(t)\right\rangle\right]dt.\end{aligned}$$

进一步, 由已知假设有

$$\left|\frac{\partial}{\partial x}L(t,u,\dot{u})\right| \leqslant a(|u|)(b(t)+|\dot{u}|^p) \in L^1([0,T],R^+),$$

且

$$\left|\frac{\partial}{\partial y}L(t,u,\dot{u})\right| \leqslant a(|u|)(c(t)+|\dot{u}|^{p-1}) \in L^q([0,T],R^+).$$

因而由 Hölder 不等式及 Sobolev 嵌入定理有

$$\begin{aligned}&\int_0^T\left[\left\langle\frac{\partial}{\partial x}L(t,u(t),\dot{u}(t)),v(t)\right\rangle+\left\langle\frac{\partial}{\partial y}L(t,u(t),\dot{u}(t)),\dot{v}(t)\right\rangle\right]dt\\ \leqslant& c_1||v||_\infty+c_2||\dot{v}||_{L^p} \leqslant c_3||v||_{W_T^{1,p}} < +\infty,\end{aligned}$$

且

$$\langle\varphi'(u),v\rangle=\int_0^T\left[\left\langle\frac{\partial}{\partial x}L(t,u(t),\dot{u}(t)),v(t)\right\rangle+\left\langle\frac{\partial}{\partial y}L(t,u(t),\dot{u}(t),\dot{v}(t)\right\rangle\right]dt.$$

进一步还有

$$\sup_{v\neq 0}\frac{\langle\varphi'(u),v\rangle}{||v||_{W_T^{1,p}}}\leqslant c_3,$$

$$||\varphi'(u)||\leqslant c_3,$$

即 $\varphi'(u)$ 是有界算子. 进一步要证它连续依赖于 u.

由 M.A.Krasnosel'skii 关于 V.V.Nemitskii 算子连续性的定理 (参见 M.A. Krasnosel'skii 的名著: Topological methods in the theory of nonlinear integral equations, Oxford: Pergamon, 1964, 也见 [51,117], 详细证明也见本书引理 8.4.1) 及关于 L 的假设易见映射:

$$u\rightarrow\left(\frac{\partial}{\partial x}L(t,u,\dot{u}),\frac{\partial}{\partial y}L(t,u,\dot{u})\right).$$

从 $W_T^{1,p}$ 到 $L^1\times L^q$ 上是连续的, 又显然有

$$\begin{aligned}|\langle\varphi'(u),v\rangle|&\leqslant||v||_{L^\infty}\cdot\left\|\frac{\partial L(t,u,\dot{u})}{\partial x}\right\|_{L^1}+||\dot{v}||_{L^p}\cdot\left\|\frac{\partial L(t,u,\dot{u})}{\partial y}\right\|_{L^q}\\&\leqslant c\cdot||v||_{W^{1,p}}\cdot\left(\left\|\frac{\partial L}{\partial x}\right\|_{L^1}+\left\|\frac{\partial L}{\partial y}\right\|_{L^q}\right).\end{aligned}$$

故知 $\|\varphi'(u)\|\leqslant c\cdot\left(\left\|\frac{\partial L}{\partial x}\right\|_{L^1}+\left\|\frac{\partial L}{\partial y}\right\|_{L^q}\right)$,

$$\varphi'(u):W_T^{1,p}\rightarrow(W_T^{1,p})^*$$

连续.

4.2 Euler-Lagrange 方程

本节主要研究变分泛函极值的一阶必要条件, 即 Euler-Lagrange 方程. 这里我们先验假设了变分泛函在某一个空间上存在最小 (或最大) 值点, 有关存在性问题是非常复杂的, 放在下一节讨论.

下面先考虑 1 维变分问题, 然后再考虑高维变分问题.

在第 1 章中已提到一些例子, 其变分泛函可以写成

$$I(u)=\int_a^b F(t,u(t),\dot{u}(t))dt,\tag{4.2.1}$$

其中 $F:[a,b]\times R^d\times R^d\rightarrow R$ 给定, 假设 $u(a)=u_1,u(b)=u_2$.

定理 4.2.1[56] 设 $I(u)$ 由 (4.2.1) 给出. 假设 F 对 t, u 是 C^1 的, F 对 $p = \dot{u}$ 是 C^2 的, 若 $u \in M = \{v \in C^2([a,b], R^d), v(a) = u_1, v(b) = u_2\}$ 使

$$I(u) = \inf_M I(v),$$

则有

$$F_u - \frac{d}{dt}F_p = 0, \tag{4.2.2}$$

$$F_{pp}\ddot{u} + F_{pu}\dot{u} + F_{pt} - F_u = 0. \tag{4.2.3}$$

证明 因 u 是 $I(v)$ 在 M 上的临界点. 设 $\eta \in C^1$ 且满足 $\eta(a) = \eta(b) = 0$. 因此 $u + s\eta \in M$. 令 $\varphi(s) = I(u + s\eta)$, 则 $\varphi(s) \geqslant \varphi(0)$, 由 Fermat 定理我们有:

$$\varphi'(0) = 0. \tag{4.2.4}$$

由 $\varphi(s) = I(u + s\eta) = \int_a^b F(t, u + s\eta, \dot{u} + s\dot{\eta})dt$, 我们有

$$\varphi'(s) = \int_a^b F_2'(t, u + s\eta, \dot{u} + s\dot{\eta}) \cdot \eta + F_3'(b, u + s\eta, \dot{u} + s\dot{\eta})\dot{\eta}dt,$$

$$\varphi'(0) = \int_a^b F_2'(t, u, \dot{u})\eta + F_3'(t, u, \dot{u})\dot{\eta}dt = 0, \tag{4.2.5}$$

其中 F_2', F_3' 分别表示 F 关于第二、三变元的偏导数组成的梯度. 因为 $\eta(a) = \eta(b) = 0$, 所以由分部积分公式有

$$\int_a^b F_3'(t, u, \dot{u})\dot{\eta}dt = -\int_a^b \frac{d}{dt}F_3(t, u, \dot{u})\eta dt.$$

从而可得

$$\int_a^b \left(F_2' - \frac{d}{dt}F_3'\right)\eta dt = 0, \quad \forall \eta \in C_0^1([a,b], R^d).$$

则由变分基本引理有

$$F_2' - \frac{d}{dt}F_3' = 0. \tag{4.2.6}$$

上式称为 $I(u)$ 的 Euler-Lagrange 方程. 记 $F_2' = F_u, F_3' = F_p$. 则上式化为 $F_u - \dfrac{d}{dt}F_p = 0$, 其中 $p = \dot{u}$. 由于

$$\begin{aligned}\frac{d}{dt}F_p(t, u, p) &= F_{pt} + F_{pu}\frac{du}{dt} + F_{pp}\frac{dp}{dt} \\ &= F_{pt} + F_{pu}\dot{u} + F_{pp}\ddot{u},\end{aligned}$$

所以得方程

$$F_{pp}\ddot{u} + F_{pu}\dot{u} + F_{pt} - F_u = 0.$$

在考虑极值问题 $\inf I(u)$ 时, u 定义在何种函数类上是关键. 下面先要选取函数类使 $I(u)$ 有意义. 设 $F(t,u,p)$ 对 u,p 连续且对 t 可测, 我们需要 $\dot{u}(t)$ 几乎处处存在且是可积的那些相应的 u 组成的集合, 即绝对连续函数类 $AC([a,b])$. Henri Lebesgue 的一个基本定理本质上是数学分析中 Newton-Leibniz 公式的推广：若 $u\in AC([a,b])$, 则 $\forall t_1,t_2\in[a,b]$, 有

$$u(t_2)-u(t_1)=\int_{t_1}^{t_2}\dot{u}(t)dt.$$

定义在 C^1 和 AC 之间的是分段连续可微函数类[56]:

$D^1([a,b],R^d)=\{u:[a,b]\to R^d, u$ 连续, 且 $\exists a=t_0<t_1<\cdots<t_n=b, u\in C^1([t_j,t_{j+1}],R^d), j=0,\cdots,n-1\}$.

例 4.2.1 1. (Weierstrass, 1870) $I(u)=\displaystyle\int_{-1}^{1}t^2|\dot{u}|^2dt,$

$$u\in M=\{u\in C^1([-1,1],R), u(-1)=-1, u(1)=1\},$$

下面证明 I 在 M 上达不到下确界.

$\forall\varepsilon>0$, 令 $u_\varepsilon(t)=\dfrac{\arctan\frac{t}{\varepsilon}}{\arctan\frac{1}{\varepsilon}}$, 则

$$\begin{aligned}0\leqslant I(u_\varepsilon)&=\int_{-1}^{1}\frac{\varepsilon^2t^2(t^2+\varepsilon^2)^{-2}dt}{\left(\arctan\frac{1}{\varepsilon}\right)^2}\\&<\int_{-1}^{1}\frac{\varepsilon^2(t^2+\varepsilon^2)^{-1}dt}{\left(\arctan\frac{1}{\varepsilon}\right)^2}\\&=\left(\arctan\frac{1}{\varepsilon}\right)^{-2}\varepsilon\arctan\frac{t}{\varepsilon}\Big|_{-1}^{1}\\&=\frac{2\varepsilon}{\arctan\frac{1}{\varepsilon}}\to0,\quad \varepsilon\to0,\end{aligned}$$

则 $\inf I(u)=0$. 但易证下确界达不到. 事实上, 若存在 $\tilde{u}\in M$, s.t. $I(\tilde{u})=0$, 则 $\dot{\tilde{u}}(t)=0, \forall t\in[-1,0)\cup(0,1]$, 即 $\tilde{u}(t)$ 分别在 $[-1,0)$ 及 $(0,1]$ 上为常数, 又于由 $\tilde{u}(t)$ 在 $[-1,1]$ 上连续, 则在 $[-1,1]$ 上, $\tilde{u}(t)=\text{const.}$, 这与 $\tilde{u}\in M, \tilde{u}(-1)=-1, \tilde{u}(1)=1$ 矛盾.

2. 设 $F(\xi)=e^{-\xi^2}$ 且考虑

$(P)\quad \inf\limits_{u\in X}\{I(u)=\int_0^1F(u'(x))dx\}=m,$

其中 $X=W_0^{1,1}(0,1)=\{u\in W^{1,1}(0,1)|u(0)=u(1)=0\}$.

则 (P) 没有最小值点.

事实上, 设 $n \in N$, 且定义

$$u_n(x) = n\left(x - \frac{1}{2}\right)^2 - \frac{n}{4}$$

则 $u_n \in X$ 且

$$\begin{aligned} I(u_n) &= \int_0^1 e^{-4n^2(x-\frac{1}{2})^2} dx \\ &= \frac{1}{2n}\int_{-n}^{n} e^{-t^2} dt \to 0, n \to +\infty \end{aligned}$$

又 $I(u) \geqslant 0$, 因此 $m = 0$.

又显然不存在 $u \in X$ 使得

$$\int_0^1 e^{-(u'(x))^2} dx = 0$$

因此 (P) 没有解.

3. 设 $F(x, u, \xi) = F(u, \xi) = \sqrt{u^2 + \xi^2}$ 且

$(P) \quad \inf\{I(u) = \int_0^1 F(u(x), u'(x)dx | \ u \in X\} = m,$

其中 $X = \{u \in W^{1,1}(0,1) | \ u(0) = 0, u(1) = 1\}$.

我们下面证明 (P) 没有解.

首先易见

$$I(u) \geqslant \int_0^1 |u'(x)| dx \geqslant \int_0^1 u'(x) dx = u(1) - u(0) = 1$$

因此 $m \geqslant 1$. 进一步构造极小化序列 $u_n \in X$:

$$u_n(x) = \begin{cases} 0, & x \in [0, 1 - \frac{1}{n}], \\ 1 + n(x-1), & x \in [1 - \frac{1}{n}, 1]. \end{cases}$$

则

$$\begin{aligned} 1 \leqslant I(u_n) &= \int_{1-\frac{1}{n}}^1 \sqrt{[1 + n(x-1)]^2 + n^2} dx \\ &\leqslant \frac{1}{n} \cdot \sqrt{1 + n^2} \to 1, n \to +\infty \end{aligned}$$

因此 $m = 1$.

若存在 $\bar{u} \in X$ 使 $I(\bar{u}) = m$, 则

$$\begin{aligned} 1 = I(\bar{u}) &= \int_0^1 \sqrt{\bar{u}^2 + \bar{u}'^2} dx \geqslant \int_0^1 |\bar{u}'| dx \\ &\geqslant \int_0^1 \bar{u}' dx = \bar{u}(1) - \bar{u}(0) = 1. \end{aligned}$$

则在 (0,1) 上, 几乎处处有 $\bar{u}=0$. 又由 Sobolev 嵌入定理知, 存在 X 中代表元素 $\tilde{u}$ 与 $\bar{u}$ 几乎处处相等故均为最小值点, 但 $\tilde{u}$ 连续, 故 $\tilde{u}\equiv 0$, 这与边值条件矛盾.

4. 设 $\lambda>\pi$ 且

$$F(x,u,\xi)=F(u,\xi)=\frac{1}{2}(\xi^2-\lambda^2u^2)$$

$(P)\quad \inf\{I(u)=\int_0^1 F(u(x),u'(x)dx, u\in W_0^{1,2}(0,1)\}=m.$

因为若令 $u_a(x)=a\sin\pi x$, 则

$$I(u_a)=\frac{1}{2}a^2\int_0^1[\pi^2\cos^2(\pi x)-\lambda^2\sin^2(\pi x)]dx\to-\infty,\ |a|\to+\infty$$

因此 $m=-\infty,(P)$ 没有解.

5. 德国数学家 Bolza O. (1857–1942) 曾给出下面著名例子.

$(P)\quad \inf\{I(u)=\displaystyle\int_0^1 F(u(x),u'(x))dx|\ u\in W_0^{1,4}(0,1)\}=m,$

其中 $F(x,u,\xi)=F(u,\xi)=(\xi^2-1)^2+u^4$

首先证明 $m=0$. 构造极小化序列:

$$u_\nu(x)=\begin{cases} x-\dfrac{k}{\nu}, & x\in\left(\dfrac{2k}{2\nu},\dfrac{2k+1}{2\nu}\right],\\ -x+\dfrac{k+1}{\nu}, & x\in\left(\dfrac{2k+1}{2\nu},\dfrac{2k+2}{2\nu}\right].\end{cases}$$

注意这里 $0\leqslant k\leqslant\nu-1$.

观察到 a.e. 成立 $|u_\nu'|=1$ 且 $|u_\nu|\leqslant\frac{1}{2\nu}$. 因而有

$$0\leqslant I(u_v)\leqslant\frac{1}{(2\nu)^4}\to 0,\ \nu\to+\infty$$

因此从上面的证明过程知 $m=0$. 进一步我们证明 (P) 没有解.

事实上, 设 $\bar{u}\in W_0^{1,4}(0,1)$ 是 (P) 的解, 则 $I(\bar{u})=0$, 故 $\bar{u}\overset{\text{a.e.}}{=\!=}0$, 且 $|\bar{u}'|=1$, a.e. 在 (0,1) 上成立. 因为由嵌入定理可以在 $W_0^{1,4}$ 中选取使 $I(u)$ 具有同样最小值 $I(\bar{u})$ 的连续代表元素 $\tilde{u}\overset{\text{a.e.}}{=\!=}\bar{u}$, 故 $\tilde{u}\equiv 0$, 因此 $\tilde{u}'\equiv 0$, 这与 $\tilde{u}\overset{\text{a.e.}}{=\!=}\bar{u}$ 且 $|\bar{u}'|=1$ 矛盾.

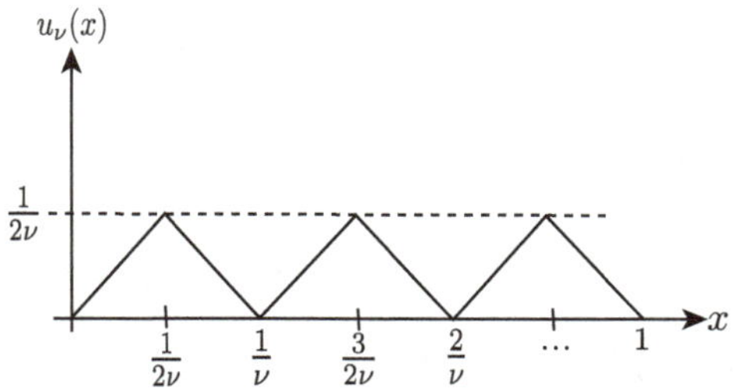

图 4.2.1

6. 设 $X=\{u\in W^{1,1}(0,1)|\ u(0)=0,u(1)=1\}$, 且

$(P)\quad \inf\{I(u)=\int_0^1|u'(x)|dx,u\in X\}=m$

则由绝对值不等式和 Newton-Leibniz 公式, 我们有 $m\geqslant 1$, 且显然任何满足 $u\in X$ 且 $u'\geqslant 0$ 的 u 都使得 $I(u)=1$, 故它们都是 (P) 的最小值点.

7. $I(u)=\displaystyle\int_{-1}^{1}(1-|\dot{u}|^2)^2dt,\quad u(-1)=u(1)=1$; 一个最小值点为 $u(t)=|t|\in D^1([a,b],R)$, 但 $u\notin C^1$, 容易求出所有的最小值点, 但所有的都不是 C^1 的.

8. $I(u)=\displaystyle\int_{-1}^{1}(1-\dot{u})^2|u(t)|^2dt,\ u(-1)=0,u(1)=1$. 则 $\inf I(u)=0$. 唯一的最小值点为

$$u(t)=\begin{cases}0, & -1\leqslant t\leqslant 0,\\ t, & 0\leqslant t\leqslant 1,\end{cases}$$

$u\in D^1$ 但 $u\notin C^1$.

9. $I(u)=\displaystyle\int_{-1}^{1}(2t-\dot{u})^2u^2dt,\ u(-1)=0,u(1)=1$. 唯一的最小值点为

$$u(t)=\begin{cases}0, & -1\leqslant t\leqslant 0,\\ t^2, & 0\leqslant t\leqslant 1,\end{cases}$$

$u\in C^1$ 但 $u\notin C^2$.

定理 4.2.2[56] 设 $F(t,u,p)$ 相对于 u,p 是 C^1 的, 且对 t 连续, 又设 $u\in AC([a,b],R^d)$ 是

$$\delta I(u,\eta)=\int_a^b[F_u\cdot\eta+F_p\cdot\dot{\eta}]dt=0\quad(\forall\eta\in AC_0)\tag{4.2.7}$$

的一个解, 其中 $AC_0=\{\eta\in AC([a,b],R^d)$ 且 $\exists a_1,b_1$ 使 $a\leqslant a_1\leqslant b_1\leqslant b,\text{s.t.}\,\eta(x)=0,x\notin(a_1,b_1)\}$. 则对 $[a,b]$ 中几乎所有点有

$$\frac{d}{dt}F_p(t,u(t),\dot{u}(t))=F_u(t,u(t),\dot{u}(t)).\tag{4.2.8}$$

若 $u\in C^1([a,b],R^d)$, 则 (4.2.8) 恒成立. 若 $u\in D^1([a,b],R^d)$, 在 $\dot{u}(t_j)$ 不连续的点 t_j 有

$$\frac{d}{dt}(F_p(t_j),u(t_j),\dot{u}_-(t_j))_-=F_u(t_j,u(t_j),\dot{u}_-(t_j)),\tag{4.2.9}$$

其中 $\dot{u}_-(t_j)=\lim\limits_{\Delta t\to 0^-}\dfrac{u(t_j+\Delta t)-u(t_j)}{\Delta t}$. 对右导数也有相似等式.

为了证明定理 4.2.2, 我们需要改变以前的变分基本引理 (定理 3.1.2) 中的测试函数空间.

引理 4.2.1 (变分引理)[56] 设 $h \in L^1([a,b],R)$ 满足

$$\int_a^b h(t)\dot{\varphi}(t)dt = 0, \quad \forall \varphi \in AC_0([a,b],R). \tag{4.2.10}$$

则 $\exists C \in R$, s.t.

$$h(t) = C, \quad \text{a.e. } t \in [a,b]. \tag{4.2.11}$$

证明 令 $C = \dfrac{1}{b-a}\displaystyle\int_a^b h(t)dt = [h], \varphi(t) = \int_a^t (h(x) - C)dx$. 则 $\varphi(a) = 0$, $\varphi(b) = \displaystyle\int_a^b (h(x) - C)dx = 0$, 故 $\varphi \in AC_0([a,b],R)$.

又由 C 的定义有

$$\int_a^b h(t)dt = (b-a)C.$$

把上述 $\varphi(t)$ 代入 (4.2.10) 并利用上面等式可得

$$\begin{aligned}
0 &= \int_a^b h(t)\dot{\varphi}(t)dt = \int_a^b h(t)(h(t) - C)dt \\
&= \int_a^b [h^2(t) - C \cdot h(t)]dt - \int_a^b C \cdot h(t)dt + C^2(b-a) \\
&= \int_a^b \left[h^2(t) - C \cdot h(t) - C \cdot h(t) + C^2\right] dt \\
&= \int_a^b (h(t) - C)^2 dt.
\end{aligned}$$

故 $h(t) = C, \text{a.e.} t \in [a,b]$.

定理 4.2.2 的证明

$$\begin{aligned}
\int_a^b F_u \cdot \eta dt &= \int_a^b \left[\frac{d}{dt}\left(\int_a^t F_u dy\right)\right] \eta dt \\
&= -\int_a^b \left(\int_a^t F_u dy\right) \dot{\eta} dt, \quad \forall \eta \in AC_0.
\end{aligned}$$

由 (4.2.7) 有

$$0 = \int_a^b \left(F_p - \int_a^t F_u dy\right) \dot{\eta} dt.$$

由引理 4.2.1, $\exists C \in R^d$, s.t.

$$F_p = \int_a^t F_u(y, u(y), \dot{u}(y))dy + C, \quad \text{a.e. } t \in [a,b].$$

故 $F_p \in AC$. 从而可得 (4.2.8).

当 $u \in C^1([a,b],R^d)$ 或 $u \in D^1([a,b],R^d)$ 时, 结论易证.

关于解的正则性有以下重要定理.

定理 4.2.3[56]　设 $F:[a,b]\times R^d \times R^d \to R$ 是 C^1 的, $F_p \in C^1$. 且设

$$\det(F_{p^ip^j}(t,u(t),\dot{u}(t))_{i,j=1,\cdots,d} \neq 0, \quad \forall t \in [a,b], \tag{4.2.12}$$

以及 $\delta(I(u,\eta))=0$ 的解 $u \in C^1(\forall \eta \in C_0^1([a,b],R^d)$, 则 $u \in C^2([a,b],R^d)$.

证　定义 $\phi: R\times R^d \times R^d \times R^d \to R$ 如下:

$$\phi(t,u,p,q) = F_p(t,u,p) - q$$

由已知假设 $|F_{pp}| \neq 0$, 可应用隐函数定理得知对 $t_0 \in I$, 在 $(u_0,p_0,q_0) = (u(t_0),\dot{u}(t_0),F(t_0,u_0,p_0))$ 附近, 相对于 p, 方程 $\phi(t,u,p,q)=0$ 可以唯一解出 p.

因而存在 (t_0,u_0,q_0) 的邻域 U 使得 $\forall (t,u,q) \in U, \phi=0$ 有唯一解 $p=\varphi(t,u,q)$ 满足 $\varphi: U \to R^d$ 是 C^1 的.

因为我们已经知道 $\phi=0$ 的一个解, 即 $(t,u(t),\dot{u}(t),F_p(t,u(t),\dot{u}(t))$, 由解 φ 的唯一性知, 当 t 接近 t_0 时有:

$$\dot{u}(t) = \varphi(t,u(t),F_p(t,u(t),\dot{u}(t)).$$

因为存在 t_0 的邻域使 $\varphi \in C^1$, 故 $\dot{u} \in C^1$, 因此 $u \in C^2$. 由于 $t_0 \in I$ 是任意的, 故 $u \in C^2(I,R^d)$.

如果 F 具有高阶正则性, 则由隐函数定理可得到 u 的更好的正则性 ([56]).

定理 4.2.4　假设 Lagrange 状态函数 F 在作用泛函 $I(u)$ 的弱极值点 $u \in C^1(\bar{I},R^d)$ 对应的 $(t,u,\dot{u}(t))$ 的邻域 U 上是 $C^k(2 \leqslant k \leqslant \infty)$ 的, 且 $\forall (t,z,p) \in \bar{U}, |F_{pp}(t,z,p)| \neq 0$, 则 $u \in C^k(\bar{I},R^d)$. 进一步, 如 F 在 U 上是实解析的, 则 u 也是实解析的.

定理 4.2.5　设 F 满足定理 4.2.3 的假设, 进一步假设 F_{pp} 在 $\Omega \times R^d$ 上是正定或负定的, 这里 $\Omega \subset R^{d+1}$ 包含 $\{(t,u(t)): t \in I\}$. 设 $u \in AC(I,R^d)$ 满足

$$\delta I(u,\eta) = 0, \quad \forall \eta \in AC_0(I,R^d)$$

假设 $F_u(t,u(t),\dot{u}(t)), F_p(t,u(t),\dot{u}(t))$ 都是 Lebesgue 可积的.

则

$$u \in C^2(I,R^d).$$

证　这里因为 $\dot{u}(t)$ 可能不连续, 又因为隐函数定理的唯一性结论只是局部的. 因此这里不能再应用, 我们需要一个整体性方法.

假设对给定的 $(t,u,q)\in\Omega\times R^d$, 存在 $\phi(t,u,p,q)=0$ 的二个解 $p_1,p_2\in R^d$:

$$q=F_p(t,u,p_1),$$
$$q=F_p(t,u,p_2).$$

则

$$\left[\int_0^1 F_{pp}(t,u,p_1+s(p_2-p_1)ds\right]\cdot(p_2-p_1)=0,$$

又由关于 F_{pp} 的已知假设可知上式中被积分的矩阵对 $\forall s\in[0,1]$ 恒为正定或负定, 从而积分后也恒正定或负定, 从而是可逆矩阵, 因此 $p_1=p_2$.

利用上述整体唯一性及隐函数定理的存在性结果知, 对 $(t_0,u_0,q_0)=(t_0,u(t_0),F_p(t_0,u_0,\dot{u}_0(t_0))$ 的充分小的邻域中的 (t,u,q), 方程:

$$F_p(t,u,p)-q=0$$

存在唯一解 $p=\varphi(t,u,q)$ 且 $\varphi\in C^1$. 因而相似于定理 4.2.3 的证明, 对 t_0 的邻域中几乎所有的 t, 成立:

$$\dot{u}(t)=\varphi(t,u(t),F_p(t,u(t),\dot{u}(t))$$

因为 $u(t)$ 和 $F_p(t,u(t),\dot{u}(t))$ 相对于 t 绝对连续, 故对 a.e. $t\to t_0,\dot{u}(t)$ 与一个绝对连续函数 $v(t)$ 重合. 我们令

$$w(t)=u(t_0)+\int_{t_0}^t v(y)dy$$

则 $w\in C^1$. 又因为 $u\in AC$, 故由 Lebesgue 定理有

$$u(t)=u(t_0)+\int_{t_0}^t u'(y)dy$$

因为 a.e. 成立 $v=\dot{u}$, 故 $u=w$, 因此 u 在 t_0 邻域中是 C^1 的, 又因 $t_0\in I$ 是任意选取的, 故 $u\in C^1(I,R^d)$, 进一步应用定理 4.2.3 即得 $u\in C^2(I,R^d)$.

推论 4.2.1 在定理 4.2.5 的假设下, 方程

$$\delta I(u,\eta)=0,\quad \forall\eta\in AC_0(I,R^d)$$

的任意绝对连续解都是以下 Euler-Lagrange 方程的解:

$$\frac{d}{dt}F_p(t,u(t),\dot{u}(t))-F_u(t,u(t),\dot{u}(t))=0$$

或等价地

$$F_{pp}(t,u(t),\dot{u}(t))\ddot{u}(t)+F_{pu}(t,u(t),\dot{u}(t))\dot{u}(t)$$
$$+F_{pt}(t,u(t),\dot{u}(t))-F_u(t,u(t),\dot{u}(t))=0$$

同样的结论对定理 4.2.3 假设下满足 $\delta I(u,\eta)=0,\forall\eta\in C_0^1(I,R^d)$ 的 C^1- 解也成立.

G.Buttazzo, M. Giaquinta 和 S. Hildebrandt 在 "《One-dimensional Variational Problems — An Introduction》, Oxford, 1998" 中证明了以下几个定理:

定理 4.2.6　设 $u\in Lip(I,R^d)$ 是泛函 $I(u)=\int_I F(x,u(t),u'(x))dx$ 的弱 Lipschitz 极值点:

$$\delta I(u,\eta)=0,\quad \forall\eta\in Lip_0(I,R^d)$$

且假设 $F_p\in C^1(\bar I\times R^d\times R^d), F_{pp}(x,z,p)$ 在 $\bar I\times R^d\times R^d$ 上正定, 则 $u\in C^2(\bar I,R^d)$.

证　考虑定义在 $\bar I\times R^d\times R^d$ 上且映到自身的映射 $\psi:(x,z,p)\to(x,z,q)$:

$$\psi(x,z,p)=(x,z,F_p(x,z,p)).$$

因为 F_{pp} 正定, 故易证 ψ 是 $\bar I\times R^d\times R^d$ 到它的像 $\nu=\psi(\bar I\times R^d\times R^d)$ 的 C^1- 微分同胚, 进一步存在常向量 $c\in R^d$ 使

$$F_p(x,u(x),u'(x))=\pi(x),\quad a.e. x\in I,$$

这里 $\pi(x)=\int_a^x F_2(t,u(t),u'(t))dt+c$, 显然 $\pi\in AC(I,R^d)$, 且对 a.e. $x\in I$, $\pi'(x)=F_2(x,u(x),u'(x))$, 且 $\pi'=F_2(\cdot,u,u')\in L^\infty(I,R^d)$. 令 $\sigma(x)=(x,u(x),u'(x)),e(x)=(x,u(x),\pi(x))$, 则 $\sigma(x)$ 在 I 上几乎处处有定义, $e(x)$ 在 $\bar I$ 上处处有定义, 且

$$\psi(\sigma(x))=e(x),\quad a.e. x\in I.$$

为了证明 $\psi^{-1}(x,u(x),\pi(x))$ 对 $\forall x\in\bar I$ 处处有定义, 我们必须证明 $\forall x\in\bar I$ 成立 $e(x)\in\nu$. 注意这不是先验清楚的, 因为由 $\psi(\sigma(x))=e(x)$, a.e. $x\in I$ 仅知道对 a.e. $x\in I, e(x)\in\nu$, 因此由 $e(x)$ 在 $\bar I$ 上连续可知 $\forall x\in\bar I, e(x)\in\bar\nu$.

因为 $u\in Lip(I,R^d)$, 因此 $\exists k>0$ 使 $|u(x)-u(\xi)|\leqslant k|x-\xi|,\forall x,\xi\in\bar I$.

由此 a.e. 在 I 上成立:

$$|u'(x)|\leqslant k,$$

考虑集合

$$K=\{\psi(x,u(x),p):(x,u(x))\in\bar I\times R^d,|p|\leqslant k\}$$

显然 K 是 ν 的一个紧子集, 且对 a.e. $x\in I$, $e(x)\in K$.

因为 $e(x)$ 在 $\bar I$ 上连续, 故 $\forall x\in\bar I, e(x)\in K\subset\nu$, 因而

$$(x,u(x),v(x))\triangleq\psi^{-1}(e(x)),\quad x\in\bar I$$

有定义且连续.

另一方面, 由于对 a.e. $x \in I$ 有 $\psi(\sigma(x)) = e(x)$, 因此对 a.e. $x \in I$ 有:

$$(x, u(x), u'(x)) = \sigma(x) = \psi^{-1}(e(x))$$

因此对 a.e. $x \in I, u'(x) = v(x)$.

$$u(x) = u(a) + \int_a^x u'(t)dt = u(a) + \int_a^x v(t)dt$$

因此 $u \in C^1(\bar{I}, R^d)$, 再应用定理 4.2.3 有 $u \in C^2(\bar{I}, R^d)$.

定理 4.2.7 设 $I = (a,b)$ 是 R 中一个有界开区间, $F(x,z,p)$ 是定义在 $\bar{I} \times R^N \times R^N (N \geqslant 1)$ 上的 C^2 类 Lagrange 状态函数, 且满足下面的条件:

(i) $\exists C_0, C_1 > 0$ 使 $\forall (x,z,p) \in \bar{I} \times R^N \times R^N$ 有

$$-C_0|p|^m \leqslant F(x,z,p) \leqslant C_1(1 + |p|^m);$$

(ii) $\exists M(r) > 0$ 使 $\forall (x,z,p) \in \bar{I} \times R^N \times R^N$ 且 $x^2 + |z|^2 \leqslant r^2$ 成立:

$$|F_z(x,z,p)| + |F_p(x,z,p)| \leqslant M(r)(1 + |p|^m);$$

(iii) $\forall (x,z,p) \in \bar{I} \times R^N \times R^N$ 及 $\forall \xi \in R^N \backslash \{0\}$ 有

$$F_{p^i p^k}(x,z,p)\xi^i \xi^k > 0.$$

令 $W^{1,m}(I, R^N) = \{u, \dot{u} \in L^m(I, R^N)\}$.

固定 $\alpha, \beta \in R^N$. 定义

$$S = \{u \in W^{1,m}(I, R^N), u(a) = \alpha, u(b) = \beta\}.$$

假设 $\tilde{u} \in S$ 是 $J(u) = \displaystyle\int_a^b F(t, u(t), \dot{u}(t))dt$ 的 (局部) 极小, 则 $\tilde{u} \in C^2(\bar{I}, R^N)$ 且满足 Euler-Lagrange 方程.

证 由定理 4.2.7 的假设条件 (i) 可知, 积分 $J(u)$ 对 $\forall u \in S$ 都是适定的, $-\infty < J(u) < +\infty$.

设 $\varphi \in Lip(I, R^N), \varepsilon \in R$ 且假设在 I 上 $|\varphi(x)| \leqslant Q$; 且在 I 上几乎处处, $|\varphi'(x)| \leqslant Q$.

固定 $\varepsilon_0, 0 < \varepsilon_0 \leqslant 1$, 设 $|\varepsilon| < \varepsilon_0$. 则存在 r 使

$$x^2 + |\widetilde{u}(x) + \varepsilon\varphi(x)|^2 \leqslant r^2, \quad \forall x \in \bar{I}$$

进一步有

$$|\widetilde{u}' + \varepsilon\varphi'|^m \leqslant 2^{m-1}(|\widetilde{u}'|^m + Q^m)$$

再由定理的条件 (ii), 我们容易看出函数

$$F_z(x, \widetilde{u} + \varepsilon\varphi, \widetilde{u}' + \varepsilon\varphi') + F_p(x, \widetilde{u} + \varepsilon\varphi, \widetilde{u}' + \varepsilon\varphi')$$

几乎处处被以下 L^1- 函数控制:

$$M(r)[1+2^{m-1}(Q^m+|\widetilde{u}'|^m)]$$

应用 Lebesgue 控制收敛定理知, $\phi(\varepsilon) \triangleq J(\widetilde{u}+\varepsilon\varphi)$ 在 $(-\varepsilon_0,\varepsilon_0)$ 上是 C^1 的. 又因 $\widetilde{u}$ 是 $J(u)$ 在 S 上的局部极小值点, 故对 $\varphi \in C_0^\infty(I,R^N)$ 及 $|\varepsilon| < \varepsilon_0 \ll 1$ 有 $\Phi(0) \leqslant \Phi(\varepsilon)$. 因此 $\Phi'(0)=0$, 即 $\forall\varphi \in C_0^\infty(I,R^N)$ 有:

$$\int_I [F_2(x,\widetilde{u},\widetilde{u}')\varphi + F_p(x,\widetilde{u},\widetilde{u}')\varphi']\,dx = 0$$

即 $\widetilde{u} \in AC(I,R^N), \widetilde{u}' \in L^m(I,R^N)$ 且 $\widetilde{u}$ 是 $J(u)$ 的一个弱 $W^{1,m}$ 极小值点.

进一步由定理条件 (ii) 知 $F_2(\cdot,\widetilde{u},\widetilde{u}') \in L^1(I,R^N)$.

进一步由变分引理易证存在常向量 $c \in R^N$, 使 a.e. $x \in I$ 有

$$F_p(x,\widetilde{u}(x),\widetilde{u}'(x)) = c + \int_a^x F_2(t,\widetilde{u}(t),\widetilde{u}'(t))dt$$

下面我们可以类似定理 4.2.6 的证明, 假设 $e:\bar{I} \to R\times R^N\times R^N$ 的像集 $e(\bar{I})$ 落在 ψ 的值域中, 这可由定理假设条件 (iii) 得到, 因此 $F_p(x,z,R^N)=R^N, \nu=\bar{I}\times R^N\times R^N$.

因此 $\widetilde{u} \in C^2(\bar{I},R^N)$.

进一步由定理 4.2.4 可推出定理 4.2.7 的高阶正则性.

从上面的证明过程我们有

定理 4.2.8　在定理 4.2.7 的假设 (i)-(iii) 下, 设 $\widetilde{u} \in W^{1,m}(I,R^N)$ 是 J 的临界点, 或更精确地, 一个弱 $-W^{1,m}$ 解:

$$\delta F(\widetilde{u},\varphi)=0, \quad \forall\varphi \in C_0^\infty(I,R^N)$$

则 $\widetilde{u} \in C^2(\bar{I},R^N)$, 且满足 Euler-Lagrange 方程.

注　(1). 条件 (4.2.12) 本质上是与正定性条件或椭圆性条件有关的非退化性条件, 为了利用隐函数定理提高弱解的正则性, 它是很关键的.

(2). 注意上面的正则性定理对周期边值问题也应成立.

(3). 关于高维变分泛函的临界点的正则性问题很复杂, 读者可以参考有关文献 [33], [40], [47], [77], [116] 及附录 6.

当 Lagrange 状态函数不显示依赖积分变量 t 时, 此系统称为保守系统. 对保守系统可以通过 Legendre 变换引入 Hamilton 能量函数:

$$H(u,p) = p\cdot L_p(u,p) - L(u,p). \tag{4.2.13}$$

引理 4.2.2[116] 设 $L(u,p)=F(u,p)\in C^2(R^d\times R^d,R), u\in C^2([a,b],R^d)$ 是 Euler-Lagrange 方程 (4.2.6) 的解. 则 H 沿 u 是常数, 即 $\forall t$,

$$H(u(t),u'(t))=\text{const.} \tag{4.2.14}$$

证明 令 $u'(t)=p$, 因为由复合函数求导法则有

$$\begin{aligned}\frac{d}{dt}H(u(t),u'(t))&=H_u\cdot u'(t)+H_p\cdot u''(t)\\&=(p\cdot L_{pu}(u,p)-L_u)u'(t)+pL_{pp}\cdot u''(t)\\&=(L_{pp}\cdot u''+pL_{pu}-L_u)\cdot u'(t)\\&=\left(\frac{d}{dt}L_p(u,p)-L_u\right)\cdot u'(t)=0\end{aligned} \tag{4.2.15}$$

注意, 上述积分变量 t 可以是时间变量也可以是空间中某一坐标变量.

现在我们回到第 1 章中著名的经典例子.

例 4.2.2 (最速降线问题)[116] 设初速度为 0, 则时间泛函为

$$T=\int_0^{x_1}\frac{\sqrt{1+y'^2}}{\sqrt{2gy}}dx, \tag{4.2.16}$$

这里 Lagrange 状态函数为

$$L(u,p)=\frac{1}{\sqrt{2g}}\frac{\sqrt{1+p^2}}{\sqrt{u}}. \tag{4.2.17}$$

则沿 Euler-Lagrange 方程的解 u 成立:

$$\begin{aligned}L_p&=\frac{1}{\sqrt{2g}}\frac{1}{\sqrt{u}}\frac{p}{\sqrt{1+p^2}},\\p\cdot L_p-L&=\frac{1}{\sqrt{2gu}}\left(\frac{p^2}{\sqrt{1+p^2}}-\sqrt{1+p^2}\right)\\&=\frac{1}{\sqrt{2gu}}\cdot\frac{-1}{\sqrt{1+p^2}}=\text{const.},\end{aligned} \tag{4.2.18}$$

即

$$c^2(1+p^2)\cdot u=1, \tag{4.2.19}$$

即

$$c^2\cdot(1+y'^2(x))\cdot y(x)=1. \tag{4.2.20}$$

令

$$\begin{cases}x=x(\theta),\\y=y(\theta)=k(1-\cos\theta).\end{cases} \tag{4.2.21}$$

注意到

$$|y'(x)|^2 = \left|\frac{dy}{d\theta}\cdot\frac{d\theta}{dx}\right|^2 = (k^2\sin^2\theta)\cdot(\dot{x}(\theta))^{-2}. \tag{4.2.22}$$

代入上面方程有

$$c^2\left(1 + k^2\frac{\sin^2\theta}{|\dot{x}(\theta)|^2}\right)\cdot k(1-\cos\theta) = 1. \tag{4.2.23}$$

选取 c 使 $2kc^2 = 1$, 则有

$$\dot{x}(\theta) = k(1-\cos\theta). \tag{4.2.24}$$

并注意到初始条件 $(x(0), y(0)) = (0, 0)$, 故有

$$\begin{cases} x(\theta) = k(\theta - \sin\theta), \\ y(\theta) = k(1-\cos\theta), \end{cases} \quad 0 \leqslant \theta \leqslant \alpha. \tag{4.2.25}$$

再由

$$\begin{cases} x(\alpha) = x_1, \\ y(\alpha) = y_1 \end{cases} \tag{4.2.26}$$

确定 k 与 α. 注意上面的 k 与 c 相互确定, 一旦 k, α 确定, c 就定了.

例 4.2.3[52]　证明平面上连接两个给定点的所有可求长曲线中直线段最短.

设曲线方程为

$$\begin{cases} x = x(s), \\ y = y(s), \end{cases} \quad a \leqslant s \leqslant b. \tag{4.2.27}$$

则由勾股定理及微元分析可知曲线长度为

$$l = \int_a^b \sqrt{x'^2 + y'^2}ds. \tag{4.2.28}$$

则易求解上述泛函的 Euler-Lagrange 方程, 我们有

$$\begin{cases} x = a_1 s + b_1, \\ y = a_2 s + b_2. \end{cases} \tag{4.2.29}$$

故

$$y = Ax + B. \tag{4.2.30}$$

例 4.2.4(等周问题)[52]　假设不打结的所谓 Jordan 简单闭曲线方程为

$$\begin{cases} x = x(s), \\ y = y(s), \end{cases} \quad 0 \leqslant s \leqslant s_0. \tag{4.2.31}$$

则闭曲线的周长及闭曲线围区域的面积分别为

$$L = \int_0^{s_0} \sqrt{x'^2 + y'^2} ds, \tag{4.2.32}$$

$$A = \frac{1}{2} \int_0^{s_0} (xy' - yx') ds. \tag{4.2.33}$$

注意到 L 一定时, A 达到最大值等价于无量纲泛函 $\dfrac{A}{L^2}$ 达到最大.

考虑 $\dfrac{A}{L^2} = R$ 的一阶变分. 令

$$\frac{d}{dt} R(x + t\varphi, y + t\psi)\bigg|_{t=0} = 0.$$

得 Euler-Lagrange 方程为

$$\frac{dA}{dt}\bigg|_{t=0} = \lambda \frac{dL}{dt}\bigg|_{t=0}, \qquad \lambda = \frac{2A}{L},$$

即

$$\frac{1}{2} \int_0^{s_0} (x\psi' + \varphi y' - y\varphi' - \psi x') ds = \lambda \cdot \int_0^{s_0} \frac{x'\varphi' + y'\psi'}{\sqrt{x'^2 + y'^2}} ds.$$

上式左右两边均分部积分, 转移 ψ' 和 φ' 的导数有

$$\begin{aligned} &\frac{1}{2} \int_0^{s_0} (-x'\psi + \varphi y' + y'\varphi - x'\psi) ds \\ = &-\lambda \int_0^{s_0} \left[\left(\frac{x'}{\sqrt{x'^2 + y'^2}} \right)' \cdot \varphi + \left(\frac{y'}{\sqrt{x'^2 + y'^2}} \right)' \cdot \psi \right] ds. \end{aligned}$$

由变分基本引理 (定理 3.1.2) 有

$$\begin{cases} -x' = -\lambda \left(\dfrac{y'}{\sqrt{x'^2 + y'^2}} \right)', \\ y' = -\lambda \left(\dfrac{x'}{\sqrt{x'^2 + y'^2}} \right)', \end{cases}$$

积分上两式

$$\begin{cases} x - C_1 = \lambda \dfrac{y'}{\sqrt{x'^2 + y'^2}}, \\ y - C_2 = -\lambda \dfrac{x'}{\sqrt{x'^2 + y'^2}}. \end{cases}$$

故

$$(x - C_1)^2 + (y - C_2)^2 = \lambda^2, \tag{4.2.34}$$

故边界曲线是以 (C_1, C_2) 为中心, λ 为半径的圆周.

现在研究高维变分问题. 设 $\Omega \subset R^n$ 是有界开集, $\partial\Omega \in C^1, L = L(x,u,p) \in C^2(\bar{\Omega} \times R \times R^n, R)$. 设

$$I(u) = \int_\Omega L(x,u,\nabla u)dx, \tag{4.2.35}$$

$$u \in M = \left\{u \in C^1(\bar{\Omega}, R), u|_{\partial\Omega} = g\right\}. \tag{4.2.36}$$

假设 $\tilde{u}$ 是 I 在 M 上的极小值点, 我们研究 $\tilde{u}$ 满足的必要条件:

$$\forall v \in C^1(\bar{\Omega}, R), \quad v|_{\partial\Omega} = 0.$$

令

$$\varphi(\varepsilon) \triangleq I(\tilde{u} + \varepsilon v) = \int_\Omega L(x, \tilde{u} + \varepsilon v, \nabla\tilde{u} + \varepsilon\nabla v).$$

则

$$\varphi(\varepsilon) \geqslant \varphi(0) = I(\tilde{u}),$$

故

$$\varphi'(\varepsilon)|_{\varepsilon=0} = 0.$$

更具体地有

$$\begin{aligned}\varphi'(0) &= \int_\Omega [L_u(x,\tilde{u},\nabla\tilde{u}) \cdot v + L_p(x,\tilde{u},\nabla\tilde{u}) \cdot \nabla v] \\ &= \int_\Omega \left[L_u(x,\tilde{u},\nabla\tilde{u}) - \sum_{i=1}^n \frac{\partial}{\partial x_i}\frac{\partial L}{\partial p_i}\right] \cdot v dx = 0.\end{aligned}$$

由变分基本引理 (定理 3.1.2) 有 Euler-Lagrange 方程:

$$\left[\frac{\partial L(x,u,\nabla u)}{\partial u} - \sum_{i=1}^n \frac{\partial}{\partial x_i}\left(\frac{\partial L(x,u,\nabla u)}{\partial u_{x_i}}\right)\right]\Bigg|_{u=\tilde{u}} = 0. \tag{4.2.37}$$

例 4.2.5 (极小曲面方程)[52]　给定域 $D \subset R^2$, 设给定曲线 Γ 有形式

$$\{(x,y,r(x,y)), (x,y) \in \partial D\}.$$

求以 Γ 为边界的极小曲面 $z = u(x,y)$, 则变分泛函为

$$I(u) = \iint\limits_D \sqrt{1 + u_x^2 + u_y^2}dxdy.$$

Lagrange 状态函数为

$$L(x,u,\nabla u)=\sqrt{1+u_x^2+u_y^2}.$$

相应的 Euler-Lagrange 方程为

$$-\frac{\partial}{\partial x}\left(\frac{\partial}{\partial u_x}\sqrt{1+u_x^2+u_y^2}\right)-\frac{\partial}{\partial y}\left(\frac{\partial}{\partial u_y}\sqrt{1+u_x^2+u_y^2}\right)=0, \tag{4.2.38}$$

即

$$\frac{\partial}{\partial x}\left(\frac{u_x}{\sqrt{1+u_x^2+u_y^2}}\right)+\frac{\partial}{\partial y}\left(\frac{u_y}{\sqrt{1+u_x^2+u_y^2}}\right)=0,$$

或等价地有

$$(1+u_y^2)u_{xx}-2u_xu_y\cdot u_{xy}+(1+u_x^2)u_{yy}=0. \tag{4.2.39}$$

这是一个二阶的非线性偏微分方程. 这个方程的一般解很难求出, 但容易得到三类特殊解:

(1) 平面:

$$u(x,y)=ax+by+c.$$

(2) Sherk 曲面:

$$u(x,y)=f(x)+g(y)=\frac{1}{c}\ln\left|\frac{\cos cy}{\cos cx}\right|.$$

(3) 悬链曲面 (Catenoid): 令

$$u=u(r)=u(\sqrt{x^2+y^2}).$$

可将极小曲面方程化为常微分方程求解. 等价地, 可用另一种方法, 将 $y=u(x)>0$ 看作绕 x 轴旋转的曲线, 固定两个端点 $(a,u(a)),(b,u(b))$, 求相应的旋转曲面的最小面积, 即极小化:

$$2\pi\int_a^b u\sqrt{1+u'^2}dx,$$

则相应的 Euler-Lagrange 方程为

$$1+u'^2-uu''=0,$$

解出 $u(x)=\frac{1}{a}\cosh(ax+b)$, 其中 $a>0,b\in R$ 是积分常数.

例 4.2.6[116] 考虑下列 Dirichlet 边值条件下的 Poisson 方程问题:

$$\begin{cases}-\Delta u(x)=f(x), \quad x\in\Omega\subset R^n.\\ u|_{\partial\Omega}=g(x),\end{cases} \tag{4.2.40}$$

这里假设区域 Ω 是 R^n 的有界正则开集, 假设存在 $\tilde{g} \in H^1(\Omega)$, 且 $\tilde{g}|_{\partial\Omega} = g|_{\partial\Omega}$. 定义变分泛函为

$$I(u) = \int_\Omega \left[\frac{1}{2}|\nabla u|^2 - f(x) \cdot u\right] dx, \tag{4.2.41}$$

$$\begin{aligned} u \in \tilde{g} + W_0^{1,2} &= \tilde{g} + H_0^{1,2} \\ &= \tilde{g} + \{v | v \in L^2, \nabla v \in L^2, v|_{\partial\Omega} = 0\}, \end{aligned} \tag{4.2.42}$$

如何求 $I'(u), I'(u, h)$?

回忆 Gâteaux 方向导数的定义

$$I'(u, h) = \lim_{t \to 0} \frac{I(u + th) - I(u)}{t}.$$

令 $\varphi(t) = I(u + th)$, 则 $\varphi'(0) = I'(u, h)$, 具体地, 对 $\forall h \in H_0^{1,2}$, 我们有

$$\varphi(t) = I(u + th) = \int \left[\frac{1}{2}|\nabla u + t\nabla h|^2 - f(x)(u + th)\right] dx,$$

则

$$\varphi'(0) = \varphi'(t)|_{t=0} = \int_\Omega (\nabla u \cdot \nabla h - f(x) \cdot h) dx, \tag{4.2.43}$$

则由弱解的定义可知, 满足 $\varphi'(0) = 0$ 的 $u(x)$ 是 (4.2.40) 的弱解. 为了考虑 (4.2.40) 的古典解, f, g 及 u 必须具有正则性. 若 $g \in C(\partial\Omega)$ 且 $f \in C^\alpha(\bar{\Omega})(\alpha > 0)$, 则由解的正则性定理可知 $u \in C^2(\overline{\Omega})$, 对 (4.2.43) 应用 Green 公式 (分部积分) 可得

$$\varphi'(0) = \int_\Omega [-\Delta u \cdot h - f(x) h] dx. \tag{4.2.44}$$

我们由 $\varphi'(0) = I'(u, h) = \int_\Omega [-\Delta u - f(x)] \cdot h dx = 0$ 及变分基本引理 (定理 3.1.2) 有

$$-\Delta u = f. \tag{4.2.45}$$

更一般地, 我们有以下定理 (参 [33]):

定理 4.2.9([33])　设 $\Omega \subset R^n$ 是具有 Lipschitz 边界的有界开集, 设 $f : \bar{\Omega} \times R \times R^n \to R$ 是 Carathéodory 函数且满足:

$(H_3)'$ 对 a.e. $x \in \Omega$ 及 $\forall (u, \xi) \in R \times R^n$, 有以下不等式:

$$|f_u(x, u, \xi)|, |f_\xi(x, u, \xi)| \leqslant \beta_1(x) + \beta_2(|u|^{p-1} + |\xi|^{p-1}),$$

其中 $p \geqslant 1, \beta_1 \in L^{p'}(\Omega), \beta_2 \geqslant 0, f_\xi = (f_{\xi_1}, \cdots, f_{\xi_n}), f_{\xi_i} = \partial f / \partial \xi_i, f_u = \frac{\partial f}{\partial u}$.

设 $\bar{u} \in u_0 + W_0^{1,p}(\Omega)$ 是以下变分问题的最小值点:

(P) $\inf\{I(u)=\int_\Omega f(x,u(x),\nabla u(x))dx : u\in u_0+W_0^{1,p}(\Omega)\}=m$,

其中 $u_0\in W^{1,p}(\Omega)$.

则 $\bar{u}$ 满足以下 Euler-Lagrange 方程的弱形式:

(E_w) $\int_\Omega [f_u(x,\bar{u},\nabla\bar{u})\varphi+<f_\xi(x,\bar{u},\nabla\bar{u}),\nabla\varphi>]dx=0,\ \forall\varphi\in W_0^{1,p}(\Omega)$

进一步, 如 $f\in C^2(\bar{\Omega}\times R\times R^n)$, 且 $\bar{u}\in C^2(\bar{\Omega})$, 则 $\bar{u}$ 满足以下 Euler-Lagrange 方程:

(E) $\sum\frac{\partial}{\partial x_i}[f_{\xi_i}(x,\bar{u},\nabla\bar{u})]=f_u(x,\bar{u},\nabla\bar{u}),\forall x\in\bar{\Omega}$.

反之, 若对 $\forall x\in\bar{\Omega},(u,\xi)\to f(x,u,\xi)$ 是凸的且若 $\bar{u}$ 是 (E_w) 或者 (E) 的解, 则它是 (P) 的最小值点.

证 第 1 步. $I(u)$ 是适定的. 由 Newton-Leibniz 公式有

$$f(x,u,\xi)=f(x,0,0)+\int_0^1\frac{d}{dt}[f(x,tu,t\xi)]dt,\forall(x,u,\xi)\in\bar{\Omega}\times R\times R^n.$$

我们先用条件 $(H_3)'$ 估计上面的积分的被积式:

$$\begin{aligned}\left|\frac{d}{dt}[f(x,tu,t\xi)]\right|&=|f_{tu}\cdot u+f_{t\xi}\cdot\xi|\\&\leqslant\left[\beta_1(x)+\beta_2(|tu|^{p-1}+|t\xi|^{p-1})\right]\cdot(|u|+|\xi|)\\&\leqslant\left[\beta_1(x)+\beta_2(|u|^{p-1}+|\xi|^{p-1})\right]\cdot(|u|+|\xi|)\end{aligned}$$

由于 $\forall a,b\geqslant 0,p\geqslant 1,\exists c>0$ 使

$$\max\{ab^{p-1},a^{p-1}b\}\leqslant a\cdot b^{p-1}+b\cdot a^{p-1}\leqslant c(a^p+b^p),$$

故有

$$\left|\frac{d}{dt}f(x,tu,t\xi)\right|\leqslant\beta_1(x)(|u|+|\xi|)+\beta_3(|u|^p+|\xi|^p)$$

因此 $\forall u\in W^{1,p}(\Omega)$, 我们由上述不等式和已知假设 $|\Omega|<+\infty$ 及 Hölder 不等式有

$$|I(u)|<+\infty.$$

第 2 步. 我们要证明在我们的假设条件下, 泛函 I 可以求 Gâteaux 方向导数, 且 $\forall u,\varphi\in W^{1,p}(\Omega)$ 及 $\forall\varepsilon\to 0$, 我们有

$$\begin{aligned}I'(u)\varphi&=\lim_{\varepsilon\to0}\frac{I(u+\varepsilon\varphi)-I(u)}{\varepsilon}\\&=\int_\Omega[f_u(x,u,\nabla u)\varphi+<f_\xi(x,u,\nabla u),\nabla\varphi>]\,dx\end{aligned}$$

令

$$g(x,\varepsilon)=f(x,u(x)+\varepsilon\varphi(x),\nabla u(x)+\varepsilon\nabla\varphi(x))$$

则

$$I(u+\varepsilon\varphi)=\int_{\Omega} g(x,\varepsilon)dx$$

由 Newton-Leibniz 公式有:

$$\begin{aligned} g(x,\varepsilon)-g(x,0) &= \int_0^1 \frac{d}{dt}g(x,t\varepsilon)dt \\ &= \int_0^1 \varepsilon\cdot g_{t\varepsilon}(x,t\varepsilon)dt \end{aligned}$$

这里

$$g_{t\varepsilon}(x,t\varepsilon)=<f_2(x,u+t\varepsilon\varphi(x),\nabla u(x)+t\varepsilon\nabla\varphi),\varphi>+<f_3,\nabla\varphi>$$

注意到由假设 $(H_3)'$ 可知, 存在 $\gamma_2>0$ 使 $\forall\varepsilon\in[-1,1],t\in[0,1]$ 及 $u,\varphi\in W^{1,p}(\Omega)$ 有:

$$\begin{aligned} |g_{t\varepsilon}(x,t\varepsilon)| &\leqslant \beta_1(x)(|\varphi|+|\nabla\varphi|)+\gamma_2(|u|^p+|\varphi|^p+|\nabla u|^p+|\nabla\varphi|^p) \\ &\triangleq G(x) \end{aligned}$$

注意到 $G\in L^1(\Omega)$.

又因为从前面关于 $|f|$ 的估计可知 $g(x,0),g(x,\varepsilon)\in L^1(\Omega)$, 故

$$\frac{g(x,\varepsilon)-g(x,0)}{\varepsilon}\in L^1(\Omega),$$
$$\left|\frac{g(x,\varepsilon)-g(x,0)}{\varepsilon}\right|\leqslant G(x)\in L^1(\Omega),$$

又

$$\frac{g(x,\varepsilon)-g(x,0)}{\varepsilon}\to g_\varepsilon(x,0),\qquad a.e.x\in\Omega.$$

故对 $\left[\dfrac{g(x,\varepsilon)-g(x,0)}{\varepsilon}\right]$ 应用 Lebesgue 控制收敛定理知:

$$\lim_{\varepsilon\to 0}\int_{\Omega}\frac{g(x,\varepsilon)-g(x,0)}{\varepsilon}dx=\int_{\Omega} g_{t\varepsilon}(x,0)dx$$

即

$$\lim_{\varepsilon\to 0}\frac{I(u+\varepsilon\varphi)-I(u)}{\varepsilon}=\int_{\Omega}\left[f_u(x,u,\nabla u)\varphi+<f_\xi(x,u,\nabla u),\nabla\varphi>\right]dx$$

第 3 步. (E_w) 及 (E) 的导出.

因为 $\bar{u}$ 是 (P) 的最小值点, 则

$$I(\bar{u}+\varepsilon\varphi)\geqslant I(\bar{u}),\qquad \forall\varphi\in W_0^{1,p}(\Omega)$$

因而有必要条件:

$$\lim_{\varepsilon\to 0}\frac{I(\bar{u}+\varepsilon\varphi)-I(\bar{u})}{\varepsilon}=0$$

故由第 2 步即得 (E_w).

为了得到 Euler 方程 (E), 我们利用分部积分有

(E_w) $\int_\Omega [f_u(x,\bar{u},\nabla\bar{u})]-div[f_\xi(x,\bar{u},\nabla\bar{u}]\varphi dx=0,\forall\varphi\in W_0^{1,p}(\Omega)$

由变分基本引理即得 (E).

第 4 步. 设 $\bar{u}$ 是 (E_w) 的一个解. 则由 f 的凸性知, $\forall u\in u_0+W_0^{1,p}(\Omega)$, 我们有

$$f(x,u,\nabla u)\geqslant f(x,\bar{u},\nabla\bar{u})+f_u(x,\bar{u},\nabla\bar{u})(u-\bar{u})+<f_\xi(x,\bar{u},\nabla\bar{u}),\nabla u-\nabla\bar{u}>$$

注意 $u-\bar{u}\in W_0^{1,p}(\Omega)$, 上式两边在 Ω 上积分并注意到 $\bar{u}$ 满足 (E_w), 则有:

$$I(u)=\int_\Omega f(x,u,\nabla u)dx\geqslant I(\bar{u})$$

4.3 经典 Weierstrass 定理的无限维推广及 Dirichlet 原理

在数学分析中, 我们已学过 Weierstrass 定理: 设 $M\subset R^n$ 是有界闭集, $f:M\to R$ 是连续函数. 则 f 在 M 上达到下确界和上确界, 即 $\exists x_1,x_2\in M$, 使得

$$f(x_1)=\inf_M f(x),\quad f(x_2)=\sup_M f(x).$$

下面试图把上述经典定理推广到无穷维空间. 意大利数学家 C.Arzela 的学生 L.Tonelli (1885–1946) 在二十世纪初引进了泛函的弱下半连续性概念.

定义 4.3.1 设 X 是一实赋范线性空间, $M\subset X, f:M\to R^1, x_0\in M$. 若 $\forall x_n\rightharpoonup x_0$, 有

$$\underline{\lim}_{n\to\infty} f(x_n)\geqslant f(x_0)\text{ 或 }(\overline{\lim}_{n\to\infty} f(x_n)\leqslant f(x_0)),\tag{4.3.1}$$

则称 $f(x)$ 在 x_0 弱下半连续 (弱上半连续). 若 f 在 M 上每点弱下 (上) 半连续, 则称 f 在 M 上弱下 (上) 半连续. 若 f 既弱下半连续, 又弱上半连续, 则称 f 弱连续.

注 在有限维空间中, 弱下半连续等价于下半连续. 在无穷维空间中, "弱下半连续性" 更强.

例 4.3.1 证明: 实赋范线性空间 X 上的范数泛函 $g(x)=\|x\|$ 是弱下半连续的, 即 $\forall x_0\in X$, 若 $x_n\rightharpoonup x_0$, 则

$$\underline{\lim}_{n\to\infty}\|x_n\|\geqslant\|x_0\|.$$

证明　反证法. 若存在序列 $\{x_n\}, x_n \rightharpoonup x_0$ 但

$$\varliminf_{n\to\infty} \|x_n\| < \|x_0\|,$$

则必 $\exists C > 0$, 使得

$$\varliminf_{n\to\infty} \|x_n\| < C < \|x_0\|,$$

从而存在 $\{x_n\}$ 的子列 $\{x_{n_k}\}$, 使得

$$\|x_{n_k}\| < C < \|x_0\|.$$

由 Hahn-Banach 延拓定理, 存在 $f \in X^*$, 使得

$$f(x_0) = \|x_0\|,$$
$$\|f\| = 1.$$

则

$$|f(x_{n_k})| \leqslant \|f\|\|x_{n_k}\| = \|x_{n_k}\| < C < \|x_0\|.$$

又因为 $x_{n_k} \rightharpoonup x_0, f \in X^*$, 所以

$$f(x_{n_k}) \to f(x_0) = \|x_0\|.$$

因此推得 $\|x_0\| \leqslant C < \|x_0\|$, 矛盾. 所以 $\|x\|$ 是弱下半连续的.

定义 4.3.2[16]　设 M 是线性空间 X 中的凸集. 则称 f 为凸集 M 上的凸泛函, 若 $f: M \to R$, 且 $\forall x, y \in M, \lambda \in [0,1]$, 满足:

$$f(\lambda x + (1-\lambda)y) \leqslant \lambda f(x) + (1-\lambda) f(y), \tag{4.3.2}$$

Banach S. 的学生 Mazur S.M. (1905–1981) 证明了以下著名定理:

引理 4.3.1 (Mazur)[16]　设 X 是一个赋范线性空间. 若 $x_n \rightharpoonup x_0$, 则 $\forall \varepsilon > 0, \exists \lambda_i^{(n)} \geqslant 0 (i = 1, \cdots, n), \sum\limits_{i=1}^{n} \lambda_i^{(n)} = 1$, 使得 $y_n = \sum\limits_{i=1}^{n} \lambda_i^{(n)} x_i \to x_0$:

$$\left\| \sum_{i=1}^{n} \lambda_i^{(n)} x_i - x_0 \right\| \leqslant \varepsilon. \tag{4.3.3}$$

即赋范线性空间中的弱收敛子列可以通过凸组合构造出强收敛极限相同的序列.

证明　(1) 首先假设 C 是 X 的一个凸子集, 则 C 在弱拓扑 $\sigma(X, X^*)$ 下闭等价于在强拓扑下闭.

事实上, 显然每个弱闭集也是强闭集. 下面进一步在 C 为凸集假设下证明每个强闭凸集 C 也是弱闭子集, 这等价于证明 C 的补集 C^C 在弱拓扑下是开集. 若 $C^C=\varnothing$, (则 $C=X$) 显然成立, 不妨设 $C^C\neq\varnothing$, 则 $\forall x_0\notin C$. 由凸集分离定理知, 存在闭的超平面严格分离 $\{x_0\}$ 和 C. 因而, $\exists f\in X^*$ 及某 $\alpha\in R$ 使

$$f(x_0)<\alpha<f(y),\quad \forall y\in C. \tag{4.3.4}$$

令 $V=\{x\in X, f(x)<\alpha\}$, 则 $x_0\in V, V\cap C=\varnothing$, 即 $V\subset C^C$ 且 V 是弱拓扑意义下的开集, 即 C^C 中任意点 x_0 都是内点, 故 C^C 是开集.

(2) 设 $C=\mathrm{co}(\cup_{p=1}^{\infty}\{x_p\})=\left\{\sum\limits_{i=1}^{n}\lambda_{p_i}x_{p_i}:\lambda_{p_i}\geqslant 0,\sum\limits_{i=1}^{n}\lambda_{p_i}=1\right\}$ 表示 $\{x_n\}$ 的凸包. 因为 x_0 属于 $\cup_{p=1}^{\infty}\{x_p\}$ 的弱闭包, 故也属于 C 的弱闭包, 由 (1) 知, $x_0\in\bar{C}$(C 的强闭包), 即存在由 $\{x_p\}$ 的凸组合构成的序列 $\{y_n\}$ 强收敛于 x_0.

定理 4.3.1[117] 设 M 是赋范线性空间 X 上的闭凸集, $f:M\to R^1\cup\{+\infty\}$ 是凸泛函. 则 f 弱下半连续的充要条件是 f 下半连续.

证明 充分性. $\forall x\in M$, 若$x_n\to x$, 则有$x_n\rightharpoonup x$, 又因为 f 弱下半连续, 即$\underline{\lim}_{n\to\infty}f(x_n)\geqslant f(x)$, 所以 f 是下半连续的.

必要性. 用反证法. 设 $\exists\varepsilon_0>0$ 及 $\exists x_0\in M,\{x_n\}\subset M$, s.t. $x_n\rightharpoonup x_0$ 但有不等式:

$$f(x_n)<f(x_0)-\varepsilon_0. \tag{4.3.5}$$

因为 f 是下半连续的, 所以 $\exists\delta_0>0$, s.t. $\forall x\in M, \|x-x_0\|<\delta_0$ 时, 有

$$f(x)-f(x_0)\geqslant-\varepsilon_0. \tag{4.3.6}$$

由 Mazur 定理, 存在 $\{\lambda_n^{(m)}\}_{n=1}^{m},\lambda_n\geqslant 0,\sum\limits_{n=1}^{m}\lambda_n^{(m)}=1$, 使得

$$\left\|\sum_{n=1}^{m}\lambda_n^{(m)}x_n-x_0\right\|<\delta_0 \tag{4.3.7}$$

所以由 f 的凸性有

$$f(x_0)-\varepsilon_0\leqslant f\left(\sum_{n=1}^{m}\lambda_n^{(m)}x_n\right)\leqslant\sum_{n=1}^{m}\lambda_n^{(m)}f(x_n)<f(x_0)-\varepsilon_0, \tag{4.3.8}$$

上式矛盾. 所以反设不成立, 故 f 弱下半连续.

泛函的弱下半连续性在后面研究泛函最小值点的存在性中至关重要, 下面针对具体的泛函:

$$I(u)=\int_{\Omega}L(x,u(x),\nabla u(x))dx, \tag{4.3.9}$$

其中 $\Omega \subset R^n$ 是有界开集, $u:\Omega \to R^m$ 且 $m=1$ 或者 $n=1$.

经过许多人研究, 在关于被积函数适当的连续性及增长性假设下, 我们将能证明 I 在 $W^{1,p}(\Omega)$ 上弱下半连续的充要条件是 $L(x,u,\xi)$ 关于 ξ 是凸函数.

首先研究"凸性"的必要性, 有下述定理.

定理 4.3.2[33]　设 $\Omega \subset R^n$ 是有界开集, $L:\Omega \times R^m \times R^{nm} \to R$ 连续且满足:

$$|L(x,u,\xi)| \leqslant a(x,|u|,|\xi|), \quad \forall (x,u,\xi) \in \Omega \times R^m \times R^{nm}, \tag{4.3.10}$$

其中 a 相对于 $|u|$ 和 $|\xi|$ 是增的且关于 x 是局部可积的. 假设 $m=1$ 或者 $n=1$. 如果 I 在 $W^{1,\infty}(\Omega;R^m)$ 上是 w^*-下半连续的, 则 $L(x,u,\xi)$ 关于 ξ 是凸的.

注　因为由 I 在 $W^{1,p}(1 \leqslant p < +\infty)$ 上的弱下半连续性可以推出 I 在 $W^{1,\infty}$ 上的 w^*-下半连续性, 故上述 L 关于 ξ 的凸性也是 I 在 $W^{1,p}$ 上弱下半连续的必要条件. 事实上, 若 $\{u_n\} \subset W^{1,\infty} = (W^{1,1})^*$ 且 $u_n \xrightarrow{w^*} u$, 则 $\forall v \in W^{1,1}(\Omega)$, 有

$$\int_\Omega \nabla u_n \cdot \nabla v dx + \int_\Omega u_n \cdot v dx \to \int_\Omega \nabla u \cdot \nabla v dx + \int_\Omega u \cdot v dx.$$

由 $\dfrac{1}{p} + \dfrac{1}{q} = 1$ 有 $1 < q \leqslant +\infty$, 又由于 Ω 有界, 故有 $W^{1,q}(\Omega) \subset W^{1,1}(\Omega)$, 对于 $\forall w \in W^{1,q}(\Omega)$ 有

$$\int_\Omega \nabla u_n \cdot \nabla w dx + \int_\Omega u_n \cdot w dx \to \int_\Omega \nabla u \cdot \nabla w dx + \int_\Omega u \cdot w dx,$$

即 $\{u_n\}$ 按 $W^{1,p}$ 的弱拓扑有弱收敛性:

$$u_n \rightharpoonup u.$$

引理 4.3.2 (MacShane, 1934, Bull. AMS)　设 X 是一赋范线性空间, $Y \subset X$ 且 $\alpha > 0$. 设 $f:Y \to R$ 是 Lipschitz 函数且

$$|f(y_1) - f(y_2)| \leqslant \alpha \|y_1 - y_2\|, \quad \forall y_1, y_2 \in Y. \tag{4.3.11}$$

则 f 可以延拓到整个 X 上的 Lipschitz 函数且 Lipschitz 常数仍为 α.

证明　对 $x \in X$, 定义

$$\tilde{f}(x) = \sup\{f(y) - \alpha\|x - y\| : y \in Y\}. \tag{4.3.12}$$

若 $x \in Y$, 则由假设 f 在 Y 上是 Lipschitz 函数, 我们知道

$$f(y) - \alpha\|x - y\| \leqslant f(x), \quad \forall y \in Y, \tag{4.3.13}$$

故 (4.3.12) 的上确界在 $y=x$ 处达到且值为 $f(x)$, 即 $\tilde{f}|_Y=f$, 因此 $\tilde{f}$ 是 f 的一个扩张.

进一步要证 $\tilde{f}$ 在 X 上是以 α 为 Lipschitz 常数的 Lipschitz 函数. 设 $x_1,x_2\in X$. 不失一般性, 假设 $\tilde{f}(x_1)-\tilde{f}(x_2)\geqslant 0$, 则

$$\begin{aligned}0&\leqslant \tilde{f}(x_1)-\tilde{f}(x_2)\\&=\sup_{y\in Y}\{f(y)-\alpha||x_1-y||\}-\sup_{y\in Y}\{f(y)-\alpha||x_2-y||\}\\&\leqslant\sup_{y\in Y}\{\alpha||x_2-y||-\alpha||x_1-y||\}\\&\leqslant\alpha\cdot||x_1-x_2||.\end{aligned}\tag{4.3.14}$$

引理 4.3.3 (Morrey)　假设 Ω, L 及 I 满足定理 4.3.2 中的假设. 假设 I 在 $W^{1,\infty}(\Omega;R^m)$ 中 w^*-下半连续, 则对 Ω 中任意立方体 D 及 $\forall(x_0,u_0,\xi_0)\in\Omega\times R^m\times R^{nm}$ 及 $\forall\varphi\in W_0^{1,\infty}(D;R^m)$ 成立:

$$\frac{1}{m(D)}\int_D L(x_0,u_0,\xi_0+\nabla\varphi(y))dy\geqslant L(x_0,u_0,\xi_0).\tag{4.3.15}$$

上述引理的证明较复杂, 有兴趣的读者可以参见 Morrey[77] 及 Dacorogna[33] 的著作.

应用上述两个引理可证定理 4.3.2, 参见文献 [33].

下面要进一步研究泛函 (4.3.9) 中的被积式 $L(x,u,\xi)$ 关于 ξ 的凸性在某种意义下的充分性.

定义 4.3.3　([33]) 设 $\Omega\subset R^n$ 是开集, $f:\Omega\times R^N\to R\cup\{+\infty\}$ 是 Borel 可测函数, 若对 a.e. $x\in\Omega,\xi\to f(x,\xi)$ 是下半连续的, 则称 f 为正常的被积函数 (normal integrand).

定义 4.3.4　([33]) 设 $\Omega\subset R^n$ 是开集, $f:\Omega\times R^N\to R\cup\{+\infty\}$, 若

(i) 对 a.e. $x\in\Omega,\xi\to f(x,\xi)$ 是连续的,

(ii) $\forall\xi\in R^N,x\to f(x,\xi)$ 是 Lebesgue 可测的.

则称 f 是 Carathéodory 函数; 对 $f:\Omega\times R^m\times R^M\to R\cup\{+\infty\},f=f(x,u,\xi)$. 这里 $(u,\xi)\in R^m\times R^M$ 相当于上面 $f(x,\xi):\Omega\times R^N\to R\cup\{+\infty\}$ 中的 ξ.

引理 4.3.4　([33][51]) 设 $\Omega\subset R^n$ 是开集, $f:\Omega\times R^N\to R\cup\{+\infty\}$ 是 Carathéodory 函数且 $u:\Omega\to R^N$ 是 Lebesgue 可测函数, 则函数 $g:\Omega\to R\cup\{+\infty\}$:

$$g(x)=f(x,u(x))$$

也是 Lebesgue 可测函数.

由 Lusin 定理可以证明以下定理:

定理 4.3.3　([33])(Scorza-Dragoni 定理) 设 $\Omega \subset R^n$ 是有界 Lebesgue 可测子集, $S \subset R^N$ 是紧子集且 $f: \Omega \times R^N \to R \cup \{+\infty\}$ 是 Carathéodory 函数. 则 $\forall \varepsilon > 0$, 存在紧子集 $K_\varepsilon \subset \Omega$ 使 $m(\Omega - K_\varepsilon) \leqslant \varepsilon$, 且 f 限制到 $K_\varepsilon \times S$ 上是连续的.

为了证明关于很一般的变分泛函:

$$I(u) = \int_\Omega f(x, u(x), \nabla u(x))dx$$

在 $W^{1,p}(\Omega; R^N)$ 上的弱下半连续性定理, 需要先证明一个特殊情形下的弱下半连续性定理:

定理 4.3.4　设 Ω 是 R^n 中的开集, $q \geqslant 1.f: \Omega \times R^M \to R \cup \{+\infty\}$ 是正常的被积函数且对 a.e. $x \in \Omega, \forall \xi \in R^M$ 及 $a \in L^{q'}(\Omega; R^M), \dfrac{1}{q} + \dfrac{1}{q'} = 1$ 及 $b \in L^1(\Omega)$ 满足

$$f(x, \xi) \geqslant < a(x), \xi > + b(x)$$

令

$$J(\xi) = \int_\Omega f(x, \xi(x))dx$$

假设 $\xi \to f(x, \xi)$ 是凸的且

$$\xi_v \rightharpoonup \xi \quad in\ L^q(\Omega; R^M)$$

则 $\underline{\lim}_{v\to\infty} J(\xi_\nu) \geqslant J(\xi)$.

推论 4.3.1　设 $p \geqslant 1, \Omega \subset R^n$ 是开集且令

$$f: \Omega \times R^{N\times n} \to R \cup \{+\infty\}, f = f(x, \xi)$$

是 Carathéodory 函数且对 a.e. $x \in \Omega$, 对 $\forall \xi \in R^{N\times n}$, 对某 $a \in L^{p'}(\Omega; R^{N\times n}), \dfrac{1}{p} + \dfrac{1}{p'} = 1, b \in L^1(\Omega)$ 满足:

$$f(x, \xi) \geqslant < a(x), \xi > + b(x)$$

令

$$I(u) = \int_\Omega f(x, \nabla u(x))dx$$

假设 $\xi \to f(x, \xi)$ 是凸的且

$$u_v \rightharpoonup \bar{u} \quad in \quad W^{1,p}(\Omega; R^N)$$

则 $\underline{\lim}_{v\to\infty} I(u_v) \geqslant I(\bar{u})$.

现我们证明定理 4.3.4:

第 1 步 令

$$h(x, \xi) = < a(x), \xi > + b(x)$$

则由弱收敛的定义及 $a \in L^{q'}, b \in L^1$ 及

$$\xi_v \rightharpoonup \xi \quad in\ L^q$$

我们有

$$\lim_{v\to\infty}\int_\Omega h(x,\xi_\nu(x))dx = \int_\Omega h(x,\xi(x))dx.$$

记

$$g(x,\xi) = f(x,\xi) - h(x,\xi)$$

我们有 $g \geqslant 0$ 且因此若我们能证明

$$\underline{\lim}_{\nu\to\infty}\int_\Omega g(x,\xi_v(x))dx \geqslant \int_\Omega g(x,\xi(x))dx$$

则定理可得证. 因此不失一般性, 我们下面设 $f \geqslant 0$.

第 2 步 我们证明 J 是强下半连续的.

假设 $||\xi_v - \xi||_{L^q} \to 0$, 则可以从 ξ_v 中抽取一个子列, 记为 $\{\xi_{v'}\}$, 使

$$\underline{\lim}_{v\to\infty}\int_\Omega f(x,\xi_v(x))dx = \lim_{v'\to\infty}\int_\Omega f(x,\xi_{v'}(x))dx$$

取 $\{\xi_{v'}\}$ 的子列 $\{\xi_{v''}\}$ 使 $\xi_{v''} \overset{\text{a.e.}}{\to} \xi$.

因为 $f \geqslant 0$, 应用 Fatou 引理有

$$\underline{\lim}_{v\to\infty}\int_\Omega f(x,\xi_v(x))dx = \lim_{v''\to\infty}\int_\Omega f(x,\xi_{v''}(x))dx \geqslant \int_\Omega \underline{\lim}_{v''\to\infty} f(x,\xi_{v''}(x)dx$$

组合上面的不等式与 f 的下半连续性即得证.

第 3 步 从强下半连续性过渡到弱下半连续性.

令 $\xi_v \rightharpoonup \xi$

$$L = \underline{\lim}_{v\to\infty} J(\xi_v)$$

因为 $f \geqslant 0$, 则观察到 $L \geqslant 0$.

因为当 $L = +\infty$ 时, 定理是平凡的, 下设 $L < +\infty$.

显然存在子列, 仍记为 ξ_v 使

$$L = \lim_{v\to\infty} J(\xi_v)$$

因此对 $\forall\varepsilon > 0$, 可以找到 v_ε 使 $\forall v \geqslant v_\varepsilon$ 有

$$J(\xi_v) \leqslant L + \varepsilon$$

固定 ε, 应用 Mazur 定理, 存在 $\{\eta_\nu|\nu=1,2,\cdots\}\subset co\{\xi_v, v=v_\varepsilon, v_\varepsilon+1,\cdots\}$ 使 $||\eta_v-\xi||_{L^q}\to 0$ 且使 $\forall\mu$, 存在 $m_\mu\geqslant v_\varepsilon$, 且 $\alpha_\mu^i>0$, $\sum\limits_{i=v_\varepsilon}^{m_\mu}\alpha_\mu^i=1$ 且

$$\eta_\mu=\sum_{i=v_\varepsilon}^{m_\mu}\alpha_\mu^i\xi_i$$

由于 $\xi\to f(x,\xi)$ 是凸函数, 因此

$$J(\eta_\mu)\leqslant\sum_{i=v_\varepsilon}^{m_\mu}\alpha_\mu^iJ(\xi_i)\leqslant L+\varepsilon$$

故由上式及第 2 步知 $J(\xi)\leqslant L+\varepsilon$.

由于 ε 是任意的, 故 $J(\xi)\leqslant L$.

综上, 定理 4.3.4 得证.

利用上述定理 4.3.4 及 Scorza-Dragoni 定理及 Sobolev 空间 $W^{1,p}$ 中的紧嵌入定理可以证明以下很一般的弱下半连续性定理 ([33]).

定理 4.3.5[33]　设 Ω 是 R^n 中的具有 Lipsclitz 边界的有界开集. $L:\Omega\times R^N\times R^{N\times n}\to R\cup\{+\infty\}$ 是 Carathéodory 函数, 即满足:

(i) 对几乎所有 $x\in\Omega, L(x,\cdot,\cdot)$ 关于 $(u,\xi)\in R^N\times R^{N\times n}$ 连续;

(ii) 对所有 $(u,\xi)\in R^N\times R^{N\times n}, L(\cdot,u,\xi)$ 对 x 可测.

进一步, 对 a.e. $x\in\Omega,\forall(u,\xi)\in R^N\times R^{N\times n}$ 及某个 $a\in(L^{q'}(\Omega))^{N\times n}$, $\dfrac{1}{q}+\dfrac{1}{q'}=1$, $b\in L^1(\Omega)$, $c\in R$ 及

$$\begin{cases}1\leqslant r<\dfrac{np}{n-p}, \text{ 如 } p<n\\ 1<r<+\infty, \text{ 如 } p\geqslant n\end{cases}$$

设 L 满足不等式:

$$L(x,u,\xi)\geqslant\langle a(x),\xi\rangle+b(x)+c|u|^r.$$

假设 $L(x,u,\xi)$ 对 ξ 是凸的. 特别地, 当 $u:R^n\to R^N,\xi=\nabla u$ 时, 则泛函 $I(u)=\displaystyle\int_\Omega L(x,u(x),\nabla u(x))dx$ 在 $W^{1,p}(\Omega;R^N)$ 上是弱下半连续的: 对 $W^{1,p}(\Omega;R^N)$ 中任意弱收敛序列 $u_n\rightharpoonup\tilde{u}$, 成立:

$$\varliminf_{n\to\infty}I(u_n)\geqslant I(\tilde{u}).$$

又从定理 4.3.2 和定理 4.3.5 可见 $L(x,u,\xi)$ 关于 ξ 的凸性是本质的, 若为了:

$$I(u)=I(u,\nabla u)=\int_\Omega L(x,u(x),\nabla u(x))dx$$

在 $W^{1,p}(\Omega, R^N)$ 上的弱下半连续性.

此定理的历史及其证明可见文献 [33].

定理 4.3.6[104,117]　设 X 是一 Banach 空间, $M \subset X$ 是一紧集, $f: M \to R$ 连续泛函. 则 f 在 M 上有界且达到下确界和上确界.

由 Weierstrass 定理及上面定理可知, 要得到 f 在一集合上达到下 (上) 确界, 某种"紧性"是关键之一. 若泛函定义域无某种"紧性", 则须对函数或泛函添加适当类似紧性条件, 泛函的强制性条件是常用的条件. 我们有下列经典定理.

定理 4.3.7[117]　设 $M \subset R^n, M$ 是闭集. 若 $f: M \to R^1 \cup \{+\infty\}$, 但 $f \not\equiv +\infty, \forall x \in M, f(x) \neq -\infty$, 且

(i) f 下半连续, 即 $\forall x_0 \in M, \forall x_n \to x_0, \underline{\lim}_{n\to\infty} f(x_n) \geqslant f(x_0)$;

(ii) 当 M 无界时, f 在 M 上强制, 即

$$f(x) \to +\infty, \quad \text{当} \|x\| \to +\infty,$$

则 f 在 M 上达到下确界.

证明　令

$$C = \inf_M f(x).$$

显然 $C < +\infty$(因为 $f \not\equiv +\infty$). 若 $C = -\infty$, 则由下确界定义, $\exists \{x_n\} \subset M$, 使得 $f(x_n) \to -\infty$. 由于 f 在 M 上强制, 则 $\{x_n\}$ 必为有界序列. 又因为 $\{x_n\} \subset R^n$, 所以 $\{x_n\}$ 有子列 $\{x_{n_k}\}$, 使得

$$x_{n_k} \to x_0 \quad (k \to +\infty).$$

由于 M 为一闭集, 所以 $x_0 \in M$. 又因为 f 下半连续, 所以

$$\underline{\lim}_{k\to\infty} f(x_{n_k}) \geqslant f(x_0) \neq -\infty.$$

但

$$\lim_{n\to\infty} f(x_{n_k}) = -\infty,$$

上面两式矛盾. 所以 $-\infty < C < +\infty$.

由下确界定义, $\exists \{x_n\} \subset M$, 使得

$$f(x_n) \to C.$$

由 f 的强制性, 可得 $\{x_n\}$ 是有界的, 所以存在 $\{x_{n_k}\} \subset \{x_n\}$, 使得

$$x_{n_k} \to x_0 \in M.$$

再由 f 的下半连续性有

$$C = \underline{\lim} f(x_{n_k}) \geqslant f(x_0).$$

又因为 $C = \inf\limits_M f(x)$, 所以 $f(x) \geqslant C$. 所以 x_0 满足:

$$f(x_0) = C = \inf_M f(x).$$

二十世纪四十年代, 苏联数学家 Shmulyan(1940 年) 和美国数学家 Eberlein (1947 年) 研究了 Banach 空间自反的必要条件和充分条件, 得到以下十分深刻而重要的定理.

引理 4.3.5 (Eberlein-Shmulyan)　X 是自反的 Banach 空间的充要条件是 X 中任何有界点列必有弱收敛子列.

尽管 Eberlein-Shmulyan 定理证明很巧妙但也很复杂 ([112]), 请见本书附录.

定理 4.3.8[117]　设 X 是自反 Banach 空间. $M \subset X, f: M \to R \cup \{+\infty\}, f \not\equiv +\infty; \forall x \in M, f(x) \neq -\infty$, 且

(i) f 是强制的：$f(x) \to +\infty$, 当 $\|x\| \to +\infty$(若 M 有界, 此强制条件不需要);

(ii) M 是弱闭的：$\forall x_n \rightharpoonup x_0$ 则 $x_0 \in M$;

(iii) f 是弱下半连续的：$\forall x_0 \in M, \{x_n\} \subset M, x_n \rightharpoonup x_0$, 则

$$\underline{\lim}_{n\to\infty} f(x_n) \geqslant f(x_0),$$

则 f 在 M 上达到下确界, 即 $\exists x_0 \in M$, 满足 $f(x_0) = \inf\limits_{x\in M} f(x)$.

定理 4.3.8 的证明　利用 Eberlein-Shmulyan 定理, 可类似于定理 4.3.7 证明.

注　上述定理 4.3.8 中关于空间 X 的自反性假设是很关键的, 一般说来不能去掉, 下面来看一个例子[33], 注意 [33] 中原来的 $u_n(x) \notin M$, 我们这里适当做了修改.

设 $X = C([0,1])$, 并在 X 中定义一个特殊子集:

$$M = \left\{ u \in C([0,1]) : \int_0^{1/2} u(t)dt - \int_{\frac{1}{2}}^1 u(t)dt = 1 \right\}.$$

研究问题:

$$\inf\{f(u) = ||u||_{L^\infty} : u \in M\}.$$

显然 f 在 M 上弱下半连续且强制, 而且有

$$\begin{aligned} f(u) = ||u||_{L^\infty} &\geqslant \int_0^1 |u(t)|dt \\ &\geqslant \int_0^{1/2} u(t)dt - \int_{\frac{1}{2}}^1 u(t)dt = 1. \end{aligned}$$

在 M 中构造极小化序列, 令 $\varepsilon_n(x) \to 0^+$ 以使以下 $u_n(x) \in M$:

$$u_n(x) = \begin{cases} 1+\varepsilon_n(x), & x \in \left[0, \dfrac{1}{2}-\dfrac{1}{n}\right], \\ -nx+\dfrac{n}{2}, & x \in \left[\dfrac{1}{2}-\dfrac{1}{n}, \dfrac{1}{2}+\dfrac{1}{n}\right], \\ -1-\varepsilon_n(x), & x \in \left[\dfrac{1}{2}+\dfrac{1}{n}, 1\right], \end{cases}$$

注意 $||u_n||_{L^\infty} \to 1$. 故

$$\inf\{f(u) = ||u||_{L^\infty} : u \in M\} = 1.$$

尽管 $u_n(x)$ 逐点收敛且有

$$u_n(x) \to u(x) = \begin{cases} 1, & x \in \left[0, \dfrac{1}{2}\right), \\ -1, & x \in \left(\dfrac{1}{2}, 1\right], \end{cases}$$

但在 M 中不存在连续函数满足:

$$||u||_{L^\infty} = \int_0^1 |u(t)|dt = \int_0^{\frac{1}{2}} u(t)dt - \int_{\frac{1}{2}}^1 u(t)dt = 1.$$

因为若 $||u||_{L^\infty} = \displaystyle\int_0^1 |u(t)|dt$, 则 $u(t)$ 在 $[0,1]$ 上是常数, 与约束 $\displaystyle\int_0^{\frac{1}{2}} u(t)dt - \int_{\frac{1}{2}}^1 u(t)dt = 1$ 矛盾.

注 张世清与唐艳及郭铁信合作给出了自反 Banach 空间的一些非线性特征, 请见 JMAA 519(2023), no.1.

例 4.3.2 (Dirichlet 原理) 十九世纪中叶, Riemann 曾在德国柏林大学和哥廷根大学听过数学家 Dirichlet 的课, Dirichlet 在他的讲课中提到了 Dirichlet 原理的原始形式. 1851~1857 年, Riemann 利用 Dirichlet 原理的思想研究复解析函数理论. 1870 年, 德国分析大师 Weierstrass 构造出了一个反例 (没有变分最小解), 从而对 Dirichlet 原理的严密性提出了质疑. 对 Dirichlet 原理的严密性的进一步严格深入研究刺激了 Hilbert 空间理论、广义函数与 Sobolev 空间等理论的建立与发展. Dirichlet 原理严密性的研究在分析学的发展史上占有十分重要的地位.

设 $\Omega \subset R^n$ 为有界开集. 考虑下列 Dirichlet 边值问题

$$\begin{cases} -\Delta u = f(x), & x \in \Omega, \\ u|_{\partial\Omega} = g(x). \end{cases}$$

假设存在 $\tilde{g} \in H^1(\Omega) = W^{1,2}(\Omega)$, 且 $\tilde{g}|_{\partial\Omega} = g|_{\partial\Omega}$. 定义

$$F(u) = \int_\Omega \left(\frac{1}{2}|Du|^2 - f(x) \cdot u\right) dx,$$

$$u \in \tilde{g} + W_0^{1,2}(\Omega) = \left\{u \in W^{1,2}(\Omega), u|_{\partial\Omega} = g\right\}.$$

令 $u - \tilde{g} = v$, 即 $u = \tilde{g} + v$ 可得

$$\begin{aligned} F(\tilde{g}+v) \triangleq I(v) &= \int_\Omega \frac{1}{2}|D\tilde{g} + Dv|^2 dx - \int_\Omega f(\tilde{g}+v)dx \\ &= \frac{1}{2}\int_\Omega |Dv|^2 dx + \int_\Omega Dv \cdot D\tilde{g}dx - \int_\Omega vf dx + \left(\frac{1}{2}\int |D\tilde{g}|^2 dx - \int f\tilde{g}dx\right). \end{aligned}$$

若 $f \in L^2(\Omega)$, 则 $I(v)$ 在 $W_0^{1,2}(\Omega)$ 上任一点有限, 即

$$-\infty < I(v) < +\infty.$$

则我们有下列结论.

定理 4.3.9[116]　若 $f \in L^2(\Omega)$, 则存在 $\tilde{v}$ 使得 $I(\tilde{v}) = \inf\{I(v), v \in W_0^{1,2}(\Omega)\}$, 即 $I(v)$ 在 $W_0^{1,2}(\Omega)$ 上达到下确界, 由此, $F(u)$ 在 $\tilde{g} + \tilde{v}$ 达到下确界.

证明　显然, $-\infty < I(v) < +\infty$.

下证 $I(v)$ 满足强制性.

由 Cauchy-Schwarz 不等式及 Poincaré 不等式知, 存在 $C > 0$ 使

$$\int_\Omega D\tilde{g} \cdot Dvdx \leqslant ||D\tilde{g}||_{L^2}||Dv||_{L^2},$$

$$\int_\Omega f(x) \cdot v(x)dx \leqslant \|f\|_2 \cdot \|v\|_2 \leqslant C\|f\|_2 \cdot \|Dv\|_2,$$

所以 $\exists c_1 > 0, c_2 > -\infty$ 使

$$I(v) \geqslant \frac{1}{2}\|Dv\|_2^2 - c_1\|Dv\|_2 + c_2 \to +\infty, \quad \|Dv\|_2 \to +\infty.$$

由例 4.3.1 及 Poincaré-Friedrics 不等式知道等价模平方 $\int_\Omega |Dv|^2 dx$ 在 $W_0^{1,2}(\Omega)$ 中弱下半连续, 下面只需证 $\int_\Omega Dv \cdot D\tilde{g}dx - \int_\Omega f(x) \cdot vdx$ 也弱下半连续. 注意到

$$\begin{aligned} T(v) &= \int_\Omega D\tilde{g} \cdot Dvdx - \int_\Omega f \cdot vdx \\ &\leqslant ||D\tilde{g}||_2 \cdot ||Dv||_2 + \|f\|_2 \cdot \|v\|_2 \\ &\leqslant c_3\|Dv\|_2, \end{aligned}$$

则 $T(v)$ 是 $W_0^{1,2}$ 上的有界线性泛函, 即 $T \in (W_0^{1,2})^*$. 若 v_n 按 $W_0^{1,2}$ 中弱拓扑收敛于 v, 则由弱收敛的定义知 $\forall h \in (W_0^{1,2})^*, h(v_n) \to h(v)$, 自然, $T(v_n) \to T(v_0)$.

另一种方法是由 Riesz 表示定理知 $\int_\Omega D\tilde{g} \cdot Dv_n dx \to \int_\Omega D\tilde{g} \cdot Dv$, 又由 Sobolev 紧嵌入定理可知 $||v_n - v||_{L^2} \to 0$. 所以有

$$T(v_n) \to T(v_0).$$

这表明 T 在 v_0 弱连续, 从而弱下半连续, 所以 $I(v)$ 是弱下半连续的. 故由定理 4.3.8 可得 I 在 $W_0^{1,2}(\Omega)$ 上达到下确界.

经过许多人的努力 [33], 可以得到以下一般的定理.

定理 4.3.10 设 $\Omega \subset R^n$ 是具有 Lipschitz 边界的有界开集. $f: \Omega \times R^N \times R^{N\times n} \to R \cup \{+\infty\}$ 是 Carathéodory 函数且 $f = f(x,u,\xi)$ 满足:

(1) 对 a.e. $(x,u) \in \Omega \times R^N, \xi \to f(x,u,\xi)$ 是凸的;

(2) 存在 $p > q \geqslant 1$ 及 $\alpha_1 > 0, \alpha_2 \in R, \alpha_3 \in L^1(\Omega)$, 使

$$f(x,u,\xi) \geqslant \alpha_1|\xi|^p + \alpha_2|u|^q + \alpha_3(x), \text{对 a.e.} x \in \Omega \text{及} \forall (u,\xi) \in R^N \times R^{N\times n}.$$

若存在 $u_0 \in W^{1,p}(\Omega)$ 使

$$I(u_0) = \int_\Omega f(x, u_0(x), \nabla u_0(x))dx < +\infty,$$

则存在 $\bar{u} \in u_0 + W_0^{1,p}$, 它是以下极值问题的最小值点:

$$(P) \qquad \inf\{I(u) = \int_\Omega f(x,u(x),\nabla u(x))dx, \quad u \in u_0 + W_0^{1,p}(\Omega)\},$$

进一步, 若对 a.e. $x \in \Omega, (u,\xi) \to f(x,u,\xi)$ 是严格凸的, 则最小值点是唯一的.

证明 第一步: 先证存在性. 记

$$\inf\{I(u)|u \in u_0 + W_0^{1,p}(\Omega, R^N)\} = m$$

因为 $I(u_0) < +\infty$, 故有 $m < +\infty$.

又注意到由假设

$$f(x,u,\xi) \geqslant \alpha_1|\xi|^p + \alpha_2|u|^q + \alpha_3(x)$$

上式两边关于 x 在 Ω 上积分知

$$\int_\Omega f(x,u,\nabla u(x))dx \geqslant \alpha_1 \int_\Omega |\nabla u|^p dx + \alpha_2 \int_\Omega |u|^q dx + \int_\Omega \alpha_3(x)dx$$

由于 $u = (u_1, \cdots, u_N)$, 而 $u_i \in W^{1,p}(\Omega, R)$, 由 Sobolev 嵌入定理.

(1) 当 $1 \leqslant q < \dfrac{np}{n-p}$ 时 (特别 $q < p$ 时) 有 $0 \leqslant \int_\Omega |u|^q dx = \left(\sum\limits_{i=1}^N ||u_i||_{L^q}\right)^q < +\infty$.

(2) 当 $p = n$ 时, $u_i \in L^q, 1 \leqslant q < +\infty$.

(3) 当 $p > n$ 时, $u_i \in C(\bar{\Omega})$.

三种情况下均有 $||u||_{L^q} < +\infty$.

又 $a_3 \in L^1(\Omega)$ 故

$$\int_\Omega f(x,u,\nabla u(x))dx > -\infty.$$

进一步我们要证 I 的下确界 $m > -\infty$, 注意到

$$I = \int_\Omega f(x,u,\nabla u(x))dx \geqslant \alpha_1 ||\nabla u||_{L^p}^p - |\alpha_2| \cdot ||u||_{L^q}^q - \int_\Omega |\alpha_3(x)|$$

由 Hölder 不等式, 我们有

$$\begin{aligned} ||u||_{L^q}^q &= \int_\Omega |u|^q dx \leqslant \left(\int_\Omega |u|^p dx\right)^{q/p} \cdot \left(\int_\Omega 1dx\right)^{(p-q)/p} \\ &= |\Omega|^{(p-q)/p} \cdot ||u||_{L^p}^q. \end{aligned}$$

故再由 Sobolev 不等式有以下估计:

$$\begin{aligned} I(u) &\geqslant \alpha_1 ||\nabla u||_{L^p}^p - \gamma_1 ||u||_{L^p}^q - \gamma_2 \\ &\geqslant \alpha_1 ||\nabla u||_{L^p}^p - \tilde{\gamma}_1 ||u||_{W^{1,p}}^q - \gamma_2 \end{aligned}$$

因为 $u = u_0 + v, v \in W_0^{1,p}(\Omega)$, 故由 Poincaré 不等式知 $\exists c_1 > 0$ 使得:

$$||\nabla v||_{L^p} \geqslant c_1 ||v||_{W_0^{1,p}}$$

即

$$||\nabla u - \nabla u_0||_{L^p} \geqslant c_1 ||u - u_0||_{W_0^{1,p}} = c_1 ||u - u_0||_{W^{1,p}};$$

故由三角不等式有:

$$||\nabla u||_{L^p} + ||u_0||_{W^{1,p}} \geqslant ||\nabla u||_{L^p} + ||\nabla u_0||_{L^p} \geqslant c_1 ||u||_{W^{1,p}} - c_1 ||u_0||_{W^{1,p}}$$

也即

$$||\nabla u||_{L^p} + (c_1 + 1)||u_0||_{W^{1,p}} \geqslant c_1 ||u||_{W^{1,p}}$$

故

$$[||\nabla u||_{L^p} + (c_1 + 1)||u_0||_{W^{1,p}}]^p \geqslant c_1^p \cdot ||u||_{W^{1,p}}^p$$

即

$$2^p \cdot (||\nabla u||_{L^p}^p + (c_1 + 1)^p ||u_0||_{W^{1,p}}^p) \geqslant c_1^p ||u||_{W^{1,p}}^p$$

故由上面不等式, 我们知道存在 $\gamma_3, \gamma_4, \gamma_5, \gamma_6 > 0$ 使

$$\begin{aligned} I(u) &\geqslant \gamma_3 ||u||_{W^{1,p}}^p - \gamma_4 ||u_0||_{W^{1,p}}^p - \tilde{\gamma}_1 ||u||_{W^{1,p}}^q - \gamma_5 \\ &= \gamma_3 ||u||_{W^{1,p}}^p - \tilde{\gamma}_1 ||u||_{W^{1,p}}^q - \gamma_6 \end{aligned}$$

因为 $1 \leqslant q < p$, 故存在 $\gamma_7, \gamma_8 > 0$ 使 $\forall u \in u_0 + W_0^{1,p}(\Omega)$ 成立:

$$I(u) \geqslant \gamma_7 ||u||_{W^{1,p}}^p - \gamma_8 \geqslant -\gamma_8 > -\infty.$$

即

$$m = \inf\{I(u) |\ u \in u_0 + W_0^{1,p}\} > -\infty$$

综合上述, 我们已证明 m 是一个有限数. 现设 $\{u_v\}$ 是泛函 $I(u)$ 的极小化序列, 即 $I(u_v) \to m$, 则当 v 充分大时, 我们有估计

$$m + 1 \geqslant I(u_v) \geqslant \alpha_1 ||\nabla u_v||_{L^p}^p - |\alpha_2| \cdot ||u_v||_{L^q}^q - \int_\Omega |\alpha_3(x)| dx$$

则类似于上面证明 $m > -\infty$ 的过程, 我们有不等式

$$m + 1 \geqslant \gamma_7 ||u_v||_{W^{1,p}}^p - \gamma_8$$

又因为由假设 $I(u_0) < +\infty$ 知, $m < +\infty$, 故由上面不等式有:

$$||u_\gamma||_{W^{1,p}} \leqslant \gamma_9$$

由于 $W^{1,p}$ 是自反 Banach 空间, 故由 Eberlein-Shymulyan 定理, 我们可在 $\{u_v\}$ 中抽取子列, 仍记为 $\{u_v\}$, 且存在 $\bar{u} \in u_0 + W_0^{1,p}(\Omega, R^N)$ 使

$$u_v \rightharpoonup \bar{u} \quad in\ W^{1,p}(\Omega; R^N).$$

又由定理 4.3.5, I 是 $w.l.s.c.$, 故

$$\underline{\lim}_{v\to\infty} I(u_v) \geqslant I(\bar{u})$$

因此 $\bar{u}$ 是 I 的最小值点.

第二步. 唯一性.

假设存在 $\bar{u}, \bar{v} \in u_0 + W_0^{1,p}(\Omega)$ 使 $I(\bar{u}) = I(\bar{v}) = m$, 我们将证明 $\bar{u} = \bar{v}$, 记 $\bar{w} = (\bar{u} + \bar{v})/2$, 则 $\bar{w} \in u_0 + W_0^{1,p}(\Omega)$, 又因 $(u, \xi) \to f(x, u, \xi)$ 是凸的, 则

$$m \leqslant I(\bar{w}) \leqslant \frac{1}{2} I(\bar{u}) + \frac{1}{2} I(\bar{v}) = m$$

故 $\bar{w}$ 也是 I 的一个最小值点, 且有

$$\int_\Omega \left[\frac{1}{2} f(x, \bar{u}, \nabla\bar{u}) + \frac{1}{2} f(x, \bar{v}, \nabla\bar{v}) - f(x, \frac{\bar{u}+\bar{v}}{2}, \frac{\nabla\bar{u}+\nabla\bar{v}}{2})\right] dx = 0$$

由于 $(u, \xi) \to f(x, u, \xi)$ 是凸的, 故上式积分的被积式是非负的, 又因积分为 0, 故当且仅当被积式几乎处处为 0:

$$\frac{1}{2} f(x, \bar{u}, \nabla\bar{u}) + \frac{1}{2} f(x, \bar{v}, \nabla\bar{v}) - f(x, \frac{\bar{u}+\bar{v}}{2}, \frac{\nabla\bar{u}+\nabla\bar{v}}{2}) = 0, a.e. x \in \ \Omega$$

由 $(u,\xi)\to f(x,u,\xi)$ 的严格凸性知

$$\bar{u}=\bar{v},\nabla\bar{u}=\nabla\bar{v},\qquad a.e.x\in\ \Omega.$$

注　定理 4.3.10 中假设了存在 u_0 使 $I(u_0)<+\infty$ 这个条件是必要的, 大数学家 J.S.Hadamard 曾给出单位圆盘上的 Dirichlet 边值问题 (1.1.19) 中一个特殊的边值函数 $\varphi(x)$, 相应的解 $\tilde{u}$ 使得 $D(\tilde{u})=+\infty$. 由于 $C_0^r(\Omega)$ 及 $C^r(\Omega)$ 均不是自反 Banach 空间, 所以我们不能直接将泛函定义在 $C_0^2(\Omega)$ 或 $C^2(\Omega)$ 或它们的闭子集上来应用定理 4.3.8 以得到所谓经典解, 而是要先找一个合适的自反 Banach 空间, $W_0^{1,p}(\Omega)$ 和 $W^{1,p}(\Omega)$ 分别是 $C_0^r(\Omega)$ 和 $C^r(\Omega)$ 在 Sobolev 范数下的完备化扩张, 对很多变分泛函是合适的自反 Banach 空间. 可以先在这些空间上找到变分最小对应的 Euler-Lagrange 方程的广义解, 再通过深入研究变分泛函特殊的结构, 尤其是椭圆性 (正定性), 可以将广义解的光滑性抬高, 这涉及到广义解的正则性问题, 有兴趣的读者可以查阅有关书籍[16,47,77] 也可见附录 6.

其实对不同的变分问题, 如何选择变分泛函合适的定义域 (工作空间), 使泛函有适当的连续性及可微性, 并使变分泛函的最小值点存在且有需要的正则性并非易事, 这需要细致分析变分泛函的结构, 适当选择函数空间作为工作空间, 本质上需要在工作空间的某种拓扑与变分泛函的某种紧性 (强制性) 间达成适当的平衡.

4.4　二阶变分的 Legendre 必要条件和 Jacobi 必要条件

我们在学习有限维空间上的函数微积分时, 已研究过函数取极值的二阶必要条件及二阶充分条件, 这里不妨再回忆一下.

设 U 是 R^n 中的开集, $f(x):U\to R$ 二次连续可微, 设 $\tilde{x}\in U$ 是 f 的一个极小值点. 则存在 $\tilde{x}$ 的邻域 $V\subset U$ 使

$$f(x)\geqslant f(\tilde{x}),\qquad \forall x\in V.$$

现任给定 $h\in R^n$, 则当 $\varepsilon\to 0$ 时有 $\tilde{x}+\varepsilon h\in V$, 故有不等式:

$$f(\tilde{x}+\varepsilon h)\geqslant f(\tilde{x}),\qquad \varepsilon\to 0.$$

令

$$\varphi(\varepsilon)=f(\tilde{x}+\varepsilon h).$$

则

$$\varphi(\varepsilon)\geqslant\varphi(0),\qquad \varepsilon\to 0.$$

由一元函数 $\varphi(\varepsilon)$ 在 $\tilde{\varepsilon}=0$ 达到极小值的一阶和二阶必要条件有 $\varphi'(0)=0,\varphi''(0)\geqslant 0$.

故有

$$\frac{d^2}{d\varepsilon^2}f(\tilde{x}+\varepsilon h)\bigg|_{\varepsilon=0}\geqslant 0,$$

即

$$(f''(\tilde{x})h,h)=\sum_{i,j=1}^{n}\left(\frac{\partial^2 f(x)}{\partial x_i\partial x_j}\bigg|_{x=\tilde{x}}\right)h_ih_j\geqslant 0,\qquad \forall h\in R^n.$$

也即 Hesse 阵 $\left(\dfrac{\partial^2 f(\tilde{x})}{\partial x_i\partial x_j}\right)_{n\times n}$ 是半正定的.

另一方面, 如果 $\varphi'(0)=0$ 即 $\nabla f(\tilde{x})=0$ 且 $\varphi''(0)>0$, 即

$$(f''(\tilde{x})h,h)>0,\quad \forall h\in R^n,\quad h\neq 0.$$

则 $\forall x\in V$, 由 Taylor 公式知, 存在 $0<\theta<1$ 使

$$f(x)-f(\tilde{x})=\langle\nabla f(\tilde{x}),x-\tilde{x}\rangle+\frac{1}{2!}\langle f''(\tilde{x}+\theta(x-\tilde{x}))(x-\tilde{x}),x-\tilde{x}\rangle.$$

由于 f 是二次连续可微的, 故当 $|x-\tilde{x}|\to 0$ 时, $f''(\tilde{x}+\theta(x-\tilde{x}))$ 与 $f''(\tilde{x})$ 很靠近, 故 $\forall h\neq 0,\langle f''(\tilde{x})h,h\rangle>0$, 代入 Taylor 公式, 我们有 $f(x)-f(\tilde{x})>0$(当 $|x-\tilde{x}|\to 0$ 但 $x\neq\tilde{x}$ 时), 即 $\tilde{x}$ 是一个严格局部极小值点.

本节试图将有限维空间上的函数极值的二阶必要条件推广到无限维空间上的泛函, 我们主要参考了文献 [45].

设 $I(u)$ 是定义在某赋范线性空间 X 上的泛函, 我们类似于定义函数的一阶微分和二阶微分. 给定 $\tilde{u}\in X$, 考虑

$$\Delta I(h)=I(\tilde{u}+h)-I(\tilde{u}).\tag{4.4.1}$$

如果存在关于 h 的线性泛函 $\varphi(h)$ 使

$$\Delta I(h)=\varphi(h)+o(||h||),\quad ||h||\to 0,\tag{4.4.2}$$

则称 I 在 $\tilde{u}$ 可微, 且 $\varphi(h)$ 是 I 在 $\tilde{u}$ 的一阶微分 (变分), 记为 $\delta I(\tilde{u},h)$. 相似地, 我们有

定义 4.4.1[45] 若 $\Delta I(h)$ 可以写成

$$\Delta I(h)=\varphi_1(h)+\varphi_2(h)+o(||h||^2),\quad ||h||\to 0,\tag{4.4.3}$$

这里 $\varphi_1(h)$ 是 h 的线性泛函 (I 在 $\tilde{u}$ 的一阶变分), $\varphi_2(h)$ 是 h 的二次泛函, 则称 I 在 $\tilde{u}$ 二次可微, 二次泛函 $\varphi_2(h)$ 称为 $I(u)$ 在 $\tilde{u}$ 处的二阶变分 (或二阶微分), 记为 $\delta^2 I(\tilde{u},h)$.

定理 4.4.1[45]　泛函 $I(u)$ 在 $\tilde{u}$ 有极小的必要条件是

$$\delta^2 I(\tilde{u},h) \geqslant 0. \tag{4.4.4}$$

证明　由定义有

$$\Delta I(h) = \delta I(\tilde{u},h) + \delta^2 I(\tilde{u},h) + \varepsilon \cdot ||h||^2, \tag{4.4.5}$$

这里当 $||h|| \to 0$ 时, $\varepsilon \to 0$.

由极值的一阶必要条件知 $\delta I(\tilde{u},h) = 0$. 故

$$\Delta I(h) = \delta^2 I(\tilde{u},h) + \varepsilon ||h||^2. \tag{4.4.6}$$

若对某个 $h_0, \delta^2 I(\tilde{u},h_0) < 0$, 则对 $\forall a \neq 0$ 充分小有

$$\delta^2 I(\tilde{u},ah_0) = a^2 \cdot \delta^2 I(\tilde{u},h_0) < 0. \tag{4.4.7}$$

由于当 $||ah_0|| \to 0$ 时, $\Delta I(ah_0)$ 与 $\delta^2 I(\tilde{u},ah_0)$ 同号, 故 $\Delta I(ah_0) < 0$, 这与 $\tilde{u}$ 是 I 的极值小点矛盾.

定义 4.4.2[45]　如果 $\exists k > 0$, 使定义在赋范线性空间 X 上的二次泛函 $\varphi_2(h)$ 满足:

$$\varphi_2(h) \geqslant k||h||^2, \tag{4.4.8}$$

则称 φ_2 是强正定的.

定理 4.4.2[45]　若 $\delta I(\tilde{u},h) = 0$ 且 $\delta^2 I(\tilde{u},h)$ 强正定, 则 $\tilde{u}$ 是 I 的极小值点.

证明　存在 $k > 0$ 使

$$\delta^2 I(\tilde{u},h) \geqslant k \cdot ||h||^2. \tag{4.4.9}$$

由已知假设有

$$\Delta I(h) = \delta^2 I(\tilde{u},h) + \varepsilon \cdot ||h||^2, \tag{4.4.10}$$

由于这里当 $||h|| \to 0$ 时 $\varepsilon \to 0$, 故可取充分小的 ε_1 使当 $||h|| < \varepsilon_1$ 时有 $|\varepsilon| < \dfrac{1}{2}k$, 故可得

$$\begin{aligned}\Delta I(h) &= \delta^2 I(\tilde{u},h) + \varepsilon ||h||^2 \\ &> \left(k - \frac{1}{2}k\right) \cdot ||h||^2 = \frac{k}{2}||h||^2 > 0,\end{aligned} \tag{4.4.11}$$

即 I 在 $\tilde{u}$ 达到极小值.

下面研究固定端问题的二阶变分. 设 $L \in C^2(R \times R^n \times R^n, R)$, 考虑

$$I(u) = \int_a^b L(t, u, u')dt, \tag{4.4.12}$$

$$u \in M = \{u \in W^{1,2}(a,b), u(a) = A, u(b) = B\}. \tag{4.4.13}$$

设 $h \in W^{1,2}(a,b)$ 且在端点 a, b 满足齐次条件:

$$h(a) = 0, \quad h(b) = 0. \tag{4.4.14}$$

则由带中值的 Talor 公式和带有余项的 Taylor 公式有

$$\begin{aligned} \Delta I(h) &= I(u+h) - I(u) \\ &= \int_a^b (L_u \cdot h + L_{u'} \cdot h')dt \\ &\quad + \frac{1}{2}\int_a^b \left[\langle \bar{L}_{uu} \cdot h, h\rangle + 2\langle \bar{L}_{uu'} \cdot h, h'\rangle + \langle \bar{L}_{u'u'} \cdot h', h'\rangle\right] dt. \end{aligned} \tag{4.4.15}$$

这里

$$\bar{L}_{uu} = L_{uu}(t, u + \theta h, u' + \theta h'), \tag{4.4.16}$$

$$\bar{L}_{uu'} = L_{uu'}(t, u + \theta h, u' + \theta h'), \tag{4.4.17}$$

$$\bar{L}_{u'u'} = L_{u'u'}(t, u + \theta h, u' + \theta h'). \tag{4.4.18}$$

$$\begin{aligned} \Delta I(h) &= \int_a^b (L_u \cdot h + L_{u'} \cdot h')dt \\ &\quad + \frac{1}{2}\int_a^b [\langle L_{uu} \cdot h, h\rangle + 2\langle L_{uu'} \cdot h, h'\rangle + \langle L_{u'u'} \cdot h', h'\rangle]\, dt + \varepsilon, \end{aligned} \tag{4.4.19}$$

其中, 当 $||h||_{L^2} + ||h'||_{L^2} \to 0$ 时,

$$\varepsilon = \int_a^b \left[\varepsilon_1 |h|^2 + \varepsilon_2 \langle h, h'\rangle + \varepsilon_3 |h'|^2\right] dt \to 0, \tag{4.4.20}$$

故

$$\Delta I(h) = \delta I(u,h) + \delta^2 I(u,h) + o(||h||^2). \tag{4.4.21}$$

其中

$$\delta^2 I(u,h) = \frac{1}{2}\int_a^b [\langle L_{uu} \cdot h, h\rangle + 2\langle L_{uu'} \cdot h, h'\rangle + \langle L_{u'u'} \cdot h', h'\rangle]\, dt. \tag{4.4.22}$$

此即 I 在 u 的二阶变分. 我们进一步对其中的交叉项进行分部积分有

$$2\int_a^b \langle L_{uu'}\cdot h, h'\rangle dt = -2\int_a^b \left\langle \frac{d}{dt}(L_{uu'}\cdot h), h\right\rangle dt$$
$$= -2\left\{\int_a^b \left[\left\langle \left(\frac{d}{dt}L_{uu'}\right)h, h\right\rangle + \langle L_{uu'}h', h\rangle\right] dt\right\}.$$

又由于 $L_{uu'}$ 是对称的, 所以 $\langle L_{uu'}\cdot h', h\rangle = \langle L_{uu'}\cdot h, h'\rangle$.

由上面的推导有

$$4\int_a^b \langle L_{uu'}\cdot h, h'\rangle dt = -2\int_a^b \left\langle \left(\frac{d}{dt}L_{uu'}\right)\cdot h, h\right\rangle dt,$$

故

$$2\int_a^b \langle L_{uu'}\cdot h, h'\rangle dt = -\int_a^b \left\langle \frac{d}{dt}L_{uu'}h, h\right\rangle dt,$$

$$\delta^2 I(u,h) = \int_a^b [\langle Ph', h'\rangle + \langle Qh, h\rangle]dt, \tag{4.4.23}$$

其中

$$P = \frac{1}{2}L_{u'u'}, \quad Q = \frac{1}{2}\left(L_{uu} - \frac{d}{dt}L_{uu'}\right) \tag{4.4.24}$$

对 (4.4.20) 的 ε 表示的中间项进行分部积分并注意到 $h(a) = h(b) = 0$, 则

$$\varepsilon = \int_a^b (\alpha|h|^2 + \beta|h'|^2)dt, \tag{4.4.25}$$

其中 $\alpha \to 0, \beta \to 0$ (当 $||h||_{L^2} + ||h'||_{L^2} \to 0$), 因此

$$\Delta I(h) = \int_a^b [\langle Ph', h'\rangle + \langle Qh, h\rangle]dt + \int_a^b [\alpha\langle h, h\rangle + \beta\langle h', h'\rangle]dt. \tag{4.4.26}$$

引理 4.4.1[45,116] 定义在 $C_0^1[a,b] = \{C^1[a,b], h(a) = h(b) = 0\}$ 上的二次泛函:

$$\delta^2 I(u,h) = \int_a^b [\langle Ph', h'\rangle + \langle Qh, h\rangle]dt \tag{4.4.27}$$

是非负的必要条件是矩阵 P 半正定, 即

$$P(t) \geqslant 0, \quad \forall t \in [a,b] \tag{4.4.28}$$

证明 (1) $n = 1$ 时用反证法. 假设 (4.4.28) 不成立, 即假设 $\exists t_0 \in [a,b]$ 及 $\beta > 0$ 使 $P(t_0) = -2\beta$. 则因 $P(t)$ 在 $[a,b]$ 上连续, 则 $\exists \alpha > 0$, s.t.

$$P(t) < -\beta, \quad a \leqslant t_0 - \alpha \leqslant t \leqslant t_0 + \alpha \leqslant b.$$

我们现在构造一个函数 $h(t) \in C^1[a,b]$ 使 (4.4.27) 是负的. 事实上, 令

$$h(t) = \begin{cases} \sin^2 \dfrac{\pi(t-t_0)}{\alpha}, & t_0 - \alpha \leqslant t \leqslant t_0 + \alpha, \\ 0, & \text{其他}, \end{cases} \tag{4.4.29}$$

则利用 $|\sin^n \theta| \leqslant 1$, 且令 $M = \max\limits_{a \leqslant t \leqslant b} |Q(t)|$, 我们有

$$\begin{aligned} \int_a^b [\langle Ph', h' \rangle + \langle Qh, h \rangle] dt &= \int_{t_0-\alpha}^{t_0+\alpha} P \frac{\pi^2}{\alpha^2} \sin^2 \frac{2\pi(t-t_0)}{\alpha} dt \\ &\quad + \int_{t_0-\alpha}^{t_0+\alpha} Q \sin^4 \frac{\pi(t-t_0)}{\alpha} dt < -\frac{\beta\pi^2}{\alpha} + 2M\alpha, \end{aligned} \tag{4.4.30}$$

对充分小的 α, (4.4.30) 的右端是负的, 故对相应的 $h, \delta^2 I(u,h) < 0$, 矛盾.

(2) 一般情形[116].

先选取一个 $\varphi \in C^1(R)$ 满足当 $|s| \geqslant 1$ 时, $\varphi(s) = 0$ 且 $\int_{-\infty}^{+\infty} |\dot{\varphi}(s)|^2 ds = \int_{-1}^{1} |\dot{\varphi}(s)|^2 ds = 1$, 且注意到 φ 和 φ' 的支集都包含在 $[-1,1]$.

$\forall \tau \in (a,b), \forall \xi \in R^n$ 及 $\mu > 0$ 充分小, 令

$$h(t) = \mu\varphi\left(\frac{t-\tau}{\mu}\right) \cdot \xi. \tag{4.4.31}$$

则

$$h'(t) = \varphi'\left(\frac{t-\tau}{\mu}\right) \cdot \xi. \tag{4.4.32}$$

$$\begin{aligned} \int_a^b \langle Ph', h' \rangle dt &= \mu \cdot \int_{-\infty}^{\infty} |\varphi'(s)|^2 \cdot \langle P(\tau + \mu \cdot s)\xi, \xi \rangle ds \\ &= \mu \int_{-1}^{1} |\varphi'(s)|^2 \langle P(\tau + \mu \cdot s)\xi, \xi \rangle ds = \mu \langle P(\tau)\xi, \xi \rangle + o(\mu) \\ \int_a^b \langle Qh, h \rangle dt &= \mu^3 \cdot \int_{-\infty}^{\infty} \langle Q(\tau + \mu s)\xi, \xi \rangle |\varphi(s)|^2 ds = \mu^3 \int_{-1}^{1} \langle Q(\tau + \mu s)\xi, \xi \rangle |\varphi(s)|^2 ds \\ &= \left[\langle Q(\tau)\xi, \xi \rangle \int_{-1}^{1} |\varphi(s)|^2 ds \right] \cdot \mu^3 + o(\mu^3) \end{aligned}$$

代入 (4.4.27), 并令 $\mu \to 0$ 得

$$\delta^2 I(u,h) = \mu(P\xi, \xi) + o(\mu). \tag{4.4.33}$$

由 $\delta^2 I(u,h) \geqslant 0$ 知

$$\langle P\xi, \xi \rangle \geqslant 0, \quad \forall \xi \in R^n, \tag{4.4.34}$$

即 P 是半正定的, 记为 $P \geqslant 0$.

由上述引理我们立即有

定理 4.4.3 (Legendre)[45]　固定端的变分问题:

$$\begin{cases} \int_a^b L(t,u,u')dt, \\ u(a)=A, u(b)=B \end{cases} \tag{4.4.35}$$

在 $\tilde{u}=\tilde{u}(t)$ 达到极小值的必要条件是

$$L_{u'u'}(t,\tilde{u}(t),\tilde{u}'(t)) \geqslant 0, \quad \forall t \in [a,b]. \tag{4.4.36}$$

从前面可以看出, 二次型 (4.4.27) 的性质是很重要的, 下面我们可以更一般地分析它. 假设 P, Q 是连续可微对称矩阵, 定义

$$F(h) = \int_a^b [\langle Ph', h'\rangle + \langle Qh, h\rangle]dt. \tag{4.4.37}$$

则 $F(h)$ 的 Euler-Lagrange 方程为

$$-\frac{d}{dt}(Ph') + Qh = 0. \tag{4.4.38}$$

定义 4.4.3[45]　设

$$\begin{aligned} h^{(1)} &= (h_{11}, h_{12}, \cdots, h_{1n}), \\ h^{(2)} &= (h_{21}, h_{22}, \cdots, h_{2n}), \\ &\cdots\cdots \\ h^{(n)} &= (h_{n1}, h_{n2}, \cdots, h_{nn}) \end{aligned} \tag{4.4.39}$$

是 (4.4.38) 的 n 个解, 其中第 i 个解满足初始条件:

$$h_{ij}(a) = 0, \quad j=1,\cdots,n, \tag{4.4.40}$$

$$h'_{ii}(a) = 1, \quad h'_{ij}(a) = 0 \quad (j \neq i), \tag{4.4.41}$$

如 $\exists c \in (a,b]$ 使行列式 $\det(h_{ij}(t))$ 在 $t=c$ 时为 0, 则称 c 是 a 的共轭点.

定理 4.4.4[45]　设 P 是连续可微正定对称矩阵, 且若 $[a,b]$ 不包含与 a 共轭的点, 则二次泛函 (4.4.37) 对所有满足 $h(a)=h(b)=0$ 的 h 是正定的.

证明　设 W 是任意可微对称矩阵, 则由 Newton-Leibniz 公式及 $h(a)=h(b)=0$ 有

$$\begin{aligned} 0 &= \int_a^b \frac{d}{dt}\langle Wh, h\rangle dt \\ &= \int_a^b \langle W'h, h\rangle dt + 2\int_a^b \langle Wh, h'\rangle dt, \end{aligned} \tag{4.4.42}$$

故有

$$F(h)=\int_a^b [\langle Ph',h'\rangle+2\langle Wh,h'\rangle+\langle Qh,h\rangle+\langle W'h,h\rangle]dt. \tag{4.4.43}$$

下面试图找一个矩阵 W 使 (4.4.43) 的被积式是一个完全平方.

如果能选择 W 满足所谓的矩阵 Riccati 方程:

$$Q+W'=WP^{-1}W, \tag{4.4.44}$$

则上面的断言可以实现. 事实上, 利用 (4.4.44), 则 (4.4.43) 的被积式变成

$$\langle Ph',h'\rangle+2\langle Wh,h'\rangle+\langle WP^{-1}Wh,h\rangle. \tag{4.4.45}$$

因为 P 是正定对称矩阵, 故平方根矩阵 $P^{1/2}$ 存在, 且也是对称正定阵, 它有逆矩阵 $P^{-1/2}$, 故 (4.4.45) 可以写成"完全平方":

$$\langle P^{1/2}h'+P^{-1/2}Wh, P^{1/2}h'+P^{-1/2}Wh\rangle, \tag{4.4.46}$$

因为 $\forall a\leqslant t\leqslant b, P(t)>0$(正定), 由一阶线性微分方程解的唯一性定理可知

$$\begin{cases} h'(t)+P^{-1}Wh(t)=0, \\ h(a)=0 \end{cases} \tag{4.4.47}$$

有唯一解 $h(t)\equiv 0, \forall t\in[a,b]$. 故 $\forall h\not\equiv 0, P^{1/2}h'+P^{-1/2}Wh\not\equiv 0, \forall t\in(a,b]$.

剩下要证明矩阵 Riccati 方程 (4.4.44) 在 $(a,b]$ 上有解 W. 令

$$W=-PU'U^{-1}, \tag{4.4.48}$$

这里 U 是一个新的待定矩阵, 由 $(A\cdot B)'=A'B+AB'$ 知 $(U^{-1})'=-U^{-1}U'U^{-1}$, 则 (4.4.44) 变成

$$-\frac{d}{dt}(PU')+QU=0. \tag{4.4.49}$$

这正好是 (4.4.38) 的矩阵形式, 非退化线性微分方程组 (4.4.49) 满足初始条件

$$U(a)=O_{n\times n}, \quad U'(a)=I_{n\times n}$$

的解存在唯一且正好是 (4.4.38) 在条件 (4.4.40)-(4.4.41) 下的解.

因此如果 $[a,b]$ 中没有 a 的共轭点, 则 (4.4.49) 有解 $U(t)$ 且 $\forall t\in(a,b]$, $\det(U(t))\neq 0$, 则 U^{-1} 存在, 可以构造 $W=-PU'U^{-1}$ 把 (4.4.37) 的被积式化为一个完全平方.

引理 4.4.2[45]　若 $h(t)=(h_1(t),\cdots,h_n(t))$ 满足 (4.4.38) 及边界条件 $h(a)=h(b)=0$, 则

$$\int_a^b[\langle Ph',h'\rangle+\langle Qh,h\rangle]dt=0. \tag{4.4.50}$$

证明　由分部积分公式及 $h(a)=h(b)=0$ 知

$$\begin{aligned}&\int_a^b[\langle Ph',h'\rangle+\langle Qh,h\rangle]dt\\ =&\int_a^b\left\langle -\frac{d}{dt}(Ph')+Qh,h\right\rangle dt=0.\end{aligned} \tag{4.4.51}$$

定理 4.4.5[45]　设 P 是对称正定矩阵, Q 是对称阵. 若二次泛函:

$$\int_a^b[\langle Ph',h'\rangle+\langle Qh,h\rangle]dt \tag{4.4.52}$$

对满足 $h(a)=h(b)=0$ 的所有 h 是正定的, 则 $[a,b]$ 不包含与 a 共轭的共轭点.

证明　$\forall 0\leqslant\lambda\leqslant 1$, 考虑正定二次泛函:

$$\lambda\cdot\int_a^b[\langle Ph',h'\rangle+\langle Qh,h\rangle]dt+(1-\lambda)\cdot\int_a^b\langle h',h'\rangle dt, \tag{4.4.53}$$

上式的 Euler-Lagrange 方程为

$$-\frac{d}{dt}\left[\lambda\cdot\sum_{i=1}^n P_{ij}h_i'+(1-\lambda)\cdot h_j'\right]+\lambda\cdot\sum_{i=1}^n Q_{ij}h_i=0,\quad j=1,\cdots,n. \tag{4.4.54}$$

在 (4.4.54) 中, 当 $\lambda=1$ 时, 它化为 (4.4.38); 而当 $\lambda=0$ 时, 化为

$$h_j''=0,\quad j=1,\cdots,n.$$

假设 $[a,b]$ 包含与 a 共轭的点 c, 则存在 (4.4.38) 的解使得 $\det((h_{ij}))$ 在 $t=c$ 处为 0, 且解的线性组合 $h\neq 0$, 但 $h(c)=0$ (否则 (4.4.38) 的解的任意线性组合要么恒等于 0, 要么 $h(c)\neq 0$, 显然都不成立). 进一步, (4.4.54) 存在非平凡解 $h(t,\lambda)$ 连续依赖 λ, 且当 $\lambda=1$ 时, 约化为 $h(t)$. 另外 $c\neq b$, 因为否则由引理 4.4.2 知二次泛函 (4.4.52) 在 $h\neq 0$ 处为 0, 这与二次泛函的正定性假设矛盾.

下面进一步证明 $[a,b]$ 的内点也不可能是 a 的共轭点.

注意到, 若 $\exists(t_0,\lambda_0)$ 使 $h(t_0,\lambda_0)=0$, 则必有 $i_0\in\{1,2,\cdots,n\}$ 使

$$\frac{\partial}{\partial t}h_{i_0}(t,\lambda)|_{(t_0,\lambda_0)}\neq 0.$$

事实上, 对任意固定的 λ, $h(t,\lambda)$ 满足 (4.4.54), 若 $h(t_0,\lambda_0)=0$, 且 $\forall i$, $\frac{\partial}{\partial t}h_i(t,\lambda)|_{(t_0,\lambda_0)}$

$=0$ 同时成立, 则由于 (4.4.54) 是关于 h 的线性微分方程, 故由线性微分方程解的唯一性定理知

$$h(t,\lambda_0)=0,\quad \forall a\leqslant t\leqslant b,$$

这与

$$\frac{\partial}{\partial t}h_i(t,\lambda)|_{(a,\lambda)}=1,\quad 0\leqslant t\leqslant 1$$

矛盾.

考虑集合:

$$S=\{(t,\lambda)|\ a\leqslant t\leqslant b, 0\leqslant\lambda\leqslant 1, h_{i_0}(t,\lambda)=0\}. \tag{4.4.55}$$

如果 S 非空, 则 S 是 t-λ 平面上一条曲线. 事实上, 前已证在 $h_{i_0}(t,\lambda)=0$ 的每个点 (t,λ), $\dfrac{\partial}{\partial t}h_{i_0}\neq 0$, 故由隐函数定理知 $h_{i_0}(t,\lambda)=0$, 在每个这样的点的邻域内定义一连续函数 $t=t(\lambda)$. 由假设, 若 $c\in(a,b)$ 是 a 的共轭点, 则 $(c,1)$ 落在此曲线上, 则从点 $(c,1)$ 出发, 相应的曲线应满足如下条件:

(I) 不能在 $[a,b]\times[0,1]$ 内部结束, 否则将与解 $h_{i_0}(t,\lambda)$ 对参数 λ 的连续依赖性矛盾.

(II) 不能与线段 $\{(b,\lambda), 0\leqslant\lambda\leqslant 1\}$ 相交, 否则, 对方程 (4.4.54) 及边界条件 $h_{i_0}(a,\lambda)=h_{i_0}(b,\lambda)=0$ 及泛函 (4.4.53), 利用与引理 4.4.2 同样的方法将导出与泛函 (4.4.53) 对所有 $0\leqslant\lambda\leqslant 1$ 正定相矛盾.

(III) 不能与线段 $\{(t,1)|a\leqslant t\leqslant b\}$ 相交, 否则, 对某 λ_0 有 $h_{i_0}(t,\lambda_0)=0$, 对 t 求导有 $\dfrac{\partial}{\partial t}h_{i_0}(t,\lambda_0)=0$ 也同时成立, 这已证不可能.

(IV) 不能与线段 $\{(t,0), a\leqslant t\leqslant b\}$ 相交, 否则, 对 $\lambda=0$, 方程 (4.4.54) 约化为 $h_j''=0$, 它的解是 $h_j(t)=t-a$, 仅在 $t=a$ 为 0.

(V) 不能与线段 $\{(a,\lambda), 0\leqslant\lambda\leqslant 1\}$ 逼近, 否则, 对某 λ_0, 我们有

$$\frac{\partial}{\partial t}h_{i_0}(t,\lambda_0)|_{t=a}=\lim_{t\to a}\frac{h_{i_0}(t,\lambda_0)-h_{i_0}(a,\lambda_0)}{t-a}=\lim_{t\to a}\frac{0-0}{t-a}=0,$$

与假设矛盾.

总结上述五种情况, 如果 (a,b) 中有与 a 共轭的点, 都会出现矛盾, 证毕.

定理 4.4.6[45] 设 $\forall t\in[a,b], P(t)>0$, 则二次泛函:

$$\int_a^b[\langle Ph',h'\rangle+\langle Qh,h\rangle]dt$$

对所有满足 $h(a)=h(b)=0$ 的 h 正定的充要条件是区间 $[a,b]$ 不含与 a 共轭的点.

现在回到变分问题 (4.4.35):

$$\begin{cases} \int_a^b L(t,u,u')dt, \\ u(a)=A, u(b)=B. \end{cases}$$

定义 4.4.4[45]　Euler-Lagrange 方程 (4.4.38) 也称为原变分泛函 (4.4.35) 的 Jacobi 系. 若点 c 相对于 (4.4.35) 的二阶变分泛函 (4.4.37) 来说是 a 的共轭点, 则称 c 相对于泛函 (4.4.35) 是与 a 共轭的.

定理 4.4.7 (Jacobi 必要条件)[45]　如果 u 是 (4.4.35) 的极小值点, 且若矩阵

$$L_{u'u'}(t,u(t),u'(t))$$

沿极小值点是正定的, 则开区间 (a,b) 不包含 a 的共轭点.

证明　由关于极小值点的二阶必要条件知, 二次泛函

$$\int_a^b [\langle Ph',h'\rangle + \langle Qh,h\rangle]dt \geqslant 0,$$

则对 $0\leqslant\lambda\leqslant 1$, 除 $\lambda=1$ 外, 泛函 (4.4.53) 是正定的, 因而采用与定理 4.4.5 相同的证明, 可以证明 (a,b) 中没有与 a 共轭的点.

4.5　弱极小的二阶变分的充分条件

定理 4.5.1 (弱极小的充分条件)[45]　(1) 假设某容许向量值函数 $\tilde{u}(t)$ 是泛函 (4.4.35) 的临界点, 即满足 Euler-Lagrange 方程:

$$\left(\frac{d}{dt}L_{u'}-L_u\right)\Big|_{u=\tilde{u}(t)}=0;$$

(2) 沿 $\tilde{u}(t)$, 矩阵

$$P(t)=\frac{1}{2}L_{u'u'}(t,u,u')|_{u=\tilde{u}(t)}$$

正定;

(3) $[a,b]$ 中不含与 a 共轭的点,

则 $\tilde{u}(t)$ 是变分泛函 (4.4.35) 的弱极小值点.

证明　因为 $[a,b]$ 不包含 a 的共轭点, 且由 $\forall t\in[a,b], P(t)>0$, 故由 Jacobi 方程解的连续性和 $P(t)$ 的连续性可知, $\exists\varepsilon>0$, 使 $[a,b+\varepsilon]$ 不含 a 的共轭点且 $\forall t\in[a,b+\varepsilon], P(t)>0$.

考虑二次泛函

$$\int_a^b [\langle Ph', h'\rangle + \langle Qh, h\rangle]dt - \alpha^2 \int_a^b |h'|^2 dt. \tag{4.5.1}$$

相应的 Euler-Lagrange 方程为

$$Qh - \frac{d}{dt}[(P - \alpha^2 I_{n\times n}) \cdot h'] = 0, \tag{4.5.2}$$

因为 $P(t)$ 在 $[a, b+\varepsilon]$ 上正定, 且由于 (4.5.2) 的解连续依赖于参数 α, 故存在 α 充分小, 使

(i) $(P(t) - \alpha^2 I) > 0,\ a \leqslant t \leqslant b$;

(ii) 方程 (4.5.2) 的满足 $h_i(a) = 0, h'_{ij}(a) = \delta_{ij}$ 的解 $h_1, \cdots, h_n$ 相应的行列式 $\det(h_{ij}(t))$ 在 $a < t \leqslant b$ 不为 0.

由上述两个条件及与定理 4.4.4 类似的证明可知, 对充分小的 $\alpha > 0$, 二次泛函 (4.5.1) 正定, 即 $\exists c > 0$, 使

$$\int_a^b [\langle Ph', h'\rangle + \langle Qh, h\rangle]dt > c \int_a^b |h'|^2 dt. \tag{4.5.3}$$

考虑变分泛函 I 沿 $\tilde{u} + h$ 和 $\tilde{u}$ 的值的变化, 由公式 (4.4.26) 知

$$\begin{aligned} & I(\tilde{u} + h) - I(\tilde{u}) \\ = & \int_a^b [\langle Ph', h'\rangle + \langle Qh, h\rangle]dt + \int_a^b (\xi|h|^2 + \eta|h'|^2)dt, \end{aligned} \tag{4.5.4}$$

这里, 当 $||h|| = ||h||_2 + ||h'||_2 \to 0$ 时, $\xi(t), \eta(t)$ 在 $[a, b]$ 上一致趋于 0.

进一步, 由 Cauchy-Schwarz 不等式有

$$\begin{aligned} |h(t)|^2 = & \left|\int_a^t h'(s)ds\right|^2 \leqslant (t-a)\int_a^t |h'(s)|^2 ds \\ \leqslant & (t-a)\int_a^b |h'(s)|^2 ds, \end{aligned} \tag{4.5.5}$$

故有

$$\int_a^b |h|^2 \leqslant \frac{(b-a)^2}{2} \int_a^b |h'(s)|^2 ds. \tag{4.5.6}$$

则若 $|\xi(t)| \leqslant \varepsilon, |\eta(t)| \leqslant \varepsilon$, 我们有

$$\int_a^b \left(\xi|h|^2 + \eta|h'|^2\right) dt \leqslant \varepsilon \left[1 + \frac{(b-a)^2}{2}\right] \int_a^b |h'(s)|^2 ds. \tag{4.5.7}$$

由于可以选择 $\varepsilon > 0$ 充分小, 故当 $||h|| = ||h||_2 + ||h'||_2 \to 0$ 时, 由 (4.5.4) 和 (4.5.7) 以及 (4.5.3) 有

$$\begin{aligned} I(\tilde{u}+h) - I(\tilde{u}) &= \int_a^b [\langle Ph', h'\rangle + \langle Qh, h\rangle]dt + \int_a^b (\xi|h|^2 + \eta|h'|^2)dt \\ &> \left\{c - \varepsilon\left[1 + \frac{(b-a)^2}{2}\right]\right\} \cdot ||h'||_2^2 > 0. \end{aligned} \tag{4.5.8}$$

即 $\tilde{u}$ 是 I 的弱极小值点.

习　题

1. (Lavrentiev 现象) 设 $L(t, u, u') = (t - u^3)^2 \cdot |u'|^6$,

$$X_1 = \{u \in W^{1,1}((0,1)), u(0) = 0, u(1) = 1\},$$
$$X_2 = \{u \in W^{1,\infty}((0,1)), u(0) = 0, u(1) = 1\}.$$

证明

$$\inf_{u \in X_1} \int_0^1 L(t, u, u')dt \neq \inf_{u \in X_2} \int_0^1 L(t, u, u')dt.$$

2. 设 $L(u, u') = u^2(1 - u')^2$. 定义:

$$f(u) = \int_{-1}^1 L(u, u')dt,$$

$$u \in X = \{u \in C^1([-1, 1]) : u(-1) = 0, u(1) = 1\}.$$

证明 f 在 X 上达不到下确界.

3. 定义泛函:

$$f(u) = \int_0^1 |u'(t)|^2 dt,$$
$$X = \{u \in C^1([0, 1]) : u(0) = 0, u(1) = 1\}$$

证明 f 在 X 上达到下确界的函数有无穷多个.

4. 定义泛函:

$$f(u) = \int_0^1 (1 + |u''(t)|^2)dt,$$
$$u \in X = \{u \in C^2([0, 1]) : u(0) = 0, u'(0) = 1, u(1) = 1\}.$$

求 f 在 X 上的极值曲线.

5. 研究以下泛函:

$$f(u) = \int_0^1 (|u'|^2 - 1)^2 dt$$

在 $C_0^1([0, 1])$ 及 $W_0^{1,4}([0, 1])$ 上的最小值点是否存在? 并进行比较.

6. 用 Lax-Milgram 定理研究 Dirichlet 原理.

7. 设 $\Omega \subset R^2$ 是光滑区域, $L : \Omega \times R \times R \times R \to R$ 是 C^2 函数, 定义泛函:

$$f(u) = \iint\limits_{\Omega} L(x, y, u, u_x, u_y) dxdy,$$

$$u \in X = \{u \in C^1(\Omega), u|_{\partial\Omega} = 0\},$$

研究相应的 Legendre 必要条件.

8. 证明以下形式的泛函:

$$f(u) = \int_a^b L(t, u') dt$$

的极值曲线没有共轭点.

9. 设 $b > 0$. 研究以下泛函:

$$f(u) = \int_0^b \frac{dt}{|u'|^2},$$

$$u \in X = \{u \in C^1([0, b]), u(0) = 0, u(b) = B > 0\}$$

的弱最小值曲线.

10. 设 $\alpha > 0, b > 0$, 研究以下泛函:

$$\int_0^b (|u'|^2 - \alpha |u|^2) dt,$$

在 $C_0^1([0, b])$ 上的临界点的 Jacobi 必要条件与参数 α, b 的关系, 并研究弱极小的充分条件.

第 5 章　Ekeland 变分原理及其应用

5.1　经典的 Ekeland 变分原理

法国数学家 I. Ekeland(1944~) 于 1972 年在《法国科学院通报》上简洁地介绍了他发现的变分原理, 之后于 1974 年和 1979 年分别在 *JMAA* 和 *Bull. AMS*上进一步给出了详细的证明以及许多应用. 二十世纪八十年代后, 人们普遍将这一原理称为 Ekeland 变分原理. Ekeland 变分原理讨论了完备度量空间上有下界的下半连续泛函 f 的本质特征, 虽然它可能没有整体最小值点, 但其适当的扰动泛函具有整体最小值点, 且与原泛函的近似最小值点的距离可以适当控制. 此原理的证明本质上用到了度量空间的完备性.

定义 5.1.1[49]　设 X 是一个集合. 若二元映射 $\rho: X\times X\to R$ 满足:

(1) $\forall x,y\in X,\rho(x,y)\geqslant 0$ 且 $\rho(x,y)=0$ 的充要条件是 $x=y$;

(2) $\forall x,y\in X,\rho(x,y)=\rho(y,x)$;

(3) $\forall x,y,z\in X,\rho(x,z)\leqslant\rho(x,y)+\rho(y,z)$,

则称 X 被赋予了距离 (度量), (X,ρ) 称为距离空间, 又叫度量空间.

定义 5.1.2[49]　设 (X,ρ) 是度量空间. 若 X 中按度量 ρ 下的任何 Cauchy 列都收敛, 则称 X 是一个完度的度量空间.

定义 5.1.3 [37]　设 (X,ρ) 是度量空间, $f: X\to R$, 任意给定 $x\in X$, 若 $\forall x_n:\rho(x_n,x)\to 0$ 成立:

$$\underline{\lim}_{n\to\infty}f(x_n)\geqslant f(x)$$

则我们称 f 在 X 上下半连续.

定理 5.1.1[37]　设 (X,ρ) 为一完备度量空间, $f: X\to R$ 有下界, $f: X\to R$ 下半连续. 则 $\forall\varepsilon>0$ 及满足以下不等式的 $x_\varepsilon\in X$:

$$f(x_\varepsilon)<\inf f(x)+\varepsilon. \tag{5.1.1}$$

$\exists y_\varepsilon\in X$, s.t.

$$f(y_\varepsilon)\leqslant f(x_\varepsilon), \tag{5.1.2}$$

$$\rho(x_\varepsilon,y_\varepsilon)\leqslant 1, \tag{5.1.3}$$

且扰动函数 $f(x)+\varepsilon\rho(x,y_\varepsilon)$ 达到它的严格整体最小值 $f(y_\varepsilon)$, 即满足:

$$F(x)\triangleq f(x)+\varepsilon\rho(x,y_\varepsilon)>f(y_\varepsilon),\qquad\forall x\neq y_\varepsilon. \tag{5.1.4}$$

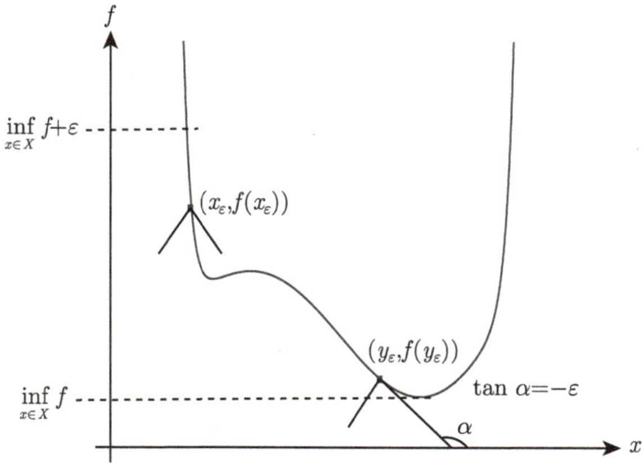

图 5.1.1

证明 要证明定理中的结论, 只需证

(1) $\exists y_\varepsilon$, s.t. $f(y_\varepsilon)+\varepsilon\rho(x_\varepsilon,y_\varepsilon)\leqslant f(x_\varepsilon)$;

(2) $\forall x\neq y_\varepsilon, f(x)+\varepsilon\rho(x,y_\varepsilon)>f(y_\varepsilon)$.

定义

$$S_1(x)=\{y|f(y)+\varepsilon\rho(x,y)\leqslant f(x)\}. \tag{5.1.5}$$

下证 $S_1(x)$ 是闭集, 即 $\forall\{y_n\}\subset S_1, y_n\to y_0\Rightarrow y_0\in S_1$. 这是因为 f 下半连续, ρ 关于 y 连续, 所以由 $f(x)\geqslant f(y_n)+\varepsilon\rho(x,y_n)$ 有

$$f(x)\geqslant\varliminf_{n\to\infty}[f(y_n)+\varepsilon\rho(x,y_n)]\geqslant f(y_0)+\varepsilon\rho(x,y_0),$$

故 $y_0\in S_1$. 下证 $S_1(x)$ 满足:

(i) (自反性) $x\in S_1(x)$;

(ii) (传递性) 若 $y\in S_1(x)$, 则 $S_1(y)\subset S_1(x)$, 即

$$(y\in S_1(x), z\in S_1(y)\Rightarrow z\in S_1(x)).$$

(i) 式显然成立, 下证 (ii).

若 $f(x)=+\infty$, 则 $S_1(x)=X$, 结论自然成立.

若 $f(x)<+\infty, y\in S_1(x)$. 可得

$$f(y)+\varepsilon\rho(x,y)\leqslant f(x).$$

由 $z\in S_1(y)$ 可得

$$f(z)+\varepsilon\rho(y,z)\leqslant f(y).$$

上面两不等式相加再利用三角不等式, 有

$$f(z)+\varepsilon\rho(x,z)\leqslant f(x).$$

所以 $z\in S_1(x)$.

定义 $V(y)=\inf\limits_{z\in S_1(y)}f(z)$. 则 $\forall y\in S_1(x)$, 有

$$\varepsilon\cdot\rho(x,y)\leqslant f(x)-f(y)\leqslant f(x)-V(x).$$

所以 $\operatorname{diam}(S_1(x))\leqslant 2(f(x)-V(x))/\varepsilon$.

令 $x_0=x_\varepsilon$, 由 inf 的定义, 在 $S_1(x_n)$ 中可以取 x_{n+1}, 使得

$$f(x_{n+1})\leqslant V(x_n)+2^{-n}=\inf_{z\in S_1(x_n)}f(z)+2^{-n}.$$

由于 $x_{n+1}\in S_1(x_n)$, 则 $S_1(x_{n+1})\subset S_1(x_n)$, 从而可得 $V(x_n)\leqslant V(x_{n+1})$. 另一方面, 由于 $y\in S_1(y)$, 所以 $V(y)\leqslant f(y)$, 则

$$V(x_{n+1})\leqslant f(x_{n+1})\leqslant V(x_n)+2^{-n}\leqslant V(x_{n+1})+2^{-n},$$

即

$$0\leqslant f(x_{n+1})-V(x_{n+1})\leqslant 2^{-n},$$

$$\varepsilon\cdot\operatorname{diam}(S_1(x_{n+1}))\leqslant 2(f(x_{n+1})-V(x_{n+1}))\leqslant 2^{1-n}\to 0.$$

由于 X 是完备的, 由闭球套定理可知存在唯一的 $\bar{x}\in X$ 使

$$\bigcap_{n=0}^{\infty}S_1(x_n)=\{\bar{x}\}=\{y_\varepsilon\}.$$

下证 $\bar{x}$ 满足所需性质. 因为

$$\bar{x}\in S_1(x_0)=\{y|f(y)+\varepsilon\rho(x_0,y)\leqslant f(x_0)\},$$

所以 $f(\bar{x})+\varepsilon\rho(x_0,\bar{x})\leqslant f(x_0)$, 则 (1) 式成立.

$\forall n\in N,\bar{x}\in S_1(x_n)$, 则 $S_1(\bar{x})\subset S_1(x_n),\forall n$, 从而

$$S_1(\bar{x})\subset\bigcap_{n=1}^{\infty}S_1(x_n)=\{\bar{x}\},$$

所以 $S_1(\bar{x})=\{\bar{x}\}$, 即

$$\{y|f(y)+\varepsilon\rho(\bar{x},y)\leqslant f(\bar{x})\}=\{\bar{x}\}.$$

这表明对任意 $x \neq \bar{x}$, 有

$$f(x) + \varepsilon\rho(\bar{x}, x) > f(\bar{x}).$$

对于 $\forall\varepsilon > 0$, 我们有

$$f(y_\varepsilon) + \varepsilon\rho(x_\varepsilon, y_\varepsilon) \leqslant f(x_\varepsilon) < \inf_{x\in X} f(x) + \varepsilon \leqslant f(y_\varepsilon) + \varepsilon$$

从而得到不等式 (5.1.2), (5.1.3).

注意到, 如 ρ 是 X 的距离, 则 $\forall\lambda > 0, \dfrac{\rho}{\lambda}$ 也是距离, 因此有以下推论.

推论 5.1.1[37] 设 X 为一完备度量空间, $f: X \to R$ 有下界, $f: X \to R$ 下半连续, 且 $\forall\varepsilon > 0, \exists x_\varepsilon \in X$, s.t.

$$f(x_\varepsilon) < \inf f(x) + \varepsilon.$$

则 $\forall\lambda > 0, \exists y_\varepsilon \in X$, s.t.

$$\begin{aligned}
&f(y_\varepsilon) \leqslant f(x_\varepsilon),\\
&\rho(x_\varepsilon, y_\varepsilon) \leqslant \lambda,\\
&f(x) + \frac{\varepsilon}{\lambda}\rho(x, y_\varepsilon) > f(y_\varepsilon), \qquad \forall x \neq y_\varepsilon.
\end{aligned}$$

推论 5.1.2[37] 设 X 为一 Banach 空间, $f \in C^1(X, R), f$ 有下界. 则 $\exists\{x_n\} \subset X$, s.t.

$$f(x_n) \to \inf f(x),$$

$$\|f'(x_n)\| \to 0.$$

证明 取 $\varepsilon_n \to 0$, 则由 Ekeland 变分原理, $\exists x_n$, s.t. $f(x_n) \to \inf(x)$ 且

$$f(x) + \varepsilon_n\|x - x_n\| \geqslant f(x_n),$$

即 $f(x_n) - f(x) \leqslant \varepsilon_n\|x - x_n\|, \forall x \in X$. 不妨取 $x = x_n + h(\|h\| \to 0)$, 则由 $f \in C^1(X, R)$, 有 $f(x) = f(x_n) + f'(x_n)h + o(\|h\|)$, 即:

$$\lim_{\|h\|\to 0} \frac{-f'(x_n)\cdot h + o(\|h\|)}{\|h\|} \leqslant \varepsilon_n, \quad \lim_{y\to 0}\left\langle f'(x_n), \frac{y}{\|y\|}\right\rangle \leqslant \varepsilon_n.$$

即 $\|f'(x_n)\| \leqslant \varepsilon_n \to 0(n \to \infty)$.

推论 5.1.3[37] 设 X 为一 Banach 空间, $f: X \to R \cup \{+\infty\}$ 下半连续, 有下界且 Gâteaux 可微. 若 $\forall\varepsilon > 0, \exists x_\varepsilon \in X$, s.t.

$$f(x_\varepsilon) \leqslant \inf f + \varepsilon.$$

则 $\exists x_\varepsilon^* \in X$,s.t.

$$f(x_\varepsilon^*) \leqslant f(x_\varepsilon),$$
$$\|x_\varepsilon^* - x_\varepsilon\| \leqslant \sqrt{\varepsilon},$$
$$\|f'(x_\varepsilon^*)\| \leqslant \sqrt{\varepsilon}.$$

5.2　Ekeland 变分原理的推广

Ekeland 变分原理有许多推广, 这里仅给出有代表性的两个.

定义 5.2.1 (Li-Shi)[65]　设 (X,d) 为一完备度量空间. 一函数 ρ 称为规范型 (Gauge-type) 函数. 若下列的条件满足:

(i) $\rho(x,x)=0, \forall x \in X$;

(ii) $\forall \varepsilon > 0, \exists \delta > 0$, s.t. 对所有 $y,z \in X$, 若 $\rho(y,z) \leqslant \delta$, 则 $d(y,z) \leqslant \varepsilon$;

(iii) $\forall z \in X, \rho(\cdot,z)$ 是下半连续的.

定理 5.2.1[65]　设 (X,d) 为一完备度量空间, $f: X \to R \cup \{+\infty\}$ 下半连续, 有下界, 设 ρ 是一规范型函数, $\{\delta_i\}_{i=0}^{\infty}$ 是一正数序列. 设 $\varepsilon > 0, z \in X$, 满足

$$f(z) \leqslant \inf_X f(x) + \varepsilon.$$

则 $\exists y$ 和序列 $\{x_i\} \subset X$, s.t.

(i) $\rho(z,y) \leqslant \varepsilon/\delta_0, \rho(x_i,y) \leqslant \varepsilon/2^i\delta_0$;

(ii) $f(y) + \sum\limits_{i=0}^{\infty} \delta_i \rho(y,x_i) \leqslant f(z)$;

(iii) $f(x) + \sum\limits_{i=0}^{\infty} \delta_i \rho(x,x_i) > f(y) + \sum\limits_{i=0}^{\infty} \delta_i \rho(y,x_i), \forall x \in X \backslash \{y\}$.

证明　下面来寻找满足条件的 $\{x_i\}$.

设 $x_0 = z$, 定义

$$S_0 = \{x \in X | f(x) + \delta_0 \rho(x,x_0) \leqslant f(x_0)\}. \tag{5.2.1}$$

由于 $x_0 \in S_0$, 所以 S_0 非空. 又由于 $f, \rho(\cdot,x_0)$ 下半连续, 故 S_0 闭. 对 $\forall x \in S_0$, 由已知条件有

$$\delta_0 \rho(x,x_0) \leqslant f(x_0) - f(x) \leqslant f(x_0) - \inf f \leqslant \varepsilon. \tag{5.2.2}$$

选取 $x_1 \in S_0$, 满足

$$f(x_1) + \delta_0 \rho(x_1,x_0) \leqslant \inf_{x \in S_0} [f(x) + \delta_0 \rho(x,x_0)] + \frac{\delta_1 \varepsilon}{2\delta_0}. \tag{5.2.3}$$

定义

$$S_1=\left\{x\in S_0\middle|f(x)+\sum_{k=0}^{1}\delta_k\rho(x,x_k)\leqslant f(x_1)+\delta_0\rho(x_1,x_0)\right\}. \tag{5.2.4}$$

一般地, 假设已定义 $x_j,S_j,j=0,\cdots,i-1$ 满足:

$$f(x_j)+\sum_{k=0}^{j-1}\delta_k\rho(x_j,x_k)\leqslant\inf_{x\in S_{j-1}}\left[f(x)+\sum_{k=0}^{j-1}\delta_k\rho(x,x_k)\right]+\frac{\varepsilon\delta_j}{2^j\delta_0}, \tag{5.2.5}$$

$$S_j=\left\{x\in S_{j-1}\middle|f(x)+\sum_{k=0}^{j}\delta_k\rho(x,x_k)\leqslant f(x_j)+\sum_{k=0}^{j-1}\delta_k\rho(x_j,x_k)\right\}. \tag{5.2.6}$$

选择 $x_i\in S_{i-1}$, s.t.

$$f(x_i)+\sum_{k=0}^{i-1}\delta_k\rho(x_i,x_k)\leqslant\inf_{x\in S_{i-1}}\left[f(x)+\sum_{k=0}^{i-1}\delta_k\rho(x,x_k)\right]+\frac{\varepsilon\delta_i}{2^i\delta_0}, \tag{5.2.7}$$

可定义

$$S_i=\left\{x\in S_{i-1}\middle|f(x)+\sum_{k=0}^{i}\delta_k\rho(x,x_k)\leqslant f(x_i)+\sum_{k=0}^{i-1}\delta_k\rho(x_i,x_k)\right\}, \tag{5.2.8}$$

从而可知 $S_i(i=1,2,\cdots)$ 闭且非空. 由 (5.2.7) 和 (5.2.8) 可得 $\forall x\in S_i\subset S_{i-1}$,

$$\begin{aligned}\delta_i\rho(x,x_i)&\leqslant\left[f(x_i)+\sum_{k=0}^{i-1}\delta_k\rho(x_i,x_k)\right]-\left[f(x)+\sum_{k=0}^{i-1}\delta_k\rho(x,x_k)\right]\\&\leqslant\left[f(x_i)+\sum_{k=0}^{i-1}\delta_k\rho(x_i,x_k)\right]-\inf_{x\in S_{i-1}}\left[f(x)+\sum_{k=0}^{i-1}\delta_k\rho(x,x_k)\right]\\&\leqslant\varepsilon\delta_i/2^i\delta_0,\end{aligned}$$

所以

$$\rho(x,x_i)\leqslant\varepsilon/2^i\delta_0,\qquad\forall x\in S_i. \tag{5.2.9}$$

由于 ρ 是一规范型函数, (5.2.9) 式表明

$$d(x,x_i)\to0,\qquad\forall x\in S_i\quad(i\to\infty). \tag{5.2.10}$$

因此 $\operatorname{diam}(S_i)\to0$. 由于 X 完备, 由 Cantor 闭集套定理, 存在唯一的 y, s.t.,

$$\{y\}=\bigcap_{i=0}^{\infty}S_i,$$

从而由 (5.2.2) 和 (5.2.9) 可得 (i). 由 (5.2.10) 可得 $d(y,x_i)\to 0$, 所以 $x_i\to y(i\to\infty)$. 对 $\forall x\neq y$, 有 $x\notin\bigcap\limits_{i=0}^{\infty}S_i$, 即 $\exists S_j$, s.t. $x\notin S_j$. 从而

$$\begin{aligned}f(x)+\sum_{k=0}^{\infty}\delta_k\rho(x,x_k)&\geqslant f(x)+\sum_{k=0}^{j}\delta_k\rho(x,x_k)\\&>f(x_j)+\sum_{k=0}^{j-1}\delta_k\rho(x_j,x_k).\end{aligned}\tag{5.2.11}$$

另一方面, 由构造可知 $x_m\in S_{m-1}(m=0,1,\cdots)$, 即

$$\begin{aligned}&x_1\in S_0\Rightarrow f(x_1)+\delta_0\rho(x_1,x_0)\leqslant f(x_0),\\&x_2\in S_1\Rightarrow f(x_2)+\sum_{k=0}^{1}\delta_k\rho(x_2,x_k)\leqslant f(x_1)+\delta_0\rho(x_1,x_0),\\&\qquad\cdots\cdots\\&x_j\in S_{j-1}\Rightarrow f(x_j)+\sum_{k=0}^{j-1}\delta_k\rho(x_j,x_k)\leqslant f(x_{j-1})+\sum_{k=0}^{j-2}\delta_k\rho(x_{j-1},x_k).\end{aligned}$$

所以把上面的不等式相加得

$$f(x_0)\geqslant f(x_j)+\sum_{k=0}^{j-1}\delta_k\rho(x_j,x_k).$$

又由 $S_j\supset S_q(q\geqslant j)$, 我们有

$$\begin{aligned}f(x_0)&\geqslant f(x_q)+\sum_{k=0}^{q-1}\delta_k\rho(x_q,x_k)\quad(q\geqslant j)\\&\geqslant f(y)+\sum_{k=0}^{q}\delta_k\rho(y,x_k).\end{aligned}\tag{5.2.12}$$

在 (5.2.12) 中令 $q\to\infty$, 有

$$\begin{aligned}f(z)=f(x_0)&\geqslant f(x_j)+\sum_{k=0}^{j-1}\delta_k\rho(x_j,x_k)\\&\geqslant f(y)+\sum_{k=0}^{\infty}\delta_k\rho(y,x_k).\end{aligned}\tag{5.2.13}$$

从而 (ii) 得证. 由 (5.2.11) 和 (5.2.13) 可得 (iii).

注 (1) 在上面定理中, 序列 $\{\delta_k\}$ 可以是任意正数序列 (可以无界).

(2) 若令 $\rho(y,z)=\varepsilon d(y,z),\delta_0=1,\forall n\in N,\delta_n=0$, 则可得定理 5.1.1.

(3) 若 $\delta_k>0,\delta_j=0,\forall j>k\geqslant 0$, 则上面定理中 (iii) 可由下式代替：$\forall x\neq y,\exists m\geqslant k$, s.t.

$$f(x)+\sum_{i=0}^{k-1}\delta_i\rho(x,x_i)+\delta_k\rho(x,x_m)>f(y)+\sum_{i=0}^{k-1}\delta_i\rho(y,x_i)+\delta_k\rho(y,x_m).$$

1987 年, J.M.Borwein 和 D.Preiss[15] 在研究凸泛函的可微性问题时, 证明了下列光滑 ε- 变分原理.

定理 5.2.2 (Borwein-Preiss) 设 (X,d) 是完备度量空间, $f:X\to R\cup\{+\infty\}$ 下半连续有下界. 设 $\lambda>0,p\geqslant 0$. 则对 $\forall\varepsilon>0$, 及 $x_0\in X$, s.t.

$$f(x_0)<\inf f(x)+\varepsilon,$$

则存在 $\{x_n\}\subset X,x_n\to x_\varepsilon\in X$, 并存在函数 $\varphi_p:X\to R,\varphi_p(x)=\sum\limits_{n=1}^{\infty}\mu_n d(x,x_n)^p$, 其中 $\mu_n>0,\sum\limits_{n=1}^{\infty}\mu_n=1$, 使

(i) $d(x_\varepsilon,x_0)<\lambda$;

(ii) $f(x_\varepsilon)<\inf\limits_X f(x)+\varepsilon$;

(iii) $f(x)+(\varepsilon/\lambda^p)\varphi_p(x)\geqslant f(x_\varepsilon)+(\varepsilon/\lambda^p)\varphi_p(x_\varepsilon),\forall x\in X$.

注 在定理 5.2.1 中取 $\delta_0=\lambda^{-p}\cdot\varepsilon$ 及 $\delta_n=\dfrac{\varepsilon}{\lambda^p}\mu_n,\rho(x,y)=d(x,y)^p$, 则得到定理 5.2.2.

5.3 Ekeland 变分原理的应用

Ekeland 变分原理有许许多多的应用, 这里仅仅给出了其中几个.

定理 5.3.1 (Caristi 不动点原理)[20] 设 (X,d) 为一完备度量空间, $G:X\to X$ 为一集值映射. 若存在一有下界且不恒为 $+\infty$ 的下半连续函数 $f:X\to R\cup\{+\infty\}$, 使得 $\forall x\in X,\exists y\in G(x)$ 有

$$f(y)+d(x,y)\leqslant f(x),$$

则 G 有一个不动点.

证明 因为 f 是有下界且下半连续的泛函, 故满足 Ekeland 变分原理的假设, 所以由 Ekeland 变分原理可知, $\forall\varepsilon>0,\exists\bar{x}=y_\varepsilon$, 使得

$$f(\bar{x})<f(x)+\varepsilon d(x,\bar{x}),\quad \forall x\neq\bar{x}\quad(\varepsilon<1).$$

取 $\bar{y}\in G(\bar{x})$ 满足

$$f(\bar{y})+d(\bar{x},\bar{y})\leqslant f(\bar{x}).$$

若 $\bar{y} \neq \bar{x}$, 则取 $x = \bar{y}$, 则有

$$f(\bar{x}) < f(\bar{y}) + \varepsilon d(\bar{x}, \bar{y}),$$

所以有 $d(\bar{x}, \bar{y}) < \varepsilon d(\bar{x}, \bar{y})$, 这与 $\varepsilon < 1$ 矛盾. 因此 $\bar{y} = \bar{x}$. 从而 $\bar{x} \in G(\bar{x})$, 即 $\bar{x}$ 是 G 的一个不动点.

注　已有人证明, 上面定理与 Ekeland 变分原理等价.

用 Ekeland 变分原理可以证明 Clarke 方向压缩不动点定理, 它是 Banach 压缩映像原理的推广.

定理 5.3.2 (Banach-Picard 压缩映像原理)　设 (X, d) 是一完备度量空间. $f: X \to X$ 且满足 $\exists 0 < \rho < 1$, 使得

$$d(f(x), f(y)) < \rho \cdot d(x, y).$$

则存在唯一 $\tilde{x} \in X$, 使得 $f(\tilde{x}) = \tilde{x}$.

定理 5.3.3 (Clarke 方向压缩原理)[28]　设 (X, d) 为一完备度量空间. 定义开线段 $(x, y) \triangleq \{z | d(x, z) + d(z, y) = d(x, y), z \neq x, y\}, T: X \to X$ 是方向压缩的, 即 T 连续且 $\forall x \in X, Tx \neq x, \exists y \in (x, Tx)$, 使得

$$d(Tx, Ty) \leqslant \rho d(x, y) \quad (0 < \rho < 1).$$

则 T 有不动点.

定义 5.3.1 (Palais-Smale 条件 (P.S.) 条件)[87]　设 X 为线性赋范空间, $f \in C^1(X, R)$. 若 $\{x_n\}$ 满足:

$$|f(x_n)| \leqslant M, \quad f'(x_n) \to 0.$$

则 $\{x_n\}$ 有强收敛子列.

定理 5.3.4[117]　设 X 为一个 Banach 空间, $f \in C^1(X, R), f$ 有下界且不恒为 $+\infty$. 若 f 满足 (P.S.) 条件, 则 f 在 X 上达到下确界.

证明　由于 f 有下界, 且已知假设 f 不恒等于 $+\infty$, 故 $+\infty > C \triangleq \inf\limits_X f(x) > -\infty$. 由推论 5.1.2, $\exists \{x_n\} \subset X$, 使得

$$\begin{aligned} &f(x_n) \to \inf_{x \in X} f(x), \\ &\|f'(x_n)\| \to 0, \end{aligned} \tag{5.3.1}$$

所以由 (P.S.) 条件, $\{x_n\}$ 有强收敛子列 $\{x_{n_k}\}$ 收敛于 $x_0 \in X$.

由于 $f \in C^1(X, R)$, 所以

$$f(x_{n_k}) \to f(x_0). \tag{5.3.2}$$

由 (5.3.1), (5.3.2) 可得

$$f(x_0)=\inf_{x\in X}f(x).$$

即 f 在 X 上达到下确界.

定理 5.3.5 (Ekeland 变分原理与完备性)[38] 设 (X,d) 为度量空间, 则 X 是完备空间的充要条件是对任意有下界且不恒等于 $+\infty$ 的下半连续函数 $f:X\to R\cup\{+\infty\}$, 存在 $y_\varepsilon\in X$, 使得下列两个条件成立:

(i) $f(y_\varepsilon)\leqslant \inf\limits_{x\in X}f(x)+\varepsilon$;

(ii) $f(x)+\varepsilon d(x,y_\varepsilon)>f(y_\varepsilon),\forall x\in X\backslash\{y_\varepsilon\}$.

证明 必要性. 由 Ekeland 变分原理, 必要性成立.

充分性. 设 (X,d) 为满足假设的任意度量空间. 设 $\{x_n\}$ 为 X 中 Cauchy 序列. 定义

$$f(x)=\lim_{n\to\infty}d(x_n,x).$$

则 $f:X\to R$ 适定. 这是因为 $\{d(x_n,x)\}$ 为非负 Cauchy 实数列, 由实数系的完备性, 极限 $f(x)$ 存在. 由于

$$|f(x)-f(y)|=\left|\lim_{n\to\infty}[d(x_n,x)-d(x_n,y)]\right|\leqslant d(x,y),$$

所以 f 连续. 由于 $\{x_n\}$ 为 Cauchy 列, 若 $x_i\in\{x_n\}$, 则

$$f(x_i)=\lim_{n\to\infty}d(x_n,x_i)\to 0\quad (i\to\infty).$$

这表明 $\inf\limits_{X}f(x)=0$. 若能证明 $\exists x_*\in X$, 使得 $f(x_*)=0$, 则可得 X 的完备性. 设 $\varepsilon\in(0,1)$, 由条件 (i), (ii) 可知 $\exists y_\varepsilon\in X$, 使得

$$\begin{aligned}&f(y_\varepsilon)\leqslant\varepsilon,\\&f(x)+\varepsilon d(x,y_\varepsilon)\geqslant f(y_\varepsilon).\end{aligned}$$

即

$$f(y_\varepsilon)\leqslant\varepsilon d(x,y_\varepsilon)+\lim_{n\to\infty}d(x_n,x),\qquad \forall x\in X.$$

取 $x=x_k\in\{x_n\}_{n\in N}$, 代入上式有

$$f(y_\varepsilon)\leqslant\varepsilon d(x_k,y_\varepsilon)+\lim_{n\to\infty}d(x_n,x_k),$$

令 $k\to\infty$, 得

$$f(y_\varepsilon)\leqslant\varepsilon f(y_\varepsilon),\qquad \varepsilon\in(0,1).$$

所以 $f(y_\varepsilon)=0$, 即

$$\lim_{n\to\infty} d(x_n,y_\varepsilon)=0.$$

定理 5.3.6 (稠密性定理)[38]　设 X 为一 Banach 空间, $f:X\to R$ 下半连续, Gâteaux 可微. 假设 $\exists k>0$ 及常数 C, 使得

$$f(x)\geqslant k\|x\|+C,\qquad \forall x\in X.$$

则 $f'(X)=\{f'(x),x\in X\}$ 在 kB^* 中稠密, 其中 B^* 表示 X^* 中的单位闭球.

证明　要证 $f'(X)$ 在 kB^* 中稠密, 只需证 $\forall x^*\in kB^*(\|x^*\|_*\leqslant k)$, 及 $\varepsilon>0$, 可以寻找 $x_\varepsilon\in X$, 使得 $\|f'(x_\varepsilon)-x^*\|_*\leqslant\varepsilon$. 因此定义 $h:X\to R$:

$$h(x)=f(x)-<x^*,x>$$

显然 h 下半连续, Gâteaux 可微且 $h'(x)=f'(x)-x^*$.

$$\begin{aligned}h(x)&=f(x)-\langle x^*,x\rangle\geqslant k\|x\|+C-\langle x^*,x\rangle\\&\geqslant(k-\|x^*\|_*)\|x\|+C\geqslant C>-\infty,\end{aligned}$$

即 $h(x)$ 有下界. 因此 $h(x)$ 满足推论 5.1.3 的假设, 则 $\exists x_\varepsilon\in X$, 使得

$$\|h'(x_\varepsilon)\|_*\leqslant\varepsilon,$$

即

$$\|f'(x_\varepsilon)-x^*\|_*\leqslant\varepsilon.$$

定义 5.3.2[17]　称 $f\in C^1(X,R)$ 满足在水平 $\lambda\in R$ 的 (P.S.) 条件, 若 $\forall\{x_n\}\subset X$, 使得

$$f(x_n)\to\lambda,\quad f'(x_n)\to 0.$$

则 $\{x_n\}$ 有一强收敛子列, 记为 $(\text{P.S.})_\lambda$.

下面研究 $(\text{P.S.})_\lambda$ 条件与强制性条件的关系.

定理 5.3.7 (Costa-Silva)[30]　设 $f\in C^1(X,R),\lambda\in R$. 若 $L_\mu(f)=\{x\in X|f(x)\leqslant\mu\}$ 对 $\mu>\lambda$ 时无界, $L_\mu(f)$ 对 $\mu<\lambda$ 时有界, 则 $\exists\{x_n\}\subset X$, 使得

(i) $\{f(x_n)\}\to\lambda(n\to\infty)$;

(ii) $\{\|f'(x_n)\|\}\to 0(n\to\infty)$;

(iii) $\{\|x_n\|\}\to\infty(n\to\infty)$.

证明　由于 $\lambda-\dfrac{1}{n}<\lambda$, 故由 $L_{\lambda-\frac{1}{n}}(f)$ 有界, $\exists\rho_n\geqslant n$, 使得

$$L_{\lambda-\frac{1}{n}}(f)\subset B_{\rho_n}(0)=\{x\in X|\ ||x||<\rho_n\}.\tag{5.3.3}$$

令 $D_n = X\backslash B_{\rho_n}(0), \varphi_n = f|_{D_n} : D_n \to R$, 则

$$\lambda_n = \inf_{D_n} f \geqslant \lambda - \frac{1}{n}. \tag{5.3.4}$$

由 $L_{\lambda+\frac{1}{n}}(f)$ 的无界性, 可选择 $\hat{x}_n \in X$, 满足

$$f(\hat{x}_n) \leqslant \lambda + \frac{1}{n} \quad (\hat{x}_n \in L_{\lambda+\frac{1}{n}}(f)), \tag{5.3.5}$$

$$\|\hat{x}_n\| \geqslant \rho_n + 1 + \frac{1}{\sqrt{n}}, \tag{5.3.6}$$

则 $\hat{x}_n \in D_n$.

$$f(\hat{x}_n) \leqslant \lambda + \frac{1}{n} \leqslant \lambda_n + \frac{2}{n}. \tag{5.3.7}$$

在闭球 D_n 上应用 Ekeland 变分原理的推论 5.1.1 中, 取 $\lambda = \frac{1}{\sqrt{n}}$, $\varepsilon = \frac{2}{n}$, 则 $\exists\{x_n\} \subset D_n$ 满足

(1) $\lambda - \frac{1}{n} \leqslant \lambda_n \leqslant f(x_n) \leqslant f(\hat{x}_n) \leqslant \lambda + \frac{1}{n} \leqslant \lambda_n + \frac{2}{n}$;

(2) $f(x_n) \leqslant f(x) + \frac{2}{\sqrt{n}}\|x - x_n\|, x \in D_n$;

(3) $\|x_n - \hat{x}_n\| \leqslant \frac{1}{\sqrt{n}}$.

所以由上面第 (1) 式可得结论 (i). 由第 (3) 式及 (5.3.6) 可得

$$\|x_n\| \geqslant \|\hat{x}_n\| - \frac{1}{\sqrt{n}} \geqslant \rho_n + 1.$$

故 $n \to \infty$ 时, $\|x_n\| \to \infty$.

又由第 (2) 式可得

$$\|f'(x_n)\|_* \leqslant \frac{2}{\sqrt{n}}.$$

当 $n \to \infty$ 时, $\|f'(x_n)\|_* \to 0$. 定理得证.

由定理 5.3.7 有以下推论.

推论 5.3.1[30] 设 $f \in C^1(X, R)$ 有下界. 令

$$\lambda_0 = \sup\{\lambda \in R | L_\lambda(f)\text{有界}\}.$$

若 f 不强制, 则 f 不满足 $(\text{P.S.})_{\lambda_0}$ 条件.

证明 令集合

$$A = \{\lambda \in R | L_\lambda(f)\text{有界}\}.$$

设 $\alpha = \inf\limits_{x \in X} f(x)$. 则 $(-\infty, \alpha) \subset A$. 故 A 非空. $\lambda_0 = \sup A$. 由于 f 非强制, 故 $\lambda_0 < +\infty$. 由定义, 当 $\mu > \lambda_0$ 时, $L_\mu(f)$ 无界; 当 $\mu < \lambda_0$ 时, $L_\mu(f)$ 有界. 从而由定理 5.3.7 可知 $\exists \{x_n\}$, 使得

$$f(x_n) \to \lambda_0, \quad \|f'(x_n)\| \to 0, \quad \|x_n\| \to +\infty (n \to \infty).$$

故 f 不满足 $(\mathrm{P.S.})_{\lambda_0}$ 条件.

推论 5.3.2[30]　若 $f \in C^1(X, R)$ 有下界且满足 $(\mathrm{P.S.})_{\lambda_0}$ 条件, 则 f 强制.

习　　题

1. 给出经典 Ekeland 变分原理的几何解释; 并试一试如何给出一个新的证明.
2. 证明 Ekeland 变分原理与 Caristi 不动点原理等价.
3. 试用 Ekeland 变分原理研究非线性规划的一阶必要条件.
4. 仔细阅读 Ekeland 本人分别于 1974 年和 1979 年发表的有关 Ekeland 变分原理的两篇经典论文.
5. 进一步查阅对经典 Ekeland 变分原理进行推广的有关文献.

第 6 章　Pontryagin 最大值原理及其应用

6.1　引　　言

美国著名数学家 Norbert, Wiener(1894–1964) 于 1948 年出版划时代巨著《控制论》, 美国数学家 Richard E. Bellman(1920–1984) 于 1957 年出版了重要著作《动态规划》. 二十世纪五十年代中后期 (1955~1959), 苏联著名数学家 L. Pontryagin(1908–1988) 和他的学生针对经典直接变分方法中要求泛函定义在 Banach 空间的对小扰动封闭的集上, 以及一阶必要条件中 Euler-Lagrange 方程要求极值函数具有较高正则性 (C^1) 的缺点, 对控制论中的典型实际例子进行了深入透彻的分析并上升到一般理论, 提出了很一般的最大值原理[90].

下面就先从几个例子出发.

例 6.1.1(Bang-Bang 砰砰控制)　假设带有发动机的质点质量 $m = 1$, 在 $t_1 = 0$ 时静止在 x 轴上的 $-x_0$ 位置, 然后质点在发动机的力 $w(t)$ 的影响下运动, 希望质点以最少时间到达 x_0 点, 且速度为 0.

因此例 6.1.1 等价于: 求 t_2 及 $w(t)$ 使性能指标:

$$\int_{t_1}^{t_2} dt = t_2 - t_1 \to \min, \tag{6.1.1}$$

且满足控制方程、控制约束及初始条件:

$$\begin{aligned} &x''(t) = w(t); \quad |w(t)| \leqslant 1, \quad \forall t \in [t_1, t_2]; \\ &x(t_1) = -x_0, \quad x'(t_1) = 0; \\ &x(t_2) = x_0, \quad x'(t_2) = 0. \end{aligned} \tag{6.1.2}$$

例 6.1.2　(6.1.1) 中, 若 $t_2 = T$ 给定, 要求力函数 $w(t)$ 使它所做的功最小.

设 $v = \dot{x}$, 则由牛顿第二定律有

$$\begin{cases} \dot{v}(t) = w(t), \\ x(0) = -x_0, \quad v(0) = \dot{x}(0) = 0, \\ x(T) = x_0, \end{cases} \tag{6.1.3}$$

外力所做的功为

$$W = \int_{-x_0}^{x_0} w(t)dx = \int_0^T w(t)v(t)dt = \frac{1}{2}v^2(T), \tag{6.1.4}$$

现在的问题即为在上面的约束 (6.1.3) 下极小化以下泛函:

$$W = \frac{1}{2}v^2(T).$$

例 6.1.3 给定常数矩阵 $A = (a_{ij})_{n\times n}, B = (b_{ij})_{n\times r}$; 及变量 $x \in R^n, u \in R^r$, 研究以下线性微分方程组边值问题:

$$\begin{cases} \dot{x} = Ax + Bu, \\ |u(t)| \leqslant 1, \quad 0 \leqslant t \leqslant T, \\ x(0) = x_0, \quad x(T) = x_T, \end{cases}$$

问题是求 $u(t)$ 及 T 使系统的解 $x(t)$ 在 $[0, T]$ 中从初态 $x(0)$ 变到终态 $x(T)$, 并使 T 最小.

从这个问题可以看出 x 和 u 的地位是不对称的, u 称为控制变量, x 称为状态变量. 在例 6.1.1 和例 6.1.2 中 $w(t)$ 是控制变量, $x(t)$ 是状态变量.

更一般地说, 控制变量是可以人为操控的变量, 它常常通过微分方程联系系统的变化规律, 即

$$\dot{y}_i(t) = g_i(y(t), w(t), t),$$
$$y_i(t_1) = a_i, \quad i = 1, 2, \cdots, N.$$

$y_i(t)$ 称为系统的状态变量, 它描述系统随时间的变化规律.

6.2 Pontryagin 最大值原理

考虑下面的一般控制问题 (6.2.1):

(a) 极小化控制泛函:

$$\int_{t_1}^{t_2} f(y(t), w(t), t)dt \to \min.$$

(b) 控制方程:

$$y_i(t) = a_i + \int_{t_1}^{t} g_i(y(t), w(t), t)dt, \quad i = 1, \cdots, N.$$

(c) 在端点 t_2 的边界条件:

$$h_i(t_2, y(t_2)) = 0, \quad i = 1, \cdots, N.$$

(d) 控制约束:

$$w(t) \in W, \quad \forall t \in [t_1, t_2].$$

这里

$$y(t)=(y_1(t),\cdots,y_N(t))\in R^N,$$
$$w(t)=(w_1(t),\cdots,w_M(t))\in R^M,$$
$$y_i\in C[t_1,t_2],\quad w_k\in L_\infty^C(t_1,t_2),$$

$C[t_1,t_2]$ 表示 $[t_1,t_2]$ 上的所有连续实函数集, $L_\infty^C(t_1,t_2)$ 表示 $[t_1,t_2]$ 上的分段连续函数集. 注意, 若对 y 在 t_2 没有边界条件限制, 可等价地令 $h\equiv 0$.

下面做一些自然的假设:

(H1) 所有的 f,g_i,h_j 相对于它们的所有分量有连续的一阶偏导.

(H2) 容许控制域 W 是 R^M 的子集.

(H3) y 的初值 $a_1,\cdots,a_N\in R$ 给定.

定义 Pontryagin 函数 (也称 Hamilton 量):

$$\mathcal{H}(y,w,p,t,\lambda_0)=\sum_{i=1}^N p_i g_i(y,w,t)-\lambda_0 f(y,w,t).$$

定理 6.2.1(最优控制一阶必要条件) 假设 (H1)~(H3) 成立. 如果 (y,w,t_2) 是原问题 (6.2.1) 的解, 则存在不全为 0 的实数 $\lambda_0,\alpha_1,\cdots,\alpha_N$ 且 $\lambda_0\geqslant 0$, 以及存在 $[t_1,t_2]$ 上的连续函数 $p_1,\cdots,p_N$, 使得以下方程在最优控制 $w(t)$ 的所有连续点 t 上成立:

$$\mathcal{H}(y(t),w(t),p(t),t,\lambda_0)=\max_{w^*\in W}\mathcal{H}(y(t),w^*,p(t),t,\lambda_0),$$

$$\begin{cases} p_i'(t)=-\mathcal{H}_{y_i}, \\ y_i'(t)=\mathcal{H}_{p_i}, \end{cases}\qquad i=1,\cdots,N.$$

进一步在端点 t_2 成立横截性条件:

$$p_i(t_2)=-\sum_{j=1}^N\frac{\partial h_j}{\partial y_i}(t_2,y(t_2))\alpha_j,\qquad i=1,\cdots,N.$$

在初始点 t_1 成立:

$$y_i(t_1)=a_i,\quad i=1,\cdots,N.vspace{-1mm}$$

上述定理的详细证明很长, 可见 Zeidler 的文献 [114](426~433 页).

推论 6.2.1 在上述定理中, 进一步存在 $[t_1,t_2]$ 上的连续函数 p_0, 使得在 w 的所有连续点成立以下方程:

$$p_0(t)=\mathcal{H}(y(t),w(t),p(t),t,\lambda_0),$$
$$p_0'(t)=\mathcal{H}_t,$$
$$p_0(t_2)=\sum_{j=1}^N\frac{\partial h_j}{\partial t}(t_2,y(t_2))\alpha_j,$$

注 1 $p_0(t) \equiv \mathcal{H}$ 沿定理 6.2.1 中的必要条件的 Hamilton 方程组的解关于 t 的全导数和偏导数相等. 事实上, 我们有

$$\begin{aligned}\frac{dp_0(t)}{dt} &= \frac{d\mathcal{H}(y(t),w(t),p(t),t,\lambda_0)}{dt} \\ &= \mathcal{H}_y\frac{dy}{dt} + \mathcal{H}_w\frac{dw}{dt} + \mathcal{H}_p\frac{dp}{dt} + \mathcal{H}_t\cdot\frac{dt}{dt} \\ &= \mathcal{H}_y\cdot\mathcal{H}_p + \mathcal{H}_w\cdot\frac{dw}{dt} + \mathcal{H}_p(-\mathcal{H}_y) + \mathcal{H}_t \\ &= \mathcal{H}_w\frac{dw}{dt} + \mathcal{H}_t\end{aligned}$$

又因为 w 是 $\mathcal{H}$ 的最大值点, 故 $\mathcal{H}_w = 0$, 因此我们有

$$\frac{dp_0(t)}{dt} = 0 + \mathcal{H}_t = \mathcal{H}_t$$

注 2 λ_0 可取为 1 或 0. 若 $h \equiv 0$, 即对 t_2 没有边界约束, 则 $\lambda_0 = 1$.

下面我们利用上面的一般最大值原理求解例 6.1.1.

令

$$y_1 = x, \quad y_2 = x',$$

则原问题等价于:

$$\int_{t_1}^{t_2} dt \to \min,$$

$$\begin{cases} y_1'(t) = y_2, y_2'(t) = w(t); \\ y_1(t_1) = -x_0, y_2(t_1) = 0; y_1(t_2) = x_0, y_2(t_2) = 0; \\ |w(t)| \leqslant 1. \end{cases}$$

设 $w(t)$ 是 $[t_1, t_2]$ 上的逐段连续函数, 仅在 $[t_1, t_2]$ 内部有跳跃且右连续.

定义 Pontryagin 函数:

$$\mathcal{H}(y, w, p, \lambda_0) = p_1 y_2 + p_2 w - \lambda_0.$$

如果 (y, w) 是问题的解, 则由 Pontryagin 最大值原理, 存在不全为 0 的实数 $\alpha_1, \alpha_2, \lambda_0 \geqslant 0$ 及函数 p_1, p_2 使在 $w(t)$ 的所有连续点 t 处成立:

$$\begin{aligned}p_0(t) &\equiv \mathcal{H}(y(t), w(t), p(t), \lambda_0) \\ &= \max_{|u|\leqslant 1} \mathcal{H}(y(t), u, p(t), \lambda_0),\end{aligned}$$

且

$$p_1'(t) = -\mathcal{H}_{y_1} = 0; \quad p_2'(t) = -\mathcal{H}_{y_2} = -p_1(t); \quad p_0'(t) = \mathcal{H}_t = 0,$$

$$p_1(t_2) = -\alpha_1, \quad p_2(t_2) = -\alpha_2, \quad p_0(t_2) = 0.$$

由此有 $p_1(t) = -\alpha_1, p_2(t) = +\alpha_1(t - t_2) - \alpha_2, p_0(t) \equiv 0$.

若 $\alpha_1 = \alpha_2 = 0$, 则 $p_1 = p_2 \equiv 0$, 又由 $p_0(t) = \mathcal{H} \equiv -\lambda_0$, 故 $\lambda_0 = 0$, 与 α_1, α_2, λ_0 不全为 0 矛盾. 故 α_1, α_2 不同时为 0, $p_2(t) \not\equiv 0$. 由 Pontryagin 函数的极值性质有

$$[p_1(t)y_2(t) + p_2(t)w(t) - \lambda_0] = \max_{|u| \leqslant 1}[p_1(t)y_2(t) + p_2(t)u - \lambda_0].$$

$$p_2(t)w(t) = \max\{|p_2(t)u(t)| : |u(t)| \leqslant 1\} \leqslant |p_2(t)|$$

因为 p_2 是线性函数, $w(t)$ 改变它的符号至多一次, 故有

$$w(t) = \begin{cases} 1, & p_2(t) > 0, \\ -1, & p_2(t) < 0. \end{cases}$$

控制函数的取值 ± 1 刚好落在控制域 $|u| \leqslant 1$ 的边界上, 这种控制叫砰砰控制.

进一步, 直觉上我们知道在 t_w 时刻闸过程必须出现, 故可设

$$w(t) = \begin{cases} 1, & 0 \leqslant t < t_w, \\ -1, & t_w \leqslant t \leqslant t_2. \end{cases}$$

故由牛顿方程 $x''(t) = w(t)$ 有

$$x(t) = \begin{cases} \dfrac{1}{2}t^2 - x_0, & 0 \leqslant t \leqslant t_w, \\ -\dfrac{1}{2}(t - t_2)^2 + x_0, & t_w \leqslant t \leqslant t_2. \end{cases}$$

注意到, $x(t)$ 在时刻 t_w 的左右两边的相应的位置和速度在转换时刻 t_w 应一致. 故有

$$t_2 = 2t_w, \quad t_w = \sqrt{2x_0}, \quad x(t_w) = 0.$$

6.3 Pontryagin 最大值原理应用于经典变分问题

给定有限时间区间 $[t_1, t_2]$ 及 $A, B \in R^n$ 及 Lagrange 函数 L, 考虑固定两端的经典变分问题 (VP):

$$\int_{t_1}^{t_2} L(u(t), u'(t), t)dt \to \min,$$

$$u(t_1)=A,\quad u(t_2)=B,$$

这里 $u=(u_1,\cdots,u_n)$, 假设

$$u_i\in C[t_1,t_2],\quad u_i'\in L_\infty^C[t_1,t_2],\quad i=1,\cdots,n.$$

令 $p_i=L_{u_i'}(u(t),u'(t),t)$, $H(u,u',t)=\sum\limits_{i=1}^n L_{u_i'}(u,u',t)\cdot u_i'-L(u,u',t)$.

在经典变分问题中, (VP) 存在最小的必要条件是满足:

(a) Euler-Lagrange 方程:

$$p_i'(t)=L_{u_i}(u(t),u'(t),t).$$

(b) Legendre 条件:

$$\sum_{i,j=1}^n L_{u_i'u_j'}(u(t),u'(t),t)w_iw_j\geqslant 0,\quad \forall w\in R^n.$$

(c) Weierstrass 条件:

$$L(u(t),w,t)-L(u(t),u'(t),t)\leqslant\sum_{i=1}^n p_i(t)\cdot(w_i(t)-u_i'(t)).$$

(d) Weierstrass-Erdmann 角条件:

$$L_{u_i'}(Q_+)=L_{u_i'}(Q_-),\quad H(Q_+)=H(Q_-),\quad i=1,\cdots,n,$$

这里 τ 是 u' 在 (t_1,t_2) 中的不连续点, $Q_\pm=(u(\tau),u'(\tau\pm 0),\tau)$.

下面要证明上述所有条件 (a)~(d) 来自 Pontryagin 最大值原理, 故 Pontryagin 最大值原理更一般, 具有中心的地位.

定理 6.3.1 [114,115] 设 L 对它的所有变量具有连续一阶偏导, 且 u 是 (VP) 的解. 则 (a), (c) 在 u' 的所有连续点 t 处成立, 进一步 (d) 成立. 若 L 对它的所有变量具有连续二阶偏导, 则 (b) 成立.

证明 证明的关键是将 (VP) 转化为一个控制问题.

令 $w=u', w\in R^n$.

为了保证 t_2 是固定端时刻, 引进增加的状态变量 $y_{n+1}=t$, 令 $y=(u_1,\cdots,u_n,t)$.

则 (VP) 转化为

$$\int_{t_1}^{t_2} L(y(t), w(t))dt \to \min,$$

$$\begin{cases} y_i(t) = A_i + \int_{t_1}^{t} w_i(t)dt, \quad i = 1, \cdots, n; \\ y_{n+1}(t) = t_1 + \int_{t_1}^{t} dt; \\ w(t) \in R^n, \quad \forall t \in [t_1, t_2]; \\ y_i(t_2) = B_i, \quad i = 1, \cdots, n; \\ y_{n+1}(t_2) = B_{n+1} = t_2. \end{cases}$$

进一步, $\forall i, k \in \{1, 2, \cdots, n\}$, 令

$$y_k \in C[t_1, t_2], \quad w_i \in L_\infty^C(t_1, t_2).$$

Pontryagin 函数为

$$\mathcal{H}(y, w, p) = \sum_{i=1}^{n} p_i w_i + p_{n+1} - \lambda_0 L(y, w).$$

由 Pontryagin 最大值原理, 存在不全为 0 的 $\lambda_0 \geqslant 0$, $\alpha \in R^{n+1}$ 及在 $[t_1, t_2]$ 上连续的 $p_1, \cdots, p_{n+1}$ 满足:

$$\begin{cases} p_k'(t) = -\mathcal{H}_{y_k}, \\ p_k(t_2) = -\alpha_k, \end{cases} \quad k = 1, \cdots, n+1.$$

$\mathcal{H}(y(t), w(t), p(t)) = \max\limits_{w \in R^n} \mathcal{H}(y(t), w, p(t))$, 进一步存在 $[t_1, t_2]$ 上连续函数 p_0, 使在 $w = u'$ 的所有连续点 t 上成立:

$$p_0(t) = \mathcal{H}(y(t), w(t), p(t)),$$
$$p_0' = \mathcal{H}_t = 0, \quad p_0(t_2) = 0.$$

由此有 $p_0 \equiv 0$. 进一步 $\lambda_0 > 0$, 因为, 若 $\lambda_0 = 0$, 则 $p_k'(t) = 0$, 故 $p_k \equiv -\alpha_k$,

$$\mathcal{H} = -\sum_{j=1}^{n} \alpha_j w_j - \alpha_{n+1}.$$

由 $p_0 \equiv 0$ 及 $p_0(t) = \mathcal{H}(y(t), w(t), p(t)) = \max\limits_{w^* \in R^n} \mathcal{H}(y(t), w^*, p(t))$ 知, 在 R^n 上线性函数 $\mathcal{H}(w) = -\sum\limits_{j=1}^{n} \alpha_j w_j - \alpha_{n+1}$ 的最大值为 0, 即 $\mathcal{H} \equiv 0$, 故 $\alpha_1 = \cdots = \alpha_{n+1} = 0$, 这与 λ_0, α 不同时为 0 矛盾.

故 $\lambda_0 \neq 0$, 适当变化后可设 $\lambda_0 = 1$.

由 $\mathcal{H}$ 函数在 $w(t)$ 的最大性质及 $\mathcal{H}$ 函数的定义可知 (c) 成立, 且

$$\mathcal{H}_w(y(t), w(t), p(t)) = 0,$$
$$\sum_{i,j=1}^{n} \mathcal{H}_{w_i w_j}(y(t), w(t), p(t)) w_i w_j \leqslant 0, \quad \forall w \in R^n.$$

即 Legendre 条件 (b) 成立.

又 $\mathcal{H}_w(y(t), w(t), p(t)) = 0$ 等价于 $p_i = L_{u_i'}$, 且由 Hamilton 方程组有 $p_i' = -\mathcal{H}_{u_i} = L_{u_i}$, 故有 Euler-Lagrange 方程 (a).

由 $p_0, \cdots, p_{n+1}$ 的连续性及

$$p_i = L_{u_i'}, \quad p_0 = \mathcal{H} = H + p_{n+1}, \quad H = \mathcal{H} - p_{n+1}$$

可知 Weierstrass-Erdmann 角条件 (d) 成立.

6.4 Ekeland 变分原理应用于 Pontryagin 最大值原理

1974 年, Ekeland 在他的关于变分原理的著名论文 [37] 中给出了许多应用, 其中之一是用来研究控制论中的 Pontryagin 最大值原理.

考虑以下问题 (P):

$$\begin{cases} \dfrac{dx(t)}{dt} = f(x(t), u(t), t), \\ u(t) \in K, \\ x(0) = x_0 \in R^n, \end{cases}$$

这里 $K \subset R^n$ 是紧的可度量化集. 给定 $T > 0$, 且设

(a) $f = (f_1(x,u,t), \cdots, f_n(x,u,t)), \left(\dfrac{\partial f_i}{\partial x_1}, \cdots, \dfrac{\partial f_i}{\partial x_n}\right) : R^n \times K \times [0,T] \to R^n$ 是连续映射.

(b) $\exists c > 0$ 使 $\langle x, f(x,u,t) \rangle \leqslant c(1 + ||x||^2)$.

定理 6.4.1 给定 C^1 函数 $g: R^n \to R, \forall \varepsilon > 0$, 存在可测控制 u_ε 及相应轨道 x_ε, 使得

$$g(x_\varepsilon(T)) \leqslant \inf g(x(T)) + \varepsilon,$$
$$\langle f(x_\varepsilon(t), u_\varepsilon(t), t), p_\varepsilon(t) \rangle \leqslant \min_{u \in K} \langle f(x_\varepsilon(t), u(t), t), p_\varepsilon(t) \rangle + \varepsilon,$$

其中 p_ε 是线性化 (P) 的微分方程的解

$$\begin{cases} \dfrac{dp_\varepsilon(t)}{dt} = -J(x_\varepsilon(t), u_\varepsilon(t), t) \cdot p_\varepsilon(t), \\ p_\varepsilon(T) = g'(x_\varepsilon(T)), \end{cases}$$

这里

$$J(x_\varepsilon(t),u_\varepsilon(t),t)=\begin{pmatrix}\dfrac{\partial f_1}{\partial x_1} & \dfrac{\partial f_2}{\partial x_1} & \cdots & \dfrac{\partial f_n}{\partial x_1}\\ \vdots & \vdots & & \vdots\\ \dfrac{\partial f_1}{\partial x_n} & \dfrac{\partial f_2}{\partial x_n} & \cdots & \dfrac{\partial f_n}{\partial x_n}\end{pmatrix}$$

是向量值函数 f 的 Jacobi 矩阵的转置.

经典的 Pontryajin 最大值原理还有多种变化形式和推广, 由于篇幅所限, 这里不再深入讨论, 有兴趣的读者可以参见有关专著或研究生教材 Clarke, F. Functional analysis, calculus of variations and optimal control, Springer, London, 2013.

习　题

1. 给出定理 6.2.1 的详细证明.
2. 研究具有最少燃料消耗的登月飞船软着陆相应的最优控制问题[114]:

$$\int_{t_1}^{t_2} kw(t)dt \Rightarrow \min$$

$$mh''=-gm+w,$$

$$m'=-kw,$$

$$h(t_1)=h_1,\quad h'(t_1)=v_1,\quad h(t_2)=h'(t_2)=0,\quad m(t_1)=m_1,\quad 0\leqslant w(t)\leqslant a$$

这里, $h(t), m(t)$ 及 $w(t)$ 分别表示 t 时刻登月飞船距离月球表面的高度、质量及火箭的制动功率, g 表示月球引力加速度.

第 7 章　共轭凸泛函理论及其应用

关于“凹凸”两字的来历及凸集与凸函数的历史背景及直观定义和一些最重要的基本定理请见史树中先生的著作《凸性》(大连理工大学出版社,2011 年) 及《凸分析》(上海科技出版社, 1990 年).

7.1　Fenchel-Moreau 共轭凸泛函理论简介

设 X 是一个拓扑空间, $f: X \to R \cup \{+\infty\}$, 即 $\forall x \in X, -\infty < f(x) \leqslant +\infty$. 以下定义、性质、定理主要参考了文献 [16], [28], [70], [93] 和 [116].

定义 7.1.1　f 的有效域 $D(f)$ 为

$$D(f) = \{x \in X | -\infty < f(x) < +\infty\}.$$

定义 7.1.2　f 的上图 (集) 为

$$\mathrm{epi} f = \{(x, \lambda) \in X \times R, f(x) \leqslant \lambda\}.$$

定义 7.1.3　$\forall \lambda \in R$, 若上水平集:

$$\{f \leqslant \lambda\} = \{x \in X | f(x) \leqslant \lambda\}$$

是 X 中闭集, 则称 f 在 X 上是下半连续的 (l.s.c.).

关于泛函的下半连续性, 易证下列基本性质:

(1) f 在 X 上是 l.s.c. $\Leftrightarrow \mathrm{epi} f$ 在 $X \times R$ 中闭.

(2) f 在 X 上是 l.s.c. $\Leftrightarrow$ 对 $\forall x \in X$, 且 $\forall \varepsilon > 0$, 存在 x 的邻域 U 使

$$f(y) \geqslant f(x) - \varepsilon, \quad \forall y \in U.$$

若 X 是一个度量空间, 则 f 是 l.s.c. $\Leftrightarrow \forall \{x_n\} \subset X: x_n \to x$, 成立不等式:

$$\varliminf_{n \to \infty} f(x_n) \geqslant f(x).$$

(3) 若 $f_i (i = 1, 2, \cdots, n)$ 是 l.s.c., 则 $\sum\limits_{i=1}^{n} f_i$ 也是 l.s.c..

(4) 若 I 是指标集 (可有限或无限), $\{f_i, i \in I\}$ 是一族 l.s.c. 函数, 则上包络泛函 $f(x) = \sup\limits_{i \in I} f_i(x)$ 是 l.s.c..

(5) 若 X 是紧拓扑空间, 且 $f: X \to R$ 下半连续, 则 $\inf\limits_{x\in X} f(x)$ 可达到.

下面为了给出凸泛函的定义, 我们需要全空间 X 具有线性结构. 现在设 X 是一线性空间, 设 D 是 X 中凸集, 也即, $\forall x, y \in D, \forall \lambda \in [0,1], \lambda x + (1-\lambda)y \in D$.

定义 7.1.4 若 $\forall x, y \in D \subset X$, $\forall \lambda \in (0,1)$ 有

$$f(\lambda x + (1-\lambda)y) \leqslant \lambda f(x) + (1-\lambda)f(y).$$

则称 f 在 D 上是凸的.

若对 $\forall x \neq y \in D \subset X$, 且 $f(x) < +\infty, f(y) < +\infty$, 对 $\forall \lambda \in (0,1)$ 成立:

$$f(\lambda x + (1-\lambda)y) < \lambda f(x) + (1-\lambda)f(y).$$

则称 f 在 D 上是严格凸的.

凸泛函有以下基本性质:

(1) f 是凸的 $\Leftrightarrow$ $\mathrm{epi}f$ 在 $D \times R$ 中是凸集.

(2) 若 f 是凸泛函, 则 $\forall \lambda \in R, \{f \leqslant \lambda\} = \{x \in D, f(x) \leqslant \lambda\}$ 在 D 中是凸集; 但反之不对.

(3) 若 $\{f_i, i \in \{1, 2, \cdots, n\}\}$ 是一族凸泛函, 则 $\sum\limits_{i=1}^{n} f_i$ 也凸.

(4) 若 $\{f_i, i \in I\}$ 是一族凸泛函, 则上包络泛函 $f(x) = \sup\limits_{i\in I} f_i(x)$ 也凸.

下面为了研究凸泛函的共轭理论, 我们需要假设 X 是赋范线性空间, 有限维情形曾由法国数学家 S.Mandelbrojt(1899–1983) 于 1939 年给出雏形, 有限维情形的严格理论由德国数学家 W.Fenchel(1905~1988) 于 1949 年给出, 无限维情形由法国数学家 J.Moreau(1923–2014) 于二十世纪六十年代给出. 下面我们可以定义赋范线性空间 X 上的所谓真凸泛函的共轭泛函.

定义 7.1.5 设 $\varphi: X \to R \cup \{+\infty\}$, 但 $\varphi \not\equiv +\infty$, 即 φ 的有效域 $D(\varphi) \neq \varnothing$, 又设 φ 在 $D(\varphi)$ 上凸. 定义 φ 的共轭泛函 $\varphi^*: X^* \to (-\infty, +\infty]$ 为

$$\varphi^*(f) = \sup_{x\in X}\{\langle f, x\rangle - \varphi(x)\}, \quad \forall f \in X^*.$$

性质 1 φ^* 在 X^* 上凸且下半连续.

证明 $\forall x \in X$, 显然 $f \mapsto \langle f, x\rangle - \varphi(x)$ 在 X^* 上凸且连续, 故下半连续, 故当 x 在 X 中变化时, 所有这些泛函的上包络泛函是凸的且下半连续.

性质 2 Young 不等式成立:

$$\langle f, x\rangle \leqslant \varphi(x) + \varphi^*(f), \quad \forall x \in X, \quad \forall f \in X^*.$$

经典的 Young 不等式:

$$ab \leqslant \frac{1}{p}a^p + \frac{1}{p'}b^{p'}, \quad \forall a,b \geqslant 0, \quad 1 < p < +\infty, \quad \frac{1}{p} + \frac{1}{p'} = 1$$

是上面一般的 Young 不等式在一维时 $\varphi(x) = \frac{1}{p}|x|^p, \varphi^*(y) = \frac{1}{p'}|y|^{p'}$ 的特殊情形.

定理 7.1.1 假设 $\varphi : X \to (-\infty, +\infty]$ 是凸下半连续, 且 $\varphi \not\equiv +\infty$. 则 $\varphi^* \not\equiv +\infty$. 特别地, φ 以某个仿射连续函数为下界.

证明 设 $x_0 \in D(\varphi), \lambda_0 < \varphi(x_0)$, 在 $X \times R$ 中, 令 $A = \mathrm{epi}\varphi = \{(x,\lambda) \in X \times R | \varphi(x) \leqslant \lambda\}, B = \{(x_0, \lambda_0)\}$, 则 $A \cap B = \varnothing$, 且 A 是 $X \times R$ 中闭凸集, B 是紧凸集, 由 Hahn-Banach 定理的第二几何形式, 在 $X \times R$ 上存在连续线性泛函 $\Phi = (f,k) \in (X \times R)^* = X^* \times R$ 及闭超平面 $H = \{(x,\lambda) \in X \times R, \Phi((x,\lambda)) = \alpha\}$ 严格分离 A, B.

由于 $x \in X \mapsto \Phi((x,0))$ 是 X 上连续线性泛函, 因而存在 $f \in X^*$ 使 $\Phi((x,0)) = \langle f, x\rangle$. 令 $k = \Phi((0,1))$, 则 $\forall (x,\lambda) \in X \times R$.

$$\Phi((x,\lambda)) = \langle f, x\rangle + k\lambda. \tag{7.1.1}$$

因为超平面 H 分离 A, B, 不妨设在 A 上, $\Phi > \alpha$; 在 B 上, $\Phi < \alpha$, 则

$$\langle f, x\rangle + k\lambda > \alpha, \quad \forall (x,\lambda) \in \mathrm{epi}\varphi, \tag{7.1.2}$$

$$\langle f, x_0\rangle + k\lambda_0 < \alpha. \tag{7.1.3}$$

特别地, 因为 $\forall x \in D(\varphi), (x, \varphi(x)) \in \mathrm{epi}\varphi$, 故由 (7.1.2) 我们有

$$\langle f, x\rangle + k\varphi(x) > \alpha, \quad \forall x \in D(\varphi). \tag{7.1.4}$$

又因为 $x_0 \in D(\varphi)$, 因而由 (7.1.4) 及 (7.1.3) 有

$$f(x_0) + k\varphi(x_0) > \alpha > f(x_0) + k\lambda_0, \tag{7.1.5}$$

因而 $k > 0$. 故

$$\left\langle -\frac{1}{k}f, x\right\rangle - \varphi(x) < -\frac{\alpha}{k}, \quad \forall x \in D(\varphi),$$

即 $\varphi^*\left(-\frac{1}{k}f\right) < +\infty$, 即存在一点 $\left(-\frac{1}{k}f\right)$ 使 φ^* 取有限值, 所以 $\varphi^* \not\equiv +\infty$. 且 $\varphi(x) > \frac{\alpha}{k} + \left\langle -\frac{1}{k}f, x\right\rangle$, 故 φ 以右边的仿射连续函数为下界.

一个自然的问题是, 希望继续迭代共轭运算, 可在 X^{**} 上定义 φ^{**}, 这里选择把 φ^{**} 限制在 $X \subset X^{**}$ 上来定义以使之有更好的性质, 尤其是有下面的 Fenchel-Moreau 双共轭定理.

定义 7.1.6 $\varphi^{**}(x)=\sup\limits_{f\in X^*}\{\langle f,x\rangle-\varphi^*(f)\},x\in X.$

定理 7.1.2(Fenchel-Moreau) 若 $\varphi: X\to R\cup\{+\infty\}$ 凸下半连续且 $\varphi\not\equiv+\infty$, 则 $\varphi^{**}=\varphi$.

证明 第一步. 先假设 $\varphi\geqslant 0$.

因为 $\forall x\in X,\forall f\in X^*$ 有 $\langle f,x\rangle-\varphi^*(f)\leqslant\varphi(x)$, 故显然有 $\varphi^{**}\leqslant\varphi$.

为了证明 $\varphi^{**}=\varphi$, 用反证法, 若存在 $x_0\in X$ 使 $\varphi^{**}(x_0)<\varphi(x_0)$, 我们设法导出矛盾.

注意, $\varphi(x_0)$ 可能为 $+\infty$, 但 $\varphi^{**}(x_0)$ 总是有限的, 故我们可以在 $X\times R$ 中令 $A=\mathrm{epi}\varphi, B=(x_0,\varphi^{**}(x_0))$, 则 $A\neq\varnothing,B\neq\varnothing,A$ 是闭凸集, B 是紧凸集, 且 $A\cap B=\varnothing$, 故由 Hahn-Banach 定理的第二几何形式知, 存在 $f\in X^*,k\in R,\alpha\in R$ 使

(1) $\langle f,x\rangle+k\lambda>\alpha,\ \forall(x,\lambda)\in\mathrm{epi}\varphi$,

(2) $\langle f,x_0\rangle+k\varphi^{**}(x_0)<\alpha$.

在 (1) 中固定某一 $x\in D(\varphi)$, 然后令 $\lambda\to+\infty$ 可得 $k\geqslant 0$.

设 $\varepsilon>0$. 因为已设 $\varphi\geqslant 0$, 故在 (1) 中取 $\lambda=\varphi(x)$ 有

$$\langle f,x\rangle+(k+\varepsilon)\varphi(x)>\alpha,$$

故

$$\varphi^*\left(-\frac{f}{k+\varepsilon}\right)<-\frac{\alpha}{k+\varepsilon}.$$

由 $\varphi^{**}(x_0)$ 的定义有

$$\begin{aligned}\varphi^{**}(x_0)&\geqslant-\varphi^*\left(-\frac{f}{k+\varepsilon}\right)+\left\langle-\frac{f}{k+\varepsilon},x_0\right\rangle\\&>\frac{\alpha}{k+\varepsilon}+\left\langle-\frac{f}{k+\varepsilon},x_0\right\rangle,\end{aligned}$$

即 $\forall\varepsilon>0,\langle f,x_0\rangle+(k+\varepsilon)\varphi^{**}(x_0)>\alpha$, 令 $\varepsilon\to 0$, 与 (2) 矛盾.

第二步. 一般情形.

由定理 7.1.2 的假设及定理 7.1.1 的结论可知 $\varphi^*\not\equiv+\infty$, 故 $D(\varphi^*)\neq\varnothing$, 存在 $f_0\in D(\varphi^*)$, $-\infty<\varphi^*(f_0)<+\infty$, 定义

$$\tilde{\varphi}(x)=\varphi(x)-\langle f_0,x\rangle+\varphi^*(f_0),$$

由于 $\varphi\not\equiv+\infty$, 存在 x_0 使 $\varphi(x_0)\in(-\infty,+\infty)$, 故 $\tilde{\varphi}(x_0)$ 有限.

则 $\tilde{\varphi}\not\equiv+\infty,\tilde{\varphi}\geqslant 0$ 且 $\tilde{\varphi}$ 凸且 l.s.c., 故我们可以对 $\tilde{\varphi}$ 应用第一步的结论有 $(\tilde{\varphi})^{**}=\tilde{\varphi}$.

进一步, 可计算 $(\tilde{\varphi})^*$ 和 $(\tilde{\varphi})^{**}$:

$$(\tilde{\varphi}^*)(f) = \varphi^*(f + f_0) - \varphi^*(f_0),$$
$$(\tilde{\varphi}^{**})(x) = \varphi^{**}(x) - \langle f_0, x\rangle + \varphi^*(f_0).$$

由 $(\tilde{\varphi})^{**} = \tilde{\varphi}$ 即有 $\varphi^{**} = \varphi$.

注　张恭庆院士在文献 [116] 中还给出了定理 7.1.2 的另一个证明, 与前面类似仍用反证法, 用凸集分离定理, 但需细分.

(i) 若 $\varphi(x_0) < +\infty$, 则可得 $k > 0$.

事实上, 此时 $x_0 \in D(\varphi)$, 故由 (1) 有

$$f(x_0) + k\varphi(x_0) > \alpha.$$

又由 (2) 有

$$f(x_0) + k\varphi^{**}(x_0) < \alpha,$$

故由假设 $\varphi^{**}(x_0) < \varphi(x_0)$ 知 $k > 0$.

(ii) $\varphi(x_0) = +\infty$, 此时仍有 $\varphi^{**}(x_0) < +\infty$, 但上述证明 $k > 0$ 的方法不适用, 因为此时 $x_0 \notin D(\varphi)$, 故需用其他办法来导出矛盾.

由凸集分离定理可得不等式:

$$f(x_0) + k\varphi^{**}(x_0) < \alpha < f(x) + k\lambda, \quad \forall (x, \lambda) \in \mathrm{epi}\varphi.$$

类似于第一种证明, 在不等式

$$f(x) + k\lambda > \alpha, \quad \forall (x, \lambda) \in \mathrm{epi}\varphi$$

中任取 $\tilde{x} \in D(\varphi)$, 然后令 $\lambda \to +\infty$ 可知 $k \geqslant 0$.

(I) 在前述 (i) 和 (ii) 情形下, 只要 $k > 0$, 则由 $f(x) + k\varphi(x) > \alpha$ 知

$$\left\langle -\frac{f}{k}, x \right\rangle - \varphi(x) < -\frac{\alpha}{k}, \quad \forall x \in D(\varphi),$$

则 $\varphi^*\left(-\dfrac{f}{k}\right) \leqslant -\dfrac{\alpha}{k}$.

又由 φ^{**} 的定义知 $\forall x \in X$, 有

$$\begin{aligned}\varphi^{**}(x) &\geqslant \left\langle -\frac{f}{k}, x \right\rangle - \varphi^*\left(-\frac{f}{k}\right) \\ &\geqslant -\frac{1}{k}\langle f, x\rangle + \frac{\alpha}{k},\end{aligned}$$

故

$$f(x)+k\varphi^{**}(x)\geqslant\alpha.$$

特别地, $\langle f,x_0\rangle+k\varphi^{**}(x_0)\geqslant\alpha$, 与分离定理得到的另一个不等式

$$\langle f,x_0\rangle+k\varphi^{**}(x_0)<\alpha$$

矛盾.

(II) $k=0$ 时, 由凸集分离定理的联立不等式有

$$f(x_0)<\alpha<f(x),\quad \forall x\in D(\varphi),$$

知

$$f(x)-f(x_0)>\alpha-f(x_0)\triangleq\varepsilon>0.$$

由于 φ^* 是真凸泛函, 故由前面已证明的定理 7.1.1 知, $\exists\tilde{f}\in X^*$, s.t. $\varphi^*(\tilde{f})<+\infty$, 故由 φ^* 的定义有

$$\left\langle\tilde{f},x\right\rangle-\varphi(x)-\varphi^*(\tilde{f})\leqslant 0,\quad \forall x\in D(\varphi),$$

故对 $\forall n\in N$ 有

$$\left\langle\tilde{f}-nf,x\right\rangle+n\langle f,x_0\rangle+n\varepsilon-\varphi(x)-\varphi^*(\tilde{f})\leqslant 0,\quad \forall x\in D(\varphi),$$

即

$$\begin{aligned}&\varphi^*(\tilde{f}-nf)+n\langle f,x_0\rangle+n\varepsilon-\varphi^*(\tilde{f})\leqslant 0,\\&n\varepsilon+\left\langle\tilde{f},x_0\right\rangle-\varphi^*(\tilde{f})\leqslant\left\langle\tilde{f}-nf,x_0\right\rangle-\varphi^*(\tilde{f}-nf)\leqslant\varphi^{**}(x_0).\end{aligned}$$

令 $n\to+\infty$ 得 $\varphi^{**}(x_0)=+\infty$, 这是一个矛盾.

例 7.1.1 设 X 是赋范线性空间, $\varphi(x)=||x||$, 则

$$\varphi^*(f)=\begin{cases}0, & ||f||\leqslant 1,\\+\infty, & ||f||>1.\end{cases}$$

故 $\varphi^{**}(x)=\sup\limits_{f\in X^*,||f||\leqslant 1}\langle f,x\rangle$. 由 $\varphi^{**}=\varphi$ 及 X^* 中单位球的 w^*-紧性有

$$||x||=\sup_{f\in X^*,||f||\leqslant 1}\langle f,x\rangle=\max_{f\in X^*,||f||\leqslant 1}\langle f,x\rangle.$$

1787 年, 法国大数学家 A.M.Legendre(1752–1833) 引进了后来所谓的 Legendre 变换.

定义 7.1.7　设 $f \in C^2(R^n, R)$, 定义 f 的 Legendre 变换为 $f^*(y) = \langle y, x\rangle - f(x)$, 这里

$$y = \nabla f(x),$$

要求从方程 $y = \nabla f(x)$ 反解出 x, 然后代入 $< y, x > -f(x)$ 中.

若假设 ∇f 的 Jacobi 矩阵, 即 f 的 Hesse 阵非退化, 则由反函数定理, 可从 $y = \nabla f(x)$ 反解出 $x = g(y)$.

Legendre 变换有非常好的性质:

性质　(1). $y = \nabla f(x) \Leftrightarrow x = \nabla f^*(y)$. (2). $f^{**} = f$.

但缺点是要求 f 有较高的光滑性, 且要求 f 的 Hesse 阵非退化.

Legendre 变换是将经典 Lagrange 力学提升为 Hamilton 力学的一个桥梁. 给定泛函的 Lagrange 状态函数 $L=L(t,q,\dot{q})$, 则 Hamilton 量H是L的 Legendre 变换:

$$H(t,q,p) = (p,\dot{q}) - L(t,q,\dot{q}), \tag{7.1.6}$$

这里我们定义广义动量:

$$p = \frac{\partial L(t,q,\dot{q})}{\partial \dot{q}}, \tag{7.1.7}$$

且要求反解出 $\dot{q}$ 代入 (7.1.6) 式. 注意若 $\left(\dfrac{\partial^2 L}{\partial^2 \dot{q}}\right)$ 非奇异, 可反解出 $\dot{q}$.

我们知道泛函 $\displaystyle\int_0^T L(t,q,\dot{q})dt$ 的 Euler-Lagrange 方程为

$$\frac{d}{dt}\frac{\partial L}{\partial \dot{q}} = \frac{\partial L}{\partial q}, \tag{7.1.8}$$

故由 p 和 H 的定义有

$$\dot{p} = \frac{\partial L}{\partial q} = -\frac{\partial H}{\partial q}. \tag{7.1.9}$$

把 H 的定义式两边关于 p 求偏导有

$$\dot{q} = \frac{\partial H}{\partial p}. \tag{7.1.10}$$

令 $z = \begin{pmatrix} q \\ p \end{pmatrix}$ 且

$$J = \begin{pmatrix} O_{n\times n} & I_{n\times n} \\ -I_{n\times n} & O_{n\times n} \end{pmatrix}, \quad \nabla H(t,z) = \begin{pmatrix} \dfrac{\partial H}{\partial q} \\ \dfrac{\partial H}{\partial p} \end{pmatrix}, \tag{7.1.11}$$

则

$$\dot{z} = J \cdot \nabla H(t,z). \tag{7.1.12}$$

这就是著名的 Hamilton 系统方程, 它的 T-周期解的存在性问题可以转化为 Hamilton 作用:

$$\int_0^T \left[\frac{1}{2}(J\dot{z}(t), z(t)) + H(t, z(t))\right] dt \tag{7.1.13}$$

在一个适当的 T-周期函数空间的临界点的存在性, 但是有下列引理.

引理 7.1.1 算子 $J\frac{d}{dt}$ 在 T-周期边界条件下的特征值为 $\lambda_k=\frac{2k\pi}{T}(k\in Z)$, 对任意给定的 $k\in Z,\lambda_k$ 的相应的特征函数构成 $2n$ 维向量空间:

$$\{(\cos\lambda_k t)\xi-(\sin\lambda_k t)J\cdot\xi,\xi\in R^{2n}\}. \tag{7.1.14}$$

证明 我们要研究:

$$\begin{aligned}&(1)\quad J\frac{d}{dt}z(t)=\lambda\cdot z(t),\\&(2)\quad z(0)=z(T)\end{aligned} \tag{7.1.15}$$

的非零解.

由 (7.1.15) 的方程 (1) 有

$$\frac{dz(t)}{dt}=-\lambda J\cdot z(t), \tag{7.1.16}$$

故具有形式解 $z(t)=(e^{-\lambda tJ})\cdot\xi,\xi\in R^{2n}$.

由于 $J^2=-I_{2n\times 2n}$, 故 J 的作用类似虚单位根 $i=\sqrt{-1}$, 故有

$$\begin{aligned}e^{-\lambda tJ}&=(\cos-\lambda t)I+J\sin(-\lambda t)\\&=(\cos\lambda t)\cdot I-(\sin\lambda t)J.\end{aligned}$$

故 (7.1.15) 的方程 (1) 有解

$$z(t)=(\cos\lambda t)\xi-(\sin\lambda t)J\cdot\xi. \tag{7.1.17}$$

它满足边界条件 $z(0)=z(T)$ 的充要条件是

$$[(1-\cos\lambda T)I+(\sin\lambda T)J]\cdot\xi=0. \tag{7.1.18}$$

上式分别与 ξ 及 $J\xi$ 作内积, 且注意到 $(J\xi,\xi)=0$, 即

$$(1-\cos\lambda T)|\xi|^2=(\sin\lambda T)|J\xi|^2=0. \tag{7.1.19}$$

故 (7.1.15) 的方程 (1) 有非平凡解的充要条件是 $\lambda=\lambda_k=\frac{2k\pi}{T},k\in Z$.

此时, $\xi\in R^{2n}$ 是任意的常值向量, λ_k 相应的解为

$$(\cos\lambda t)\xi-(\sin\lambda t)J\cdot\xi,$$

从上面的引理 7.1.1 可知 $J\frac{d}{dt}$ 的特征值既无上界又无下界, 二次型

$$\frac{1}{2}\int_0^T (J\dot{z}, z)dt \tag{7.1.20}$$

在 $W^{1,2}(R/TZ, R^{2n})$ 上是强不定的.

Hamilton 系统 (7.1.12) 相应的 Hamilton 作用 (7.1.13) 可以看成二次型 $\frac{1}{2}\int_0^T (J\dot{z}, z)dt$ 的一个非线性扰动, 一般地, 也是既无上界又无下界强不定的. 直到二十世纪七十年代上半叶, 数学大师 J. Moser (1928–1999) 等人还认为 Hamilton 系统的自然变分结构对周期解的研究没有什么帮助,但他的学生 P.Rabinowitz(1939~) 于 1978 年用 Minimax 方法取得了突破.

1978 年, 加拿大数学家 F. Clarke([27]) 对 H 是凸函数通过共轭的办法克服了原来的 Hamilton 作用强不定这一难点, 若 H 没有凸性, 问题是非常复杂的 ([66], [91]).

文献中通常用 $\Gamma_0(R^n)$ 表示 R^n 上的 l.s.c. 真凸函数集合, 即若 $f: R^n \to (-\infty, +\infty]$ 具有有效域 $D(f) = \{x \in R^n : f(x) < +\infty\}$ 非空且 f 在 $D(f)$ 上是凸的下半连续函数. 且易证 f 的 Fenchel 共轭 $f^* \in \Gamma_0(R^n)$. 用 $\Gamma_0(X)$ 表示 Banach 空间 X 上的 l.s.c. 真凸函数的集合. 1963 年, J.J.Moreau 给出了泛函的次梯度和次微分的定义, 也见名著 [93]:

定义 7.1.8[93]　设 $f \in \Gamma_0(X), x \in X$, 定义

$$\partial f(x) = \{x^* \in X^*, f(x) + \langle x^*, y - x\rangle \leqslant f(y)\}.$$

若 $\partial f(x) \neq \varnothing$, 则称 f 在 x 处次可微, 集 $\partial f(x)$ 中元素称为 f 在 x 处的次梯度, $\partial f(x)$ 称为次微分.

注　(1) 若 $f(x) = |x|, x \in R$, 则 $\partial f(0) = [-1, 1]$. (2) F. Clarke[28] 定义了非凸 Lipschtz 函数的广义梯度.

定理 7.1.3[93]　设 $f: R^n \to R$ 是凸的且在 x 处可微, 则 $\partial f(y) = \{\nabla f(y)\}$.

证明　由于 f 是凸的, 故 $\forall x, y \in R^n$ 及 $\forall \lambda \in [0, 1]$ 有

$$f(\lambda x + (1-\lambda)y) \leqslant \lambda f(x) + (1-\lambda)f(y),$$

$$\frac{f(y + \lambda(x-y)) - f(y)}{\lambda} \leqslant f(x) - f(y).$$

由方向导数的定义, 令 $\lambda \to 0$ 有 $f(x) \geqslant f(y) + \langle \nabla f(y), x - y\rangle$.
故由 $\partial f(y)$ 的定义知 $\nabla f(y) \in \partial f(y)$.

又对 $\forall v \in \partial f(y)$, 有 $f(w) - f(y) \geqslant \langle v, w - y\rangle$, 即

$$f(w) - \langle v, w\rangle \geqslant f(y) - \langle v, y\rangle, \quad \forall w \in R^n.$$

故 $f(w) - \langle v, w\rangle$ 在 y 处有极小值, 因 f 可微, 故

$$\nabla f(y) - v = 0, \quad v = \nabla f(y).$$

定理 7.1.4[93]　设 X 是 Banach 空间, $f \in \Gamma_0(X)$. 则 $\forall u \in X$, $v \in X^*$ 成立:

$$v \in \partial f(u) \Leftrightarrow u \in \partial f^*(v) \Leftrightarrow f(u) + f^*(v) = (u, v).$$

证明 由次微分和共轭泛函的定义知

$$\begin{aligned}v\in\partial f(u)&\Leftrightarrow\langle v,u\rangle-f(u)\geqslant\langle v,w\rangle-f(w)\\&\Leftrightarrow\langle v,u\rangle-f(u)=\sup_{w\in X}\{\langle v,w\rangle-f(w)\}\\&\Leftrightarrow\langle v,u\rangle-f(u)=f^*(v)\\&\Leftrightarrow f(u)+f^*(v)=\langle v,u\rangle\\&\Leftrightarrow(f^*)^*(u)+f^*(v)=\langle u,v\rangle\\&\Leftrightarrow f^*(v)+(f^*)^*(u)=\langle u,v\rangle\\&\Leftrightarrow u\in\partial f^*(v).\end{aligned}$$

定理 7.1.5 ([70]) 设 $f\in\Gamma_0(R^n)$ 严格凸, 且

$$\frac{f(x)}{|x|}\to+\infty,\quad |x|\to+\infty,$$

则 $f^*\in C^1(R^n,R)$.

证明 不失一般性, 我们假设 $0\in D(f)$.

第 1 步 由假设, 对固定的 $v\in R^n$, 以下函数:

$$G_v(w)=<v,w>-f(w)$$

是严格凹的且当 $|w|\to+\infty$ 时由已知假设条件知, $G_v(w)\to-\infty$, 因而 G_v 正好有一个最大值点 u, 则由定理 7.1.4 有

$$\partial f^*(v)=\{u\}.$$

第 2 步 我们证明第 1 步得到的映射 $\partial f^*:R^n\to R^n,\partial f^*(v)=u$, 对 $v\in R^n$ 是连续的.

由于 f^* 也属于 $\Gamma_0(R^n)$, 易证 ∂f^* 的图像是闭的, 因此为证 ∂f^* 连续, 只需证 ∂f^* 把有界集映为有界集. 因为若 $g:R^n\to R^n$ 把所有界集映为有界集, 则 g 连续当且仅当 g 的图像是闭的.

事实上, 必要性是显然的, 为证充分性, 设 $\{x_n\}\subset R^n$ 且有 $x_n\to x_0$, 我们要证 $f(x_n)\to f(x_0)$ 由于 $\{x_n\}$ 有界且由 f 的假设知, $\{f(x_n)\}\subset\mathbb{R}^n$ 有界, 则它有子列收敛, 设 $f(x_{n_k})\to y_0$. 由 f 的图像闭知 $y_0=f(x_0)$. 又用反证法, $\{f(x_n)\}$ 只有唯一聚点, 因为否则与图像闭矛盾, 故有

$$y_0=\lim_{n\to\infty}f(x_n)=f(x_0)=f(\lim_{n\to\infty}x_n)$$

设 $\rho>0,|v|\leqslant\rho$, 因为 $\{u\}=\partial f^*(v)$, 则 $v\in\partial f(u)$, 因此成立

$$f(0)\geqslant f(u)-(v,u)$$

故由 Cauchy-Schwarz 不等式有

$$\rho \geqslant |v| \geqslant (f(u)-f(0))/|u|$$

因此由上述不等式及关于 f 的增长性条件假设知 $|u|$ 有界.

第 3 步　若 $\partial f^*(v)=\{u\}$ 且对某 $v\in R^n, h\in R^n-\{0\}, \partial f^*(v+h)=\{u_h\}$, 则由次微分的定义有

$$\begin{aligned}0\leqslant \frac{f^*(v+h)-f^*(v)-<h,u>}{|h|} &\leqslant \frac{\langle u_h,h\rangle-\langle v,h\rangle}{|h|}\\ =\frac{<h,u_h-u>}{|h|}&\leqslant |u_h-u|\end{aligned}$$

由 ∂f^* 的连续性, 当 $h\to 0$ 时, 我们有 $u_h\to u$, 因此 f^* 在 v 是可微的且 $\{\nabla f^*(v)\}=\{u\}=\partial f^*(v)$. 因此 $f^*\in C^1(R^n,R)$.

7.2　Hamilton 共轭与 Clarke 共轭

设 $L:[0,T]\times R^n\times R^n\to R$ 是 C^2 函数, 且对任意给定的 $(t,x)\in[0,T]\times R^n$, 关于 y 的函数 $L(t,x,y)$ 满足上面的定理 7.1.5 的假设, 更一般地有

定理 7.2.1[33]　设 $L\in C^2([a,b]\times R^n\times R^n,R)$, 且满足:

(1) $L_{yy}(t,x,y)>0, \forall(t,x,y)\in[a,b]\times R^n\times R^n$.

(2) $L(t,x,y)\geqslant \varphi(|y|)+\psi(t,x)$, 其中 $\psi:[a,b]\times R^n\to R$ 连续, φ 单增非负连续且 $\lim\limits_{s\to+\infty}\dfrac{\varphi(s)}{s}=+\infty$.

定义 $L(t,x,\cdot)$ 的 Fenchel 变换为

$$H(t,x,\xi)=\sup_{y\in R^n}\{(\xi,y)-L(t,x,y)\},\tag{7.2.1}$$

则有 $H\in C^2([a,b]\times R^n\times R^n,R)$, 且

$$H_t(t,x,\xi)=-L_t(t,x,H_\xi(t,x,\xi)),\tag{7.2.2}$$

$$H_x(t,x,\xi)=-L_x(t,x,H_\xi(t,x,\xi)),\tag{7.2.3}$$

$$H(t,x,\xi)=\xi\cdot H_\xi(t,x,\xi)-L(t,x,H_\xi(t,x,\xi)),\tag{7.2.4}$$

$$\xi=\frac{\partial}{\partial y}L(t,x,y)\Leftrightarrow y=\frac{\partial}{\partial \xi}H(t,x,\xi).\tag{7.2.5}$$

证 第 1 步　固定任意 $(t,x,y)\in[a,b]\times R^n\times R^n$, 我们证明在 H 的定义中上确界可以达到.

用反证法, 假设存在序列 $y_m \in R^n$, 使 $|y_m| \to +\infty$ 且

$$-L(t,x,0) \leqslant H(t,x,\xi) \leqslant \frac{1}{m} + \xi \cdot y_m - L(t,x,y_m)$$

再利用假设条件 (2) 有:

$$-L(t,x,0) \leqslant H(t,x,\xi) \leqslant \frac{1}{m} + |y_m| \cdot \left[\xi \cdot \frac{y_m}{|y_m|} - \frac{\varphi(|y_m|)}{|y_m|}\right] - \psi(t,x)$$

因为上式当 $m \to +\infty$ 时右端趋于 $-\infty$, 显然矛盾.

因此存在 $y = y(t,x,\xi)$ 使

$$H(t,x,\xi) = y \cdot \xi - L(t,x,y)$$

且 $\xi = L_y(t,x,y)$.

下证给定任意 $R > 0$, 可以找 $R_1 > 0$ 使

$$|y(t,x,\xi)| \leqslant R_1, \forall t \in [a,b], |x|, |\xi| \leqslant R.$$

因由已知假设 (2), 存在 $R_2, R_3 > 0$ 使

$$\frac{\varphi(|y|)}{|y|} \geqslant R+1,\ \forall |y| \geqslant R_2;$$

$$L(t,x,0) - \psi(t,x) \leqslant R_3,\ \forall t \in [a,b], |x| \leqslant R;$$

再选择

$$R_1 = \max\{R_2, R_3\}$$

因而对 $\forall t \in [a,b], |x|, |y| \leqslant R$

$$\varphi(|y|) - |y| \cdot |\xi| + \psi(t,x) \leqslant L(t,x,y) - y \cdot \xi = -H(t,x,\xi) \leqslant L(t,x,0)$$

因此

$$|y| \left[\frac{\varphi(|y|)}{|y|} - R\right] \leqslant L(t,x,0) - \psi(t,x) \leqslant R_3$$

则 $|y(t,x,y)| \leqslant R_1$ 成立, 因为否则 $|y| > R_1 \geqslant R_2$, 则由 R_2 的定义和上面不等式, 则可得出矛盾不等式:

$$|y| \leqslant R_3 \leqslant R_1$$

第 2 步 易证 H 是连续的. 事实上, 令 $(t_1,x_1,\xi_1),(t_2,x_2,\xi_2) \in [a,b] \times R^n \times R^n$, 由第 1 步可知, 我们存在 $y = y(t,x,\xi)$ 使

$$H(t,x,\xi) = \xi \cdot y - L(t,x,y)$$

又由 H 的定义有

$$H(t_2,x_2,\xi_2) \geqslant \xi_2 \cdot y - L(t_2,x_2,y)$$

结合上面二个式子我们有

$$\begin{aligned}&H(t_1,x_1,\xi_1) - H(t_2,x_2,\xi_2)\\ \leqslant\ &(\xi_1-\xi_2)\cdot y + L(t_2,x_2,y) - L(t_1,x_1,y)\end{aligned}$$

类似地, 可以获得相反的不等式, 再由 L 关于第 1 和第 2 变量的连续性即可得证.

第 3 步. 由隐函数定理及 $L \in C^2$ 以及假设条件 (1) 易知 $y = y(t,x,\xi) \in C^2$.

第 4 步. 由第 3 步, 我们因此知

$$(t,x,\xi) \to y(t,x,\xi), L_t(t,x,y(t,x,\xi)), L_x(t,x,y(t,x,\xi))$$

都是 C^1 的. 因此再微分第 1 步得到的:

$$H(t,x,\xi) = y \cdot \xi - L(t,x,y)$$

立即可得到 (7.2.2)-(7.2.5).

事实上, 我们有

$$\begin{aligned}H_t &= y_t \cdot \xi - L_t - L_y \cdot y_t = (\xi - L_y)\cdot y_t - L_t = -L_t\\ H_x &= y_x \cdot \xi - L_x - L_y \cdot y_x = (\xi - L_y)\cdot y_x - L_x = -L_x\\ H_\xi &= y + y_\xi \cdot \xi - L_y \cdot y_\xi = y_\xi(\xi - L_y) + y = y\end{aligned}$$

推论 7.2.1 设 L 和 H 如同定理 7.2.1 中的假设.

又设 $t \in [a,b], x = x(t), \xi = \xi(t), x, \xi \in C^2([a,b],R)$ 且满足以下 Hamilton 方程组 (H):

$$\begin{cases} x'(t) = H_\xi(t,x,\xi)\\ \xi'(t) = -H_x(t,x,\xi)\end{cases}$$

则 $x = x(t)$ 对 $\forall t \in [a,b]$ 满足以下 Euler 方程 (E):

$$\frac{d}{dt}\left[L_y(t,x,x'(t))\right] = L_x(t,x,x'(t))$$

反之, 若 $x \in C^2([a,b],R^n)$ 满足 (E), 则 (x,ξ) 是 (H) 的解, 其中

$$\xi(t) = L_y(t,x,x'(t)),\ \ \forall t \in [a,b].$$

注 ：定理 7.2.1 中 $L \in C^2$ 及条件 (1) 可以放宽为: 对每个给定的 $(x, y) \in R^n \times R^n$, L 对 t 可测且对几乎每个 $t \in [a, b]$, L 对 (x, y) 严格凸且连续可微.

定义 7.2.1 设 $H : [0, T] \times R^{2n} \to R, (t, z) \to H(t, z), \forall t \in [0, T], H(t, \cdot)$ 的 Fenchel 变换定义为

$$H^*(t, w) = \sup_{z \in R^{2n}} \{(w, z) - H(t, z)\}. \tag{7.2.6}$$

定义 7.2.2 设 $H(t, \cdot)$ 满足定理 7.2.1 的假设, $H(t, \cdot)$ 的 Legendre 变换定义为

$$\begin{aligned} &H^*(t, w) = (w, z) - H(t, z), \\ &w = \nabla H(t, z), \quad z = \nabla H^*(t, w). \end{aligned} \tag{7.2.7}$$

Hamilton 作用量为

$$\begin{aligned} f(z) &= -\int_0^T \left[\frac{1}{2}(J\dot{z}, z) + H(t, z(t))\right] dt \\ &= \int_0^T \left[\frac{1}{2}(\dot{z}, Jz) - H(t, z)\right] dt \\ &= \int_0^T \left[-\frac{1}{2}(\dot{z}, Jz) + (\dot{z}, Jz) - H(t, z)\right] dt \\ &= \int_0^T \left\{\frac{1}{2}(J\dot{z}, z) + [(-J\dot{z}, z) - H(t, z)]\right\} dt \\ &= \int_0^T \left[\frac{1}{2}(J\dot{z}, z) + H^*(t, -J\dot{z})\right] dt. \end{aligned} \tag{7.2.8}$$

令 $-Jz = \zeta$, 则 $z = J \cdot \zeta$,

$$f(z) = g(\zeta) = \int_0^T \left[\frac{1}{2}(J\dot{\zeta}, \zeta) + H^*(t, \dot{\zeta})\right]. \tag{7.2.9}$$

易见 $\forall c \in R^{2n}, g(\zeta + c) = g(\zeta)$, 故可在 $\tilde{W}_T^{1,p} = \left\{\zeta \in W_T^{1,p}, \int_0^T \zeta(t) dt = 0\right\}$ 上找 g 的临界点.

定理 7.2.2 (Clarke)[27] 设对每个给定的 $z \in R^{2n}$, 函数:

$$H : [0, T] \times R^{2n} \to R, (t, z) \to H(t, z)$$

对 t 是可测的且对几乎每个 $t \in [0, T]$, H 对 z 严格凸且连续可微.

假设存在 $1 < q < +\infty, \alpha > 0, \delta > 0$, 以及 $\beta, \gamma \in L^p([0, T], R^+)$ $\left(这里, \frac{1}{p} + \frac{1}{q} = 1\right)$, 使得 $\forall z \in R^{2n}$ 及 a.e. $t \in [0, T]$ 有

$$\delta\left(\frac{|z|^q}{q}\right) - \beta(t) \leqslant H(t, z) \leqslant \alpha\left(\frac{|z|^q}{q}\right) + \gamma(t). \tag{7.2.10}$$

则共轭作用泛函 g 在 $\tilde{W}_T^{1,p}$ 上连续可微, 且若 $\zeta \in \tilde{W}_T^{1,p}$ 是 g 的临界点, 则 $z(t) = \nabla H^*(t,\dot{\zeta})$ 解以下边值问题

$$\begin{cases} \dot{z}(t) = J\nabla H(t,z(t)), \\ z(0) = z(T). \end{cases} \tag{7.2.11}$$

证明 由关于 H 的假设条件可知, 对 a.e. $t \in [0,T], H^*(t,w)$ 关于 w 是连续可微的, 且

$$\alpha^{-\frac{p}{q}} \cdot \left(\frac{|w|^p}{p}\right) - \gamma(t) \leqslant H^*(t,w) \leqslant \delta^{-p/q} \cdot (|w|^p/p) + \beta,$$

$$\begin{aligned} |\nabla H^*(t,w)| &\leqslant \left[\left(\frac{q}{\delta}\right)(|w| + \beta(t) + \gamma(t)) + 1\right]^{p-1} \\ &\leqslant c_1|w|^{p-1} + c_2(\beta(t) + \gamma(t) + 1)^{p-1}. \end{aligned} \tag{7.2.12}$$

由于 $\beta, \gamma \in L^p$, 故 $\beta + \gamma + 1 \in L^p, (\beta + \gamma + 1)^{p-1} \in L^q$.

令 $L(t,x,y) = \dfrac{1}{2}(Jy,x) + H^*(t,y)$, 则 L 满足定理 4.1.7 的假设, 故共轭作用泛函 $g(\zeta)$ 在 $W_T^{1,p}$ 及 $\tilde{W}_T^{1,p}$ 上连续可微, 且对 g 在 $\tilde{W}_T^{1,p}$ 上的临界点 ζ 成立:

$$\int_0^T \left[\frac{1}{2}\left\langle J\dot{\zeta}(t), h(t)\right\rangle + \left\langle \nabla H^*(t,\dot{\zeta}) - \frac{1}{2}J\zeta, \dot{h}(t)\right\rangle\right] dt = 0, \quad \forall h \in \tilde{W}_T^{1,p}.$$

易见上式对 $\forall h \in W_T^{1,p}$ 也成立, 进而 $\forall h \in C_T^\infty$ 也成立, 故由变分基本引理即定理 3.1.2 知, 在 $[0,T]$ 上几乎处处有

$$\nabla H^*(t,\dot{\zeta}(t)) - \frac{1}{2}J\zeta(t) = \int_0^t \frac{1}{2}J\dot{\zeta}(s)ds + C, \tag{7.2.13}$$

即

$$J\zeta(t) = \nabla H^*(t,\dot{\zeta}(t)) + \tilde{c}, \quad \text{a.e.} t \in [0,T]. \tag{7.2.14}$$

令

$$z(t) = \nabla H^*(t,\dot{\zeta}(t)) = J\zeta(t) - \tilde{c} \tag{7.2.15}$$

则 $z \in W_T^{1,p}, \dot{z} = J\dot{\zeta}$ 且由共轭性有

$$\begin{aligned} &\dot{\zeta}(t) = \nabla H(t,z(t)), \\ &\dot{z}(t) = J\dot{\zeta}(t) = J\nabla H(t,z(t)). \end{aligned} \tag{7.2.16}$$

进一步, 因为 $z\in W_T^{1,p}$, 故 $z(0)=z(T)$.

Mawhin-Willem 在 Clarke 工作的基础上得到了以下较一般的定理.

定理 7.2.3 [70] 设 $\forall z\in R^{2n},(t,z)\to H(t,z)$ 对 t 可测, 且对几乎所有 $t\in[0,T]$, H 对 z 连续可微且是凸的, 进一步设

(A1) $\exists l\in L^4([0,T],R^{2n})$ 使 $\forall z\in R^{2n}$, 及 a.e. $t\in[0,T]$ 成立:

$$H(t,z)\geqslant\langle l(t),z\rangle;$$

(A2) $\exists\alpha\in\left(0,\dfrac{2\pi}{T}\right)$ 及 $\gamma(t)\in L^2([0,T],R^+)$, 使对 $\forall z\in R^{2n}$ 及 a.e. $t\in[0,T]$ 成立:

$$H(t,z)\leqslant\frac{\alpha}{2}|z|^2+\gamma(t);$$

(A3) $\displaystyle\int_0^T H(t,z)dt\to+\infty$, 当 $|z|\to+\infty$,

则 (7.2.11) 至少有一个解 z 使得

$$w(t)=-J\left[z(t)-\frac{1}{T}\int_0^T z(\zeta)ds\right].$$

极小化共轭作用泛函 $g(\zeta)$.

由于此定理的证明较冗长, 这里略去.

关于用变分方法研究凸和非凸的一阶和二阶 Hamilton 系统的周期解, 已有许许多多工作, 可以参考 [66],[70],[91] 及其参考文献.

习　题

1. (Clarke-Ekeland) 设 Hamilton 函数 $H(t,z)\in C^2(R\times R^{2n})$. 假设存在 $a,b\in R$ 及 $l\in N$ 使

$$l\left(\frac{2\pi}{T}\right)\leqslant a\leqslant b<(l+1)\frac{2\pi}{T},$$

$$aI\leqslant H''(t,z)\leqslant bI,\quad\forall(t,z)\in R\times R^{2n}.$$

证明 (7.2.11) 至少有一个解.

2. (Clarke-Ekeland) 假设 Hamilton 函数 $H(z)\in C^1(R^{2n})$ 满足:

(1) H 是凸的;

(2) $\dfrac{H(z)}{|z|}\to+\infty,|z|\to+\infty$;

(3) $H(z)\leqslant\dfrac{1}{2}b_\infty\cdot|z|^2+C$;

(4) $H(z)>H(0)=0,\forall z\neq0$;

(5) $\underline{\lim}_{z\to 0}\dfrac{z\cdot H(z)}{|z|^2}\triangleq\delta>0$;

(6) $\dfrac{2\pi}{\delta}<T<\dfrac{2\pi}{b_\infty}$.

证明 Hamilton 系统

$$\dot{z}=J\nabla H(z)$$

有以 T 为极小周期的周期解.

3. 研究以下二阶 Hamilton 系统:

$$\begin{cases}\ddot{q}+V'(t,q)=0,\\ q(0)=q(T),\dot{q}(0)=\dot{q}(T),\end{cases}$$

对势函数 $V(t,q)$ 添加合适的条件, 证明周期解的存在性.

第 8 章　极小极大定理及其应用

本章的内容主要参考了文献 [117] 和 [104] 等.

1917 年, 美国著名数学家 G.D.Birkhoff(1884 ~1944) 在 Trans. AMS 18(1917), 199–300 中首先用 minimax 的思想证明了以下著名定理.

定理 8.0.1　R^3 中任何与标准球面 C^3 微分同胚的紧曲面上都至少存在一条非常值的闭测地线.

从 Birkhoff 的证明过程可以看出, 他对能量泛函 $E(u)=\frac{1}{2}\int_0^{2\pi}|\dot{u}|^2dt$ 在适当的闭道路空间上用了 minimax 的方法, 而没有用单纯的经典的求最小或最大的方法. 这是因为 $E(u)\geqslant 0, E(u)$ 的最小值点对应于平凡的常值闭测地线; 而 $E(u)$ 的上确界是 $+\infty$. 为了得到非平凡的闭测地线, Birkhoff 破天荒地提出了对 E 先在允许闭道路上取最大, 再对所有最大值取下确界的思想, 这开创了大范围变分方法的先河.

1950 年, 德裔美籍著名数学家 R. Courant(1888 ~1972) 提出了以下定理.

定理 8.0.2　设 $f\in C^1(R^n)$ 强制, 即当 $|x|\to+\infty$ 时, $f(x)\to+\infty$; 且假设 f 具有两个不同的严格局部极小值点 x_1,x_2, 则 f 具有不是局部极小值点的第三个临界点 x_3, 且

$$f(x_3)=\inf_{p\in P}\max_{x\in p}f(x)=C,$$

其中 $P=\{p:[0,1]\to R^n$ 连续且 $p(0)=x_1,p(1)=x_2\}$.

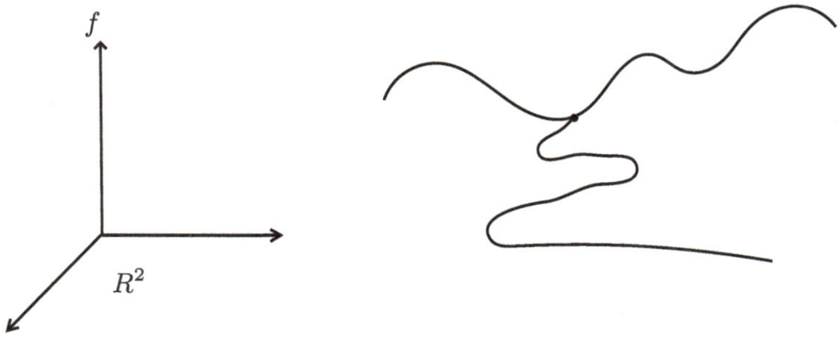

图 8.0.1　乡村景色中的山路

证明　设 $\{p_m\}\subset P$ 是极小化序列.

$$\max_{x\in p_m}f(x)\to C.$$

则由于 f 强制, $\{p_m\}$ 必然一致有界. 事实上, 若 $\{p_m\}$ 无界, 则 $\exists x_m \in p_m, ||x_m|| \to +\infty$, 故 $f(x_m) \to +\infty$,

$$\max_{x\in p_m} f(x) \geqslant f(x_m) \to +\infty.$$

这与 $\max\limits_{x\in p_m} f(x) \to C$ 矛盾. 故 p_m 的聚点集合为

$$p = \bigcap_{m=1}^{\infty} \left(\overline{\bigcup_{l\geqslant m} p_l} \right),$$

且是紧连通集.

进一步, 因为 $\forall m, x_1, x_2 \in p_m$, 故 $x_1, x_2 \in p$ 且 $p \in P$, 故

$$\max_{x\in p} f(x) \geqslant \inf_{p'\in P} \max_{x\in p'} f(x) = C.$$

另一方面, 由连续性有

$$\max_{x\in p} f(x) \leqslant \lim \sup_{m\to+\infty} (\max_{x\in p_m} f(x)) = C.$$

又显然 $\max\limits_{x\in p} f(x) \geqslant C$, 故

$$\max_{x\in p} f(x) = C.$$

因为 $\forall p \in P$, p 是连接 x_1, x_2 的连续道路, 又由已知假设 x_1, x_2 是 f 的严格局部极小值点, 故

$$C = \inf_{p\in P} \max_{x\in p} f(x) > \max\{f(x_1), f(x_2)\}.$$

下面为了证明 f 存在不同于 x_1, x_2 的第三个临界点 $x_3 \in p$ 且 $f(x_3) = C$, 我们用反证法.

由于 f 连续且道路 p 是 R^n 中的紧集, 故 $K = \{x \in p, f(x) = C\}$ 是紧集. 若 $\forall x \in K, f'(x) \neq 0$, 则存在不依赖于 $x \in K$ 的 $\delta > 0$, 使 $|f'(x)| \geqslant 2\delta$.

由连续性知, 存在 K 的邻域:

$$U_\varepsilon = \{x \in R^n, \exists y \in K : |x - y| < \varepsilon\}$$

使 $\forall x \in U_\varepsilon, |f'(x)| \geqslant \delta$.

我们可以假设 $x_1, x_2 \notin U_\varepsilon$.

令 $\eta \in C(R^n, R)$ 满足 $\mathrm{supp}\eta \subset U_\varepsilon, 0 \leqslant \eta \leqslant 1$, 且在 K 的某邻域 $V \subset U_\varepsilon$ 中, $\eta \equiv 1$.

定义连续映射 $\phi : R^n \times R \to R^n$:

$$\phi(x,t) = x - t\eta(x) \cdot \nabla f(x),$$

则 ϕ 对 t 连续可微, 且

$$\begin{aligned}\left.\frac{d}{dt}f(\phi(x,t))\right|_{t=0}&=\left.\left(f'(\phi)\frac{d\phi}{dt}\right)\right|_{t=0}\\&=\langle f'(x),-\eta f'(x)\rangle=-\eta(x)|f'(x)|^2.\end{aligned}$$

进一步, 在 $\mathrm{supp}\eta\subset U_\varepsilon$ 上有 $|f'(x)|^2\geqslant\delta^2>0$, 故由连续性知, $\exists T>0$, 使 $\forall t\in[0,T]$ 对 x 一致地有

$$\frac{d}{dt}f(\phi(x,t))\leqslant-\frac{\eta(x)}{2}|f'(x)|^2.$$

因此若选

$$p_T=\{\phi(x,T):x\in p\},$$

则 $\forall\phi(x,T)\in p_T$ 有

$$\begin{aligned}f(\phi(x,T))&=f(x)+\int_0^T\frac{d}{dt}f(\phi(x,t))dt\\&\leqslant f(x)-\frac{T}{2}\eta(x)|f'(x)|^2\\&\leqslant\begin{cases}f(x)<C, & x\notin K,\\ C-\dfrac{T}{2}\delta^2<C, & x\in K.\end{cases}\end{aligned}$$

因此

$$\max_{x\in p_T}f(x)<C.$$

但由 ϕ 的连续性知, p_T 是紧连通的. 由 U_ε,η 的选取知对 $i=1,2,x_i=\phi(x_i,T)\in p_T$, 因此 $p_T\in P$ 与 C 的定义矛盾.

下面进一步证明 x_3 不是局部极小值点. 事实上, 若用前述 infmax 方法得出的 f 的具有临界值 C 的所有临界点都是局部极小值点, 则这些点组成的集合 $\tilde{K}$ 在 p 中是既开又闭的非空集合. 由于 p 连通, 故 $p=\tilde{K}$, 这与 $f(x_1),f(x_2)<C$ 矛盾.

上述定理可以看作有限维 $(n\geqslant2)$ 空间中的山路定理. 事实上, 若把 f 看成高度函数, $f(x)$ 的值看成是 x 处的高度, x_1,x_2 对应两个山谷, $p\in P$ 对应连接两个山谷的连续道路, 为获得 $f(x_3)$, 先选任意 $p\in P$, 取沿 p 的最大高度, 再让 p 变化, 从所有相应最大高度值中取小值, 则易见 x_3 是一个鞍点 $(n\geqslant2)$.

如何将上述定理推广到无穷维空间, 这一问题在二十世纪引起了许多著名数学家的关注.

8.1 伪梯度向量场与形变引理

在二十世纪六十年代, 美国数学家 R. Palais[85,86] 首先提出了伪梯度向量场的概念并且证明了它的存在性, 并用它来研究泛函的水平集之间的形变. 之后, 伪梯度向量场理论得到了进一步的改进和推广.

定义 8.1.1 设 X 是一个 Banach 空间, $f: X \to R^1$ 是 C^1 泛函. $x_0 \in X$ 为临界点, 指 f 在 x_0 的 Fréchet 导数为 0, 即 $f'(x_0)=0$. 称 $K=\{x \in X | f'(x)=0\}$ 为临界集. $c \in R^1$ 称为临界值, 是指 $f^{-1}(c) \cap K \neq \varnothing$. 不是临界值的实数称为正则值. 令 $\tilde{X}=X \backslash K$, 则 $\tilde{X}$ 中的点称为正则点. 记 $K_c=\{x \in K | f(x)=c\}, f_c=\{x \in X | f(x) \leqslant c\}$, f_c 称为上水平集.

这里需要拓扑学中的一些基本概念, 可参考文献 [5].

定义 8.1.2 设 X, Y 为拓扑空间, 两个连续映射 $\phi_0, \phi_1: X \to Y$ 称为是同伦的, 是指存在连续映射 $F:[0,1] \times X \to Y$, 使得 $F(0, \cdot)=\phi_0, F(1, \cdot)=\phi_1$, 记为 $\phi_0 \simeq \phi_1$ 或者 $\phi_0 \sim \phi_1$. 若 ϕ_0, ϕ_1 在 X 的某子集 A 上相同, 存在 ϕ_0 到 ϕ_1 的同伦 F 且满足 $F(t, a)=\phi_0(a)=\phi_1(a), \forall t \in[0,1], \forall a \in A$, 则称 ϕ_0, ϕ_1 相对于 A 同伦, 记为 $\phi_0 \simeq \phi_1 rel A$. 两个拓扑空间 X、Y 称为是同伦等价的或具有相同的同伦型, 是指存在连续映射 $f: X \to Y$ 及连续映射 $g: Y \to X$, 使得 $f \circ g \simeq id_Y, g \circ f \simeq id_X$, 其中 id_X, id_Y 分别表示 X、Y 上的恒等映射; 若 $f \circ g=id_Y, g \circ f=id_X$, 则称 X 和 Y 同胚.

注 同伦或伦移的直观几何意义是连续形变, 它可以追溯到 Euler-Lagrange 时代的变分方法, 但在拓扑学中的严格定义由 L. Brouwer 于 1911 年给出.

先给出同伦映射的几个例子.

例 8.1.1 设 X 为任一拓扑空间, C 为拓扑空间 Y 的凸集, $f, g: X \to C$ 为连续映射, 定义 $F:[0,1] \times X \to C: F(t, x)=(1-t) f(x)+t g(x)$, 则 F 连续, $F(0, x)=f(x), F(1, x)=g(x)$, 故 $f \simeq g$.

例 8.1.2 设 $f, g: X \to S^n$ 连续, 且 $\forall x \in X, f(x)$ 与 $g(x)$ 不为对径点, 视 S^n 为 E^{n+1} 中的单位球面, 则 $f(x)$ 与 $g(x)$ 的连接线段不通过原点, 定义 F : $[0,1] \times X \to S^n$:

$$F(t, x)=\frac{(1-t) f(x)+t g(x)}{||(1-t) f(x)+t g(x)||},$$

则 F 连续且 $F(0, x)=f, F(1, x)=g$, 故 $f \simeq g$.

例 8.1.3 设 S^1 为复平面上的单位圆周, 考虑以 1 为基点的两条闭道路:

$$\alpha(s) = \begin{cases} e^{4\pi\sqrt{-1}s}, & 0 \leqslant s \leqslant \frac{1}{2}, \\ e^{4\pi\sqrt{-1}(2s-1)}, & \frac{1}{2} \leqslant s \leqslant \frac{3}{4}, \\ e^{8\pi\sqrt{-1}(1-s)}, & \frac{3}{4} \leqslant s \leqslant 1, \end{cases}$$
$$\beta(s) = e^{2\pi\sqrt{-1}s}, \quad 0 \leqslant s \leqslant 1.$$

定义 $F(t,s):[0,1]\times[0,1]\to S^1$:

$$F(t,s) = \begin{cases} e^{\frac{4\pi\sqrt{-1}}{t+1}s}, & 0 \leqslant s \leqslant \frac{t+1}{2}, \\ e^{4\pi\sqrt{-1}(2s-1-t)}, & \frac{t+1}{2} \leqslant s \leqslant \frac{t+3}{4}, \\ e^{8\pi\sqrt{-1}(1-s)}, & \frac{t+3}{4} \leqslant s \leqslant 1. \end{cases}$$

则 F 二元连续, 且 $F(0,s)=\alpha(s), F(1,s)=\beta(s)$, 故 $\alpha \simeq \beta$.

进一步可以看到定义在 [0,1] 上的 $\alpha(s)$ 在三个分段区间 $\left[0,\frac{1}{2}\right],\left[\frac{1}{2},\frac{3}{4}\right],\left[\frac{3}{4},1\right]$ 上的像均绕 S^1 一周, 但方向不同, 其代数和为 $1+1-1=1$(这里我们规定逆时针方向为正方向), 另外 $\beta(s)$ 在 $[0,1]$ 上的像逆时针绕 S^1 刚好一周. 上面的例子表明, 若 $\alpha(s)$ 与 $\beta(s)$ 同伦, 它们的环绕数相同. 事实上, 这是一个一般性结论, 环绕数是同伦不变量.

下面我们给出几个典型的具有相同同伦型的例子. 首先由于同伦是同胚的推广, 因此显然有例 8.1.4.

例 8.1.4 同胚的空间具有相同的同伦型.

例 8.1.5 欧氏空间 E^n 中任何凸集 C 与其内任一点同伦.

证明 令 $X=C, Y=\{p\}\subset C$, 定义:

$$f(x)=p, \quad \forall x\in C; \quad g(p)=p.$$

则 $(f\circ g)(p)=f(p)=p, f\circ g=id|_Y$;

$(g\circ f)(x)=g(f(x))=g(p)=p, g\circ f\simeq id|_X$, 这是因为在 $[0,1]\times C$ 上存在连续同伦

$$F(t,x)=(1-t)x+tp\in C.$$

例 8.1.6 $E^n\backslash\{0\}\simeq S^{n-1}$.

证明 令 $f: S^{n-1} \to E^n \backslash \{0\}$ 为含入映射 (或称嵌入映射), 即 $\forall x \in S^{n-1}, f(x) = x \in E^n \backslash \{0\}$.

令 $g(x) = \dfrac{x}{||x||}$, 则$\forall x \in S^{n-1}, g \circ f(x) = x$, 即 $g \circ f = id|_{S^{n-1}}$.

另一方面, 注意到 $\forall x \in E^n \backslash \{0\}, (f \circ g)(x) = f(g(x)) = f\left(\dfrac{x}{||x||}\right) = \dfrac{x}{||x||}$, 它不是 $E^n \backslash \{0\}$ 上的恒同映射, 但是它与 $id|_{E^n \backslash \{0\}}$ 同伦. 事实上, 令

$$F(t, x) = (1-t)x + t\frac{x}{||x||},$$

则 F 是 $[0,1] \times E^n \backslash \{0\}$ 上的连续映射, 且

$$F(0, x) = x, \quad F(1, x) = \frac{x}{||x||},$$

即 $F(0, \cdot) = id|_{E^n \backslash \{0\}}, F(1, \cdot) = f \circ g$, 故 $f \circ g \simeq id|_{E^n \backslash \{0\}}$.

几何直观上, $\forall x \neq 0$, x 映为 (压缩或者拉伸至)S^{n-1} 上的点 $\dfrac{x}{||x||}$, 这个形变将从原点出发的每一条射线收缩到这条射线与 $(n-1)$ 维球面的交点, 且在形变过程中保持球面上的点不动.

定义 8.1.3 设 X 是一个拓扑空间, 称 X 是仿紧的, 若对 X 的任意开覆盖 $\{U_\alpha | \alpha \in \Lambda\} \supset X$, 成立:

(1) 存在 $\{U_\beta | \beta \in \tilde{\Lambda}\}$ 比 $\{U_\alpha | \alpha \in \Lambda\}$ 更细: $\forall U_\beta, \exists U_\alpha$, 使得 $U_\beta \subset U_\alpha$;

(2) $\forall x \in X, \exists x$ 的一个小邻域 U_x. 使得 U_x 可用 $\{U_\beta | \beta \in \tilde{\Lambda}\}$ 中的有限个覆盖.

美国普林斯顿大学著名数学家 S.Lefschetz(1884–1972) 的学生, 英国数学家 A. H. Stone 在 1948 年 (BAMS 54(1948), 977-982) 证明了以下定理.

定理 8.1.1 (Stone) 任一距离空间都是仿紧的.

为了建立水平集之间的联系, 我们考察 f 的下降流线. 当 X 是 Hilbert 空间时, 很自然地, 可以利用负梯度向量 $-f'(x)$ 来产生下降流:

$$\dot{x}(t) = -f'(x(t)).$$

但这样做, 一是要求较多光滑性, 才能保证流的局部存在性; 二是不能直接推广到 Banach 空间上去 (因为 $f'(x) \in X^*$). 为此, 在二十世纪六十年代中期, 美国数学家 Palais[85] 引进了伪梯度向量场的概念.

定义 8.1.4 设 $V: X \backslash K \to X$ 是局部 Lipschitz(C^{1-0}), 若

(1) $\|V(x)\|_X \leqslant 2\|f'(x)\|_{X^*}$;

(2) $\langle f'(x), V(x)\rangle \geqslant \|f'(x)\|_{X^*}^2$,

则 V 称为 f 的一个伪梯度向量场, 其中 $\langle , \rangle$ 表示 X^* 与 X 的对偶.

定理 8.1.2 (Palais) 设 X 为 Banach 空间, $f \in C^1(X, R)$, 则存在 f 的一个伪梯度向量场.

证明 1° $\forall x_0 \in \tilde{X} = X\backslash K$, 由 $f'(x_0) \neq 0$, 则 $\exists w \in X, \|w\| = 1$, s.t.

$$\langle f'(x_0), w\rangle > (1-\varepsilon)\|f'(x_0)\|_{X^*} \quad \left(0 < \varepsilon < \frac{1}{3}\right),$$

这是因为若 $\forall w, \|w\| = 1$, 有

$$\langle f'(x_0), w\rangle \leqslant (1-\varepsilon)\|f'(x_0)\|_{X^*},$$

则 $\|f'(x_0)\|_{X^*} \leqslant (1-\varepsilon)\|f'(x_0)\|_{X^*}$, 这显然矛盾. 令 $v = \dfrac{3}{2}\|f'(x_0)\| \cdot w$, 则

$$\begin{cases} \|v\| < 2\|f'(x_0)\|, \\ \langle f'(x_0), v\rangle > \|f'(x_0)\|^2. \end{cases} \tag{8.1.1}$$

由于 f' 连续, 所以存在 x_0 的邻域 U_{x_0} 使得 (8.1.1) 式仍成立.

2° 因为 $\tilde{X}$ 是仿紧空间, 而 $\{U_{x_0} | x_0 \in \tilde{X}\}$ 是 $\tilde{X}$ 的一个开覆盖, 所以有一个局部有限加细覆盖 $\{U_{x_\alpha} | \alpha \in \Lambda\}, \Lambda$ 是一个指标集. 令

$$\rho_\alpha(x) = d(x, X\backslash U_{x_\alpha}), \quad \alpha \in \Lambda.$$

则由三角不等式有

$$\rho_\alpha \in C^{1-0}(X, R) : \|\rho_\alpha(x) - \rho_\alpha(y)\| \leqslant \|x - y\|.$$

又令

$$\beta_\alpha(x) = \frac{\rho_\alpha(x)}{\sum\limits_{\alpha' \in \Lambda} \rho_{\alpha'}(x)}, \quad \alpha \in \Lambda.$$

因为 $\bigcup\limits_{\alpha \in \Lambda} U_{x_\alpha}$ 构成 $\tilde{X}$ 的一个局部有限覆盖, 所以上式分母中的级数 $\sum \rho_{\alpha'}(x) > 0$, 并且是有穷和. 令

$$V(x) = \sum_{\alpha \in \Lambda} \beta_\alpha(x) v_\alpha, \quad x \in \tilde{X},$$

其中 v_α 是在点 x_α 处, 满足 (8.1.1) 的向量. 则易证

$$\|V(x)\| \leqslant \sum_{\alpha \in \Lambda} \beta_\alpha(x)\|v_\alpha\| \leqslant 2\|f'(x)\|,$$

$$\langle f'(x), V(x)\rangle = \sum_{\alpha \in \Lambda} \langle f'(x), v_\alpha\rangle \beta_\alpha(x) \geqslant \|f'(x)\|^2.$$

利用 f 的一个伪梯度向量场可以产生 f 的一个下降流, 即沿微分方程

$$\dot{x}(t) = -V(x(t)) \tag{8.1.2}$$

的解, 函数值下降.

事实上, $\forall x_0 \in \tilde{X}$, 由常微分方程解的局部存在唯一性定理及 $V \in C^{1-0}$ 可知, 初值问题

$$\begin{cases} \dot{\sigma}(t) = -V(\sigma(t)), \\ \sigma(0) = x_0 \end{cases} \tag{8.1.3}$$

的局部解存在唯一, 并且沿解曲线 (流线)$\sigma(t)$, 函数 $t \to f(\sigma(t))$ 的值是下降的. 事实上, 这是因为

$$\begin{aligned} \frac{d}{dt} f(\sigma(t)) &= \langle f'(\sigma(t)), \dot{\sigma}(t) \rangle \\ &= -\langle f'(\sigma(t)), V(\sigma(t)) \rangle \\ &\leqslant -\|f'(\sigma(t)\|^2 \leqslant 0. \end{aligned}$$

我们现在一个自然的问题是研究水平集的拓扑 $f_a (a \in R^1)$ 随 a 的变化. 特别要证明: 当 $f^{-1}[a,b] \cap K = \varnothing$ 时, 即当在 a, b 之间没有 f 的临界值时, 拓扑空间 f_a 与 f_b 是同伦等价的.

定义 8.1.5　设 X 是拓扑空间, A 是 X 的一个子拓扑空间, 称连续映射 $r: X \to A$ 是一个形变收缩, 如果 $r \circ i = id_A, i \circ r \simeq id_X$, 其中 $i: A \to X$ 是内射. 易见存在相对于 A 的同伦 $F: [0,1] \times X \to X$ 使 $\forall x \in X, F(0,x) = x$ 且 $F(1,x) = r(x) \in A$, 即通过 F 把 X 收缩到 A 中. 如果 $A \subset X$ 且 X 和 A 之间存在一个形变收缩 r, 那么就称 A 是 X 的一个形变收缩核 (Deformation Retract). 若还存在 $G: [0,1] \times X \to X$ 连续, 满足 $G(0,\cdot) = id_X$ 及对 $\forall x \in X, G(1,x) \in A$ 及 $\forall t \in [0,1], G(t,\cdot)|_A = id_A$, 则称 G 为一个强形变收缩, A 称为 X 的强形变收缩核.

我们希望利用 (8.1.3) 产生的下降流 $x(t)$ 把 f_b 收缩到 f_a 上去. 最大的困难在于 (8.1.3) 的解是局部的. 但是如果 $f^{-1}[a,b]$ 是一个紧空间, 可以利用紧性, 把这些局部流拼成整体的, 从而实现这种形变收缩. 但若要求 $f^{-1}[a,b]$ 是紧的, 我们要利用 (P.S.) 条件.

引理 8.1.1[85,117]　设 $f \in C^1(X,R)$ 满足 (P.S.) 条件. 则 $\forall a, b \in R^1, a < b$. 若 $f^{-1}[a,b] \cap K = \varnothing$, 则存在 $\varepsilon_0, \delta_0 > 0$,.s.t.

$$\|f'(x)\| \geqslant \varepsilon_0, \quad \forall x \in f^{-1}[a - \delta_0, b + \delta_0].$$

证明　反证法. 设 $\exists x_n \in f^{-1}\left[a - \frac{1}{n}, b + \frac{1}{n}\right], n = 1, 2, \cdots$, 使得

$$f'(x_n) \to 0 \quad (n \to \infty).$$

则由 (P.S.) 条件, 存在 $\{x_n\}$ 中子列 $\{x_{n_k}\}$ 使 $x_{n_k} \to x_0$, 必有 $f'(x_0) = 0$ 及 $x_0 \in f^{-1}[a,b]$, 这与 $f^{-1}[a,b] \cap K = \varnothing$ 矛盾.

引理 8.1.2 [85,117] 若 $f \in C^1(X,R)$ 满足 (P.S.) 条件, 则 $\forall c \in R^1, K_c = \{x \in X | f(x) = c, f'(x) = 0\}$ 是紧集.

证明 设 $\{x_n\} \subset K_c$, 则 $f'(x_n) = 0, f(x_n) = c$, 由 (P.S.) 条件, $\{x_n\}$ 有收敛子列 $\{x_{n_k}\} \to \tilde{x}$. 又显然 $\tilde{x} \in K_c$, 故 K_c 是紧集.

利用引理 8.1.2, 结合伪梯度向量场的定义, 可见当 f 满足 (P.S.) 条件, 且 $f^{-1}[a,b] \cap K = \varnothing$ 时, 由于 $\|V(x)\|^2 \geqslant \|f'(x)\|^2 \geqslant \varepsilon_0^2$, 故可以用向量场 $\dfrac{V(x)}{\|V(x)\|^2}$ 代替向量场 $V(x)$.

引理 8.1.3 [85,117] 设 $f \in C^1(X,R)$ 满足 (P.S.) 条件, 且 $f^{-1}[a,b] \cap K = \varnothing$, 则 $\forall x_0 \in f^{-1}[a,b]$, 方程

$$\begin{cases} \dfrac{d\sigma(t)}{dt} = \dfrac{-V(\sigma(t))}{\|V(\sigma(t))\|^2}, \\ \sigma(0) = x_0 \end{cases} \tag{8.1.4}$$

在 $f^{-1}[a,b]$ 有极大半解区间 $[0, T_{x_0}), T_{x_0} < +\infty$, 且 $f(\sigma(T_{x_0} - 0)) = a$.

证明 由常微分方程初值理论可知 (8.1.4) 存在极大半解区间. 进一步证明 $T_{x_0} < +\infty$. 事实上, 由定义 8.1.4, 我们有

$$\begin{aligned} \frac{d}{d\tau} f(\sigma(\tau)) &= \langle f'(\sigma(\tau)), \dot{\sigma}(\tau) \rangle \\ &= \left\langle f'(\sigma), \frac{-V(\sigma)}{\|V(\sigma)\|^2} \right\rangle \\ &\leqslant \frac{-\|f'(\sigma)\|^2}{\|V(\sigma)\|^2} \\ &\leqslant -\frac{1}{2}, \end{aligned}$$

故有

$$\begin{aligned} f(\sigma(t)) - f(x_0) &= \int_0^t \frac{d(f(\sigma(\tau)))}{d\tau} d\tau \\ &= \int_0^t \langle f'(\sigma(\tau)), \dot{\sigma}(\tau) \rangle \, d\tau \\ &\leqslant -\frac{t}{2}, \end{aligned}$$

若 $f(\sigma(T_{x_0} - 0)) > a$, 则由上式, 我们有 $T_{x_0} < +\infty$.

又因由 (8.1.4)、定义 8.1.4 及引理 8.1.1 有

$$\|\sigma(t) - \sigma(T_{x_0})\| = \| \int_{T_{x_0}}^t \dot{\sigma}(\tau) d\tau \| \leqslant \int_{T_{x_0}}^t \frac{1}{\|V(\sigma(t))\|} d\tau \leqslant \frac{1}{\varepsilon_0} |t - T_{x_0}|,$$

所以当 $t \to T_{x_0} - 0$ 时, $\sigma(t)$ 极限存在, 记作 σ_0. 若 $f(\sigma_0) = a$ 不成立, 不妨设 $f(\sigma_0) > a$, 再由引理 8.1.1, 这个流 $\sigma(t)$ 还可以继续延伸, 从而与 T_{x_0} 的极大性矛盾.

定义 8.1.6[85,117]　若 $\forall x_0 \in f^{-1}[a,b]$, 存在唯一 $r_{x_0} \geqslant 0$, s.t.

$$f(\sigma(r_{x_0})) = a,$$

则称 r_{x_0} 为到达时间.

引理 8.1.4[85,117]　到达时间函数 $x \to r_x : f^{-1}[a,b] \to R$ 是连续的.

证明　由于 $t = r_{x_0}$ 满足以下方程

$$f(\sigma(t, x_0)) = a,$$

上式两边关于 t 求偏导, 且应用 (8.1.4) 式及定义 8.1.4 有

$$\begin{aligned}\frac{\partial}{\partial t} f(\sigma(t,x_0))|_{t=r_{x_0}} &= \langle f'(\sigma(r_{x_0},x_0)), \dot{\sigma}(r_{x_0},x_0)\rangle \\ &= \left\langle f'(\sigma), \frac{-V(\sigma)}{||V(\sigma)||^2} \right\rangle \\ &\leqslant -\frac{1}{4} < 0.\end{aligned}$$

由隐函数定理, $t = t_{x_0}$ 连续依赖于 x_0.

定理 8.1.3 (第二形变引理)[117,119]　$\forall c \in [a,b]$, 设 $f \in C^1(X,R)$ 满足 $(\text{P.S.})_c$ 条件, 又设 a 是 f 在 $[a,b)$ 中的唯一临界值. 假设 K_a 的连通分支仅仅是一些孤立的点, 则 f_a 是 $f_b \backslash K_b$ 的一个强形变收缩核.

证明　一般情况的详细证明参见文献 [119]. 这里我们仅考虑一个特殊情况 $f^{-1}[a,b] \cap K = \varnothing$. 令 $\sigma(t, x_0)$ 表示 (8.1.4) 的解, 令

$$\eta(t,x_0) = \begin{cases} x_0, & x_0 \in f_a, \\ \sigma(r_{x_0}t, x_0), & x_0 \in f_b \backslash f_a, \end{cases}$$

则 $\eta : [0,1] \times f_b \to f_b$ 满足:

$$\begin{cases} \eta(0,x) = x, & \forall x \in f_b \\ \eta(1,x) \in f_a, & \forall x \in f_b \\ \eta(t,x) = x, & \forall (t,x) \in [0,1] \times f_a. \end{cases}$$

下面进一步证明 η 是二元连续的, 则 $r(x) = \eta(1,x)$, 即为从 f_b 到 f_a 的强形变收缩.

由 η 的定义知:

(1) 显然 η 在 $[0,1]\times \mathring{f}_a$ 内连续;

(2) 由常微分方程解对初值的连续依赖性以及 f 的连续性知, η 在 $[0,1]\times(f_b\backslash f_a)$ 连续;

(3) 余下要证 η 在 $[0,1]\times f^{-1}(a)$ 上连续: $\forall\varepsilon>0,\exists\delta>0$, s.t. $\forall t\in[0,1], f(x)=a$. 当 $||y-x||<\delta$ 时,

$$||\eta(t,y)-\eta(t,x)||<\varepsilon,$$

由于 $\eta(t,x)|_{f_a}=x$, 故由 $f(x)=a$ 知 $\eta(t,x)=x$.

(i) 当 $y\in f_a$ 时, $f(y)\leqslant a, \eta(t,y)=y$, 故可取 $\delta=\varepsilon$;

(ii) 当 $y\notin f_a$ 时, 则我们估计:

$$\begin{aligned}||\eta(t,y)-\eta(t,x)||&=||\eta(t,y)-x||\\&=||\sigma(r_yt,y)-x||\\&\leqslant||y-x||+||\sigma(r_yt,y)-\sigma(0,y)||\\&\leqslant||x-y||+\int_0^{r_yt}||\dot\sigma(s,y)||ds\\&\leqslant\delta+\frac{1}{\varepsilon_0}r_y\\&=\delta+\frac{1}{\varepsilon_0}(r_y-r_x).\end{aligned}$$

由 r_x 的连续性知, $\exists\delta_0>0$, s.t. $||y-x||<\delta_0$ 时,

$$r_y<r_x+\frac{1}{2}\varepsilon_0\cdot\varepsilon.$$

令 $\delta=\min\left\{\frac{\varepsilon}{2},\delta_0\right\}$, 则当 $||y-x||<\delta$ 时

$$||\eta(t,y)-\eta(t,x)||<\delta+\frac{1}{\varepsilon_0}\left(\frac{1}{2}\varepsilon_0\cdot\varepsilon\right)\leqslant\varepsilon.$$

定理 8.1.4[117] 在定理 8.1.3 的假设下, $\forall c\in(a,b)$, 存在 $\eta:[0,1]\times X\to X$ 连续, 满足

$$\eta(0,\cdot)=id_X; \tag{8.1.5}$$

$$\eta(t,\cdot)|_{f_a}=id|_{f_a}; \tag{8.1.6}$$

$$\eta(1,f_c)\subset f_a; \tag{8.1.7}$$

$$f(\eta(t,x))\leqslant f(x),\qquad \forall(t,x)\in[0,1]\times X. \tag{8.1.8}$$

证明见文献 [117].

定理 8.1.5[117] 在定理 8.1.3 的假设下, $\forall[c,d]\subset(a,b)$, 存在同胚映射 $\eta:X\to X$ 满足

$$\eta|_{(f^{-1}[a,b])^C}=id|_{(f^{-1}[a,b])^C};\tag{8.1.9}$$

$$\eta:f_d\to f_c\text{是同胚};\tag{8.1.10}$$

$$f(\eta(x))\leqslant f(x),\quad \forall x\in X.\tag{8.1.11}$$

证明 见文献 [117].

8.2 一般的极小极大定理

定义 8.2.1[117] 设 $f\in C^1(X,R)$, 满足:$f(K)$ 是闭集, 且 $\forall a,b\in R,a<b$, 如果 $K\cap f^{-1}[a,b]=\phi$ 蕴含了

(1) $\forall c\in(a,b),\exists\eta:[0,1]\times X\to X$ 连续, 满足定理 8.1.4 中 (8.1.5)~(8.1.8), 则称 f 具有强收缩性质;

(2) $\forall[c,d]\subset(a,b),\exists$ 同胚 $\eta:X\to X$ 满足定理 8.1.5 中 (8.1.9)~(8.1.11), 则称 f 具有形变性质.

引入一些映射族:

$$\begin{aligned}
&\Phi^C=\{\eta:X\to X\text{连续}\},\\
&\Phi^f=\{\eta\in\Phi^C|\ \eta\sim id\},\\
&\Phi_a^r(f)=\{\eta\in\Phi^C|\ \eta|_{f_a}=id|_{f_a}\},\\
&\Phi_{(a,b)}^h(f)=\{\eta\in\Phi^C|\ \exists[c,d]\subset(a,b)\text{使得满足定理 8.1.5 中的}\\
&\quad\text{(8.1.9) 及 (8.1.11) 的 }\eta:f_d\to f_c\text{ 是同胚}\},\\
&\Phi_a^s(f)=\{\phi\in\Phi^C|\ \exists c\in(a,b),\exists\eta:[0,1]\times X\to X\text{连续, 且 }\phi=\eta(1,\cdot),\\
&\quad\text{满足定理 8.1.4 中的 (8.1.5)~(8.1.8)}\},
\end{aligned}$$

其中 $a,b,c,d\in R$.

定义 8.2.2[117] 设 $\mathcal{F}$ 是 X 的一个子集族, Φ 是 X 到 X 的一个映射族, 称 $\mathcal{F}$ 关于 Φ 是不变的, 如果 $\forall A\in\mathcal{F},\forall\varphi\in\Phi,\varphi(A)\in\mathcal{F}$.

定理 8.2.1 (极小极大原理, 张恭庆)[117] 设 $f:X\to R$ 具有强收缩性质 (或形变性质), $\mathcal{F}$ 是 X 的一个子集族, 令

$$C=\inf_{F\in\mathcal{F}}\sup_{x\in F}f(x).\tag{8.2.1}$$

如果 (1) C 是一个有穷数;

(2) $\exists\varepsilon_0>0$, 使得 $\mathcal{F}$ 关于 $\Phi^s_{C-\varepsilon_0}(f)$(或 $\Phi^h_{(C-\varepsilon_0,C+\varepsilon_0)}(f)$) 是不变的, 那么 C 必是 f 的一个临界值.

证明 反证法. 设 C 不是 f 的临界值, 即 $\exists\varepsilon\in(0,\varepsilon_0)$, 使得 $K\cap f^{-1}[C-\varepsilon,C+\varepsilon]=\varnothing$, 由 C 及 inf 的定义知, 存在 $F_0\in\mathcal{F}$, 使得

$$\sup_{x\in F_0}f(x)<C+\frac{\varepsilon}{2},\quad \text{即}F_0\subset f_{C+\frac{\varepsilon}{2}}.$$

但因 f 具有强收缩性质 (或形变性质), 所以有 $\eta:[0,1]\times X\to X,\eta(0,\cdot)=id$, $\eta(t,\cdot)|_{f_{C-\varepsilon}}=id_{f_{C-\varepsilon}},\eta(1,f_{C+\varepsilon/2})\subset f_{C-\varepsilon/2}$, 以及 $f(\eta(t,x))\leqslant f(x)$, 从而 $\phi=\eta(1,\cdot)\in\phi^s_{C-\varepsilon_0}(f)$(或者同胚 $\eta:X\to X$ 适合:$\eta|_{(f^{-1}[C-\varepsilon,C+\varepsilon])^C}=id_{(f^{-1}[C-\varepsilon,C+\varepsilon])^C},\eta:f_{C+\varepsilon/2}\to f_{C-\varepsilon/2},f(\eta(x))\leqslant f(x)$; 从而 $\eta\in\phi^h_{(C-\varepsilon_0,C+\varepsilon_0)}(f)$). 由假设 (2), $\phi(F_0)\in\mathcal{F}$(或 $\eta(F_0)\in\mathcal{F}$). 这蕴含了 $\phi(F_0)\subset\eta(1,f_{C+\varepsilon/2})\subset f_{C-\varepsilon/2}$ 且

$$C\leqslant\sup_{x\in\phi(F_0)}f(x)<C-\frac{\varepsilon}{2}$$

(或用 $\eta(F_0)$ 代 $\phi(F_0)$). 这便是一个矛盾.

推论 8.2.1[117] 设 $f\in C^1(X,R)$,$\mathcal{F}$ 是 X 的一个子集族, C 定义如 (8.2.1), 则当 C 是有穷数, $\mathcal{F}$ 关于映射族 $\phi^C,\phi^f,\phi^r_{C-\varepsilon_0}(f),\phi^h_{(C-\varepsilon_0,C+\varepsilon_0)}(f)$ 或 $\phi^s_{C-\varepsilon_0}(f),\varepsilon_0>0$ 中的任意一个是不变的, 并且 f 在 $f^{-1}[C-\varepsilon_0,\infty)$ 上满足 (P.S.) 条件时, 则 C 就是 f 的一个临界值.

在定理 8.2.1 中, 取 $F=X$, 则有以下推论.

推论 8.2.2[117] 设 $f\in C^1(X,R)$, 满足 (P.S.) 条件, 且 f 有上界, 则 $C=\sup\limits_{x\in X}f(x)$ 是 f 的一个临界值.

上一个推论中 f 用 $-f$ 代替可得:

推论 8.2.3[117] 设 $f\in C^1(X,R)$, 满足 (P.S.) 条件, 且在 X 上有下界, 则 $C=\inf\limits_{x\in X}f(x)$ 是 f 的一个临界值.

从上面的研究过程可以看出, 为了得到形变性质或强收缩性质, 函数满足 (P.S.) 条件是至关重要的. 当用极小极大原理确定临界值 C 时, 如果能事先估计出 C 的范围, 那么 (P.S.) 条件就不须事先整体性假设满足, 只须在 C 的附近成立. 例如, 若已知 $C>0$, 我们只要 $(\text{P.S.})^+$ 条件:

$0<\alpha\leqslant f(x_n)\leqslant\beta<+\infty$, 且 $f'(x_n)\to0$, 则 $\{x_n\}$ 有强收敛子列.

类似地, 可定义 $(\text{P.S.})^-$.

为了减弱 (P.S.) 条件, 1978 年, 意大利数学家 Cerami[21] 提出了现今称之为 (CPS) 的条件:

(1) 若 $\{x_n\},f(x_n)$ 都有界, $f'(x_n)\to0\Rightarrow\{x_n\}$ 有强收敛子列.

(2) $\exists$ 常数 $a,R>0$,s.t 当 $\|x\|>R$ 时有 $\|f'(x)\|\|x\|\geqslant a$.

当用(CPS)条件取代(P.S.)条件时, 上一节的几个形变引理及定理8.2.1等仍成立.

上述 Cerami 的 (CPS) 条件可以以更优美更一般的形式表达, 现在通常称为 Cerami-Palais-Smale 条件, 简称 (CPS) 条件: 设 $f \in C^1(X,R)$, 如果 $\{x_n\} \subset X$ 满足: ① $f(x_n)$ 有界, ② $(1+\|x_n\|)f'(x_n) \to 0$, 则 $\{x_n\}$ 有强收敛子列.

设 $f \in C^1(X,R)$. H.Brézis, J. M. Coron, L.Nirenberg[17] 称下列条件为 $(\mathrm{P.S.})_C$ 条件:

$\{x_n\} \subset X, f(x_n) \to C, f'(x_n) \to 0 \Rightarrow C$ 是 f 的一个临界值.

关于 Palais-Smale 条件的历史和各种推广, 可见 Mawhin 和 Willem 的综述性文献 [71].

8.3 Ambrosetti-Rabinowitz 山路引理及其一些变化形式

1973 年, 意大利著名数学家 Ambrosetti 与美国著名数学家 Rabinowitz 合作提出了无穷维 Banach 空间上的 C^1 泛函的山路定理 (引理), 之后出现了各种推广及其应用.

定理 8.3.1 (山路引理, Ambrosetti-Rabinowitz)[4] 设 $f \in C^1(X,R)$ 在 $f^{-1}(0,+\infty)$ 上满足 (P.S.) 条件; 又设 $\Omega \subset X$ 是 O 的一个开邻域, $x_0 \notin \Omega$; 那么当

$$f(x_0), f(O) \leqslant 0,$$

$$f|_{\partial\Omega} \geqslant \alpha > 0$$

时, $C = \inf\limits_{h\in\Psi} \sup\limits_{t\in[0,1]} f(h(t))$ 是 f 的一个正临界值, 且 $C \geqslant \alpha$, 其中,

$$\Psi = \{h \in C([0,1],X) | h(0)=O, h(1)=x_0\}.$$

注 Brezis-Nirenberg 在 1980's 曾举反例说明山路引理中 (P.S.) 条件的重要性.

例 二元函数 $f(x,y)=x^2+(1-x)^3y^2$, 见以下图 8.3.1:

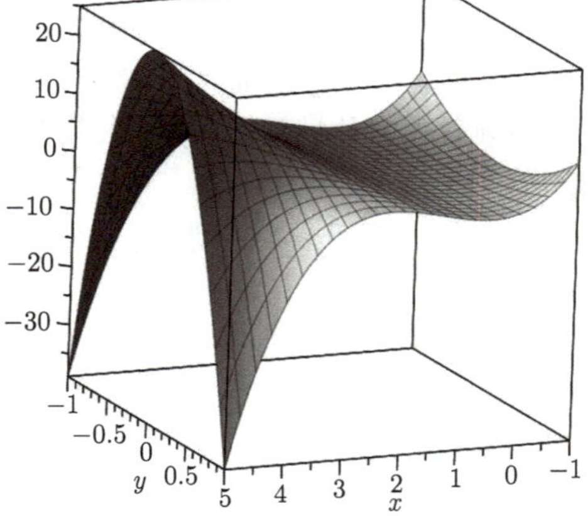

图 8.3.1

令 $\tilde{c}=\inf\left\{f(x,y)|x^2+y^2=\dfrac{1}{4}\right\}$, 则 $\tilde{c}\geqslant\dfrac{1}{8}(8x^2+y^2)\geqslant\dfrac{1}{8}\cdot\dfrac{1}{4}=\dfrac{1}{32}>0$. 易见 $f(0,0)=0, f(4,1)=-11$.

因此, 存在盆地 $\Omega=\{(x,y)\in\mathbb{R}^2|f(x,y)\leqslant\tilde{c}\}$, 但 f 只有唯一临界点 (0,0). 因此不存在临界点 x^* 使得 $f(x^*)=C\geqslant\tilde{c}$.

以下图形是山路引理的几何解释：

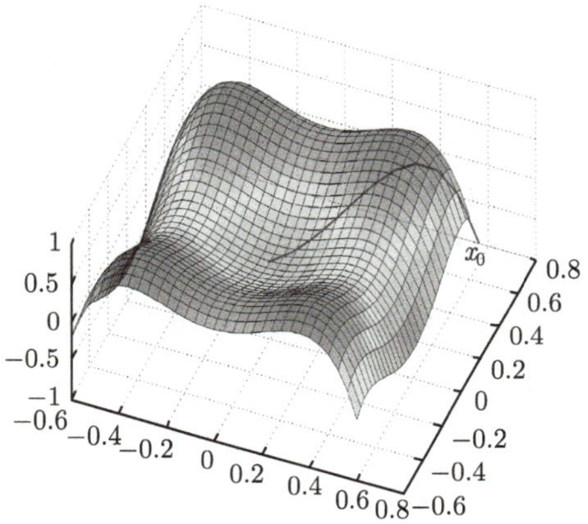

图 8.3.2

1979 年, Benci 与 Rabinawitz 合作提出了环绕的概念[12]:

设 X 是 Banach 空间, $Q\subset X$ 是具有边界 ∂Q 的闭 Banach 流形, 又设 S 是 X 中的一个闭子集.

定义 8.3.1 (Benci-Rabinowitz)[12] 称 ∂Q 与 S 是环绕的, 是指:

(1) $\partial Q\cap S=\varnothing$;

(2) 对任意连续的 $\phi:Q\to X$, 满足 $\phi|_{\partial Q}=id|_{\partial Q}$, 都有

$$\phi(Q)\cap S\neq\varnothing.$$

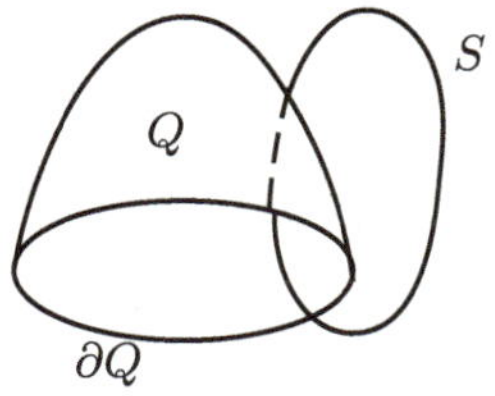

图 8.3.3

若 $f:X\to R$ 在 ∂Q 与 S 上的值是可以分离的, 即有实数 $\beta>\alpha$, 使得

i) $\sup\limits_{x\in\partial Q}f(x)\leqslant\alpha$;

ii) $\inf\limits_{x\in S}f(x)\geqslant\beta$,

则有以下广义山路引理 (特殊情况是 $X_1=\{0\}$).

定理 8.3.2 (广义山路引理, Benci-Rabinowitz)[12]　设 $f \in C^1(X, R)$ 在 $f^{-1}(0, +\infty)$ 上满足 (P.S.) 条件. 设$X = X_1 \bigoplus X_2$,且设$e \in X_2$是单位元, 又设$\exists R > \rho > 0$使

$$f|_{S_\rho \cap X_2} \geqslant \alpha > 0,$$

$$f|_{B_R \cap X_1 \cup (\partial B_R \cap (X_1 + R^1_+ e))} \leqslant 0.$$

则 $C = \inf\limits_{\phi \in \Gamma} \sup\limits_{x \in Q} f(\phi(x))$ 是 f 的一个正临界值, 且 $C \geqslant \alpha$; 其中 $Q = \{x_1 + te | (x_1, t) \in X_1 \times R^1_+, \|x_1\|^2 + t^2 \leqslant R^2\}, S_\rho = \partial B_\rho, \Gamma = \{\phi : Q \to X \text{ 连续}, \phi|_{\partial Q} = id|_{\partial Q}\}$.

定理 8.3.3 (广义山路引理, Ni, Benci-Rabinowitz)[82,12]　设 $f \in C^2(R^N, R)$ 满足 (P.S.) 条件, 设 $S^l = \{x \in R^{l+1} | \|x\| = 1\}, \varphi : S^k \to R^N$ 及 $\psi : S^{N-k-1} \to R^N$ 连续, $\varphi(S^k) \cap \psi(S^{N-k-1}) = \varnothing$(空集), 且有非平凡的环绕. 若

$$f(\varphi(x)) \leqslant C_0 < C_1 \leqslant f(\psi(y)), \quad \forall x \in S^k, \quad \forall y \in S^{N-k-1},$$

则

$$C = \inf_h \max_{x \in B^{k+1}} f(h(x)) \geqslant C_1$$

是 f 的临界值, 其中 h 是 φ 向 R^{k+1} 中单位球体 B^{k+1} 内的连续扩张.

证明　下面的证明方法适合于 Hilbert 空间上 C^{2-0} 泛函 f, 其它情形可适当修改. 反证法. 设由上面所定义的 C 不是 f 的临界值. 对充分小的 ε, 由 (P.S.) 条件, $\exists \alpha > 0$, 使得

$$\|f'(x)\| \geqslant \alpha > 0, \quad \forall x \in \{x | C - \varepsilon < f(x) < C + \varepsilon\}.$$

取 $0 < \varepsilon < C_1 - C_0$. 由 C 的定义, 存在 φ 在 B^{k+1} 内的扩张 h 满足:

$$f(h(x)) \leqslant C + \frac{\varepsilon}{2}, \quad \forall x \in B^{k+1}.$$

定义方程

$$\begin{cases} \dfrac{dx}{dt} = -\eta(x) \dfrac{f'(x)}{\|f'(x)\|^2}, \\ x(0) = x_0, \end{cases}$$

其中 $\eta(x) \in C^{1-0}$, 且满足

$$\eta(x) = \begin{cases} 1, & x \in \left\{ x \middle| C - \dfrac{\varepsilon}{2} < f(x) < C + \dfrac{\varepsilon}{2} \right\}, \\ 0, & \text{其他}. \end{cases}$$

则方程的解局部存在, 记为 $x(t) = x(t, x_0)$. 沿着解曲线, 我们有

$$\frac{d}{dt} f(x(t)) = f'(x) \cdot \frac{dx}{dt} = -\eta(x) \leqslant 0.$$

从而当解的存在区间包含 $[0,\varepsilon]$ 时, 有

$$\int_0^\varepsilon \frac{d}{dt}f(x(t))dt = \int_0^\varepsilon f'(x)\cdot\frac{dx}{dt}dt = \int_0^\varepsilon -\eta(x)dt.$$

当 $x\in f^{-1}\left(C-\frac{\varepsilon}{2},C+\frac{\varepsilon}{2}\right)$ 时, $\eta(x)=1$. 所以由上式可得

$$f(x(\varepsilon))-f(x(0))=-\varepsilon;$$

进一步可断言 $f(x(\varepsilon))\leqslant C-\frac{\varepsilon}{2}$. 下面用反证法, 这是因为若 $\forall x_0\in f^{-1}\left(C-\frac{\varepsilon}{2},C+\frac{\varepsilon}{2}\right)$, 有

$$C-\frac{\varepsilon}{2}<f(x(\varepsilon))<C+\frac{\varepsilon}{2}.$$

则由于 $\frac{d}{dt}f(x(t))\leqslant 0$, 所以有

$$C-\frac{\varepsilon}{2}<f(x(\varepsilon))\leqslant f(x(t))\leqslant f(x(0))<C+\frac{\varepsilon}{2}.$$

则由 η 的定义, $\forall t\in[0,\varepsilon],\eta(x(t))\equiv 1$, 从而 $f(x(\varepsilon))=f(x(0))-\varepsilon<C+\frac{\varepsilon}{2}-\varepsilon\leqslant C-\frac{\varepsilon}{2}$. 产生矛盾, 从而 $f(x(\varepsilon))\leqslant C-\frac{\varepsilon}{2}$. 因为 $f(x(t))$ 沿着流下降. 因此若令

$$\tilde{h}(y)\triangleq x(\varepsilon,h(y)),\quad y\in B^{k+1}.$$

则 $f(\tilde{h}(y))\leqslant C-\frac{\varepsilon}{2}$. 然而, 对 $y\in S^k=\partial B^{k+1}$, 有 $f(\varphi(y))\leqslant C_0<C_1-\varepsilon\leqslant C-\varepsilon<C-\varepsilon/2$. 由环绕性, $h(B^{k+1})\cap\psi(S^{N-k-1})\neq\varnothing$, 不妨设有公共点 $\tilde{x}$, 从而由 C 的定义有

$$\max_{x\in B^{k+1}} f(h(x))\geqslant f(\tilde{x})\geqslant C,$$

而 $\eta(\varphi(y))\equiv 0,\varphi(y)$ 在流下不动. 因此

$$\tilde{h}(y)=x(\varepsilon,h(y))=h(y)=\varphi(y),\quad y\in S^k.$$

因为 h 是 φ 的扩张, 则 $h|_{S^k}=\varphi$, 从而 $\tilde{h}$ 是 φ 的连续扩张.

$$f(\tilde{h}(B^{k+1}))\leqslant C-\frac{\varepsilon}{2},$$

这与下确界定义矛盾.

定理 8.3.4 (Bartolo-Benci-Fortunato)[11] 设 X 是一个 Banach 空间, $f\in C^1(X,R)$ 满足定义 8.3.1 中的 i), ii). 并且在 $f^{-1}[\alpha,+\infty)$ 上满足 (P.S.) 条件. 如果还有 $\sup\limits_{x\in Q} f(x)<+\infty$, 那么 f 必有一个临界值 $C\geqslant\beta$.

证明　记 $\Gamma=\{\varphi:Q\to X$ 连续 $\varphi|_{\partial Q}=id_{\partial Q}\}$. 令

$$\mathcal{H}=\{\varphi(Q)|\varphi\in\Gamma\}.$$

定义

$$C=\inf_{F\in\mathcal{H}}\sup_{x\in F}f(x).$$

则 C 便是所要的 f 的临界值. 事实上, 由定理 8.2.1, 只需验证:

1° $-\infty<C<+\infty$;

2° $\exists\varepsilon>0,\forall\psi:X\to X$ 连续, 满足: $\psi|_{f_{C-\varepsilon}}=id|_{f_{C-\varepsilon}}$ 都有

$$\psi(F)\in\mathcal{H},\quad \forall F\in\mathcal{H}.$$

对 1°, 因为 $id\in\Gamma$, 所以 $Q\in\mathcal{H}$, 由假设 $C\leqslant\sup\limits_{x\in Q}f(x)<+\infty$, 又由定义 8.3.1 的 ii) 及环绕性,

$$\sup_{x\in F}f(x)\geqslant\inf_{x\in S}f(x)\geqslant\beta,\quad \forall F\in\mathcal{H}.$$

由此导出: C 有穷并且 $C\geqslant\beta$.

为证 2°, 取 $\varepsilon\in(0,\beta-\alpha)$, 则 $\alpha\leqslant C-\varepsilon$, 则由条件 i) 有 $\partial Q\subset f_{C-\varepsilon}$. 故由 $\psi|_{f_{C-\varepsilon}}=id|_{f_{C-\varepsilon}}$ 有 $\psi|_{\partial Q}=id|_{\partial Q}$. 此外, $\forall\varphi\in\Gamma$, 显然 $\psi\circ\varphi:Q\to X$ 连续, 且 $\psi\circ\varphi|_{\partial Q}=id_{\partial Q}$. 所以 $\psi\circ\varphi\in\Gamma$. 即得 $\psi(F)\in\mathcal{H},\forall F\in\mathcal{H}$.

由定理 8.3.4 即可证明定理 8.3.1 和定理 8.3.2.

张恭庆研究了山路引理的另外的变化形式.

1981 年, 张恭庆在他的著名论文 [120] 中还研究了 Banach 空间上的局部 Lipschitz 泛函的临界点理论, 得到许多有重要意义的结果, 事实上, 前述的结果都可推广到局部 Lipschitz 泛函 $f\in C^{1-0}(X,R)$. 这里仅列其中之一:

定理 8.3.5 (张恭庆)[117,119,120]　设 $f\in C^{1-0}(X,R)$, 先定义 Clarke 广义梯度 ([28]):

$$\partial f(x)=\{x^*\in X^*:\langle x^*,v\rangle\leqslant f^0(x,v),\forall v\in X\},$$

其中 $f^0(x,v)=\limsup\limits_{w\to x,t\downarrow 0}\dfrac{f(w+tv)-f(w)}{t}$. 称 f 满足 (P.S.) 条件: 若 $\{x_n\}\subset X$ 满足 $|f(x_n)|\leqslant M$ 且 $\min\limits_{y^*\in\partial f(x_n)}\|y^*\|\to 0$, 则 $\{x_n\}$ 有强收敛子列.

又若存在 $\alpha\in R$ 使

$$\sup_{x\in\partial Q}f(x)\leqslant\alpha;\text{且}\forall x\in S,\quad f(x)>\alpha,$$

其中 S 与 ∂Q 是环绕的. 又设 $\sup_{x\in Q}f(x)<+\infty$ 且 f 的每个临界值只对应着有穷多个临界点. 则 f 必有一个临界值 $C>\alpha$.

证明见文献 [117], [119], [120].

史树中[100] 利用 Ekeland 变分原理非常巧妙地证明了关于局部 Lipschitz 函数的许多极小极大原理, 有兴趣的读者, 可以查阅文献 [100] 或者附录 7.

8.4 山路引理在椭圆边值问题中的应用

山路引理有许许多多应用, 由于篇幅所限, 这里仅给出它在超线性椭圆边值问题中的两个应用.

定理 8.4.1 (Ambrosetti-Rabinowitz)[4] 设 $\Omega \subset R^d$ 为一有界区域, $2 < p < \dfrac{2d}{d-2}(d>2)$ (若 $d=1,2$, 则 $2<p<+\infty$). 则 Dirichlet 问题 (P):

$$\begin{cases} -\Delta u - |u|^{p-2}u = 0, & x \in \Omega, \\ u|_{\partial\Omega} = 0 \end{cases}$$

至少有一个非零弱解.

证明 我们参考 Jost[56] 中的证明. 在 $W_0^{1,2}(\Omega)$ 上定义变分泛函:

$$F(u) = \frac{1}{2}\int_\Omega |Du|^2 dx - \frac{1}{p}\int_\Omega |u|^p dx. \tag{8.4.1}$$

下证泛函 $F(u)$ 在 $W_0^{1,2}(\Omega)$ 上连续. 这是因为 $\forall u_n \to \tilde{u}_0$(按 $W_0^{1,2}$ 范数), 即

$$\|u_n - \tilde{u}_0\|_2 + \|Du_n - D\tilde{u}_0\|_2 \to 0.$$

由已知条件当 $d>2$ 时, $2<p<\dfrac{2d}{d-2}$; $d=1$ 或者 2 时, p 可取 $(2,+\infty)$ 中任何数, 易见这三种情形下的 Sobolev 不等式均成立 $\|u\|_p \leqslant C\|u\|_{W_0^{1,2}}$, 即

$$\big|\|u_n\|_p - \|\tilde{u}_0\|_p\big| \leqslant \|u_n - \tilde{u}_0\|_p \leqslant C\|u_n - \tilde{u}_0\|_{W_0^{1,2}},$$

所以 $F(u_n) \to F(\tilde{u}_0), \forall u_n \to \tilde{u}_0$(按 $W_0^{1,2}$ 范数). 下面进一步证明 F 是可微的. 令 $\varphi(t) = F(u+tv), v \in W_0^{1,2}(\Omega)$. 则

$$\varphi'(0) = \int_\Omega Du \cdot Dv - \int_\Omega |u|^{p-2} \cdot uvdx \triangleq DF(u) \cdot v. \tag{8.4.2}$$

由于 (8.4.2), 则 F 的临界点是 (P) 的弱解. 又

$$\int_\Omega Du \cdot Dvdx \leqslant \left(\int |Du|^2 dx\right)^{1/2} \left(\int (|Dv|^2 dx\right)^{1/2} \leqslant C\|v\|_{W_0^{1,2}},$$

所以 $v \mapsto \displaystyle\int_\Omega Du \cdot Dvdx$ 在 $W_0^{1,2}(\Omega)$ 上是连续的. 而由 Hölder 不等式, 有

$$\begin{aligned} \left|\int_\Omega |u|^{p-2} \cdot uvdx\right| &\leqslant \left(\int (|u|^p) dx\right)^{\frac{p-1}{p}} \left(\int_\Omega |v|^p dx\right)^{1/p} \\ &\leqslant C_0 \|u\|_{W_0^{1,2}}^{p-1} \cdot \|v\|_{W_0^{1,2}}, \end{aligned}$$

即 $v \mapsto \int_\Omega |u|^{p-2}uvdx$ 在 $W_0^{1,2}(\Omega)$ 上也连续. 但不能说明 $F \in C^1(W_0^{1,2}(\Omega), R)$(可参考引理 8.4.3). 下面关于 F 验证 Palais-Smale 条件. 设 $\{u_n\} \subset W_0^{1,2}(\Omega)$ 满足

$$|F(u_n)| \leqslant C_1, \quad C_1 \geqslant 0, \tag{8.4.3}$$

$$\|DF(u_n)\| \to 0 \quad (n \to \infty). \tag{8.4.4}$$

则

$$\left|\frac{1}{2}\int_\Omega |Du_n|^2 dx - \frac{1}{p}\int_\Omega |u_n|^p dx\right| \leqslant C_1, \tag{8.4.5}$$

$$\|DF(u_n)\| = \sup_{v \in W_0^{1,2}, \|v\|_{W_0^{1,2}} \leqslant 1} \left|\int_\Omega Du_n Dv - |u_n|^{p-2}u_n v dx\right| \to 0, \tag{8.4.6}$$

在 (8.4.6) 中, 令 $v = \dfrac{-u_n}{\|u_n\|_{W_0^{1,2}}}$, 则有

$$-\int_\Omega |Du_n|^2 dx + \int |u_n|^p dx \leqslant C_2 \|u_n\|_{W_0^{1,2}}, \tag{8.4.7}$$

所以由 (8.4.5) 和 (8.4.7) 可得

$$\left(\frac{1}{2} - \frac{1}{p}\right)\int |Du_n|^2 \leqslant C_1 + \frac{C_2}{p}||u_n||_{W_0^{1,2}}.$$

因为 $p > 2$, 由 Poincaré 不等式及上式知,

$$\|u_n\|_{W_0^{1,2}(\Omega)} \leqslant C_2. \tag{8.4.8}$$

即 $\{u_n\}$ 是 $W_0^{1,2}(\Omega)$ 中有界序列. 下证 $\{u_n\}$ 存在收敛子列. 由 (8.4.8) 可知, $\forall n, m \in N, \|u_n - u_m\|_{W_0^{1,2}(\Omega)} \leqslant C_3$, 从而又由 (8.4.6) 式有

$$\int Du_n \cdot D(u_n - u_m) - |u_n|^{p-2}u_n(u_n - u_m)dx \to 0. \tag{8.4.9}$$

另一方面, 由于 $\|u_n\|_{W_0^{1,2}}$ 有界, 故由 Rellich-Kondrachev 紧嵌入定理, 可知存在 $\{u_n\}$ 中子列, 不妨仍记为 u_n, 是 $L^p(\Omega)$ 中 Cauchy 列. 则由 Hölder 不等式有

$$\begin{aligned}&\left|\int |u_n|^{p-2}u_n(u_n - u_m)dx\right| \\ \leqslant &\left(\int |u_n|^p dx\right)^{\frac{p-1}{p}} \left(\int |u_n - u_m|^p dx\right)^{1/p} \to 0 \\ &(n, m \to \infty).\end{aligned} \tag{8.4.10}$$

由 (8.4.9) 和 (8.4.10) 可知

$$\int Du_n \cdot D(u_n - u_m)dx \to 0 \quad (n, m \to \infty), \tag{8.4.11}$$

交换 m, n 可得

$$\int Du_m \cdot D(u_m - u_n)dx \to 0 \quad (n, m \to \infty). \tag{8.4.12}$$

上面两式相加即得

$$\int |Du_n - Du_m|^2 dx \to 0 \quad (n, m \to \infty), \tag{8.4.13}$$

即 $\{u_n\}$ 是 $W_0^{1,2}(\Omega)$ 中基本列. 由于 $W_0^{1,2}(\Omega)$ 空间是完备的, 故 $\exists \tilde{u} \in W_0^{1,2}(\Omega)$, s.t $u_n \to \tilde{u}$(按 $W_0^{1,2}$ 范数). 所以 $F(u)$ 满足 (P.S.) 条件. 下面我们验证 $F(u)$ 满足山路引理的其他条件. 显然 $F(0) = 0$. 由 Sobolev 嵌入定理和 Poincaré 不等式有

$$\left(\int_\Omega |u|^p\right)^{1/p} \leqslant C_4 \left(\int_\Omega |Du|^2 dx\right)^{1/2} \leqslant C_4 \|u\|_{W_0^{1,2}},$$

所以

$$\begin{aligned} F(u) &= \frac{1}{2}\int_\Omega |Du|^2 dx - \frac{1}{p}\int_\Omega |u|^p dx \\ &\geqslant \left(\frac{1}{2} - C_5 \|u\|_{W_0^{1,2}}^{p-2}\right) \|u\|_{W_0^{1,2}}^2. \end{aligned}$$

当 $\|u\|_{W_0^{1,2}} = \rho$ 充分小时, 则由 $p > 2$ 可知

$$F(u) \geqslant \beta > 0.$$

最后, 选取 $u_2 \in W_0^{1,2}(\Omega)$, s.t. $\displaystyle\int_\Omega |u_2|^p dx \neq 0$. 则对充分大的 $\lambda > 0, u_1 = \lambda u_2$ 满足

$$F(u_1) = \frac{\lambda^2}{2}\int_\Omega |Du_2|^2 dx - \frac{\lambda^p}{p}\int_\Omega |u_2|^p dx < 0.$$

所以由山路引理, F 存在临界值大于 0 的临界点, 即方程 (8.4.1)-(8.4.2) 有一个非零解.

为了用山路引理研究比 (8.4.1) 更一般的超线性椭圆边值问题, 我们需要几个著名引理.

引理 8.4.1 (Krasnosel'skii 定理)[51,91,117] 设 $\Omega \subset R^n$ 是 Lebesgue 可测集, f 满足 Carathéodory 条件, 即: (1) 对 a.e. $x \in \Omega, t \mapsto f(x,t)$ 连续; (2) $\forall t \in R, x \mapsto f(x,t)$ 是 Lebesgue 可测. 若 $|f(x,t)| \leqslant a|t|^{p_1/p_2} + b(x)$, 其中 $a > 0, p_1, p_2 \geqslant 1, b \in L^{p_2}(\Omega)$, 则 Nemytskii 算子 $A: u(x) \mapsto f(x, u(x))$ 是从 $L^{p_1}(\Omega)$ 到 $L^{p_2}(\Omega)$ 的有界连续算子.

证 (1) 由 Carathéodory 条件, A 把可测函数映为可测函数. 先证算子 A 的有界性:

由关于范数的 Minkowski 不等式有

$$\begin{aligned}||Au||_{p_2} &= ||f(x,u(x)||_{p_2} \leqslant \left\|a|u|^{p_1/p_2}\right\|_{p_2} + ||b||_{p_2} \\ &= a||u||_{p_1}^{p_1/p_2} + ||b||_{p_2}\end{aligned}$$

故 A 将 L^{p_1} 中的有界集映为 L^{p_2} 中的有界集, 即 A 是非线性有界算子.

(2) 下面证明 A 是从 L^{p_1} 到 L^{p_2} 的非线性连续算子:

用反证法, 若 A 不连续, 则 $\exists\varepsilon_0 > 0$ 及 $\{u_n|n=1,2,\cdots\} \subset L^{p_1}$ 及 $\tilde{u} \in L^{p_1}$ 使

$$\begin{aligned}&||u_n - \tilde{u}||_{p_1} \to 0 \\ &||Au_n - A\widetilde{u}||_{p_2} \geqslant \varepsilon_0\end{aligned}$$

令

$$\begin{aligned}f_n(x) &= f(x,u_n(x)) \\ g_n(x) &= a|u_n(x)|^{p_1/p_2} + b(x)\end{aligned}$$

则由 L^p 收敛与几乎处处收敛的关系定理 [16] 可知 u_n 可以选取子列, 仍记为 u_n, 它几乎处处收敛于 $\tilde{u}$ 且 $\exists h \in L^{p_1}(\Omega)$ 使 $|u_n(x)| \leqslant h(x)$. 从而 f_n, g_n 存在子列, 仍记为 f_n, g_n 使得

$$\begin{aligned}&f_n \to \tilde{f}, \quad a.e. x \in \Omega \\ &g_n \to \tilde{g}, \quad a.e. x \in \Omega\end{aligned}$$

且由 Minkowski 不等式,$\exists h_1(x) \in L^{p_2}(\Omega)$ 使 $|g_n(x)| \leqslant h_1(x), a.e. x \in \Omega$.

注意 $|u_n|^{p_1} \to |\tilde{u}|^{p_1}$ 几乎处处成立.

故由 Fatou 引理有

$$\begin{aligned}&\varliminf_{n\to\infty}\int_\Omega \left[|u_n|^{p_1} + |\tilde{u}|^{p_1} - ||u_n|^{p_1} - |\tilde{u}|^{p_1}|\right] d\mu \\ \geqslant &\int_\Omega \varliminf_{n\to\infty} \left[|u_n|^{p_1} + |\tilde{u}|^{p_1} - ||u_n|^{p_1} - |\tilde{u}|^{p_1}|\right] d\mu;\end{aligned}$$

$$2\int_\Omega |\tilde{u}|^{p_1} d\mu - \varlimsup_{n\to\infty}\int_\Omega ||u_n|^{p_1} - |\tilde{u}|^{p_1}|\, d\mu \geqslant 2\int_\Omega |\tilde{u}|^{p_1} d\mu$$

故有

$$\lim_{n\to\infty}\int_\Omega ||u_n|^{p_1} - |\tilde{u}|^{p_1}|\, d\mu = 0$$

但我们注意到以下初等不等式:

(1) $\forall s \geqslant 1, \forall a \geqslant b$ 有

$$(a-b)^s \leqslant a^s - b^s$$

(2) $0 < s < 1, \forall a \geqslant b$ 有

$$(a-b)^s \geqslant a^s - b^s$$

注意到上面初等不等式及 $p_2 \geqslant 1$, 此时可以推出以下不等式:

$$\int_\Omega |g_n - \tilde{g}|^{p_2} d\mu = a^{p_2} \int_\Omega \left| |u_n|^{p_1/p_2} - |\tilde{u}|^{p_1/p_2} \right|^{p_2} d\mu$$

$$\leqslant a^{p_2} \int_\Omega \left| |u_n|^{p_1} - |\tilde{u}|^{p_1} \right| d\mu \to 0, n \to +\infty$$

但我们由上式不能证明以下极限:

$$\int_\Omega |g_n|^{p_2} d\mu \to \int_\Omega |\tilde{g}|^{p_2} d\mu$$

这是因为 $p_2 \geqslant 1, |g_n - \tilde{g}|^{p_2} \leqslant \left| |g_n|^{p_2} - |\tilde{g}|^{p_2} \right|$. 尽管 $\int_\Omega |g_n - \tilde{g}|^{p_2} d\mu \to 0$, 但我们推不出以下极限:

$$\int_\Omega \left| |g_n|^{p_2} - |\tilde{g}|^{p_2} \right| d\mu \to 0$$

这里我们需要用 Lebesgue 控制收敛定理, 因为前面已说明:

$$g_n \to \tilde{g}, a.e. x \in \Omega;$$
$$|g_n(x)| \leqslant h_1(x), a.e. x \in \Omega;$$
$$h_1(x) \in L^{p_2}(\Omega).$$

故在 Ω 上几乎处处有:

$$|g_n|^{p_2} \to |\tilde{g}|^{p_2} \leqslant |h_1(x)|^{p_2} \in L^1(\Omega),$$
$$|g_n(x)|^{p_2} \leqslant |h_1(x)|^{p_2} \in L^1(\Omega)$$

再应用以下初等不等式:

$$|f_n - \tilde{f}|^{p_2} \leqslant 2^{p_2}(|f_n|^{p_2} + |\tilde{f}|^{p_2}) \leqslant 2^{p_2}(|g_n|^{p_2} + |\tilde{g}|^{p_2}) \leqslant 2^{p_2}(|h_1|^{p_2} + |\tilde{g}|^{p_2})$$

由于 $f_n \to \tilde{f}$, 故由 Lebesgue 控制收敛定理有 $\displaystyle\int_\Omega \lim_{n\to\infty} |f_n - \tilde{f}|^{p_2} d\mu = 0$.

此时应用 Fatou 引理有

$$\int_\Omega \varliminf_{n\to\infty} \left[2^{p_2}(|g_n|^{p_2} + |\tilde{g}|^{p_2}) - |f_n - \tilde{f}|^{p_2} \right] d\mu$$

$$\leqslant \varliminf_{n\to\infty} \int_\Omega \left[2^{p_2}(|g_n|^{p_2} + |\tilde{g}|^{p_2}) - |f_n - \tilde{f}|^{p_2} \right] d\mu$$

又由于 $g_n \to \tilde{g}$ 几乎处处收敛, 因此有:

$$2^{p_2+1}\int_\Omega |\tilde{g}|^{p_2}d\mu \leqslant 2^{p_2+1}\int_\Omega |\tilde{g}|^{p_2}d\mu - \overline{\lim_{n\to\infty}}\int_\Omega |f_n-\tilde{f}|^{p_2}d\mu$$

故有

$$\lim_{n\to\infty}\int_\Omega |f_n-\tilde{f}|^{p_2}d\mu = 0,$$

这与 $||Au_n - A\tilde{u}||_{p_2} \geqslant \varepsilon_0$ 矛盾.

引理 8.4.2[118] 设 X, Y 是 Banach 空间, A 是从 X 到 Y 的线性算子, 且设 A 是紧算子, 即 A 把 X 中有界集映为 Y 中列紧集, 则 $\forall x_n \rightharpoonup x$, 成立

$$||Ax_n - Ax|| \to 0$$

证 用反证法, 若结论不成立, 则 $\exists \varepsilon_0 > 0$ 及 $n_k \in N^+$ 使

$$||Ax_{n_k} - Ax|| \geqslant \varepsilon_0$$

由于 $x_n \rightharpoonup x$, 则由共鸣定理知, $\{x_n\}$ 按 X 中范数有界, 又由于 $A: X \to Y$ 是紧算子, 故可从 $\{x_n\}$ 中抽取子列 $\{x_{n_k}\}$ 使 $||Ax_{n_k} - z|| \to 0$.

又注意到 A 的线性性及 $\forall \tilde{x} \in X$ 有等式:

$$<(A\tilde{x})^*, Ax_{n_k} - Ax> = <A^*(A\tilde{x})^*, x_{n_k} - x>$$

但也注意到一般地, $A: X \to Y$ 可能不是满射, 故我们不能得到 $(AX)^* = Y^*$, 因此从上式及 $x_{n_k} \rightharpoonup x$ 不能直接得到 $Ax_{n_k} \rightharpoonup Ax$. 但我们注意到 $\forall g \in Y^*$ 成立等式:

$$<g, Ax_{n_k} - Ax> = <A^*g, x_{n_k} - x>$$

故由上式及 $x_{n_k} \rightharpoonup x$ 知 $Ax_{n_k} \rightharpoonup Ax$, 故由弱极限的唯一性知 $z = Ax$, 故得出矛盾:

$$||Ax_{n_k} - Ax|| \geqslant \varepsilon_0,$$
$$|Ax_{n_k} - Ax|| \to 0.$$

引理 8.4.3 (Rabinowitz)[91] 设 $\Omega \subset R^n$ 是有界开集, $\partial\Omega$ 是 C^1 光滑的, 设 p 满足:

(p_1) $p(x,\xi) \in C(\bar{\Omega} \times R, R)$;

(p_2) $\exists a_1, a_2 > 0$, 使得当 $0 \leqslant s < \dfrac{n+2}{n-2}, n \geqslant 3$ 时,

$$|p(x,\xi)| \leqslant a_1 + a_2|\xi|^s. \tag{8.4.14}$$

令 $P(x,\xi)=\int_0^\xi p(x,t)dt$,

$$I(u)=\int_\Omega\left(\frac{1}{2}|Du|^2-P(x,u)\right)dx. \tag{8.4.15}$$

则 $I\in C^1(W_0^{1,2}(\Omega),R)$ 且 $\forall\varphi\in E\triangleq W_0^{1,2}(\Omega)$,

$$I'(u)\varphi=\int_\Omega(Du\cdot D\varphi-p(x,u)\varphi)dx; \tag{8.4.16}$$

进一步, $J(u)=\int_\Omega P(x,u(x))dx$ 弱连续且 $J'(u)$ 是紧的.

证明 由 (p_2) 有

$$|P(x,\xi)|\leqslant a_1|\xi|+\frac{1}{s+1}|\xi|^{s+1}$$
$$\int_\Omega|P(x,u)|dx\leqslant a_1\int_\Omega|u|dx+\frac{1}{s+1}\int_\Omega|u|^{s+1}dx$$

由 $0\leqslant s<\frac{n+2}{n-2}$ 知 $1\leqslant s+1<\frac{2n}{n-2}$, 故由 Hölder 不等式及 Sobolev 嵌入定理有

$$||u||_1\leqslant c||u||_{s+1}\leqslant\tilde{c}||u||_{W_0^{1,2}}\triangleq\tilde{c}||u||$$

故对 $\forall u\in W_0^{1,2}(\Omega)$ 成立:

$$-\infty<I(u)=\int_\Omega(\frac{1}{2}|Du|^2-P(x,u))dx<+\infty;$$

类似地, 可以证明 (8.4.16) 右边的积分也是有意义的.

显然 $K(u)=\frac{1}{2}\int_\Omega|Du|^2=\frac{1}{2}||u||^2_{W_0^{1,2}}$ 是 C^1 的且

$$K'(u)\varphi=\int_\Omega Du\cdot D\varphi dx,\qquad\forall\varphi\in E=W_0^{1,2}(\Omega)$$

下证 $J(u)\in C^1(E,R)$, 分二步进行, 第 1 步证明 J 在 E 上 Fréchet 可微, 第 2 步证明 $J'(u)$ 连续.

第 1 步. 我们证明 J 在 E 上 Fréchet 可微, 即证对任意给定 $u,\varphi\in E,\forall\varepsilon>0$, 我们断言 $\exists\delta=\delta(\varepsilon,u)$, 使当 $||\varphi||\leqslant\delta$ 时成立

$$|J(u+\varphi)-J(u)-\int_\Omega p(x,u)\varphi dx|\leqslant\varepsilon||\varphi|| \tag{8.4.17}$$

令

$$\psi\equiv|P(x,u(x)+\varphi(x))-P(x,u(x))-p(x,u(x))\varphi(x)|$$

则显然成立

$$|J(u+\varphi)-J(u)-\int_\Omega p(x,u)\varphi dx|\leqslant\int_\Omega \psi dx \tag{8.4.18}$$

设 $\beta,\gamma\geqslant 0$, 定义:

$$\Omega_1=\{x\in\bar{\Omega}|\ |u(x)|\geqslant\beta\},$$
$$\Omega_2=\{x\in\bar{\Omega}|\ |\varphi(x)|\geqslant\gamma\},$$
$$\Omega_3=\{x\in\bar{\Omega}|\ ||u(x)|\leqslant\beta\text{且}|\varphi(x)|\leqslant\gamma\}$$

故有 $\cup_{i=1}^3\Omega_i\supset\Omega$ 且成立:

$$\int_\Omega \psi dx\leqslant\sum_{i=1}^3\int_{\Omega_i}\psi dx \tag{8.4.19}$$

由平均值定理, $\exists\theta\in(0,1)$ 使

$$P(x,\xi+\eta)-P(x,\xi)=p(x,\xi+\theta\eta)\eta \tag{8.4.20}$$

故由上式及条件 (p_2) 及三角不等式及初等不等式 $(|u|+|\varphi|)^s\leqslant 2^s(|u|^s+|\varphi|^s)$ 及二个和三个函数乘积积分的 Hölder 不等式有以下估计:

$$\begin{aligned}
&\int_{\Omega_1}|P(x,u(x)+\varphi(x))-P(x,u(x))|dx\\
\leqslant&\int_{\Omega_1}[a_1+a_2(|u(x)|+|\varphi(x)|)^s]\cdot|\varphi(x)|dx\\
\leqslant&\int_{\Omega_1}[a_1+2^s\cdot a_2(|u(x)|^s+|\varphi(x)|^s)]\cdot|\varphi(x)|dx]\\
\leqslant& a_1|\Omega_1|^{(n+2)/2n}\cdot||\varphi||_{L^{2n/(n-2)}(\Omega)}+a_3|\Omega_1|^{1/\sigma}[||u||^s_{L^{s+1}(\Omega)}\\
&+||\varphi||^s_{L^{s+1}(\Omega)}]\cdot||\varphi||_{L^{2n/(n-2)}(\Omega)},
\end{aligned} \tag{8.4.21}$$

这里

$$\frac{1}{\sigma}+\frac{s}{s+1}+\frac{n-2}{2n}=1 \tag{8.4.22}$$

注意到由 $0<s<\frac{n+2}{n-2}$ 有

$$\frac{s}{s+1}+\frac{n-2}{2n}=\frac{1}{1+(\frac{1}{s})}+\frac{n-2}{2n}<1$$

故存在 $\sigma>1$ 满足 (8.4.22) 及 (8.4.21).

由 Sobolev 嵌入定理及 (8.4.21) 有

$$\begin{aligned}
&\int_{\Omega_1}|P(x,u(x)+\varphi(x)-P(x,u(x))|dx\\
\leqslant& a_4||\varphi||\cdot\left[|\Omega_1|^{(n+2)/2n}+|\Omega_1|^{1/\sigma}(||u||^s+||\varphi||^s)\right]
\end{aligned} \tag{8.4.23}$$

相似地证明有

$$\int_{\Omega_1} |p(x,u(x))\varphi(x)|dx \leqslant a_5||\varphi|| \cdot \left[|\Omega_1|^{(n+2)/2n} + |\Omega_1|^{1/\sigma} \cdot ||u||^s\right]. \tag{8.4.24}$$

由 Sobolev 嵌入不等式及 Ω_1 的定义和 Hölder 不等式有

$$||u|| \geqslant a_6||u||_{L^2(\Omega)} \geqslant a_6||u||_{L^2(\Omega_1)} \geqslant a_6\beta|\Omega_1|^{1/2} \tag{8.4.25}$$

因此,

$$|\Omega_1|^{1/\sigma} \leqslant \left(\frac{||u||}{a_6\beta}\right)^{2/\sigma} \equiv M_1,\ |\Omega_1|^{(n+2)/2n} \leqslant \left(\frac{||u||}{a_6\beta}\right)^{(n+2)/n} \equiv M_2 \tag{8.4.26}$$

显然当 $\beta \to +\infty$ 时, $M_1, M_2 \to 0$. 给合 (8.4.21)-(8.4.26) 有

$$\int_{\Omega_1} \psi dx \leqslant a_7\left[M_2 + M_1(||u||^s + ||\varphi||^s)\right] \cdot ||\varphi|| \tag{8.4.27}$$

我们可以假设 $\delta \leqslant 1$. 进一步选取 β 充分大使

$$a_7\left[M_2 + M_1(||u||^s + 1)\right] \leqslant \frac{\varepsilon}{3}$$

因此

$$\int_{\Omega_1} \psi dx \leqslant \frac{\varepsilon}{3}||\varphi|| \tag{8.4.28}$$

相似于上面的估计过程可以证明

$$\begin{aligned}\int_{\Omega_2} \psi dx &\leqslant \tilde{a}_3 \int_{\Omega_2} \left[1 + (|u(x)| + |\varphi(x)|)^s|\varphi(x)|\right] dx \\ &\leqslant \tilde{a}_4 \left(\int_{\Omega_2} \left[1 + (|u(x)| + |\varphi(x)|)^s\right]^{\frac{(s+1)}{s}} dx\right)^{s/(s+1)} \cdot ||\varphi||_{L^{s+1}(\Omega)} \\ &\leqslant \tilde{a}_5(1 + ||u||^s + ||\varphi||^s) \left(\int_{\Omega_2} |\varphi(x)|^{s+1} \left(\frac{|\varphi(x)|}{\gamma}\right)^{m-(s+1)} dx\right)^{1/(s+1)}\end{aligned} \tag{8.4.29}$$

其中 $m = \frac{2n}{n-2} > s+1$.

因此有

$$\int_{\Omega_2} \psi dx \leqslant \tilde{a}_6\gamma^{(s+1-m)/(s+1)} \cdot (1 + ||u||^s + ||\varphi||^s) \cdot ||\varphi||^{\frac{m}{s+1}} \tag{8.4.30}$$

又因为 $p \in C(\bar{\Omega}\times R, R)$, 则 P 对第二个变元是 C^1 的, 则 $\forall\hat{\varepsilon}, \hat{\beta} > 0, \exists\hat{\gamma} = \hat{\gamma}(\hat{\varepsilon}, \hat{\beta})$ 使 $\forall x \in \bar{\Omega}, |\xi| \leqslant \hat{\beta}$ 且 $|h| \leqslant \hat{\gamma}$ 时,

$$|P(x, \xi + h) - P(x, \xi) - p(x, \xi)h| \leqslant \hat{\varepsilon}|h| \tag{8.4.31}$$

特别地如 $\hat{\beta} \equiv \beta$ 且 $\gamma \leqslant \hat{\gamma}$, 由 Sobolev 不等式及 (8.4.31) 有

$$\int_{\Omega_3} \psi dx \leqslant \hat{\varepsilon} \int_{\Omega_3} |\varphi(x)| dx \leqslant \tilde{a}_7 \hat{\varepsilon} ||\varphi|| \tag{8.4.32}$$

选取 $\hat{\varepsilon}$ 使 $3\tilde{a}_7\hat{\varepsilon} \leqslant \varepsilon$, 由此决定出 $\hat{\gamma}$. 选取 $\gamma = \hat{\gamma}$. 结合 (8.4.19),(8.4.28),(8.4.30) 及 (8.4.32) 有

$$\int_{\Omega} \psi dx \leqslant \frac{2\varepsilon}{3} ||\varphi|| + \tilde{a}_6 \gamma^{(s+1-m)/(s+1)} \cdot (1 + ||u||^s + ||\varphi||^s) \cdot ||\varphi||^{\frac{m}{s+1}} \tag{8.4.33}$$

注意到可设 $||\varphi|| \leqslant \delta < 1$, 故由上式估计, 最后选取 δ 充分小使

$$\tilde{a}_6 \gamma^{1-m/(s+1)} \cdot (2 + ||u||^s) \delta^{\frac{m}{s+1}-1} \leqslant \frac{\varepsilon}{3} \tag{8.4.34}$$

因此获得 (8.4.17):

$$\int_{\Omega} \psi dx \leqslant \frac{2\varepsilon}{3} ||\varphi|| + \frac{\varepsilon}{3} ||\varphi|| = \varepsilon \cdot ||\varphi||$$

下面证 $J'(u)$ 连续.

设 $\{u_m\}$ 在 E 中收敛于 u, 则由紧嵌入定理有

$$||u_m - u||_{L^{s+1}} \to 0$$

由三个函数乘积的 Hölder 不等式及嵌入不等式有

$$\begin{aligned} ||J'(u_m) - J'(u)|| &= \sup_{||\varphi|| \leqslant 1} \left| \int_{\Omega} (p(x, u_m(x)) - p(x, \varphi(x)))\varphi(x) dx \right| \\ &\leqslant |\Omega|^{\frac{1}{\sigma}} \cdot ||\varphi||_{\frac{2n}{n-2}} \cdot ||p(\cdot, u_m) - p(\cdot, u)||_{L^{(s+1)/s}(\Omega)} \quad (8.4.35) \\ &= \tilde{a}_7 ||p(\cdot, u_m) - p(\cdot, u)||_{L^{(s+1)/s}(\Omega)}, \quad (8.4.36) \end{aligned}$$

其中 $\frac{1}{\sigma} + \frac{n-2}{2n} + \frac{s}{s+1} = 1$.

由条件 $(p_2), \forall \alpha \geqslant 1, \forall x \in \bar{\Omega}, \xi \in R$ 有

$$|p(x, \xi)| \leqslant a_1 + a_2 |\xi|^{\alpha s/\alpha}$$

因此由 Krasnosel'skii 定理知, $p \in C(L^{\alpha s}(\Omega), L^{\alpha}(\Omega))$.

选取 $\alpha = \frac{s+1}{s}$, 则当 $m \to +\infty$ 时, (8.4.36) 右端逼近 0, 故 J' 连续.

我们下面证明 J 是弱连续的.

设在 E 中 $u_m \rightharpoonup u$, 则由 $s + 1 < \frac{2n}{n-2}$, 并且由 Sobolev 紧嵌入定理知,

$$||u_m - u||_{L^{s+1}(\Omega)} \to 0$$

又

$$|P(x,\xi)| \equiv \left|\int_0^{\xi} p(x,t)dt\right| \leqslant \left|\int_0^{|\xi|}(a_1+a_2|t|^s)dt\right|$$
$$= a_1|\xi| + \frac{1}{s+1}|\xi|^{s+1} \leqslant \tilde{a}_1 + \tilde{a}_2|\xi|^{s+1}$$

故由 Krasnosel'skii 定理知, $P(x,u) \in C(L^{s+1}, L^1)$, 即 $||P(x,u_m)-P(x,u)||_{L^1} \to 0$, 也即 $\int_\Omega |P(x,u_m)-P(x,u)|dx \to 0$.

故

$$\left|\int_\Omega (P(x,u_m)-P(x,u))dx\right| = |J(u_m)-J(u)| \to 0$$

即 $J(u_m) \to J(u)$.

最后证 J' 是紧映射.

设 $\{u_m\} \subset E$ 有界, 则由于 $W_0^{1,2}(\Omega)$ 是自反 Banach 空间, 故由 Eberlein-Shmulyan 定理知, $\{u_m\}$ 在 E 中有弱收敛子列, 记为 $\{u_{m_k}\}$, 由 Sobolev 紧嵌入定理知, $\{u_{m_k}\}$ 按 $L^{s+1}(\Omega)$ 中范数强收敛于 u, 再应用 (8.4.36) 中的不等式及与那里证明 J' 连续相似的方法可知 $||J'(u_{m_k}) - J'(u)|| \to 0$.

即 $J'(u_{m_k}) \to J'(u)$, J' 是 E 中的紧映射.

引理 8.4.4[117] 设 $p, p' > 1, p, p' < \frac{2N}{N-2}, \frac{1}{p} + \frac{1}{p'} = 1, \Omega \subset R^N$ 是具有 C^1-边界的有界开集.

先定义分布意义下的 Laplace 算子 $\Delta : H_0^1 \to L^{p'}$, 若对 $\forall u \in H_0^1$, 存在唯一的 $w \in L^{p'}(\Omega)$ 使得 $\forall v \in H_0^1(\Omega)$ 成立以下恒等式:

$$\int_\Omega < w, v > dx = -\int_\Omega < Du, Dv > dx,$$

则称 w 是算子 Δ 作用在 u 上的分布函数.

记分布意义下的 $-\Delta : H_0^1 \to L^{p'}$ 的逆算子为 $K = (-\Delta)^{-1}$, 则 $K : L^{p'} \to H_0^1$ 是紧算子.

作者未能在文献中找到上面引理的证明, 在此, 我们给出一个证明.

证明 给定 $u \in L^{p'}(\Omega)$, 首先易知 $\int_\Omega uvdx$ 是 H_0^1 上的有界线性泛函. 事实上, 由 Hölder 不等式和 Sobolev 不等式有

$$\int uvdx \leqslant ||u||_{L^{p'}} \cdot ||v||_{L^p}$$
$$\leqslant C||u||_{L^{p'}} \cdot ||v||_{H_0^1}.$$

则类似于经典的 Riesz 表示定理, 存在唯一的 $K \in \mathcal{L}(L^{p'}, H_0^1)$, 使得

$$\int u \cdot v = (Ku, v)_{H_0^1}, \quad \forall v \in H_0^1(\Omega).$$

事实上, 设 $-\Delta$ 的逆为 K, 则由于

$$\begin{aligned}\int u\cdot v &= \int \langle -\Delta K u, v\rangle \\ &= \int \langle \nabla K u, \nabla v\rangle = \langle Ku, v\rangle_{H_0^1},\end{aligned}$$

故

$$\begin{aligned}&\langle Ku, v\rangle_{H_0^1} \leqslant C||u||_{L^{p'}}\cdot ||v||_{H_0^1},\\ &\sup_{v\neq 0}\frac{\langle Ku, v\rangle_{H_0^1}}{||v||_{H_0^1}} \leqslant C||u||_{L^{p'}},\\ &||Ku||_{H_0^1} \leqslant C||u||_{L^{p'}},\end{aligned}$$

即

$$\sup_{u\neq 0}\frac{||Ku||_{H_0^1}}{||u||_{L^{p'}}} \leqslant C.$$

故线性算子 $K: L^{p'} \to H_0^1$ 是有界的.

进一步证明 K 是紧算子.

设 A 是 $L^{p'}$ 中有界集, 要证 $K(A)$ 是 H_0^1 中的列紧集, 设 $\{u_n\}$ 是 $K(A)$ 中的任意序列, 要证它有收敛子列.

显然 $||u_n||_{H_0^1} \leqslant C_1$, 故在 H_0^1 中存在弱收敛子列 $u_{n_k} \rightharpoonup u \in H_0^1$.

由紧嵌入定理知, 按 $L^{p'}$ 中拓扑, 有强收敛子列 $u_{n_k} \to u$, 又由上面不等式, 故 $||Ku_{n_k} - Ku_{n_l}||_{H_0^1} \leqslant C||u_{n_k} - u_{n_l}||_{L^{p'}} \to 0$, 即 Ku_{n_k} 是 H_0^1 中的 Cauchy 序列, 由 H_0^1 的完备性知, Ku_{n_k} 在 H_0^1 中收敛且极限仍属于 H_0^1. 故 $K(A)$ 是 H_0^1 中列紧集.

定理 8.4.2[117]　设 $\Omega \subset R^N$ 是一个具有 $C^{2,r}$ 光滑边界的有界开区域. $0 < r < 1$, 又设 $f \in C^r(\overline{\Omega} \times R^1, R^1)$, 对 f 设

(F_1) $\exists$ 常数 $C_1, C_2 > 0$ 及 $1 < \tilde{\alpha} < \dfrac{N+2}{N-2}(N \geqslant 3)$, s.t.

$$|f(x,t)| \leqslant C_1 + C_2|t|^{\tilde{\alpha}}$$

$$\left(\text{当 } N=2 \text{ 时, 设 } |f(x,t)| \leqslant C_1 e^{\beta t^2}, \beta < \frac{1}{2}\right);$$

(F_2) $\exists \theta \in \left(0, \dfrac{1}{2}\right)$, $\exists M > 0$, s.t. f 关于 t 在 ∞ 远处超线性:

$$F(x,t) \leqslant \theta t f(x,t), \qquad \text{当} |t| \geqslant M,$$

其中 $F(x,t) = \int_0^t f(x,\xi)d\xi$;

(F_3) $\overline{\lim_{t\to 0}}\dfrac{f(x,t)}{t}\leqslant \lambda_1-\varepsilon$, 对 x 一致;

(F_4) $\lim\limits_{t\to\infty}\dfrac{f(x,t)}{t}\geqslant \lambda_1+\varepsilon$, 对 x 一致,

其中 $\varepsilon>0,\lambda_1$ 是 $-\Delta$ 在 Dirichlet 零边值条件下的第一本征值 (见附录 5). 则以下非线性椭圆型方程:

$$\begin{cases} -\Delta u=f(x,u(x)), & x\in\Omega,\\ u|_{\partial\Omega}=0 \end{cases} \tag{8.4.37}$$

至少有一个非零弱解 $u\in H_0^1(\Omega)$, 进一步由正则性理论 (见附录 6), $u\in C^{2,r}(\Omega)$.

证明 定义变分泛函:

$$J(u)=\int_\Omega\left[\frac{1}{2}|Du|^2-F(x,u)\right]dx,\qquad u\in H_0^1(\Omega).$$

因为 J 的 Gâteaux 方向导数为

$$(J'(u),v)=\int_\Omega[Du\cdot Dv-f(x,u)v]dx,\qquad \forall v\in H_0^1(\Omega).$$

所以为使 u 是 (8.4.37) 的一个弱解, 必须且仅需 u 是 J 的临界点. 又由引理 8.4.3 知, $J\in C^1(H_0^1(\Omega),R)$. 在此我们应用山路引理, 故须逐条验证该引理的条件.

1° (P.S.) 条件. 设 $\{u_n\}\subset H_0^1(\Omega)$, 满足:

$$|J(u_n)|\leqslant C,\qquad J'(u_n)\to\theta\quad \text{按}(H_0^1(\Omega))^*.$$

要证 $\{u_n\}$ 有强收敛子列.

由 Poincaré 不等式知 $\left(\displaystyle\int|Du|^2\right)^{1/2}=\|u\|$ 是 $H_0^1(\Omega)$ 的等价范数.

先证 $\{u_n\}$ 有界. 事实上, 由 $(F_1),(F_2)$ 及 f 的连续性, 有 $M_1,M_2>0$, s.t.

$$\begin{aligned} C&\geqslant\frac{1}{2}\|u_n\|^2-\int_{|u_n(x)|\geqslant M}F(x,u_n(x))dx-M_1\\ &\geqslant\frac{1}{2}\|u_n\|^2-\theta\int_\Omega u_nf(x,u_n(x))dx-M_2\\ &=\left(\frac{1}{2}-\theta\right)\|u_n\|^2+\theta\int(Du_n\cdot Du_n-f(x,u_n)u_n)-M_2\\ &=\left(\frac{1}{2}-\theta\right)\|u_n\|^2+\theta(J'(u_n),u_n)-M_2. \end{aligned}$$

由假设 $J'(u_n)\to 0$, 所以当 n 充分大时,

$$|\langle J'(u_n),u_n\rangle|<\|u_n\|,$$

于是

$$C \geqslant \left(\frac{1}{2}-\theta\right)\|u_n\|^2 - \theta\|u_n\| - M_2,$$

从而 $\|u_n\|$ 有界.

再证 u_n 有强收敛子列. 下面仅证$N \geqslant 3$ 的情形, $N=2$ 时需要用另外的方法. 令 $p=\tilde{\alpha}+1<\frac{2N}{N-2}$. 由 Sobolev 嵌入定理知 $\|u_n\|_{L^p}$ 有界. 注意到若 $\dfrac{1}{p}+\dfrac{1}{p'}=1$, 则有 $\frac{p}{p'}=\tilde{\alpha}$, 且 $\dfrac{2N}{N+2}<p'<2$ 即存在 $1<p'<\frac{2N}{N-2}$, 由 (F_1) 及引理 8.4.1 知 $\{f(x,u_n(x))\}$ 在 $L^{p'}(\Omega)$ 中有界, 且由于 $L^{p'}$ 自反, 从而有弱收敛子列 $\{f(x,u_{n_k}(x))\}$. 由引理 8.4.4 知, $K=(-\Delta)^{-1}:L^{p'}\to H_0^1$ 是紧的, 所以 $Kf(x,u_{n_k}(x))$ 在 $H_0^1(\Omega)$ 中强收敛. 所以由 $J'(u_{n_k})\to 0$ 有 $-\Delta u_{n_k}-f(x,u_{n_k})=K^{-1}u_{n_k}-f(x,u_{n_k})\to 0$, 即

$$KJ'(u_{n_k}) = u_{n_k} - Kf(x,u_{n_k}(x)) \to 0,$$

上式蕴含了 $\{u_{n_k}\}$ 强收敛.

2° 验证:$\exists\alpha>0,\rho>0$, s.t. $J|_{\partial B_\rho}\geqslant\alpha$. 其中 B_ρ 是中心在 θ, 半径为 ρ 的球.

事实上, (F_3) 蕴含了 $\exists 0<\varepsilon'<\varepsilon$ 以及 $\delta>0$, s.t.

$$\frac{f(x,t)}{t} \leqslant (\lambda_1-\varepsilon'), \quad \text{当} 0<|t|<\delta,$$

从而

$$F(x,t) \leqslant \frac{\lambda_1-\varepsilon'}{2}t^2, \quad \text{当} |t|<\delta.$$

联合条件 (F_1) 即得常数 C_3, s.t.

$$F(x,t) \leqslant \frac{1}{2}(\lambda_1-\varepsilon')t^2 + C_3|t|^p, \quad p=\tilde{\alpha}+1.$$

由 Poincaré 不等式及嵌入定理有

$$\begin{aligned}\int F(x,u(x))dx &\leqslant \frac{1}{2}\left(1-\frac{\varepsilon'}{\lambda_1}\right)\|u\|^2 + C_3\int |u(x)|^p dx\\ &\leqslant \frac{1}{2}\left(1-\frac{\varepsilon'}{\lambda_1}\right)\|u\|^2 + C_4\|u\|^p,\end{aligned}$$

其中 $C_4>0$ 是常数. 从而

$$J(u) \geqslant \frac{1}{2}\frac{\varepsilon'}{\lambda_1}\|u\|^2 - C_4\|u\|^p.$$

由于 $p>2$, 可取 $\rho>0$ 足够小, 使

$$\alpha = \frac{1}{2}\frac{\varepsilon'}{\lambda_1}\rho^2 - C_4\rho^p > 0,$$

即得 $J|_{\partial B_\rho} \geqslant \alpha$.

3° 又已知 $J(\theta)=0$, 故 θ 是一个山谷, 另外还要在 $\bar{B}_\rho$ 之外找一个山谷, 即要找 $u_0 \in H_0^1$, s.t. $u_0 \notin B_\rho$, 但 $J(u_0) < \alpha$.

设 $-\Delta$ 对 Dirichlet 零边值条件的第一本征函数为 φ_1, 可选取 $\varphi_1 > 0$, 并设 $\int_\Omega \varphi_1^2 dx = 1$. 则

$$\int_\Omega |\nabla\varphi_1|^2 dx = \int_\Omega (-\Delta\varphi_1)\varphi_1 dx = \lambda_1 \int |\varphi_1|^2 dx = \lambda_1,$$

故容易计算下列函数

$$\phi(t) = J(t\varphi_1) = \frac{\lambda_1}{2}t^2 - \int_\Omega F(x, t\varphi_1(x))dx, \quad t > 0.$$

又 (F_4) 蕴含了 $\exists 0 < \varepsilon' < \varepsilon$ 及 $\beta > 0$, 使当 $s \geqslant \beta$ 时,

$$f(x,s) \geqslant (\lambda_1 + \varepsilon')s.$$

因为 $\text{mes}\{x \in \Omega | \varphi_1(x) < \beta/t\} \to 0 (t \to +\infty)$, 故存在与 t 无关的正的有限数 M' 与 M'', s.t.

$$\begin{aligned}\int_\Omega F(x, t\varphi_1(x))dx &\geqslant \int_\Omega \int_\beta^{t\varphi_1(x)} f(x,s)dsdx - \int_\Omega \int_0^\beta |f(x,s)|dsdx \\ &\geqslant \frac{\lambda_1+\varepsilon'}{2} \int_\Omega (t^2\varphi_1^2(x) - \beta^2)dx - M' \\ &\geqslant \left(\frac{\lambda_1}{2} + \frac{\varepsilon'}{2}\right) t^2 - M'' \quad (t \to +\infty).\end{aligned}$$

于是有

$$\begin{aligned}\phi(t) &= \frac{\lambda_1}{2}t^2 - \int_\Omega F(x, t\varphi_1) \\ &\leqslant -\frac{\varepsilon'}{2}t^2 + M'' \to -\infty \quad (t \to +\infty).\end{aligned}$$

又注意到 $\left\|\frac{\rho}{\sqrt{\lambda_1}}\varphi_1\right\| = \rho$, 故由上面第 2° 步有

$$\phi\left(\frac{\rho}{\sqrt{\lambda_1}}\right) = J\left(\frac{\rho}{\sqrt{\lambda_1}}\varphi_1\right) \geqslant \alpha > 0,$$

所以由中值定理存在有 $t_0 > \rho/\sqrt{\lambda_1}$ 且满足 $\phi(t_0) = 0$. 取 $u_0 = t_0\varphi_1$, 则

$$u_0 \notin B_\rho, J(u_0) = 0.$$

从而由山路引理可知 (8.4.37) 至少有一个非零解.

山路引理还有许许多多的应用, 如研究一维半线性波方程[17,91]:

$$u_{tt} - u_{xx} + f(t,x;u(t,x)) = 0, \quad \forall (t,x) \in R^1 \times (0,\pi) \tag{8.4.38}$$

连同边界条件

$$u(t,0) = u(t,\pi) = 0, \tag{8.4.39}$$

其中 $f:[0,2\pi]\times(0,\pi)\times R^1 \to R^1$, 满足 Carathéodory 条件且对 u 在原点和无穷远具有超线性型增长, 可证明非平凡 2π-周期解的存在性 [17,91,117].

习 题

1. 证明第一形变引理 (Palais[86]): 设 M 是 C^2-Finsler 流形, $f \in C^1(M,R)$ 满足 $(PS)_c$ 条件. 假设 N 是 $K_c = K \cap f^{-1}(c)$ 的一个闭邻域. 则存在连续映射 $\eta:[0,1]\times M \to M$ 及常数 $\bar{\varepsilon} > \varepsilon > 0$ 使得:

(1) $\eta(0,\cdot) = id$;

(2) $\eta(t,x) = x, \forall x \notin f^{-1}[c-\bar{\varepsilon}, c+\bar{\varepsilon}]$;

(3) $\eta(t,\cdot): M \to M$ 是同胚映射;

(4) $\eta(1, f_{c+\varepsilon}\backslash N) \subset f_{c-\varepsilon}$;

(5) $\forall x \in M, f(\eta(t,x))$ 对 $t \in [0,1]$ 是减函数.

2. 证明定理 8.1.4 及定理 8.1.5.

3. 在 8.1 节的形变引理 (定理 8.1.3) 中, 有关泛函的正则性及 (P.S.) 条件是否还可以改进?

4. 试试如何用 Ekeland 变分原理证明山路引理及一些更一般的极小极大原理.

5. 山路引理中的有关泛函值的“严格分离性”条件是否可以减弱?

6. 用经典山路引理研究超二次凸 Hamilton 系统非平凡周期解的存在性.

7. 试用 Benci-Rabinowitz 广义山路引理研究非凸 Hamilton 系统非平凡周期解的存在性.

第 9 章　多体问题的周期解

人类对自己生活的地球在宇宙中所处的“位置”的认识经历了数千年的历史，早在公元前四世纪，古希腊哲学家亚里士多德 (Aristotle B.C. 384~B.C. 322) 就提出了“地心说”的雏形，公元二世纪，古罗马帝国时期的希腊哲学家托勒密 (Ptolemaeus, 约公元 90~168) 在前人工作的基础上写成多卷《天文学大成》，他系统地提出了他的宇宙结构学说“地心说”．托勒密之后的一千多年，“地心说”一直统治整个欧洲，直到 1513 年波兰天文学家兼数学家哥白尼 (Kopernik 1473~1543) 在长期的观察和计算的基础上才勇敢地提出“日心说”，可他的划时代的伟大著作《天体运行论》直到 1543 年他去逝的当天才出版，哥白尼的“日心说”改变了人类数千年的“宇宙观”，在人类思想史和科学史上具有重大意义.

意大利文艺复兴时期的思想家布鲁诺 (Bruno 1548~1600) 及数学家、物理学家、天文学家伽俐略 (Galilei 1564~1642) 及德国的天文学家、物理学家及数学家开普勒 (Kepler, 1571~1630) 都是哥白尼的“日心说”的坚定捍卫者，并且还进一步发展了哥白尼的思想. 伽俐略通过实验观察和严密的数学逻辑推导提出了“自由落体定律”，“惯性定律”和“相对性原理”．

开普勒在他的老师丹麦天文学家第谷 (Tycho 1546~1601) 长期观察数据的基础上提出了太阳系中行星绕太阳运动的三大定律:

(1) (1609 年，轨道定律) 行星绕太阳做椭圆运动，太阳位于椭圆的一个焦点上.

(2)(1609 年，面积定律) 行星与太阳的连线在相等的时间，扫过相等的面积.

(3) (1619 年，周期定律) 行星运动周期的平方与椭圆半长轴的立方成正比.

开普勒的三大定律实际上是关于太阳与行星 2 体问题相对运动的运动学规律，他第一次提出了行星的“椭圆运动”，为牛顿提出万有引力定律铺平了道路，因此 Kepler 被誉为“天空立法者”．

牛顿 (Newton 1643~1727) 在上大学期间就认真研读了亚里士多德，欧几里德，哥白尼，伽俐略，开普勒及笛卡尔 (Descartes 1596~1650) 等科学巨人的著作，并思考地上的物体和天上的物体运动应遵循的共同规律，这些定律连同微积分的基本思想后来总结在他于 1687 年出版的巨著《自然哲学的数学原理》中，牛顿的这本巨著是人类有史以来第一次自然科学大总结，是人类文明史上最重要的科学著作之一. 他采取了欧几里德《几何原本》的公理化思想，他先给出了一些基本的物理概念和定义，然后提出了物体运动的三大定律和“万有引力定律”，并给出了它们的许多应用, 尤其是通过解常微分方程推出了开普勒三定律, 还通过研究月球的运动解释我们地球上的海洋潮汐现象.

(1) (牛顿第一定律又叫惯性定律, 其雏形由伽俐略和卡尔分别于 1632 年和 1644 年提出)

任何物体都要保持匀速直线运动或静止状态, 直到外力迫使它改变运动状态为止.

(2) (牛顿第二定律)

动量为 $\vec{p}$ 的质点在外力 $\vec{F}$ 作用下, 其动量随时间的变化率与该质点所受外力的大小成正比并与外力的方向相同, 即有以下数学公式:

$$\vec{F}=\frac{d\,\vec{p}}{dt}. \tag{9.0.1}$$

(3) (牛顿第三定律)

相互作用的两个物体之间的作用力和反作用力总是大小相等, 方向相反, 作用在同一条直线上.

牛顿三定律普遍适用于在惯性坐标系下的宏观、低速 (与光速比较) 运动的质点. 牛顿第一定律给出了惯性系的概念; 指出任何物体都具有惯性; 说明了力的内含, 指出了“力是物体对物体的作用, 是改变物体运动状态的原因”, 而不是亚里士多德所说的力是维持物体的运动的原因. 牛顿第二定律指出了“力的效果是使物体获得加速度”, 牛顿第三定律提示了力的本质“力是物体间的相互作用”.

牛顿三定律是关于物体运动的动力学规律, 它们既有自洽一致性又相互独立, 可以看成牛顿经典力学的三条公理, 宏观低速运动的物体的运动学表像本质上均可由牛顿三定律通过“解方程”推导出来, 因此牛顿的动力学规律, 比我们实际观察到的物体的运动学规律更本质.

下面我们由牛顿三定律和万有引力定律来导出牛顿 N- 体问题的首次积分. 质量为 m_i 的 N 个质点在相互引力作用下的运动轨道 $q_i(t)\in\mathbf{R}^3$ 满足以下二阶微分方程组:

$$m_i\ddot{q}_i(t)=F_i=G\sum_{j\neq i,j=1}^{N}\frac{m_jm_i(q_j-q_i)}{|q_j-q_i|^3},\qquad i=1,\cdots,N. \tag{9.0.2}$$

容易证明以下结论:

1°. 能量守恒

满足方程 (9.0.2) 的解 $(q_1(t),\cdots,q_N(t))$ 使系统的能量:

$$E=\frac{1}{2}\sum_{i=1}^{N}m_i|\dot{q}_i|^2-G\sum_{1\leqslant i<j\leqslant N}\frac{m_im_j}{|q_i-q_j|}$$

守恒, 即 E 是不依赖 t 的常数.

2°. 动量守恒:

满足方程 (9.0.2) 的解 $(q_1(t),\cdots,q_N(t))$ 使系统的动量:

$$p=\sum_{i=1}^{N} m_i\dot{q}_i(t)$$

守恒, 即 p 是不依赖 t 的常矢量.

3°. 质心以常速度运动:

满足方程 (9.0.2) 的解 $(q_1(t),\cdots,q_N(t))$ 使系统的质心:

$$C=\frac{\sum\limits_{i=1}^{N} m_i q_i(t)}{\sum\limits_{i=1}^{N} m_i}=C_0+L_0\cdot t,$$

做匀速直线运动.

4°. 角动量守恒:

满足方程 (9.0.2) 的解 $(q_1(t),\cdots,q_N(t))$ 使系统的角动量:

$$\sum_{i=1}^{N} q_i\times p_i=\sum_{i=1}^{N} q_i\times(m_i\dot{q}_i)$$

是常矢量.

因此对 3 维空间中的牛顿 N 体问题, 我们可以得到 10 个代数独立的首次积分.

注 1918 年, 抽象“代数女皇”艾米诺特 (Amalie Emmy Noether, 1882-1935) 发表了著名论文 Invariante Variationsprobleme, 她在论文中证明了著名的诺特定理. 诺特首次发现了物理学中守恒定律和对称性这两个重要概念之间的联系, 诺特定理宣称, 每一个这样的对称性都有一个相关的守恒定律, 反之亦然. 诺贝尔物理学奖得主弗兰克. 维尔切克说:“诺特定理一直是 20 世纪和 21 世纪物理学的指路明灯.”

能量守恒对应时间平移不变性 (时间均匀性), 动量守恒对应空间平移不变性 (空间均匀性), 角动量守恒对应于旋转不变性 (空间各向同性), 宇称守恒对应空间反射不变性 (左右对称性).

虽然有很一般形式的诺特定理, 但诺特定理针对不同的具体物理系统又有不同的表现形式. 以下简要叙述和证明经典力学中一个特殊形式的诺特定理:

假设一个力学系统对某个参数 s 的可微映射族具有对称性, 也就是说, 当 s 变化时, 系统的拉格朗日函数 L 不变, 那么, 对应于原系统的 Euler-Lagrange 方程的解, 一定存在一个守恒的物理量.

证　因为系统的拉格朗日函数 L 是广义坐标和广义速度的函数, 假设坐标 x 可以表示为时间 t 及参数 s 的函数, L 则可表示为如下形式:

$$L = L(\dot{x}, x) = L(\dot{x}(t,s), x(t,s)) \tag{9.0.3}$$

因为假设系统的拉氏函数 L 具有对称性, 即当 s 变化时, L 不变, 则 $\frac{dL}{ds} = 0$, 也即

$$\frac{\partial L}{\partial \dot{x}}\frac{d\dot{x}}{ds} + \frac{\partial L}{\partial x}\frac{dx}{ds} = 0 \tag{9.0.4}$$

由于 x 满足欧拉 - 拉格朗日方程:

$$\frac{d}{dt}\left(\frac{\partial L}{\partial \dot{x}}\right) - \frac{\partial L}{\partial x} = 0 \tag{9.0.5}$$

因此由 (9.0.4) 和 (9.0.5) 有:

$$\frac{\partial L}{\partial \dot{x}}\frac{d\dot{x}}{ds} + \frac{d}{dt}\left(\frac{\partial L}{\partial \dot{x}}\right)\frac{dx}{ds} = 0 \tag{9.0.6}$$

上式等价于:

$$\frac{d}{dt}\left[\frac{\partial L}{\partial \dot{x}}\frac{dx}{ds}\right] = 0 \tag{9.0.7}$$

因此

$$\frac{\partial L}{\partial \dot{x}}\frac{dx}{ds} = \text{常量} \tag{9.0.8}$$

即 $\left(\frac{\partial L}{\partial \dot{x}}\right)\frac{dx}{ds}$ 沿 Euler-Lagrange 方程的解是不依赖时间的常量, 即守恒.

注　3 维空间中的 N 体问题运动方程组 (9.0.2) 是 $3N$ 个二阶标量方程组成的非线性常微分方程组, 若要完全决定系统的运动, 需要 $6N$ 个首次积分, 但我们仅能得到 10 个代数独立的首次积分, 所以即使对 3 体问题也不能完全写出它的通解. 牛顿曾试图求解三体问题时, 他失败了, 他认为这是一个使他头痛的问题, 从牛顿时代到二十世纪初的二百多年, 几乎所有的大天文学家、数学家、物理学家都曾研究过多体问题, 尤其是通过计算, 预测和发现了海王星, 还获得了许多有重大意义的新发现 [1,6,7,106,109], 从中开辟了一些新的科学分支, 我们可以看出多体问题是产生自然科学新思想和新方法的一个重要源泉. 在 1900 年的巴黎国际数学家大会上, 德国大数学家 D. Hilbert 开列了二十三个著名数学难题, 并在他演讲的前言中提出完美的数学问题的准则: 问题本身既能被简明清晰地表达出来, 且问题的解决又是如此的困难以至于必须要有全新的思想方法才能够实现. 为此他列举了 Fermat 大定理和三体问题做说明.

9.1 Kepler 轨道的变分最小性质

对牛顿 2 体问题, 牛顿在他的巨著《自然哲学的数学原理》中通过“反流术”(积分) 解出了方程 (9.0.2) 的最重要的特解, 即 Kepler 椭圆轨道. 随后, Johann Bernoulli 于 1734 年解出了 (9.0.2) 的通解, 即二次曲线.

下面我们先研究 Kepler 轨道及其变分最小性质.

设二个密度均匀的球形天体质量分别为 m_1 和 m_2, 它们的质心坐标分别为 $q_1(t)$ 和 $q_2(t)$, 则它们在万有引力作用下在惯性坐标系下满足:

$$m_1\ddot{q}_1(t)=\frac{Gm_2m_1(q_2-q_1)}{|q_2-q_1|^3},\qquad m_2\ddot{q}_2(t)=\frac{Gm_1m_2(q_1-q_2)}{|q_1-q_2|^3} \tag{9.1.1}$$

由 (9.1.1) 可知系统质心做匀速直线运动, 不妨设质心为坐标系原点 O. 特别地, 由 (9.1.1) 可知, 地球 q_2 绕太阳 q_1 的运动方程为

$$\ddot{q}=-\frac{C\cdot q}{|q|^3},\quad C>0, \tag{9.1.2}$$

这里 $q=q_2-q_1$ 是地球相对于太阳的运动轨道, $C=G(m_1+m_2)$.

约化方程 (9.1.2) 表明, 我们可以把 q_2 相对于 q_1 的运动看成是在质心 O 处放上质量 (m_1+m_2) 后的有心力作用下单位质量的质点的运动.

易证: 1. 沿 (9.1.2) 的解有能量积分:

$$\frac{1}{2}|\dot{q}|^2-\frac{C}{|q|}=h; \tag{9.1.3}$$

2. 沿解有角动量积分:

$$q\times\dot{q}=A. \tag{9.1.4}$$

定义 9.1.1 Lenz 向量 (Laplace-Runge-Lenz 向量) 定义为

$$P\triangleq(q\times\dot{q})\times\dot{q}+\frac{C\cdot q}{|q|}. \tag{9.1.5}$$

为了证明, 沿 (9.1.2) 的解, P 是不依赖时间 t 的常向量, 我们需要下面熟知的 Lagrange 恒等式:

引理 9.1.1 设 α,β,γ 是三个向量, 则

1. $(\alpha\times\beta)\times\gamma=(\alpha,\gamma)\beta-(\beta,\gamma)\alpha$;
2. $|\alpha\times\beta|^2+|\alpha\cdot\beta|^2=|\alpha|^2\cdot|\beta|^2$.

下面我们来证明 Lenz 向量沿 (9.1.2) 的解是不依赖 t 的常矢量, 事实上, 令

$L = q \times \dot{q}$, 则角动量 L 沿解守恒且由上面的 Lagrange 恒等式, 我们有:

$$\begin{aligned}\frac{d}{dt}(L \times \dot{q}) &= \frac{dL}{dt} \times \dot{q} + L \times \ddot{q} = L \times \ddot{q} \\ &= (q \times \dot{q}) \times \left(\frac{-C \cdot q}{|q|^3}\right) \\ &= \left(\frac{Cq}{|q|^3}\right) \times (q \times \dot{q}) \\ &= \left(\frac{C(q, \dot{q})}{|q|^3}\right) q - \frac{C(q, q)}{|q|^3}\dot{q}\end{aligned}$$

注意到恒等式:

$$\begin{aligned}\frac{d}{dt}(q \cdot q) &= 2q \cdot \frac{dq}{dt} = \frac{d}{dt}(|q|^2) \\ &= 2|q|\frac{d(|q|)}{dt}\end{aligned}$$

故

$$\begin{aligned}\frac{d}{dt}(L \times \dot{q}) &= C\left[\frac{|q|}{|q|^3}\frac{d(|q|)}{dt}q - \frac{1}{|q|}\dot{q}\right] \\ &= C\left[\frac{1}{|q|^2} \cdot \frac{d(|q|)}{dt}q - \frac{1}{|q|}\dot{q}\right] \\ &= -C\frac{d}{dt}\left(\frac{q}{|q|}\right)\end{aligned}$$

因此

$$\frac{d}{dt}\left[(q \times \dot{q}) \times \dot{q} + \frac{C \cdot q}{|q|}\right] = 0$$

即 Lenz 向量 P 沿 (9.1.2) 的解是守恒量.

下面用极坐标方法研究 (9.1.2) 的解[1], 设极轴为 P, 极坐标系的原点为质心 O.

令 θ 为 q 与 Lenz 向量 P 的夹角. 则

$$q \cdot P = -A^2 + C|q|,$$

令 $|q| = \rho$. 则

$$(C - |P|\cos\theta)\rho = A^2, \quad \rho = \frac{A^2}{C - |P|\cos\theta} = \frac{\dfrac{A^2}{C}}{1 - \dfrac{|P|}{C}\cos\theta} = \frac{ep}{1 - e\cos\theta},$$

这里 $e = \dfrac{|P|}{C}, p = \dfrac{A^2}{|P|}$.

另外, $|P|^2 = C^2 + 2hA^2$. 事实上,

$$\begin{aligned}
|P|^2 &= |(q \times \dot{q}) \times \dot{q}|^2 + C^2 + 2C\frac{q \cdot [(q \times \dot{q}) \times \dot{q}]}{|q|} \\
&= |(q \cdot \dot{q})\dot{q} - (\dot{q} \cdot \dot{q})q|^2 + C^2 + 2C\frac{|q \cdot \dot{q}|^2 - |\dot{q}|^2|q|^2}{|q|} \\
&= |q \cdot \dot{q}|^2|\dot{q}|^2 - 2|q \cdot \dot{q}|^2|\dot{q}|^2 + |\dot{q}|^4|q|^2 + C^2 + 2C\frac{-A^2}{|q|} \\
&= C^2 + [-|q \cdot \dot{q}|^2 + |\dot{q}|^2|q|^2] \cdot |\dot{q}|^2 + 2A^2\left(\frac{-C}{|q|}\right) \\
&= C^2 + A^2\left[|\dot{q}|^2 + 2\frac{-C}{|q|}\right] \\
&= C^2 + 2A^2h.
\end{aligned}$$

故若 $A \neq 0, h = \dfrac{|P|^2 - C^2}{2A^2}$.

因此, P 是二次曲线的对称轴, 且有:

定理 9.1.1 (J. Bernoulli, 1734)

(1) 当 $h > 0(|P| > C)$, 则 q 的轨迹是双曲线一支;

(2) $h = 0(|P| = C), q$ 是抛物线;

(3) $h < 0(|P| < C), q$ 是椭圆, 且长半轴和短半轴分别为 $\dfrac{C}{-2h}, \dfrac{|A|}{\sqrt{-2h}}$;

进一步, 若 $A \neq 0$, 运动周期 $T = 2\pi C/(-2h)^{3/2}$ 不依赖于离心率.

显然若 $A = 0$, 轨道 $q(t)$ 是与 $\dot{q}(t)$ 平行的直线段, $q_2(t)$ 与 $q_1(t)$ 来回碰撞.

证明 由前面的推导, 极半径 ρ 满足:

$$\rho = \frac{A^2}{C - |P|\cos\theta} = \frac{\dfrac{A^2}{C}}{1 + \dfrac{|P|}{C}\cos(\theta - \pi)} = \frac{\dfrac{A^2}{C}}{1 - \dfrac{|P|}{C}\cos\theta},$$

我们由二次曲线的极坐标方程可知, 离心率为:

$$e = \frac{|P|}{C}.$$

由此表示我们可知结论 (1),(2) 即得证.

下证 (3). 当 $h < 0$ 时, $|P| < C, 0 < e < 1$.

下面求椭圆半长轴 a 及半短轴 b:

由 $a(1 - e^2) = \dfrac{A^2}{C}$ 有 $a = \dfrac{C}{-2h}$.

由 $e = \dfrac{\sqrt{a^2 - b^2}}{a}$ 有 $b = \dfrac{|A|}{\sqrt{-2h}}$.

由于 $\frac{1}{2}|A|$ 是面积速度, 故由椭圆的面积公式有 $\frac{1}{2}|A|T=\pi\cdot\left(\frac{C}{-2h}\right)\cdot\left(\frac{|A|}{\sqrt{-2h}}\right)$, 故由此可得 Newton 在 1687 年出版的《自然哲学的数学原理》中证明的以下重要定理:

定理 9.1.2 (Newton)　方程 (9.1.1) 的每个具有负能量 h 的解是周期的, 且周期为 $T=2\pi C/(-2h)^{3/2}$(T 仅依赖 h).

这里也注意, 当 $A=0$时, q 出现碰撞, 但可周期扩张, 且 $T=2\pi C/(-2h)^{3/2}$ 仍成立 (证明见后).

1977 年, 美国数学家 Gordon 研究了有心力作用下的 Kepler 椭圆轨道的变分最小性质, 但他没有给出详细的证明, 这里我们试图给出一个细致的证明.

定理 9.1.3 (Gordon)　令 $T>0$, $\deg q$ 表示 q 绕原点 0 在一个周期内转的圈数的代数和.

$$\Lambda=\{q\in H^1(R,R^2)|q(t+T)=q(t)\neq 0,\forall t\in R,\deg q\neq 0\}. \tag{9.1.6}$$

则每个 T-周期 Kepler 轨道在 Λ 上极小化作用泛函:

$$f(q)=\frac{1}{2}\int_0^T|\dot{q}|^2dt+\int_0^T\frac{C}{|q|}dt. \tag{9.1.7}$$

证明　首先易证, $f(q)$ 在 Λ 上的临界点是 (9.1.2) 的非碰撞 T-周期解, 且极小值点是 (9.1.2) 的以 T 为极小周期的解, 又 (9.1.2) 的无碰撞周期解只有椭圆轨道, 故由定理 9.1.2 有周期与能量关系:

$$T=\frac{2\pi C}{(-2h)^{\frac{3}{2}}},$$

或者等价于

$$(-2h)^{3/2}\cdot T=2\pi C.$$

由能量守恒律:

$$\frac{1}{2}|\dot{q}|^2+\left(\frac{-C}{|q|}\right)=h.$$

另外注意到, 如果 q 是 $f(q)$ 的临界点, 则 $\langle f'(q),q\rangle=0$, 即有

$$\int_0^T|\dot{q}|^2dt=\int_0^T\frac{C}{|q|}dt,$$

再由积分能量恒等式有

$$\int_0^T|\dot{q}|^2dt=-2hT,$$

$$\int_0^T \frac{C}{|q|}dt = -2hT,$$

故有

$$\begin{aligned} f(q) &= -3hT \\ &= -3\left((-2)^{-1}\frac{(2\pi C)^{2/3}}{T^{2/3}}\right)\cdot T \\ &= \frac{3}{2}(2\pi C)^{2/3}\cdot T^{1/3}. \end{aligned} \tag{9.1.8}$$

从 (9.1.8) 可以看出, Kepler 椭圆轨道的 Lagrange 积分与椭圆的偏心率无关, 故 (9.1.2) 的每个 T-周期 Kepler 椭圆轨道在 Λ 上均极小化 Lagrange 作用泛函.

下证对沿直线碰撞的广义解, 周期 T 与能量 h 的关系及 Lagrange 作用积分与 T 的关系仍与椭圆解相同.

令 $q = q_2 - q_1 = x_2 - x_1 = x \geqslant 0$, 坐标系见图 9.1.1, 则

$$\ddot{x} = -\frac{C\cdot x}{|x|^3} = \frac{-C}{x^2}, \quad C > 0,$$

$$\frac{1}{2}|\dot{x}|^2 - \frac{C}{x} = h = -\frac{C}{x_0}.$$

图 9.1.1

x_2 与 x_1 碰撞等价于 $x=0$, 也等价于单位质量质点在有心力作用下碰撞.

下面求 x_0 处的质点在原点 O 处的质点的万有引力作用下, 以初速为 0 运动到碰撞位置 O 所需的时间即半周期 $T/2$.

下面利用著名的 Sundman 变换求解.

令 $d\tau = \dfrac{dt}{x(\tau)}$, 则令 $x = x(\tau) = x(\tau(t)) = \tilde{x}(t)$, 我们有

$$\frac{dx}{d\tau} = \frac{dx}{dt}\left(\frac{dt}{d\tau}\right) = \frac{d\tilde{x}}{dt}\cdot x(\tau),$$

$$\begin{aligned} \frac{d^2x}{d\tau^2} &= \frac{d^2\tilde{x}}{dt^2}\cdot x^2 + \left(\frac{d\tilde{x}}{dt}\right)^2\cdot x = \left[\frac{d^2\tilde{x}}{dt^2}x + \left(\frac{d\tilde{x}}{dt}\right)^2\right]x(\tau) \\ &= \left(\frac{-C}{\tilde{x}^2}x + \frac{2C}{\tilde{x}} + 2h\right)x(\tau) \\ &= C + 2hx, \end{aligned}$$

$$\frac{d^2x}{d\tau^2} - 2hx(\tau) = C. \tag{9.1.9}$$

这是简谐振动方程, 且因 $-2h>0$, 故运动频率 $\omega=\sqrt{-2h}$. 故以 τ 为时间尺度的半周期为

$$\tau_C=\frac{\pi}{\sqrt{-2h}},$$

又 (9.1.9) 的满足初始条件 $x(0)=x_0=\dfrac{-C}{h}$ 的解是

$$x(\tau)=\frac{C}{-2h}(1+\cos\sqrt{-2h}\tau).$$

注意 τ 和 t 的关系是

$$t=\int_0^\tau x(\tau)d\tau=t(\tau),$$

故

$$t(\tau)=\frac{C}{-2h}\left(\tau+\frac{1}{\sqrt{-2h}}\sin\sqrt{-2h}\,\tau\right).$$

因为 $\tau_C=\dfrac{\pi}{\sqrt{-2h}}$, 故从 x_0 出发到原点碰撞的时间为

$$t_C=t(\tau_C)=\frac{T}{2}=\frac{C}{-2h}\frac{\pi}{\sqrt{-2h}}=\frac{C\pi}{(-2h)^{3/2}},$$

故有

$$T=\left(\frac{2\pi}{(-2h)^{3/2}}\right)C.$$

其他证明类似于前述情形.

下面证明 Gordon 的另外一个定理, 为此先给出一个定义:

定义 9.1.2 设一个粒子 (天体) 的初速度为 0, 在万有引力作用下与位于原点的另一个粒子 (天体) 做弹性碰撞, 然后沿另一方向做直线运动直到速度为 0, 最后沿原路返回, 称这个碰撞的广义 Kepler 解为具有两条腿的连续解. 一般地, 一个连续 P-周期解可以由有限或可数条具有周期 P_i 的腿组成, 这里

$$P=\sum P_i<+\infty.$$

定理 9.1.4 (Gordon) 在所有具有周期 P 的连续解中, 由单腿组成的解具有最小 Lagrange 作用.

证明 在由周期为 P_i 的腿组成的 P-周期解 q 中, P_i-腿的 Lagrange 作用为 $\dfrac{3}{2}(2\pi)^{2/3}P_i^{1/3}$, 故由 $P=\sum P_i$ 及函数 $S^{1/3}$ 的凹性有

$$\begin{aligned}f(q)=&\frac{3}{2}(2\pi C)^{2/3}\cdot\sum P_i^{1/3}=\tilde{C}P^{1/3}\sum\left(\frac{P_i}{P}\right)^{1/3}\\ \geqslant&\tilde{C}P^{1/3}\sum P_i/P=\tilde{C}P^{1/3}\\ =&\frac{3}{2}(2\pi C)^{2/3}\cdot P^{1/3},\end{aligned}$$

且上面不等式取等号的充要条件是 $P = P_i$, 即 $i = 1$.

推论 9.1.1(Gordon) 设 $q(t_1) = q(t_2) = 0$, 则 $f(q) \geqslant \frac{3}{2}(2\pi C)^{2/3} \cdot (t_2 - t_1)^{1/3}$.

下面一个引理在后面会经常用到.

引理 9.1.2[67] 设 $q(t) \in W^{1,2}(R/TZ, R^d), d \geqslant 1$, 且 $\frac{1}{T}\int_0^T q(t)dt = 0$, 则

$$f(q) = \int_0^T \left[\frac{1}{2}|\dot{q}|^2 + \frac{C}{|q|}\right] dt \geqslant \frac{3}{2}(2\pi)^{2/3} C^{\frac{2}{3}} \cdot T^{1/3}.$$

证明 由已知假设并由 Poincaré-Wirtinger 不等式有

$$\int_0^T |\dot{q}|^2 dt \geqslant \left(\frac{2\pi}{T}\right)^2 \cdot \int_0^T |q|^2 dt,$$

又由 Jensen 不等式有

$$\int_0^T \frac{1}{|q|} dt \geqslant T^{3/2} \left(\int_0^T |q|^2\right)^{-1/2}.$$

故

$$\begin{aligned}&\int_0^T \left[\frac{1}{2}|\dot{q}|^2 + \frac{C}{|q|}\right] dt \\ \geqslant & \frac{2\pi^2}{T^2}\left(\int_0^T |q|^2 dt\right) + CT^{3/2}\left(\int_0^T |q|^2 dt\right)^{-1/2}.\end{aligned}$$

令

$$S^2 = \int_0^T |q|^2 dt \geqslant 0,$$

则

$$f(q) \geqslant \frac{2\pi^2}{T^2} S^2 + CT^{3/2} S^{-1} \geqslant \frac{3}{2}(2\pi)^{2/3} \cdot C^{2/3} \cdot T^{1/3}.$$

9.2 三体问题的 Euler 解和 Lagrange 解及其变分最小性

1767 年, 瑞士数学家 Euler([39]) 发现了三体问题的具有共线构型的同形解. 1772 年, 法国数学家 Lagrange([58]) 发现三体问题的具有等边三角形构型的同形解, 1805 年, 法国数学家 Laplace 提出了自相似解的概念, 1918 年, 法国数学家 Chazy 认识到多体质点的碰撞极限构型的爆破构型是中心构型. 1941 年美籍匈裔数学家 Wintner([109]) 进一步证明了给定任意正质量的三体问题, 如果三体在运动过程中的构型始终相似, 则三体问题只具有 Euler 和 Lagrange 两类同形解.

定义 9.2.1[1,6,109]　给定 n 体的质量 $m_1, m_2, \cdots, m_n > 0$, 则 R^k 中的 n 体的构型空间定义为

$$F = \left\{ (x_1, x_2, \cdots, x_n) \in (R^k)^n \,\middle|\, \sum_{i=1}^{n} m_i x_i = 0, x_i \neq x_j, i \neq j \right\}.$$

如果 n 体的初始位置 $x = (x_1, x_2, \cdots, x_n)$ 适当选取且当 n 体的初速度为 0 时, n 体在 Newton 万有引力作用下其构型保持相似运动且最终碰在质心, 则称 n 体的初始构型为一个中心构型, 用数学表述为, 存在 $\lambda \in R$ 使

$$\lambda m_i x_i = \frac{\partial U(x)}{\partial x_i}, \quad x \in F,$$

其中, $U(x) = \sum\limits_{1 \leqslant i < j \leqslant 3} \dfrac{m_i m_j}{|x_i - x_j|}, \lambda = \dfrac{-U(x)}{\sum m_i |x_i|^2}$.

中心构型还有其它等价定义:

定义 9.2.2[1,6]　令 $I(x) = \sum\limits_{i=1}^{n} m_i |x_i|^2$ 是质点系统质心 0 的转动惯量 (惯性矩), 则 0- 次齐次函数 $I^{1/2} \cdot U$ 在 F 上的临界点 (驻点) 称为 n 体问题的中心构型.

定义 9.2.3[6]　先在构型空间 F 中定义一个特殊流形 (以质量为权的椭球):

$$M = \{(x_1, \cdots, x_n) \in F, \quad I(x) = 1\}$$

称 U 在流形 M 上的临界点为 n 体问题的中心构型.

9.2.1　三体问题的 Euler 共线中心构型

对三体问题, 若 x_1, x_2, x_3 共线, 且设 x_2 落在 x_1 到 x_3 的连线之间, 设 $x_3 - x_1 = 1, x_2 - x_1 = Q (0 < Q < 1), Q$ 即为 x_2 到 x_1 的距离与 x_3 到 x_1 的距离之比 (图 9.2.1), 则 $x_3 - x_2 = 1 - Q$.

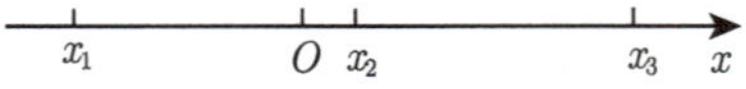

图 9.2.1

又注意到,

$$m_1 x_1 + m_2 x_2 + m_3 x_3 = 0,$$
$$x_2 = x_1 + (x_2 - x_1) = x_1 + Q,$$
$$x_3 = x_1 + (x_3 - x_1) = x_1 + 1,$$

故

$$m_1 x_1 = -m_2 x_2 - m_3 x_3 = -m_2 x_1 - m_2 Q - m_3 x_1 - m_3,$$

得 x_1 与 Q 的关系

$$x_1 = \frac{-m_2Q - m_3}{M}, \quad M = \sum_{i=1}^{3} m_i,$$

故 x_2, x_3 可用质量 m_i 及比例因子 Q 表示:

$$\begin{aligned}
x_2 &= \frac{(m_1+m_3)Q - m_3}{M}, \\
x_3 &= x_1 + 1 = \frac{-m_2Q + m_1 + m_2}{M} = \frac{m_1 + m_2(1-Q)}{M}.
\end{aligned}$$

将 x_i 及 $x_i - x_j$ 代入中心构型方程有

$$\begin{aligned}
\lambda m_1 x_1 &= \lambda m_1 \frac{-m_2Q - m_3}{M} = \sum_{j=2}^{3} \frac{m_j m_1 (x_j - x_1)}{|x_j - x_1|^3} \\
&= \frac{m_2 m_1}{Q^2} + m_3 m_1, \\
\lambda m_2 x_2 &= \lambda m_2 \frac{(m_1+m_3)Q - m_3}{M} \\
&= \frac{m_1 m_2 (-Q)}{Q^3} + \frac{m_3 m_2 (1-Q)}{(1-Q)^3}, \\
\lambda m_3 x_3 &= m_3 m_1 (-1) - m_3 m_2 (1-Q)^{-2}.
\end{aligned}$$

故有

$$\begin{aligned}
-\lambda \frac{m_2Q + m_3}{M} &= \frac{m_2}{Q^2} + m_3, \\
-\lambda \frac{m_3 - (m_1+m_3)Q}{M} &= \frac{-m_1}{Q^2} + \frac{m_3}{(1-Q)^2}, \\
-\lambda \frac{m_1 + m_2(1-Q)}{M} &= m_1 + m_2(1-Q)^{-2}.
\end{aligned}$$

注意, 由质心守恒条件, 其中一个方程不独立. 从上面第一、三方程消去 λ 得关于 Q 的方程:

$$\left(\frac{m_2Q + m_3}{M}\right)(m_1 + m_2(1-Q)^{-2}) = \frac{m_1 + m_2(1-Q)}{M}\left(\frac{m_2}{Q^2} + m_3\right),$$

$$\frac{m_2Q^{-2} + m_3}{m_2Q + m_3} = \frac{m_1 + m_2(1-Q)^{-2}}{m_1 + m_2(1-Q)}.$$

令 $f(Q) = \dfrac{m_2Q^{-2} + m_3}{m_2Q + m_3} - \dfrac{m_2(1-Q)^{-2} + m_1}{m_2(1-Q) + m_1}$, 则 $f'(Q) < 0, (0 < Q < 1)$, 且当

$Q \to 0, f(Q) \to +\infty$; 当 $Q \to 1, f(Q) \to -\infty$. 故 $f(Q) = 0$ 在 $0 < Q < 1$ 上有唯一的根.

注　1°. 为了确定 $f(Q) = 0$ 的根, 需要求解一个代数五次方程.

2°. 如果 m_2 位于 m_3 的右侧或者 m_1 的左侧, 则类似于上面的推导过程, 相应地也存在唯一的共线中心构型 (给定顺序后).

3°. 如果 m_2 相对于 m_1 和 m_3 很小即可视为 $m_2 \to 0^+$, 上述证明过程本质上仍成立, 则得到的 m_2 的三个位置天文学上分别叫拉格朗日点 L_1, L_2, L_3.

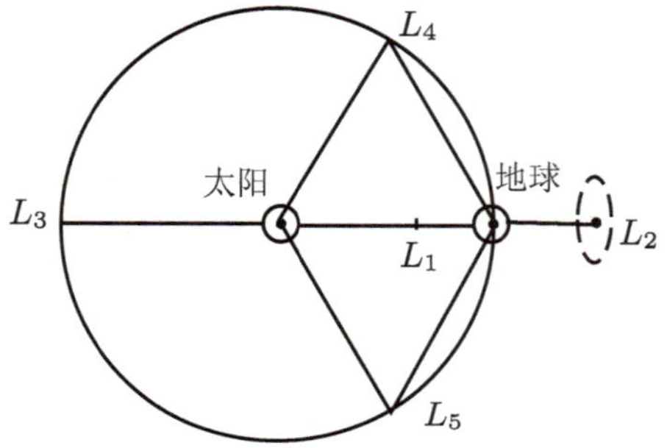

图 9.2.2　日-地系统的五个 Lagrange 点

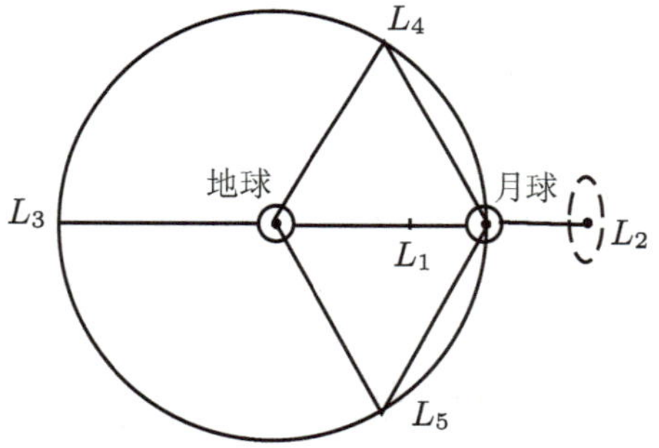

图 9.2.3　地-月系统的五个 Lagrange 点

4°. 人类已发射多颗围绕日-地系统及地-月系统的 L_1, L_2 点附近做 Halo 轨道 (晕轨道) 或准回归的所谓 Lissajous 轨道运动的深空探测器或通信卫星. 特别地, 我国于 2018 年 5 月 21 日凌晨成功发射探月工程嫦娥四号任务鹊桥号中继星,2018 年 6 月 14 日 11 时 06 分, 中继星成功实施轨道捕获控制,6 月 15 日顺利进入距月球约 6.5 万公里, 以地月拉格朗日 L_2 点为中心, 轨道半径约 3500 公里的 Halo 使命轨道, 为嫦娥四号的着陆器和月球车提供地月中继通信支持,2018 年 12 月 8 日, 嫦娥四号探测器成功发射,2019 年 1 月 3 日, 嫦娥四号成功着陆在月球背面南极 - 艾特肯盆地冯 · 卡门撞击坑的预选着陆区, 月球车“王兔二号”也到达月面开始巡视探测,2019 年 1 月 3 日, 着陆器获取了世界上第一张近距离拍摄的月背影像图并传回地面,2019 年 1 月 11 日, 嫦娥四号着陆器与玉兔二号巡视器完成两器互拍. 嫦娥四号中继星“鹊桥”是世界上首颗运行在地月 L_2 点 Halo 使命轨道的卫星, 它为人类发射的着陆器和月球车第一次成功软着陆月球背面起了关键作用.

9.2.2 三体问题的 Lagrange 等边三角形中心构型

如果 (x_1,x_2,x_3) 是一个中心构型, 则 $\lambda x_i=\sum\limits_{j\neq i}\dfrac{m_j(x_j-x_i)}{|x_j-x_i|^3}$, 这等价于

$$\sum_{j\neq i} m_j\left(\frac{1}{|x_j-x_i|^3}+\frac{\lambda}{M}\right)(x_j-x_i)=0,$$

对非共线构型, 对 $j\neq i$, 两个向量 x_j-x_i 必线性无关, 故上述线性组合的系数必为 0, 即 $\dfrac{1}{|x_j-x_i|^3}+\dfrac{\lambda}{M}=0$,

$$|x_j-x_i|=\left(\frac{-\lambda}{M}\right)^{-1/3},\quad 1\leqslant j\neq i\leqslant 3,$$

即 $|x_1-x_2|=|x_1-x_3|=|x_2-x_3|$. 因此, (x_1,x_2,x_3) 是一个等边三角形.

注 1 Lagrange 1772 年发现三体问题的等边三角形解时, 他认为这种解在现实中找不到, 然而 1906 年至今发现位于太阳和木星的连线二侧有多达 4800 多颗那样的两群小行星, 它们的质心与太阳、木星几乎成等边三角形, 二群小行星的质心分别称为 Lagrange 点 L_4, L_5, 并可以类似地定义日-地系统以及地-月等系统的 Lagrange 点.

注 2 从上面的证明过程可以看出, R^3 中的 Newton 四体问题存在唯一的非平面中心构型 —— 正四面体; 但关于平面中心构型的分类至今没有完全解决. 2006 年, Hampton. M. 和 Moeckel R. 证明了四个任意正质量的天体的平面中心构型是有限的 (Invent. Math. 163(2006), 289 ~312), 但中心构型的具体形状和个数未能完全确定.

注 3 关于给定任意正质量的牛顿 N- 体问题, 中心构型个数的有限性被称为 Smale-Wintner 猜想, 它被 Smale 列为 21 世纪十八个重大数学问题之一, 虽然 $N\leqslant 5$ 时已有较大进展, 但一般情形进展甚微.

9.2.3 三体问题的同形解

由 Euler 中心构型和 Lagrange 中心构型可以构造三体问题的同形相似解.

设 $q_i(t)=r(t)\cdot x_i, i=1,2,3$, 这里 $r(t)$ 是复值函数.

设 $q(t)=(q_1(t),q_2(t),q_3(t))$ 是 Newton 三体方程的解. 则

$$m_i\ddot{q}_i(t)=\sum_{j\neq i,j=1}^{3}\frac{m_jm_i(q_j-q_i)}{|q_j-q_i|^3},$$

$$\ddot{r}(t)x_i = \sum_{j\neq i,j=1}^{3} \frac{m_j(x_j - x_i)r(t)}{|x_j - x_i|^3|r(t)|^3}.$$

因为 $x = (x_1, x_2, x_3)$ 是中心构型, 故存在 $\lambda \in R$ 使

$$\sum_{j\neq i,j=1}^{3} \frac{m_j(x_j - x_i)}{|x_j - x_i|^3} = \lambda x_i,$$

故有

$$\ddot{r}(t)x_i = \lambda \frac{r(t)}{|r(t)|^3} x_i, \quad i = 1, 2, 3.$$

因为 $x = (x_1, x_2, x_3) \neq (0, 0, 0)$,故 $\ddot{r}(t) = \lambda \dfrac{r(t)}{|r(t)|^3}, \lambda < 0$. 这是有心力的 Kepler 方程, 其通解为二次曲线.

有关多体问题的中心构型、同形解与碰撞等的进一步参考文献见 Sarri 的专著[96].

9.2.4 平面圆型限制三体问题的解

十九世纪末, 美国数学家 Hill 和法国数学家 Henri Poincaré 在研究月球的运动时, 提出了限制三体问题, 如果三个天体中有一个相对于另外两个的质量非常小, 这时小天体对两个大天体的运动的影响可以忽略, 而两个大天体的运动是二体问题, 它们的解是知道的, 因而小天体在两个大的天体的万有引力作用下运动的问题被称为限制性三体问题, 最简单情形是已知两个大天体的圆运动, 然后求解在同一平面上的小天体的运动方程的所谓平面圆形限制三体问题:

在绝对坐标系下 (图 9.2.4), 设 $m_1q_1(t) + m_2q_2(t) = 0$, 又设

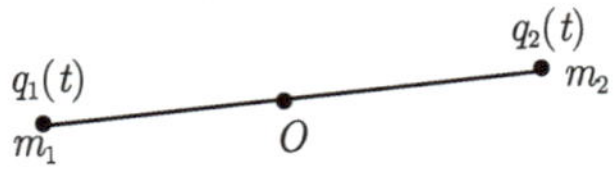

图 9.2.4

设 $\omega = \dfrac{2\pi}{T}$,

$$q_1(t) = R_1 e^{\sqrt{-1}\omega t}, \quad q_2(t) = R_2 e^{\sqrt{-1}\omega t}.$$

则

$$m_1R_1 + m_2R_2 = 0, \tag{9.2.1}$$

另由 $m_i\ddot{q}_i = \vec{F}_i$ 有

$$m_1\ddot{q}_1 = \frac{G \cdot m_2 \cdot m_1 \cdot (q_2 - q_1)}{|q_2 - q_1|^3}.$$

取 $G=1$, 有

$$-m_1R_1\omega^2e^{\sqrt{-1}\omega t}=\frac{m_2m_1(R_2-R_1)}{|R_2-R_1|^3}e^{\sqrt{-1}\omega t}. \tag{9.2.2}$$

由 (9.2.1) 有, $R_1=-\dfrac{m_2}{m_1}R_2$, 代入 (9.2.2) 有

$$\omega^2=\frac{m_1\left(1+\dfrac{m_2}{m_1}\right)}{\left|\left(1+\dfrac{m_2}{m_1}\right)R_2\right|^3},$$

则

$$\begin{aligned}
\omega^2=&\frac{m_1}{\left(1+\dfrac{m_2}{m_1}\right)^2R_2^3},\\
R_2^3=&\omega^{-2}\cdot\left(1+\frac{m_2}{m_1}\right)^{-2}\cdot m_1,\\
R_2=&\left(\frac{2\pi}{T}\right)^{-2/3}\cdot\left(1+\frac{m_2}{m_1}\right)^{-2/3}m_1^{1/3}\\
=&\left(\frac{2\pi}{T}\right)^{-2/3}\cdot(m_1+m_2)^{-2/3}\cdot m_1,\\
R_1=&-\frac{m_2}{m_1}R_2=-(\omega)^{-2/3}(m_1+m_2)^{-2/3}\cdot m_2.
\end{aligned}$$

下面研究质量为 $m_3=0$ 的运动:

$$\ddot{q}_3(t)=\frac{m_1(q_1-q_3)}{|q_1-q_3|^3}+\frac{m_2(q_2-q_3)}{|q_2-q_3|^3}. \tag{9.2.3}$$

定义

$$f(q_3)=\int_0^T\left[\frac{1}{2}|\dot{q}_3|^2+\frac{m_1}{|q_3-q_1|}+\frac{m_2}{|q_3-q_2|}\right]dt, \tag{9.2.4}$$

$$q_3(t)\in\Lambda=\{q_3(t)\in W^{1,2}(R/TZ,R^2),q_3(t)\neq q_1(t),q_2(t),\forall t\}.$$

问题 对 Λ 加何对称性、拓扑条件? 使 f 在其上存在最小值点.

另对平面限制三体问题, 在相对坐标系下, 令 $q_3(t) = e^{\sqrt{-1}\omega t} \cdot (x + \sqrt{-1}y)$, 则有

$$\begin{aligned}\dot{q}_3(t) &= \sqrt{-1}\omega e^{\sqrt{-1}\omega t}(x+\sqrt{-1}y) + e^{\sqrt{-1}\omega t}(\dot{x}+\sqrt{-1}\dot{y}),\\ \ddot{q}_3(t) &= (\sqrt{-1}\omega)^2 e^{\sqrt{-1}\omega t}(x+\sqrt{-1}y) + \sqrt{-1}\omega e^{\sqrt{-1}\omega t}(\dot{x}+\sqrt{-1}\dot{y})\\ &\quad + \sqrt{-1}\omega e^{\sqrt{-1}\omega t}(\dot{x}+\sqrt{-1}\dot{y}) + e^{\sqrt{-1}\omega t}(\ddot{x}+\sqrt{-1}\ddot{y})\\ &= e^{\sqrt{-1}\omega t}[\ -\omega^2(x+\sqrt{-1}y) + 2\sqrt{-1}\omega(\dot{x}+\sqrt{-1}\dot{y}) + \ddot{x} + \sqrt{-1}\ddot{y}\ ]\\ &= e^{\sqrt{-1}\omega t}[\ -\omega^2 x - 2\omega\dot{y} + \ddot{x} + \sqrt{-1}(-\omega^2 y + 2\omega\dot{x} + \ddot{y})\ ],\end{aligned}$$

设 $\omega = 1, m_1 + m_2 = 1$, 则有

$$R_1 = -m_2, \quad R_2 = m_1,$$

$$q_1(t) - q_3(t) = \left[-m_2 - (x+\sqrt{-1}y)\right] \cdot e^{\sqrt{-1}t},$$

$$q_2(t) - q_3(t) = \left[m_1 - (x+\sqrt{-1}y)\right] \cdot e^{\sqrt{-1}t},$$

代入 $q_3(t)$ 的运动方程 (9.2.3) 有

$$\begin{aligned}&\left[-x - 2\dot{y} + \ddot{x} + \sqrt{-1}(-y + 2\dot{x} + \ddot{y})\right]\\ &= \frac{m_1 \cdot \left[-m_2 - (x+\sqrt{-1}y)\right]}{|-m_2 - (x+\sqrt{-1}y)|^3} + \frac{m_2 \cdot \left[m_1 - (x+\sqrt{-1}y)\right]}{|m_1 - (x+\sqrt{-1}y)|^3}.\end{aligned}$$

令 $\mu = m_2, 1-\mu = m_1$, 令 $U = \dfrac{1-\mu}{\rho_1} + \dfrac{\mu}{\rho_2}$, 这里

$$\rho_1 = \sqrt{(x+\mu)^2 + y^2}, \quad \rho_2 = \sqrt{(x-1+\mu)^2 + y^2}.$$

令 $V = \dfrac{x^2+y^2}{2} + U$, 则

$$\begin{cases} \ddot{x} = 2\dot{y} + \dfrac{\partial V}{\partial x}, \\ \ddot{y} = -2\dot{x} + \dfrac{\partial V}{\partial y}. \end{cases} \tag{9.2.5}$$

Lagrange 变分泛函为

$$f(x,y) = \int_0^T \left[\frac{1}{2}(\dot{x}^2 + \dot{y}^2) + (x\dot{y} - y\dot{x})\right] dt + \int_0^T V(x,y) dt.$$

Hill 等用级数展开的方法研究了 (9.2.5) 的解 [7,57], 从而在一定程度上解释了月球的周期运动现象.

9.2.5 Palais 对称性原理

1979 年, 美国数学家 R. Palais 证明了以下简单但十分有用的对称性原理:

定理 9.2.1(Palais)[84] 设 H 是 Hilbert 空间, 在 H 上有正交群 G 作用使对 $\forall g \in G$, 泛函 $f: H \to R$ 是不变的, 即 $\forall x \in H, f(\sigma(g)\cdot x) = f(x)$, 这里 $\sigma(g)$ 是 g 的正交表示, 则 f 在 G 作用下的不动点空间:

$$F_{ix} = \{x \in H |\ g \cdot x = x\}$$

上的临界点也是 f 在 H 上的临界点.

证明 设 $x \in F_{ix}$ 是 f 的临界点. 则 $\forall \xi \in F_{ix}, f'(x)\cdot\xi = 0$.

下证 $\forall \eta \in H, f'(x)\cdot\eta = 0$.

由 $f'(x)\cdot\xi = 0$ 知 $f'(x) \in (F_{ix})^{\perp}$.

下证 $f'(x) \in F_{ix}$, 则 $f'(x) = 0$.

由 $f(\sigma(g)\cdot x) = f(x)$ 有

$$\begin{aligned}
&\langle f'(\sigma(g)\cdot x), \sigma(g)\eta\rangle = f'(x)\cdot\eta, \quad \forall \eta \in H;\\
&(\sigma(g))^{-1} f'(\sigma(g)\cdot x) = f'(x);\\
&f'(\sigma(g)\cdot x) = (\sigma(g))\cdot f'(x).
\end{aligned} \tag{9.2.6}$$

下要证明 $\sigma(g)f'(x) = f'(x)$.

若 $x \in F_{ix}$, 则 $\sigma(g)x = x$, 故 (9.2.6) 式为

$$f'(x) = \sigma(g)\cdot f'(x).$$

由此有 $f'(\sigma(g)\cdot x) = f'(x)$, 即 $f'(x) \in F_{ix}$.

9.2.6 三体问题的 Lagrange 解的变分最小性质

首先研究三体问题的 Lagrange 圆解的变分最小性质.

定理 9.2.2(Long-Zhang, Chenciner)[67,24] 考虑 $R^K (K = 2, 3)$ 中的具有任意正质量 m_1, m_2, m_3 的三体问题, 定义

$$\begin{aligned}
\Lambda_1 = &\{q = (q_1, q_2, q_3), q_i \in W^{1,2}(R/TZ, R^K), q_i(t + T/2)\\
= &-q_i(t), q_i(t) \neq q_j(t),\quad i \neq j\},
\end{aligned} \tag{9.2.7}$$

$$f(q) = \int_0^T \left(\frac{1}{2}\sum_{i=1}^{3} m_i|\dot{q}_i|^2 + \sum_{i<j}\frac{m_i m_j}{|q_i - q_j|} \right) dt, \quad q \in \Lambda_1, \tag{9.2.8}$$

则 $f(q)$ 在 $\bar{\Lambda}_1$(Λ_1的闭包) 上的整体最小值点正好是 Lagrange 圆解.

引理 9.2.1　(1) (Coti Zelati)[31]对任意正整数 K, 实数 $\alpha>0$, 自然数 $N\geqslant 2$ 及一组正质量 $m=(m_1,\cdots,m_N)\in(R^+)^N$, 一组位置 $q=(q_1,\cdots,q_N)\in(R^K)^N$, 成立:

$$\sum_{1\leqslant i<j\leqslant N}\frac{m_im_j}{|q_i-q_j|^\alpha}\geqslant C_\alpha(N,m)\left(\sum_{i=1}^N m_i|q_i|^2\right)^{-\alpha/2},$$

其中, $C_\alpha(N,m)=M^{-\alpha/2}\left(\sum\limits_{1\leqslant i<j\leqslant N} m_im_j\right)^{(2+\alpha)/2}$, $M=\sum\limits_{i=1}^N m_i$.

(2) (Long-Zhang)[67] 当 $N\geqslant 3$, 不等式取等号的充要条件为

$$|q_i-q_j|=|q_k-q_h|,\quad \forall i\neq j,\forall k\neq h,$$

$$\sum_{i=1}^N m_iq_i=0,\quad N\leqslant K+1.$$

进一步, $|q_i-q_j|=0(\forall 1\leqslant i\neq j\leqslant N)$ 的充要条件为 $q_i=0, i=1,\cdots,N$.

引理 9.2.2(Poincaré-Wirtinger 不等式)　设

$$x\in W^{1,2}(R/TZ,R^K),\quad \int_0^T x(t)dt=0,$$

则

$$\int_0^T|\dot{x}(t)|^2dt\geqslant\left(\frac{2\pi}{T}\right)^2\int_0^T|x(t)|^2dt,$$

且等号成立 $\Leftrightarrow x(t)=\alpha\cos\dfrac{2\pi}{T}t+\beta\sin\dfrac{2\pi}{T}t, \alpha,\beta\in R^K$.

引理 9.2.3 (Jensen 不等式)　设 ϕ 在 $[r,R]$ 上凸, I,P 在 $[c,d]$ 上可积, $r\leqslant I(x)\leqslant R$, $P(x)\geqslant 0$, $\forall x\in[c,d]$ 且 $\displaystyle\int_c^d P(x)dx>0$, 则

$$\phi\left(\frac{\displaystyle\int_c^d P(x)I(x)dx}{\displaystyle\int_c^d P(x)dx}\right)\leqslant\frac{\displaystyle\int_c^d P(x)\phi(I(x))dx}{\displaystyle\int_c^d P(x)dx},$$

且等号成立 $\Leftrightarrow I(x)\equiv \text{const}$.

由上述引理, 我们现在来证明定理 9.2.2.

设 $I(t)=\sum m_i|q_i|^2$, 则

$$\begin{aligned}
f(q) &\geqslant \frac{1}{2}\left(\frac{2\pi}{T}\right)^2\int_0^T I(t)dt + C_1\int_0^T I^{-1/2}(t)dt \\
&\geqslant \frac{2\pi^2}{T^2}\int_0^T I(t)dt + C_1T^{\frac{3}{2}}\left(\int_0^T I(t)dt\right)^{-1/2} \\
&\triangleq \frac{2\pi^2}{T^2}S^2 + C_1T^{\frac{3}{2}}S^{-1} \triangleq \varphi(S),
\end{aligned}$$

这里 $S = \left(\int_0^T I(t)dt\right)^{1/2}$. 我们注意到,

$$\varphi''(S) = \frac{4\pi^2}{T^2} + 2C_1T^{\frac{3}{2}}S^{-3} > 0,$$

且当 $S \to 0^+$ 或 $+\infty$ 时 $\varphi(S) \to +\infty$, 故 $\varphi(S)$ 在 $S > 0$ 上存在唯一的最小值点 S_0 使 $\varphi'(S_0) = 0$. 进一步, $f(q)$ 在某个点 $Q = (Q_1, Q_2, Q_3)$ 达到 $\varphi(S_0)$ 的充要条件是: 我们上述证明中使用过的三个不等式同时取等号, 故有

(1) $Q_i(t) = \alpha_i \cos\frac{2\pi}{T}t + \beta_i \sin\frac{2\pi}{T}t, \alpha_i, \beta_i \in R^K$;

(2) $|Q_1(t) - Q_2(t)| = |Q_1(t) - Q_3(t)| = |Q_2(t) - Q_3(t)|$;

(3) $\sum\limits_{i=1}^{3} m_iQ_i(t) \equiv 0$;

(4) $\sum\limits_{i=1}^{3} m_i|Q_i(t)|^2 \equiv \text{const.}$,

则进一步可证 ([67]), $\alpha_i \perp \beta_i$ 且 $|\alpha_i| = |\beta_i|$, 且 $(Q_1(t), Q_2(t), Q_3(t))$ 始终在初始平面上.

下面研究平面三体问题的 Lagrange 椭圆解的变分最小特征. 任意给定正质量 m_1, m_2, m_3, 定义复平面 C 上三体问题的构型空间为

$$F = \left\{(\alpha_1, \alpha_2, \alpha_3) \in C^3 \middle| \sum m_i\alpha_i = 0, \alpha_i \neq \alpha_j, \forall 1 \leqslant i \neq j \leqslant 3\right\}$$

定义闭道路空间:

$$\begin{aligned}
\Lambda_2 = \Bigg\{ & q(t) = (q_1(t), q_2(t), q_3(t)), q_i(t) \in W^{1,2}(R/TZ, R^2), \\
& \sum_{i=1}^{3} m_iq_i(t) \equiv 0, \deg(q_i - q_j) \neq 0, 1 \leqslant i \neq j \leqslant 3\Bigg\}.
\end{aligned}$$

定理 9.2.3 (Zhang-Zhou, Venturelli)[122,105] f 在 Λ_2 上的整体最小值点正好是三体问题的 Lagrange 椭圆解.

证明 首先证明 Lagrange 椭圆解在 Λ_2 中极小化 Lagrange 作用泛函. 因为 $\sum m_i q_i = 0$, 则几乎处处有 $\sum m_i \dot{q}_i = 0$.

又注意到,

$$
\begin{aligned}
&\sum_{i<j} m_i m_j |\dot{q}_i - \dot{q}_j|^2 \\
=&\frac{1}{2}\sum_{i,j=1}^{3} m_i m_j |\dot{q}_i - \dot{q}_j|^2 = \frac{1}{2}\sum_{i,j} m_i m_j \left[|\dot{q}_i|^2 + |\dot{q}_j|^2 - 2\langle \dot{q}_i, \dot{q}_j\rangle\right] \\
=&\sum_{j=1}^{3} m_j \sum_{i=1}^{3} m_i |\dot{q}_i|^2 - |\sum_{i=1}^{3} m_i \dot{q}_i|^2 \\
=&M\sum_{i} m_i |\dot{q}_i|^2 = \sum_{i=1}^{3} m_i |\dot{q}_i|^2,
\end{aligned}
$$

其中不妨假设 $M = \sum\limits_{j=1}^{3} m_j = 1$, 则

$$
f(q) = \sum_{i<j} m_i m_j \cdot \int_0^T \left(\frac{|\dot{q}_i - \dot{q}_j|^2}{2} + \frac{1}{|q_i - q_j|}\right) dt.
$$

由关于 Kepler 问题的 Gordon 定理知

$$
\int_0^T \left(\frac{|\dot{q}_i - \dot{q}_j|^2}{2} + \frac{1}{|q_i - q_j|}\right) dt \geqslant \frac{3}{2}(2\pi)^{2/3} T^{1/3},
$$

且上述积分在 Kepler 轨道

$$
\tilde{q}_i(t) - \tilde{q}_j(t) = x(t) \cdot (\alpha_i - \alpha_j)
$$

(这里 $|\alpha_i - \alpha_j| = 1, x(t)$ 是 Kepler 轨道) 达到最小值 $\dfrac{3}{2}(2\pi)^{2/3} T^{1/3}$.

因此, $f(q)$ 在 Lagrange 解 $\tilde{q}(t) = x(t) \cdot (\alpha_1, \alpha_2, \alpha_3)$ 处达到最小值

$$
\frac{3}{2}(2\pi)^{2/3} T^{1/3} \left(\sum_{1\leqslant i<j\leqslant 3} m_i m_j\right).
$$

下证 $f(q)$ 在 Λ 上的任何正则最小值解必是 Lagrange 解.

设 $\tilde{q}(t) = (\tilde{q}_1(t), \tilde{q}_2(t), \tilde{q}_3(t))$ 是三体问题的正则最小值解. 令

$$
\begin{aligned}
x_1(t) &= \tilde{q}_2(t) - \tilde{q}_3(t), \\
x_2(t) &= \tilde{q}_3(t) - \tilde{q}_1(t), \\
x_3(t) &= \tilde{q}_1(t) - \tilde{q}_2(t),
\end{aligned}
$$

则 $x_1(t), x_2(t), x_3(t)$ 是周期为 T 的 Kepler 轨道. 故

$$\ddot{x}_i(t) = -\frac{x_i(t)}{|x_i(t)|^3}.$$

又因为 $x_1(t) + x_2(t) + x_3(t) = 0$, 故

$$\ddot{x}_1(t) + \ddot{x}_2(t) + \ddot{x}_3(t) = 0,$$

因此,

$$\frac{x_1(t)}{|x_1(t)|^3} + \frac{x_2(t)}{|x_2(t)|^3} + \frac{x_3(t)}{|x_3(t)|^3} = 0.$$

下证 $\forall t, \tilde{q}_1(t), \tilde{q}_2(t), \tilde{q}_3(t)$ 在等边三角形的三个顶点上. 反证, 若存在 t_0, 使 $\tilde{q}_1(t_0), \tilde{q}_2(t_0), \tilde{q}_3(t_0)$ 不形成等边三角形, 则它们必须共线.

事实上, 设 $|x_2(t_0)| \neq |x_3(t_0)|$ 且 $x_1(t_0)$ 的实部 $\mathrm{Re}(x_1(t_0)) = 0$. 则

$$\begin{aligned} &\mathrm{Re}(x_2(t_0)) + \mathrm{Re}(x_3(t_0)) = 0, \\ &\frac{\mathrm{Re}(x_2(t_0))}{|x_2(t_0)|^3} + \frac{\mathrm{Re}(x_3(t_0))}{|x_3(t_0)|^3} = 0. \end{aligned}$$

故 $\mathrm{Re}(x_2(t_0)) = \mathrm{Re}(x_3(t_0)) = 0$. 即 $x_1(t_0), x_2(t_0), x_3(t_0)$ 共线. 又由于三条 Kepler 轨道 $x_1(t), x_2(t), x_3(t)$ 在任何时刻 t 的角速度 $\theta(t)$ 相同, 故它们总是共线的. 但这是不可能的, 因为三条 Kepler 轨道 $x_1(t), x_2(t), x_3(t)$ 有同样的半主轴和同样的焦点, 故 $\tilde{q}(t) = r(t)(\tilde{q}_1(0), \tilde{q}_2(0), \tilde{q}_3(0)), \deg r \neq 0$, 其中 $(\tilde{q}_1(0), \tilde{q}_2(0), \tilde{q}_3(0))$ 是等边三角形的三个顶点且 $\sum m_i \tilde{q}_i(0) = 0$.

故 f 必在空间:

$$\Lambda_3 = \left\{ r(t)(\tilde{q}_1(0), \tilde{q}_2(0), \tilde{q}_3(0)), \deg r \neq 0, \sum m_i \tilde{q}_i(0) = 0 \right\}$$

上达到最小值

$$\frac{3}{2}(2\pi)^{2/3} T^{1/3} \sum_{i<j} m_i m_j.$$

限制 f 在 Λ_2 上, 则

$$f(\tilde{q}(t)) = \int_0^T \left(\sum m_i |\tilde{q}_i(0)|^2 \frac{|\dot{r}(t)|^2}{2} + \sum_{i<j} \frac{m_i m_j}{|\tilde{q}_i(0) - \tilde{q}_j(0)|} \frac{1}{|r(t)|} \right) dt.$$

故 $r(t)$ 是 Kepler 轨道, $\tilde{q}(t)$ 是 Lagrange 解.

9.3　平面等质量三体问题的“8”字形解

自十八世纪中叶 Euler, Lagrange 发现三体问题的两族特解, 到十九世纪末 Hill, Poincaré 发现限制三体问题新的周期解, 中间经历了一百多年, 其间人们没能发现三体问题新的周期解. Poincaré 在研究三体问题过程中发现了混沌现象, 提出了微分方程定性理论, 创立了代数拓扑等现代数学分支. 他也曾尝试用变分方法研究三体问题的周期解, 但由于 Newton 势是弱力型势, 他无法证明变分最小值点没有碰撞, 于是引进了强力型势

$$V(q) = -\sum_{1\leqslant i<j\leqslant N} \frac{Gm_im_j}{|q_i-q_j|^{\alpha}} \quad (\alpha \geqslant 2).$$

由于强力型势对应的 Lagrange 作用泛函在有碰撞的广义解上的值是 $+\infty$, 故变分最小值点自然就没有碰撞. 但对弱力型势 $(\alpha < 2)$, Lagrange 作用泛函在碰撞的广义解 (碰撞时刻组成的集合 Lebesgue 测度为 0) 上的值和在非碰撞的闭轨道上的值均是有限的, 如何通过估计它们的值来区分碰撞与非碰撞是一个很困难的问题.

1993 年, Moore[76] 通过计算机模拟发现具有 Newton 势的平面等质量的三体问题存在在同一个“8”字形闭轨道上运动的非碰撞周期解. 2000 年, Chenciner 和 Montgomery[25] 发表在*Annals of Math.* 上的论文给出了解析证明, 从而引起一时轰动, *Science*及*Notices of AMS* 等曾争相报道, 但由于他们在证明过程中用到许多不易懂的微分几何的知识, 并且关于 Lagrange 作用在碰撞的广义解上的值的下界估计很粗糙, 不是最佳估计, 他们的方法很难推广到更一般的多体问题.

张世清和周青[123] 合作的论文中给出了 Lagrange 作用在对称的碰撞广义解上的值的最佳下界估计, 进而给出了平面等质量三体问题“8”字形解存在性的另一个简洁证明.

由 Newton 三定律和万有引力定律, 平面上三个天体的运动遵循以下非线性二阶微分方程组:

$$m_i\ddot{q}_i = \frac{\partial U}{\partial q_i}, \tag{9.3.1}$$

这里 $m_i > 0$ 是第 i 个天体的质量, $q_i \in R^2$ 是第 i 个天体的位置向量, 而

$$U(q) = U(q_1, \cdots, q_3) = \sum_{1\leqslant i<j\leqslant 3} \frac{m_im_j}{|q_i-q_j|} = -V(q) \tag{9.3.2}$$

是系统的正的 Newton 势函数, 这里万有引力常量 G 已归一化.

下面仅考虑等质量三体问题. 不失一般性, 假设 $m_1 = m_2 = m_3 = 1$ 且 $T = 1$.

定义环路空间:

$$E=\left\{q=(q_1,q_2,q_3)\Big|q_i\in W^{1,2}(R/Z,R^2),q_i(t)\neq q_j(t),i\neq j,\sum_i q_i=0\right\}. \tag{9.3.3}$$

定义 E 上的 Lagrange 作用积分:

$$f(q)=\frac{1}{2}\int_0^1\sum_i|\dot{q}(t)|^2dt+\int_0^1 U(q(t))dt. \tag{9.3.4}$$

容易证明, $f(q)$ 在 E 中的临界点是 (9.3.1) 式的非碰撞周期解.

如果 3 个天体沿同一条轨道运动且相互间的相位交错 1/3, 即 $q_2(t)=q_1(t+1/3)$ 且 $q_3(t)=q_1(t+2/3)$, 则称 (9.3.1) 式的周期解 $q=(q_1(t),q_2(t),q_3(t))$ 是一个舞蹈解.

定义舞蹈空间为

$$\Lambda=\{q=(q_1,q_2,q_3)\in E|q_2(t)=q_1(t+1/3),q_3(t)=q_1(t+2/3)\}. \tag{9.3.5}$$

群 $Z_3=(\sigma)$ 在 E 上的作用定义为

$$\sigma(q_1(t),q_2(t),q_3(t))=(q_3(t+1/3),q_1(t+1/3),q_2(t+1/3)). \tag{9.3.6}$$

不动点集 $\mathrm{Fix}_{Z_3}(E)$ 是空间 Λ, 易知, E 上的 Lagrange 作用积分 $f(q)$ 在 Z_3 作用下是不变的, 即 $f(q)=f(\sigma(q))$. 所以由 Palais 的对称准则, f 限制在 Λ 上的临界点也是 f 在 E 上的临界点.

Lagrange 圆周轨道是一个舞蹈解. 为了获得另外的舞蹈解, 引入下面的对称性, 令

$$B=\begin{pmatrix}1&0\\0&-1\end{pmatrix}, \tag{9.3.7}$$

定义 B-对称奇函数空间:

$$H=\{h\in W^{1,2}(R/Z,R^2)|h(-t)=-h(t),h(t+1/2)=Bh(t)\}.$$

对任何 B-对称奇函数 $h\in H$, 有

$$h(-t+1/2)=-Bh(t),\qquad h(0)=h(1/2)=0, \tag{9.3.8}$$

因此任何圆周运动不是 B-对称奇函数, 则 B-对称奇舞蹈空间定义为

$$\Lambda_B=\{q=(q_1,q_2,q_3)\in\Lambda|q_1\in H\}.$$

如果在 Λ 上定义一个 $Z_2\times Z_2$ 作用:

$$\varphi(q_1(t),q_2(t),q_3(t))=(-q_1(-t),-q_3(-t),-q_2(-t)),$$

$$\beta(q_1(t),q_2(t),q_3(t))=(Bq_1(t+1/2),Bq_2(t+1/2),Bq_3(t+1/2)),$$

则这个作用的不动点集是 Λ_B 且 Lagrange 作用积分 $f(q)$ 是不变的. 因此由 Palais 的对称性原理, $f(q)$ 在 Λ_B 上的临界点也是 (9.3.1) 式的解.

命题 9.3.1　Lagrange 作用积分 $f(q)$ 在 Λ_B 上的临界点也是在 E 上的临界点, 从而是方程 (9.3.1) 的解.

本节的主要结果是下面的定理:

定理 9.3.1　等质量的平面三体问题的 Lagrange 作用积分 $f(q)$ 在 Λ_B 中达到下确界, 从而 (9.3.1) 有非碰撞舞蹈解.

为了证明定理 9.3.1, 我们从弱解的存在性开始.

引理 9.3.1　对任意 $q=(q_1,q_2,q_3)\in\bar{\Lambda}_B$, 有

$$f(q)\geqslant\frac{1}{2}||q||_{W^{1,2}}^2\to+\infty,\quad ||q||_{W^{1,2}}\to+\infty.$$

证明　对任意 $q(t)=(q_1(t),q_2(t),q_3(t))\in\bar{\Lambda}_B$, 有

$$q_1(-t)=-q_1(t),\quad q_2(t)=q_1(t+1/3),\quad q_3(t)=q_1(t+2/3),$$

故

$$\int_0^1 q_3(t)dt=\int_0^1 q_2(t)dt=\int_0^1 q_1(t)dt=0.$$

由 Poincaré-Wirtinger 不等式知

$$\int_0^1|\dot{q}_i|^2dt\geqslant(2\pi)^2\int_0^1|q_i|^2dt,$$

故 $\left(\sum\limits_{i=1}^3\int_0^1|\dot{q}_i|^2dt\right)^{1/2}$ 是 $W^{1,2}(R/Z,R^2)$ 中的等价模, 且当 $||q||_{W^{1,2}}\to+\infty$ 时,

$$f(q)\geqslant\frac{1}{2}\int_0^1\sum_{i=1}^3|\dot{q}_i|^2dt=\frac{1}{2}||q||_{W^{1,2}}^2\to+\infty,$$

即 f 在 $\bar{\Lambda}_B$ 上强制.

引理 9.3.2　$\bar{\Lambda}_B$(Λ_B的闭包) 是 $W^{1,2}\times W^{1,2}\times W^{1,2}$ 的弱闭子集.

证明　设 $q^{(n)}=(q_1^{(n)},q_2^{(n)},q_3^{(n)})\in\bar{\Lambda}_B$ 且 $q^{(n)}\rightharpoonup q$. 我们要证 $q\in\Lambda_B$. 事实上, 由 $q^{(n)}\rightharpoonup q$, 则 $q_i^{(n)}(t)\to q_i(t)$ 一致收敛, $q_i^{(n)}(t)-q_j^{(n)}(t)\to q_i(t)-q_j(t)$ 一致收敛, q 具有 $q^{(n)}$ 所有的对称性, 且 $q\in\bar{\Lambda}_B$.

引理 9.3.3 $f(q)$ 在 $(W^{1,2})^3$ 的弱闭子集 $\bar{\Lambda}_B$ 上是弱下半连续的.

证明 对 $\forall q^{(n)} \in \bar{\Lambda}_B, q^{(n)} \rightharpoonup q$, 我们要证明:

$$\underline{\lim}_{n\to\infty} f(q^{(n)}) \geqslant f(q).$$

事实上, 若 $q \in \Lambda_B$, 则当 n 充分大后, $q^{(n)} \in \Lambda_B$. 由 $q_i^{(n)} \in W^{1,2}(R/TZ, R^2)$ 及 Sobolev 紧嵌入定理, 我们有 $q_i^{(n)} \in C(R/TZ, R^2)$ 且 $q^{(n)}(t) \to q(t)$ 一致收敛. 故有

$$U(q^{(n)}(t)) \to U(q(t)), \quad \forall t \in [0, T].$$

又由于 $\int_0^T q(t)dt = 0$, 故由 Poincaré-Wirtinger 不等式知

$$\int_0^T \sum_{i=1}^3 \frac{1}{2} m_i |\dot{q}_i|^2 dt \cong ||q||^2_{W^{1,2}}.$$

故由范数的弱下半连续性及 Fatou 引理我们有

$$\begin{aligned}
&\underline{\lim}_{n\to\infty} f(q^{(n)}) \\
&= \underline{\lim}_{n\to\infty} \left(\int_0^T \sum_{i=1}^3 \frac{1}{2} m_i |\dot{q}_i^{(n)}|^2 dt + \int_0^T \sum_{1\leqslant i<j\leqslant 3} \frac{m_i m_j}{|q_i^{(n)} - q_j^{(n)}|} \right) dt \\
&\geqslant \int_0^T \left(\sum_{i=1}^3 \frac{1}{2} m_i |\dot{q}_i|^2 \right) dt + \int_0^T \underline{\lim}_{n\to\infty} \left(\sum_{1\leqslant i<j\leqslant 3} \frac{m_i m_j}{|q_i^{(n)} - q_j^{(n)}|} \right) dt \\
&= \int_0^T \sum_{i=1}^3 \frac{1}{2} m_i |\dot{q}_i|^2 dt + \int_0^T \sum_{1\leqslant i<j\leqslant 3} \frac{m_i m_j}{|q_i - q_j|} dt \\
&= f(q).
\end{aligned}$$

现假设 $q \in \partial\Lambda^k$.

令 $C = \{t_0 \in [0, T] | \exists 1 \leqslant i_0 \neq j_0 \leqslant 3, q_{i_0}(t_0) = q_{j_0}(t_0)\}$, 且设 $\mu(C)$ 表示 Lebesgue 测度.

(i) 若 $\mu(C) = 0$, 则我们有 $U(q^{(n)})(t) \to U(q)(t)$ a.e.

由 Fatou 引理, 我们有

$$\int_0^T U(q)dt = \int_0^T \underline{\lim}_{n\to\infty} U(q^{(n)})dt \leqslant \underline{\lim}_{n\to\infty} \int_0^T U(q^{(n)})dt.$$

又由 $||\cdot||_{(W^{1,2})^3}$ 的弱下半连续及 $f(q)$ 的定义, 我们有

$$\underline{\lim}_{n\to\infty} f(q^{(n)}) \geqslant f(q).$$

(ii) 若 $\mu(C) \neq 0$, 则 $\int_0^T U(q)dt = +\infty$ 且 $f(q) = +\infty$.

注意, $q^{(n)}(t) \to q(t)$ 一致收敛, 有 $U(q^{(n)}) = \sum\limits_{1 \leqslant i<j \leqslant 3} \dfrac{m_i m_j}{|q_i^{(n)}(t) - q_j^{(n)}(t)|} \to +\infty$ 在 C 上一致成立. 故 $\int_0^T U(q^{(n)})dt \to +\infty$ 且 $\lim\limits_{n\to\infty} f(q^{(n)}) = +\infty$. 我们仍有

$$\varliminf_{n\to\infty} f(q^{(n)}) \geqslant f(q).$$

命题 9.3.2　f 在 Λ_B 的闭包 $\bar{\Lambda}_B$ 上的最小值点 $q = (q_1, q_2, q_3)$ 在 Bahri-Rabinowitz[9] 意义下是 (9.3.1) 式的一个弱周期解:

(i) 碰撞集 $C = \{t \in [0,1] | q_i(t) = q_j(t)$ 对某 $1 \leqslant i \neq j \leqslant 3\}$ 有零 Lebesgue 测度;

(ii) q_i 在 $[0,1]\backslash C$ 上是 C^2 的, 且满足 (9.3.1) 式和能量守恒

$$\frac{1}{2}\sum_{i=1}^{3}|\dot{q}_i|^2 - U(q) = h.$$

下面估计 Lagrange 作用积分 $f(q)$ 在碰撞解上的下界.

命题 9.3.3　设 $q = (q_1, q_2, q_3) \in \Lambda_B$ 是三体问题 (9.3.1) 的一个碰撞弱周期解. 则

$$f(q) \geqslant \frac{3}{2}(12\pi)^{2/3}.$$

证明　因为 $\sum q_i = 0$, 因此 $\sum \dot{q}_i = 0$, 且

$$\begin{aligned}
\sum_{i<j}|\dot{q}_i - \dot{q}_j|^2 &= \frac{1}{2}\sum_{i\neq j}|\dot{q}_i - \dot{q}_j|^2 \\
&= \frac{1}{2}\sum_{i\neq j}(|\dot{q}_i|^2 + |\dot{q}_j|^2 - 2\langle \dot{q}_i, \dot{q}_j\rangle) \\
&= \sum_{i=1}^{3}|\dot{q}_i|^2 \sum_{j\neq i} 1 - \sum_{i=1}^{3}\sum_{j\neq i}\langle \dot{q}_i, \dot{q}_j\rangle \\
&= \sum_{i=1}^{3}|\dot{q}_i|^2 \sum_{j} 1 - \left(\sum_i \dot{q}_i, \sum_j \dot{q}_j\right) \\
&= 3\sum_{i=1}^{3}|\dot{q}_i|^2,
\end{aligned}$$

因此可以把 $f(q)$ 写为

$$f(q) = \sum_{i<j}\int_0^1 \left(\frac{|\dot{q}_i - \dot{q}_j|^2}{6} + \frac{1}{|q_i - q_j|}\right) dt.$$

假设 $q_1(t_0)=q_2(t_0)$, 则 $q_1(t_0+1/2)=q_2(t_0+1/2)$. 利用二体问题的 Gordon 估计, 有

$$\int_0^1\left(\frac{|\dot{q}_1-\dot{q}_2|^2}{6}+\frac{1}{|q_1-q_2|}\right)dt\geqslant\frac{(12\pi)^{2/3}}{2},$$

因为 $q_1(t)=q_3(t+1/3)=q_2(t+2/3)$, 所以

$$\int_0^1\left(\frac{|\dot{q}_1-\dot{q}_3|^2}{6}+\frac{1}{|q_1-q_3|}\right)dt\geqslant\frac{(12\pi)^{2/3}}{2},$$

$$\int_0^1\left(\frac{|\dot{q}_2-\dot{q}_3|^2}{6}+\frac{1}{|q_2-q_3|}\right)dt\geqslant\frac{(12\pi)^{2/3}}{2}.$$

因此如果 q 是碰撞解, 则

$$f(q)\geqslant\frac{3}{2}(12\pi)^{2/3}.$$

命题 9.3.4 设 $k_3=\dfrac{3}{2}(12\pi)^{2/3}(\approx 16.8647)$, 则 $f^{-1}([0,k_3))\subset\Lambda_B$ 不是空集.

证明 设 $q_1(t)=a(\sin 4\pi t, 2.85\sin 2\pi t), q_2(t)=q_1(t+1/3), q_3(t)=q_1(t+2/3)$. 显然 $q_1\in H$ 且 $\sum\limits_{i=1}^{3}q_i(t)=0$.

另一方面, 如果 $\sin 2\pi t=\sin\left(2\pi t+\dfrac{2\pi(i-1)}{3}\right)$, 则有

$$t\in\left\{\frac{1}{2}\left(\frac{1}{2}-\frac{i-1}{3}\right),\frac{1}{2}\left(\frac{3}{2}-\frac{i-1}{3}\right),\frac{1}{2}\left(\frac{5}{2}-\frac{i-1}{3}\right)\right\}\cap[0,1],$$

且对上述 $t, \sin 4\pi t\neq\sin\left(4\pi t+\dfrac{4\pi(i-1)}{3}\right)$, 即对 $i\neq 1, q_1(t)\neq q_i(t)$, 因此 $q=(q_1,q_2,q_3)\in\Lambda_B$.

设 $a=0.111494$, 则有 $f(q)\approx 13.3856<k_3$. 因此 $f^{-1}([0,k_3))\neq\varnothing$.

由命题 9.3.2~ 命题 9.3.4 知道 f 在 $\bar{\Lambda}_B$ 上的最小值点是 (9.3.1) 式的一个非碰撞周期解, 因此定理 9.3.1 得证.

9.4 平面三体问题新的周期解

从 9.2 节和 9.3 节中我们看到, 关于平面三体问题, 若对 Lagrange 作用泛函的定义域只添加纯粹的某些对称性条件, 我们可以得到相应的变分最小值点是已知的 Lagrange 圆解或 Euler 圆解或“8”字形解. 为了得到一般的 Lagrange 椭圆解, 我们对泛函的定义域添加了三个相对旋转数不为 0 的纯拓扑条件.

为了得到平面三体问题新的周期解, 本节我们进一步探索如何寻找既具有对称性又具有某些拓扑性的非碰撞周期解.

对一般的平面 N-体问题, 可以考虑 $N-1$ 个相对旋转数 $k_1,\cdots,k_{N-1}$. 设它们的公因子为 ±1; 又设 $r\geqslant 1$ 是自然数, r 与轨道的对称性有关, 我们希望用 $\frac{1}{r}$ 个周期内的轨道来决定整个周期轨道. 显然 r 越大, 轨道的对称性越高, 但 r 与 $k_1,\cdots,k_{N-1}$ 有适当的相容性条件, 当选取圆轨道做测试轨道时易知, 需要 k_i 除以 r 的余数相同.

定义 9.4.1

$$\begin{aligned}\Lambda=\{q=(q_1,\cdots,q_N)|q_i\in W^{1,2}(R/TZ,R^2),&\sum_{i=1}^N m_iq_i(t)\equiv 0;\\ q_i(t)\neq q_j(t),\quad \forall 1\leqslant i\neq j\leqslant N,\forall t\in[0,T]\},&\end{aligned}$$

$$\begin{aligned}\Lambda_N=\{q\in\Lambda|\deg(q_j-q_1)=k_{j-1},2\leqslant j\leqslant N;q_i(t+T/r)=O\left(\frac{2\pi d}{r}\right)\cdot q_i(t),\\ 1\leqslant i\leqslant N;k_i=r\cdot l_i+d,d\in Z;(k_1,\cdots,k_{N-1})=\pm1\},\end{aligned}$$

这里 $O(\theta)$ 表示旋转角为 θ 的平面旋转矩阵.

引理 9.4.1 对给定的旋转数 $k_1,\cdots,k_N$,

$$f(q)=\int_0^T\left[\sum_{i=1}^N\frac{1}{2}m_i|\dot q_i|^2+U(q)\right]dt,$$

在 Λ_N 上的临界点是以下 Newton 方程

$$m_i\ddot q_i=\frac{\partial U(q)}{\partial q_i}\tag{9.4.1}$$

的 T-周期解, 其中 $U(q)=\sum\limits_{1\leqslant i<j\leqslant N}\frac{m_im_j}{|q_i-q_j|}$.

引理 9.4.2 f 在 $\bar\Lambda_N(\Lambda_N$ 的闭包) 上达到下确界.

证明 由轨道的对称性条件

$$q_i\left(t+\frac{T}{r}\right)=O\left(\frac{2\pi d}{r}\right)\cdot q_i(t),$$

易知

$$\int_0^T q_i(t)dt=0.$$

故由 Poincaré-Wirtinger 不等式易知 $f(q)$ 在 $\bar\Lambda_N$ 上是强制的. 又易证 $\bar\Lambda_N$ 是

$$W^{1,2}(R/TZ,R^2)\times\cdots\times W^{1,2}(R/TZ,R^2)$$

的弱闭子集, 且 f 在 $\bar\Lambda_N$ 上弱下半连续, 故由 Tonelli 定理知引理成立.

下面最关键的是如何在适当假设下证明 f 在 $\bar{\Lambda}_N$ 中的最小值点 $\tilde{q}$ 落在 Λ_N 中而不落在边界上, 即证明最小值点是没有碰撞的经典解. 这需要我们对泛函 f 在碰撞的广义解 $\bar{q}$ 上做下界估计 $f(\bar{q}) \geqslant d_1$, 并在 Λ_N 中选取适当的测试轨道对 f 在 $\tilde{q}$ 的值做上界估计 $f(\tilde{q}) \leqslant d_2$, 如果 $d_1 > d_2$, 则最小值点 $\tilde{q} \in \Lambda_N$.

为计算简便, 下面我们研究平面三体问题的新的非碰撞周期解的存在性.

注意到, 对于 $N = 3$, 如果 $k_1 \neq k_2$, 则可以选取 r 的最大值为 $|k_1 - k_2|$, 因此当 $k_1 \cdot k_2 < 0$ 时, $r = |k_1 - k_2|$ 取最大, 即当第二和第三个天体相对于第一个天体的两个相对旋转方向相反时, 对称性可以达到最大, 这时相应的 Lagrange 积分在碰撞的广义解上的下界估计可以达到最大, 这是一个很关键的观察.

当 $N = 3$ 时, 取 $k_1 = 1, k_2 = -k, r = k + 1$, 令

$$
\begin{aligned}
&R(\theta) = \begin{pmatrix} \cos\dfrac{2\pi}{k+1} & -\sin\dfrac{2\pi}{k+1} \\ \sin\dfrac{2\pi}{k+1} & \cos\dfrac{2\pi}{k+1} \end{pmatrix}, \\
&\Lambda = \{q = (q_1, q_2, q_3) | q_i \in W(R/TZ, R^2), q_i(t) \neq q_j(t), \\
&\qquad \forall 1 \leqslant i \neq j \neq 3, \forall 0 \leqslant t \leqslant T\}, \\
&\tilde{\Lambda} = \left\{ q = (q_1, q_2, q_3) \in \Lambda \middle| q_i\left(t + \frac{T}{k+1}\right) = R(\theta) q_i(t) \right\}, \\
&\Lambda^* = \left\{ q_0 = (q_1, q_2, q_3) \in \Lambda \middle| \deg(q_2 - q_1) = 1, \deg(q_3 - q_1) = -k \right\}, \\
&\Lambda^k = \tilde{\Lambda} \cap \Lambda^*, \\
&\bar{\Lambda}^k = \Lambda^k \cup \partial\Lambda^k,
\end{aligned}
$$

其中

$$
\begin{aligned}
\partial\Lambda^k = \bigg\{ q = (q_1, q_2, q_3) \bigg| & q_i \in W^{1,2}(R/TZ, R^2), q_i\left(t + \frac{T}{k+1}\right) = R(\theta) q_i(t), \\
& \exists 1 \leqslant i_0 \neq j_0 \leqslant 3, t_0 \in [0, T), \text{s.t.} q_{i_0}(t_0) = q_{j_0}(t_0) \bigg\}.
\end{aligned}
$$

定理 9.4.1[124] 令 $M = \sum\limits_{i=1}^{3} m_i$, S_3 是 $\{1, 2, 3\}$ 的置换群, 令

$$C_1 = \min_{s\in S_3}\left\{(k+1)^{2/3}m_{s(1)}m_{s(2)} + \left(\sum_{i<j} m_{s(i)}m_{s(j)} - m_{s(1)}m_{s(2)}\right)\right\},$$

$$\begin{aligned}C_2 = & m_1(m_2+m_3)^{1/3}m_2^{2/3} + m_3(m_1+m_2)^{1/3}m_2^{2/3}k^{2/3}\\ & + \frac{2m_1m_3}{3}\int_0^1 dt\left\{\left(\frac{m_2}{m_2+m_3}\right)^{2/3} + \left(\frac{m_2}{k^2(m_1+m_2)}\right)^{2/3}\right.\\ & \left. -2\left(\frac{m_2^2}{k^2(m_2+m_3)(m_1+m_2)}\right)^{1/3}\cos 2(k+1)\pi t\right\}.\end{aligned}$$

若 $C_1 > C_2$, 则 $f(q)$ 在 $\bar{\Lambda}^k$ 上的最小值点是 (9.4.1) 的非碰撞 T-周期解.

引理 9.4.3[124]　设 $M = \sum\limits_{i=1}^{3} m_i, S_3$ 是 $\{1,2,3\}$ 的置换群, 且设

$$C_1 = \min_{\sigma\in S_3}\left\{(|k+1|^{2/3}-1)m_{\sigma(1)m_{\sigma(2)}} + \sum_{1\leqslant i<j\leqslant 3} m_im_j\right\}.$$

则若 $q\in\bar{\Lambda}^k$ 是碰撞的广义解, 因此有

$$f(q) \geqslant \frac{3}{2}\left(\frac{4\pi^2}{M}\right)^{1/3} C_1T^{1/3}.$$

事实上, $f(q)$ 可以写成一些二体 Lagrange 积分的和:

$$f(q) = \frac{1}{M}\sum_{1\leqslant i<j\leqslant 3} m_im_j\left[\frac{1}{2}\int_0^T |\dot{q}_i-\dot{q}_j|^2 + M\int_0^T \frac{1}{|q_i-q_j|}\right],$$

若 $q\in\bar{\Lambda}^k$ 是在 $\partial\Lambda^k$ 上, 则存在 $\bar{t}\in[0,T]$ 和 $i_0<j_0$ 使得 $q_{i_0}(\bar{t}) = q_{j_0}(\bar{t})$.

由对称性, $q_i(t+(T/(k+1))) = Rq_i(t)$, 我们有

$$q_{i_0}\left(\bar{t}+\frac{lT}{k+1}\right) = q_{j_0}\left(\bar{t}+\frac{lT}{k+1}\right),\quad \forall 0\leqslant l\leqslant k.$$

令 $x(t) = q_{i_0}(t) - q_{j_0}(t)$ 并由 Gordon 定理有

$$\begin{aligned}&\frac{1}{M}\left[\frac{1}{2}\int_0^T |\dot{q}_{i_0}-\dot{q}_{j_0}|^2 + M\int_0^T \frac{1}{|q_{i_0}-q_{j_0}|}\right]\\ &= (k+1)\frac{1}{M}\int_0^{T/(k+1)}\left(\frac{1}{2}|\dot{x}|^2 + M\frac{1}{|x|}\right)dt\\ &\geqslant A(k+1)^{2/3}T^{1/3},\end{aligned}$$

其中

$$A=\left(\frac{3}{2}\right)\left(\frac{4\pi^2}{M}\right)^{1/3}.$$

对不参予碰撞的其他二体对相应的 Lagrange 积分, 注意到 $\int_0^T(q_i-q_j)dt=0$, 并由引理 9.1.2 有

$$\frac{1}{M}\left[\frac{1}{2}\int_0^T|\dot{q}_i-\dot{q}_j|^2+M\int_0^T\frac{1}{|q_i-q_j|}\right]\geqslant AT^{1/3}.$$

综合上面的所有估计有

$$f(q)\geqslant AC_1T^{1/3}\equiv d_1.$$

下面将找测试轨道 $q\in\Lambda^k$, 使得

$$f(q)\leqslant d_2=d_2(m_i,T)<d_1.$$

令

$$\begin{aligned}
&\omega=\frac{2\pi}{T},\\
&q_1(t)=-\frac{1}{M}(m_2e_1(t)+m_3e_k(t)),\\
&q_2(t)=q_1(t)+e_1(t),\\
&q_3(t)=q_1(t)+e_k(t),
\end{aligned}$$

其中

$$e_1(t)=a\begin{pmatrix}\cos\omega t\\ \sin\omega t\end{pmatrix},\quad e_k(t)=b\begin{pmatrix}\cos k\omega t\\ -\sin k\omega t\end{pmatrix},$$

这里 $a,b>0$ 是圆 $e_1(t)$ 和 $e_k(t)$ 的半径. 显然有

$$\sum_{i=1}^{3}m_iq_i(t)\equiv 0.$$

易见 $q=(q_1,q_2,q_3)\in\Lambda^k$, 且

$$\begin{aligned}
&|\dot{q}_2-\dot{q}_1|^2=a^2\omega^2,\quad |\dot{q}_3-\dot{q}_1|^2=b^2k^2\omega^2,\\
&|\dot{q}_2-\dot{q}_3|^2=\omega^2(a^2+b^2k^2+2abk\cos(k+1)\omega t),\\
&|q_2-q_1|=a,\quad |q_3-q_1|=b,\\
&|q_2-q_3|=(a^2+b^2-2ab\cos(k+1)\omega t)^{1/2}.
\end{aligned}$$

由 Lagrange 恒等式, 我们有

$$\begin{aligned}f(q)=&\frac{1}{2M}\int_0^T\sum_{i<j}m_im_j|\dot{q}_i-\dot{q}_j|^2dt+\int_0^T\sum_{i<j}\frac{m_im_j}{|q_i-q_j|}dt\\=&\frac{1}{2M}[m_1m_2a^2+m_1m_3b^2k^2+m_2m_3(a^2+b^2k^2)]\omega^2T+\left(\frac{m_1m_2}{a}+\frac{m_1m_3}{b}\right)T\\&+m_2m_3\int_0^T[a^2+b^2-2ab\cos(k+1)\omega t]^{-1/2}dt\\\equiv& d_2=d_2(m_i,k,a,b,T).\end{aligned}$$

推论 9.4.1[124]　若 $m_1=m_2=m_3=1$, 则 (9.4.1) 存在相对旋转数为 1 和 -1 的非碰撞周期解.

9.5　三维空间中的 N 体问题的非平面非碰撞周期解

R^3 中的 N 体问题的运动满足以下微分方程组:

$$m_i\ddot{q}_i+\frac{\partial V}{\partial q_i}=0,\tag{9.5.1}$$

这里 $m_i>0, q_i\in R^3$ 分别是第 i 个天体的质量和位置, V 是负的 Newton 势:

$$V(q)=V(q_1,\cdots,q_N)=-U(q)=-\sum_{i<j}\frac{m_im_j}{|q_i-q_j|},\tag{9.5.2}$$

相应的 Lagrange 作用泛函定义为

$$f(q)=f(q_1,\cdots,q_N)=\int_0^T\left(\frac{1}{2}\sum_{i=1}^N m_i|\dot{q}_i|^2-V(q)\right)dt,\tag{9.5.3}$$

$$q\in\Lambda=\{q\in E|q_i(t)\neq q_j(t),\forall t\in R,i\neq j\},\tag{9.5.4}$$

其中

$$E=\{q=(q_1,\cdots,q_N)|q_i\in H\},\tag{9.5.5}$$

$$H=\{q_i\in W^{1,2}(R/TZ,R^3)|q_i(t+T/2)=-q_i(t)\}.\tag{9.5.6}$$

易知, f 在 Λ 中的临界点是 (9.5.1) 的非碰撞 T-周期解. 进一步, 我们有

定理 9.5.1[125]　对 R^3 中的 $N(\geqslant 2)$ 体问题, 设 $M=\sum\limits_{i=1}^N m_i$, S_N 是 $\{1,\cdots,N\}$ 的置换群, 且设

$$C_1=M^{-1/3}\min_{s\in S_N}\left\{2^{2/3}m_{s(1)}m_{s(2)}+\left(\sum_{i<j}m_{s(i)}m_{s(j)}-m_{s(1)}m_{s(2)}\right)\right\},$$

$$C_2=(C_3)^{2/3},$$

这里 C_3 是以下函数 φ 在集合 S 上的最小值,

$$\varphi(x)=\left(\sum_{i<j}\frac{m_im_j}{|x_i-x_j|}\right)\left(\sum_{i=1}^{N}m_i|x_i|^2\right)^{1/2},$$

$$S=\left\{x=(x_1,\cdots,x_N)\in R^{2N}\left|\sum_{i=1}^{N}m_ix_i=0,x_i\neq x_j,i\neq j\right.\right\}.$$

如果 $C_1>C_2$, 则 Lagrange 作用泛函 (9.5.3) 在 $\bar{\Lambda}$ 上有一个最小值点 $q=(q_1,\cdots,q_N)$, 且它是 (9.5.1) 的非碰撞 T-周期解.

进一步, 若 $N\geqslant 4$, 则最小值点 q 是非平面的.

作为推论, 我们有

推论 9.5.1[125] 若 $N=2,3$, 则对任意 $m_1,\cdots,m_N>0$, 总成立 $C_1>C_2$, 所以 $f(q)$ 在 $\bar{\Lambda}$ 上的最小值点是非碰撞周期解.

推论 9.5.2[125] 如 $N=4,5$ 且 $m_1=\cdots=m_N$, 则 $C_1>C_2$, 即 $f(q)$ 在 $\bar{\Lambda}$ 上的任何最小值点是非碰撞且非平面的周期解.

注 由 C_1 和 C_2 的表示可知, 它们均关于质量 $m_1,\cdots,m_N$ 连续. 若 $C_1>C_2$ 对某些质量 $(m_1,\cdots,m_N)$ 成立, 则不等式在小扰动下仍成立.

下面证明定理 9.5.1.

注意到 $\forall q_i\in H$, 由

$$q_i(t+T/2)=-q_i(t),$$

我们有

$$\int_0^T q_i(t)dt=0.$$

故由 Poincaré-Wirtinger 不等式, 我们有

$$\int_0^T|\dot{q}_i|^2dt\geqslant\left(\frac{2\pi}{T}\right)^2\int_0^T|q_i|^2dt,$$

故 $f(q)$ 在 $\bar{\Lambda}$ 上是强制的.

又易证 $\bar{\Lambda}$ 是 $(W^{1/2}(R/TZ,R^3))^N$ 中的弱闭子集, 且 f 在 $\bar{\Lambda}$ 上弱下半连续, 故 f 在 $\bar{\Lambda}$ 上取到整体最小值. 下面的关键是要证明相应的整体最小值点在适当假设下没有碰撞, 进一步有非平面的几何性质.

前面我们得到的最小值点 $q\in\bar{\Lambda}$, 首先只能说明它是 Bahri-Rabinowitz 意义下的广义 (弱)T-周期解, 在一个周期里, 某些天体碰撞时刻组成的集合的 Lebesgue 测度为 0, 后面要进一步利用对称性证明在关于质量的适当假设下, 任何两个天体在任何时刻都不碰撞, 它是经典解, 为此, 我们需要以下引理.

引理 9.5.1[125] 对任何碰撞的广义解 $q \in \bar{\Lambda}$, 我们有 Lagrange 积分下界估计:

$$f(q) \geqslant \frac{3}{2}(2\pi)^{2/3} \cdot C_1 \cdot T^{1/3}.$$

证明 令

$$\partial\Lambda = \{q = (q_1, \cdots, q_N) \in E |\ \exists i_0 \neq j_0, \exists \bar{t} \in [0, T] \text{ s.t. } q_{i_0}(\bar{t}) = q_{j_0}(\bar{t})\},$$

假设 $q \in \partial\Lambda$, 则存在 $\bar{t} \in [0, T], i_0 \neq j_0$, 使得 $q_{i_0}(\bar{t}) = q_{j_0}(\bar{t})$, 为简单起见, 我们设 $\bar{t} = 0, i_0 = 1, j_0 = 2$. 利用对称性 $q_i(t + T/2) - q_j(t + T/2) = -(q_i(t) - q_j(t))$ 以及 Lagrange 恒等式, 我们有

$$f(q) \geqslant g(q) + h(q),$$

其中

$$\begin{aligned}
g(q) = & \frac{2m_1m_2}{M}\left[\frac{1}{2}\int_0^{T/2} |\dot{q}_1 - \dot{q}_2|^2 + M\int_0^{T/2} \frac{1}{|q_1 - q_2|}\right], \\
h(q) = & \frac{1}{M}\sum_{3 \leqslant i < j \leqslant N} m_im_j\left[\frac{1}{2}\int_0^T |\dot{q}_i - \dot{q}_j|^2 + M\int_0^T \frac{1}{|q_i - q_j|}\right] \\
& + \frac{1}{M}\sum_{1 \leqslant i \leqslant 2, 3 \leqslant j \leqslant N} m_im_j\left[\frac{1}{2}\int_0^T |\dot{q}_i - \dot{q}_j|^2 + M\int_0^T \frac{1}{|q_i - q_j|}\right].
\end{aligned}$$

注意到, 在 h 的右边求和式中的每一项都可以看成相对的二体问题的 Lagrange 作用, 而 g 的表示也可以看成相对的二体问题的某种 Lagrange 作用, 且它与参与碰撞的一对天体有关. 我们为了得到较大的下界估计, 需要充分利用碰撞性和对称性.

令 $R_{ij}(t) = q_i(t) - q_j(t), r_{ij}(t) = |R_{ij}(t)|$, 则 $R_{12}(0) = R_{12}(T/2) = 0$, 且 $r_{12}(t) \geqslant 0$. 我们有

$$\begin{aligned}
g(q) = & \frac{2m_1m_2}{M}\left[\frac{1}{2}\int_0^{T/2} |\dot{R}_{12}|^2 + M\int_0^{T/2} r_{12}^{-1}\right] \\
\geqslant & \frac{2m_1m_2}{M}\int_0^{T/2}\left(\frac{1}{2}|\dot{r}_{12}|^2 + Mr_{12}^{-1}\right)dt \\
\geqslant & \frac{2m_1m_2}{M}\inf\left\{\int_0^{\frac{T}{2}}\left(\frac{1}{2}|\dot{x}|^2 + Mx^{-1}\right)dt \middle| x \in W_0^{1,2}(0, T/2), x \geqslant 0\right\}.
\end{aligned}$$

由 Gordon 定理[48] 有

$$
\begin{aligned}
&2\inf\left\{\int_0^{T/2}\left(\frac{1}{2}|\dot{x}|^2+Mx^{-1}\right)dt\middle|x\in W_0^{1,2}(0,T/2),x\geqslant 0\right\}\\
=&T\min_{r\geqslant 0}\left\{2\left(\frac{2\pi}{T}\right)^2r^2+Mr^{-1}\right\}\\
=&\frac{3}{2}M^{2/3}(2\pi)^{2/3}2^{2/3}T^{1/3}.
\end{aligned}
$$

令

$$
A=\left(\frac{3}{2}\right)\left(\frac{4\pi^2}{M}\right)^{1/3}.
$$

则

$$
g(q)\geqslant Am_1m_22^{2/3}T^{1/3}. \tag{9.5.7}
$$

对 $h(q)$, 注意到 h 的右边和式中的“二体对”可能不参予碰撞, 但我们可以利用轨道的积分平均为 0 及引理 9.1.2 得到下界估计:

$$
h(q)\geqslant A\left(\sum_{3\leqslant i<j\leqslant N}m_im_j+\sum_{1\leqslant i\leqslant 2,3\leqslant j\leqslant N}m_im_j\right)T^{1/3}. \tag{9.5.8}
$$

综合上面的下界估计, 我们有

$$
f(q)\geqslant A\left(2^{2/3}m_1m_2+\sum_{3\leqslant i<j\leqslant N}m_im_j+\sum_{1\leqslant i\leqslant 2,3\leqslant j\leqslant N}m_im_j\right)T^{1/3}.
$$

若考虑到“二体对”碰撞的各种置换, 则我们有

$$
f(q)\geqslant\frac{3}{2}(2\pi)^{2/3}\cdot C_1\cdot T^{1/3}, \tag{9.5.9}
$$

其中 C_1 已在定理 9.5.1 中定义过.

下面将估计 Lagrange 作用在 $\bar{\Lambda}$ 上的最小值的上界. 为此, 我们将选择 Λ 中的特殊闭轨以便于计算.

中心构型也可以定义为以下 0 次齐次函数:

$$
\varphi(x)=\left(\sum_{i<j}\frac{m_im_j}{|x_i-x_j|}\right)\left(\sum_{i=1}^N m_i|x_i|^2\right)^{1/2}. \tag{9.5.10}
$$

在以下构型空间 S 上的临界点, 这里

$$
S=\left\{x=(x_1,\cdots,x_N)\in R^{3N}\middle|\sum_{i=1}^N m_ix_i=0,x_i\neq x_j,i\neq j\right\}, \tag{9.5.11}
$$

我们称 φ 在 S 上的最小值点为极小化中心构型.

引理 9.5.2[24,67] 对平面 N 体问题, 具有惯性矩为

$$\sum_i m_i|x_i|^2=(2\pi)^{-4/3}T^{4/3}C_3^{2/3}$$

的极小中心构型相应的圆轨道是 $f(q)$ 在 $\bar{\Lambda}$ 上的一个最小值点; 且 T-周期向量值函数 $q(t)=(q_1(t),\cdots,q_N(t))$ 是 $f(q)$ 在 $\bar{\Lambda}$ 上的最小值点的充要条件是

$$\begin{cases} q_i(t)=a_i\cos\left(\dfrac{2\pi t}{T}\right)+b_i\sin\left(\dfrac{2\pi t}{T}\right), \quad a_i,b_i\in R^2,\\ \displaystyle\sum_{i=1}^N m_iq_i(t)=0,\\ \displaystyle\sum_{i=1}^N m_i|q_i(t)|^2=\left(\frac{T}{2\pi}\right)^{4/3}C_3^{2/3},\\ \displaystyle\sum_{i<j}\frac{m_im_j}{|q_i(t)-q_j(t)|}=\left(\frac{2\pi C_3}{T}\right)^{2/3}, \end{cases} \tag{9.5.12}$$

且 N 体的构型是极小中心构型, 且

$$\inf\{f(q)|q\in\bar{\Lambda}\}=\frac{3}{2}(2\pi)^{2/3}C_3^{2/3}T^{1/3}. \tag{9.5.13}$$

证明 因为 $q\in E$, 所以有对称性 $q_i(t+T/2)=-q_i(t)$, 进一步有 $\int_0^T q_i(t)dt=0$, 则

$$\begin{aligned} f(q)=&\frac{1}{2}\int_0^T\sum_{i=1}^N m_i|\dot{q}_i(t)|^2dt+\int_0^T\sum_{i<j}\frac{m_im_j}{|q_i(t)-q_j(t)|}dt\\ \geqslant&\frac{1}{2}\left(\frac{2\pi}{T}\right)^2\int_0^T\sum_{i=1}^N m_i|q_i(t)|^2dt+C_3\int_0^T\left(\sum_{i=1}^N m_i|q_i(t)|^2\right)^{-1/2}dt\\ \geqslant&\frac{1}{2}\left(\frac{2\pi}{T}\right)^2\int_0^T\sum_{i=1}^N m_i|q_i(t)|^2dt+C_3T^{3/2}\left(\int_0^T\sum_{i=1}^N m_i|q_i(t)|^2dt\right)^{-1/2}\\ \geqslant&\min_{s>0}\{\Phi(s)\}, \end{aligned} \tag{9.5.14}$$

其中

$$s=\left(\int_0^T\sum_{i=1}^N m_i|q_i(t)|^2dt\right)^{1/2},$$

$$\Phi(s)=\frac{1}{2}\left(\frac{2\pi}{T}\right)^2s^2+C_3T^{3/2}s^{-1}. \tag{9.5.15}$$

注意, 上面我们已经使用了 Wirtinger 不等式及 $\varphi(x) \geqslant C_3$ 以及 Jensen 不等式, 因此 $\Phi(s)$ 在 $s_0 = (2\pi)^{-2/3}C_3^{1/3}T^{7/6}$ 达到最小值, 即

$$f(q) \geqslant \Phi(s_0) = \frac{3}{2}(2\pi)^{2/3}C_3^{2/3}T^{1/3},$$

且等号成立的充要条件是上面所有不等式取等号, 即 $q(t)$ 满足 (9.5.12) 且 N 体的构型是极小中心构型. 当 $\langle a_i, b_i\rangle = 0$ 且 $|a_i| = |b_i|$ 时, $q(t)$ 是圆轨道. 这就证明了引理.

我们利用上述引理中得到的轨道估计 f 在 $\bar{\Lambda}$ 上的整体最小值的上界, 即有

$$f(q) = \frac{3}{2}(2\pi)^{2/3} \cdot C_2 \cdot T^{1/3}. \tag{9.5.16}$$

下面要应用 Moeckel[74] 关于 R^3 中的 $N(\geqslant 4)$ 体问题的平面中心构型具有鞍点性质来证明 Lagrange 作用泛函在平面周期解上的值不是在 R^3 中反-$T/2$ 的闭轨道空间上的整体最小值, 从而证明 R^3 中的 $N(\geqslant 4)$ 体问题存在非平面周期解.

引理 9.5.3 (Moeckel)[74] 考虑 R^3 中的 $N(\geqslant 4)$ 体问题, 设 $\tilde{x} = (\tilde{x}_1, \cdots, \tilde{x}_N)$ 是平面中心构型. 则存在该平面中心构型的法方向 $\eta = (\eta_1, \cdots, \eta_N)$ 使

$$\langle \varphi''(\tilde{x})\eta, \eta\rangle < 0. \tag{9.5.17}$$

经过容易的计算有

$$\begin{aligned}\langle \varphi''(\tilde{x})\eta, \eta\rangle =& \left(\sum_{i=1}^N m_i|\tilde{x}_i|^2\right)^{-1/2}\left(\sum_{i=1}^N m_i|\eta_i|^2\right)U(\tilde{x}) \\ &- \left(\sum_{i=1}^N m_i|\tilde{x}_i|^2\right)^{1/2}\left(\sum_{i<j}\frac{m_i m_j|\eta_i - \eta_j|^2}{|\tilde{x}_i - \tilde{x}_j|^3}\right).\end{aligned} \tag{9.5.18}$$

如果 f 在 Λ 上的最小值点对应的 N 条轨道共面, 则由引理 9.5.2, 我们可以选择

$$q_i(t) = e^{\sqrt{-1}\cdot 2\pi t/T}\tilde{x}_i. \tag{9.5.19}$$

令 $\xi = \sin\left(\dfrac{2\pi t}{T}\right)\eta$. 我们要估计二阶变分 $\langle f''(q)\xi, \xi\rangle$, 为此计算 $\dfrac{d^2 f(q+s\xi)}{ds^2}$ 在 $s = 0$ 的值:

$$
\begin{aligned}
&\left.\frac{d^2 f(q+s\xi)}{ds^2}\right|_{s=0} \\
&=\frac{d^2}{ds^2}\int_0^T\left.\left(\frac{1}{2}\sum_{i=1}^N m_i|\dot{q}_i+s\dot{\xi}_i|^2+\sum_{i<j}\frac{m_im_j}{|q_i-q_j+s(\xi_i-\xi_j)|}\right)\right|_{s=0} \\
&=\int_0^T\sum_{i=1}^N m_i|\dot{\xi}_i|^2+\int_0^T\sum_{i<j}m_im_j\left(\frac{3|\langle q_i-q_j,\xi_i-\xi_j\rangle|^2}{|q_i-q_j|^5}-\frac{|\xi_i-\xi_j|^2}{|q_i-q_j|^3}\right) \\
&=\int_0^T\frac{4\pi^2}{T^2}\cos^2\left(\frac{2\pi t}{T}\right)\sum_{i=1}^N m_i|\eta_i|^2 \\
&\quad -\int_0^T\sin^2\left(\frac{2\pi t}{T}\right)\sum_{i<j}m_im_j\frac{|\eta_i-\eta_j|^2}{|\tilde{x}_i-\tilde{x}_j|^3} \\
&=\frac{T}{2}\left(\frac{4\pi^2}{T^2}\sum_{i=1}^N m_i|\eta_i|^2-\sum_{i<j}m_im_j\frac{|\eta_i-\eta_j|^2}{|\tilde{x}_i-\tilde{x}_j|^3}\right).
\end{aligned}
\tag{9.5.20}
$$

因为 $q=(q_1,\cdots,q_N)=e^{\sqrt{-1}\cdot 2\pi t/T}(\tilde{x}_1,\cdots,\tilde{x}_N)$ 是 (9.5.1) 的一个解, 故有

$$
-\left(\frac{2\pi}{T}\right)^2 m_iq_i=\frac{\partial U(q)}{\partial q_i}. \tag{9.5.21}
$$

因此

$$
-\left(\frac{2\pi}{T}\right)^2\sum_{i=1}^N m_i|q_i|^2=-U(q), \tag{9.5.22}
$$

即

$$
-\left(\frac{2\pi}{T}\right)^2\sum_{i=1}^N m_i|\tilde{x}_i|^2=-U(\tilde{x}). \tag{9.5.23}
$$

由方程 (9.5.18), (9.5.20) 及 (9.5.23) 有

$$
\langle f''(q)\xi,\xi\rangle=\frac{T}{2}\left(\sum_{i=1}^N m_i|\tilde{x}_i|^2\right)^{-1/2}\langle\varphi''(\tilde{x})\eta,\eta\rangle<0. \tag{9.5.24}
$$

上式表明 q 不是 f 的整体最小值点. 这个矛盾表明 q 必须是非平面的.

9.6 Saari 猜想简介

1970 年, 美国天体力学专家 D. Saari 提出一个猜想[95]: 在 Newton N 体问题中, 使转动惯量 $I=\sum\limits_{k=1}^N m_k|q_k|^2$为常数的解是相对平衡解, 即每个天体均绕系统的

质心 0 做匀角速圆周运动, 且相互之间的距离在运动过程中保持不变.

Saari[96] 说, 对三体情形他曾发现一个奇妙证明, 但他后来不能回忆出证明了. Palmore 在二十世纪七十年代也试图给出证明, 但后来发现是错的. 进入二十一世纪以来, 由于变分方法在多体问题周期解研究中的成功应用, Saari 猜想又重新引起人们的兴趣. 事实上, Simo 曾用计算机模拟过"8"字形解的转动惯量, 它几乎是常数, 以致于之后几年曾有人怀疑 Saari 猜想. 2005 年美国数学家 Moeckel[75] 通过计算机辅助证明了任意正质量的 Saari 猜想. 另外加拿大数学家 Diacu 等[34] 证明了 Newton N 体问题限制在共线情形时 Saari 猜想成立. 后来还有一些人研究非 Newton 势或非正质量情形的广义 Saari 猜想.

本节后面主要介绍于翔和张世清[113] 合作的关于椭圆运动的 Saari 猜想及其在研究变分最小周期轨道中的应用.

定理 9.6.1[113] 如果每个天体 (或粒子) 的运动轨道有如下形式:

$$q_i(t) = \alpha_i \cos\theta(t) + \beta_i \sin\theta(t),$$
$$i = 1, \cdots, N, \quad t \in \mathcal{T} = R/TZ,$$

这里 $\alpha_i, \beta_i \in R^d$, 对某个 φ 有 $[\varphi, \varphi+\pi] \subseteq \{\theta(t) : t \in \mathcal{T}\}$. 则 Saari 猜想成立.

由于上述定理的证明很复杂, 有兴趣的读者可以查阅文献 [113].

下面我们讨论定理 9.6.1 的一个应用.

定理 9.6.2[113] 对平面 Newton N 体问题, 定义:

$$S = \left\{ q \in W^{1,2}(R/TZ, (R^2)^N), \int_0^T q(t)dt = 0 \right\},$$

$$f(q) = \int_0^T \left[\frac{1}{2}\sum_{i=1}^N m_i|\dot{q}_i|^2 + U(q) \right] dt, \quad q \in S.$$

则 $f(q)$ 在 S 上的最小值点正好是由最小化 IU^2 得到的中心构型产生的相对平衡解.

证明 由 Poincaré-Wirtinger 不等式和基本的平均值不等式, 我们有

$$\begin{aligned} f(q) &= \int_{\mathcal{T}} \left[\sum_i \frac{1}{2} m_i |\dot{q}_i|^2 + \sum_{i<j} \frac{m_i m_j}{|q_i - q_j|} \right] dt \\ &\geqslant \int_{\mathcal{T}} \left[\left(\frac{2\pi}{T}\right)^2 \sum_i \frac{1}{2} m_i |q_i|^2 + \sum_{i<j} \frac{m_i m_j}{|q_i - q_j|} \right] dt \\ &= \int_{\mathcal{T}} \left[\frac{1}{2}\left(\frac{2\pi}{T}\right)^2 I(q) + \frac{1}{2}U(q) + \frac{1}{2}U(q) \right] dt \end{aligned}$$

$$\geqslant 3\int_{\mathcal{T}}\left[\left(\frac{1}{2}\right)^3\left(\frac{2\pi}{T}\right)^2 I(q)U^2(q)\right]^{\frac{1}{3}}dt$$

$$\geqslant 3\left[\frac{(\inf_{\chi_2\setminus\Delta_2} IU^2)\pi^2}{2}\right]^{\frac{1}{3}}T^{\frac{1}{3}},$$

这里 χ_2 是平面 N 体的构型空间, Δ_2 是碰撞集. 则易见

$$f(q)=3\left[\frac{(\inf\limits_{\chi_2\setminus\Delta_2} IU^2)\pi^2}{2}\right]^{\frac{1}{3}}T^{\frac{1}{3}}$$

的充要条件是以下三条同时满足:

(i) 存在 $a_i, b_i\in R^2, i=1,\cdots,N$, 使

$$q_i(t)=a_i\cos\left(\frac{2\pi}{T}t\right)+b_i\sin\left(\frac{2\pi}{T}t\right),\quad \forall t\in\mathcal{T};$$

(ii) $\left(\frac{2\pi}{T}\right)^2 I(q)=U(q)$;

(iii) q 最小化函数 IU^2.

由 (ii) 和 (iii), 有 $I(q)\equiv \text{const.}$, $U(q)\equiv\text{const.}$, 且 $q(t)$ 总是一个中心构型, 进一步注意到 (i), 故由定理 9.6.1 知, 此时 Saari 猜想对 $\theta(t)=\frac{2\pi}{T}t$ 成立, 故 q 是由最小化函数 IU^2 的中心构型产生的相对平衡解.

注 Chenciner 等[24] 曾在 N 体中心构型等价类个数有限的假设下证明上述定理, 但 N 体问题中心构型的有限性猜测远远没有解决, 直到现在仅能证明当 $N=3,4$ 时, 中心构型等价类个数是有限的.

关于用变分方法研究多体问题的周期解的论文很多, 读者可以参见 [26],[43],[44] 及其涉及的参考文献.

习 题

1. 试用 Newton 第二定律和 Kepler 关于行星运动的三大定律推导出万有引力定律.
2. 研究平面等质量的四体问题的所有中心构型.
3. 研究 N 体问题的所有共线中心构型.
4. 研究平面限制三体问题 Euler 和 Lagrange 中心构型的稳定性.
5. 试用 Lyapunov 中心定理研究限制三体问题的周期解.
6. 研究三体问题的 Lagrange 周期解的稳定性.
7. 研究 9.4 节中的平面三体问题具有两个符号相反的相对旋转数的周期解的稳定性.
8. 研究 9.5 节中的非平面周期解的稳定性.

第 10 章　几个著名的不动点定理及其应用

Newton 求解代数方程的"切线法"以及 Picard 求解常微分方程初值问题的逐次逼近法是不动点思想的最原始雏形. 二十世纪初, 由于抽象的无限维空间及其上面的算子概念的建立, 许多代数方程、微分方程、积分方程以及泛函方程的解的存在性问题可以抽象和统一转化为研究适当的无限维空间上的算子的不动点的存在性问题. 一些 minimax 问题中鞍点的存在性问题比如博弈论中均衡点的存在性问题可以转化为有限维空间中有界闭凸集到自身的连续映射的不动点的存在性问题. 限制性 3 体问题的周期解的存在性问题可以转化为从圆环到自身的保面积且边界扭转的连续映射的不动点的存在性问题. 因此研究各种形式的映射的不动点的存在性及个数以及算法等问题有时显得很重要. 但由于篇幅所限, 本章仅选取五个最经典也是最重要的不动点定理作简要介绍, 有关这些不动点定理的进一步推广及其应用可见 Granas A. 和 Dugundji J. 合著的专著《Fixed Point Theory》, Springer, 2003.

10.1　Banach 压缩映像原理及其应用

波兰数学家 Banach(1892-1945) 在 1920 年及 1922 年, 分别给出了他的压缩映像原理 (现称 Banach 不动点定理) 的原始形式及一般形式.

定理 10.1.1 (Banach)　设 (X,d) 是一个完备的距离空间, S 是 X 的非空闭子集, 且算子 $T:S\to S$ 是 k- 收缩的, 即 $\exists 0\leqslant k<1$, s.t.

$$d(Tx,Ty)\leqslant k\cdot d(x,y),\quad \forall x,y\in S. \tag{10.1.1}$$

则有

(i) (存在唯一性) 算子 T 正好有一个不动点, 即存在唯一的 $u\in S$, s.t. $Tu=u$.

(ii) (迭代法的收敛性) 对任意给定 $u_0\in S$, 迭代序列:

$$u_{n+1}=Tu_n,\quad n=0,1,\cdots \tag{10.1.2}$$

收敛到

$$u=Tu \tag{10.1.3}$$

的唯一解 u.

(iii) (误差估计) 对所有 $n=0,1,\cdots$, 我们有所谓的先验误差估计:

$$d(u_n,u)\leqslant k^n(1-k)^{-1}d(u_1,u_0), \tag{10.1.4}$$

以及所谓的后验误差估计:

$$d(u_{n+1},u)\leqslant k(1-k)^{-1}d(u_{n+1},u_n). \tag{10.1.5}$$

(iv) (收敛率) 对所有 $n=0,1,\cdots$, 我们有

$$d(u_{n+1},u)\leqslant k\cdot d(u_n,u).$$

证明　第一步. 先证明 $\{u_n\}$ 是 Cauchy 列. 设 $n=1,2,\cdots$, 则由 (10.1.2) 有

$$\begin{aligned}d(u_{n+1},u_n)&=d(Tu_n,Tu_{n-1})\leqslant k\cdot d(u_n,u_{n-1})\\&=kd(Tu_{n-1},Tu_{n-2})\leqslant k^2d(u_{n-1},u_{n-2})\\&\leqslant\cdots\leqslant k^nd(u_1,u_0).\end{aligned} \tag{10.1.6}$$

再设 $n=0,1,\cdots$ 及 $m=1,2,\cdots$, 则由关于距离公理的三角不等式及关于几何级数求和公式有

$$\begin{aligned}d(u_n,u_{n+m})&\leqslant d(u_n,u_{n+1})+d(u_{n+1},u_{n+2})+\cdots+d(u_{n+m-1},u_{n+m})\\&\leqslant(k^n+k^{n+1}+\cdots+k^{n+m-1})d(u_1,u_0)\\&\leqslant k^n(1+k+k^2+\cdots)d(u_1,u_0)\\&=k^n(1-k)^{-1}d(u_1,u_0).\end{aligned} \tag{10.1.7}$$

由于当 $0\leqslant k<1$ 时, $k^n\to 0$, 故当 $n\to+\infty$ 时,

$$d(u_n,u_{n+m})\to 0, \tag{10.1.8}$$

即 $\{u_n\}$ 是 Cauchy 列.

因为 X 是完备的, 故 $u_n\to u$.

第二步. 我们证明极限点 u 是原方程 (10.1.3) 的一个解.

由于 $u_0\in S, u_1=Tu_0$, 又 $T(S)\subseteq S$, 故 $u_1\in S$. 由归纳法易知 $\forall n=0,1,\cdots,u_n\in S$, 因为 S 是闭的, 故极限点 $u\in S$, 故由 $TS\subseteq S$ 知 $Tu\in S$, 又由条件 (10.1.1) 有

$$d(Tu_n,Tu)\leqslant kd(u_n,u)\to 0,\quad n\to+\infty, \tag{10.1.9}$$

即 $Tu_n\to Tu$.

又由 $u_{n+1}=Tu_n$, 两边取极限有 $u=Tu$.

第三步. 我们证明 (10.1.3) 的解的唯一性.

假设 $\exists u, v \in S$ 使 $Tu = u, Tv = v$, 则

$$d(u, v) = d(Tu, Tv) \leqslant kd(u, v), \tag{10.1.10}$$

则由 $0 \leqslant k < 1$, 知 $d(u, v) = 0$, 即 $u = v$.

由第一步至第三步, 我们已证 (i) 和 (ii). 往证 (iii):

在 (10.1.7) 两边令 $m \to +\infty$ 有

$$d(u_n, u) \leqslant k^n \cdot (1-k)^{-1} d(u_1, u_0), \tag{10.1.11}$$

此即 (10.1.4).

为了证明误差估计 (10.1.5), 设 $n = 0, 1, \cdots$ 及 $m = 1, 2, \cdots$, 并观察到

$$\begin{aligned} d(u_{n+1}, u_{n+m+1}) &\leqslant d(u_{n+1}, u_{n+2}) + \cdots + d(u_{n+m}, u_{n+m+1}) \\ &\leqslant (k + k^2 + \cdots + k^m) d(u_n, u_{n+1}), \end{aligned} \tag{10.1.12}$$

令 $m \to +\infty$. 有

$$d(u_{n+1}, u) \leqslant k(1-k)^{-1} d(u_n, u_{n+1}). \tag{10.1.13}$$

此即 (10.1.5).

最后证明 (iv). 注意到 $Tu = u$, 故有

$$d(u_{n+1}, u) = d(Tu_n, Tu) \leqslant kd(u_n, u). \tag{10.1.14}$$

注记 Banach 不动点定理的证明是一个构造性的迭代过程, 也是一个算法, 并且给出了真实解与第 n 步迭代近似解的先验误差估计及后验误差估计, 使得我们可以根据误差要求来决定最大迭代次数, 还可以根据相邻二次迭代的误差来估计迭代近似解与真实解逼近的程度 (误差).

Banach 不动点定理有许许多多推广及重要的应用, 这里仅举一个应用例子.

定理 10.1.2 (Cauchy-Lipschitz-Picard) 设 E 是一个 Banach 空间. $F: E \to E$ 是全局 Lipschitz 映射, 即存在 $L > 0$ 使

$$||F(u) - F(v)|| \leqslant L||u - v||, \quad \forall u, v \in E,$$

则对任给 $u_0 \in E$, 以下 Cauchy 初值问题:

$$\begin{cases} \dfrac{du(t)}{dt} = F(u(t)), & t \in [0, +\infty), \\ u(0) = u_0 \end{cases} \tag{10.1.15}$$

存在唯一解 $u \in C^1([0, +\infty); E)$.

法国著名数学家 Brézis 在他的著作 [16] 中给出了上述定理的一个很巧妙的证明, 这里我们利用了他书中的思想, 并试图推广到非自治情形, 我们有:

定理 10.1.3　设 $(E, \|\ \|)$ 是 Banach 空间. 映射 $F:[0,+\infty)\times E\to E$ 满足:

$$\|F(s,u)-F(t,v)\|\leqslant L(s-t)\cdot p(\|u-v\|),$$

$$\forall s\geqslant t\in[0,+\infty),\quad \forall u,v\in E,$$

这里 $L:[0,+\infty)\to[0,+\infty), p:[0,+\infty)\to[0,+\infty)$ 连续, 且存在 $0\leqslant a<+\infty$, 使 $L=L(r)\leqslant a, p=p(r)\leqslant r$, 且 $p(r)$ 是增函数. 则对任给 $u_0\in E$, 存在唯一 $u\in C^1([0,+\infty);E)$ 满足:

$$\begin{cases}\dfrac{du(t)}{dt}=F(t,u(t)),\quad \forall t\in(0,+\infty),\\ u(0)=u_0.\end{cases}\tag{10.1.16}$$

为了证明上述定理, 不仅要用 Banach 压缩映像原理还要用到著名的 Grönwall 不等式.

引理 10.1.1　设 $x\in C^1[a,b]$, 用 $R[a,b]$ 表示 $[a,b]$ 上 Riemann 可积函数集合, $\beta\in R[a,b]$, 且

$$x'(t)\leqslant\beta(t)\cdot x(t),\quad \forall t\in[a,b],$$

则

$$x(t)\leqslant x(a)\cdot e^{\int_a^t\beta(s)ds},\quad \forall t\in[a,b].$$

下面的引理可以看成上述 Grönwall 不等式的一个自然推广.

引理 10.1.2 (Grönwall)　设 $x\in C^1[a,b], \alpha,\beta\in R[a,b]$. 若

$$x'(t)\leqslant\alpha(t)+\beta(t)x(t),\quad \forall t\in[a,b],$$

则

$$x(t)\leqslant\left[x(a)+\int_a^t e^{-\int_a^s\beta(t)dt}\alpha(s)ds\right]\cdot e^{\int_a^t\beta(s)ds},\quad \forall t\in[a,b].$$

证明　设 $v=e^{\int_a^t\beta(s)ds}, w=\dfrac{x}{v}$, 则 $v'(t)=\beta(t)v(t)$,

$$w'(t)=\frac{x'v-xv'}{v^2}\leqslant\frac{(\alpha+\beta x)v-\beta xv}{v^2}=\frac{\alpha v}{v^2}=\frac{\alpha}{v}.$$

则

$$w(t) \leqslant \int_a^t e^{-\int_a^s \beta(\tau)d\tau}\alpha(s)ds + w(a),$$

$$\frac{x(t)}{v(t)} \leqslant x(a) + \int_a^t e^{-\int_a^s \beta(\tau)d\tau}\alpha(s)ds,$$

$$x(t) \leqslant e^{\int_a^t \beta(s)ds} \cdot \left[x(a) + \int_a^t e^{-\int_a^s \beta(\tau)d\tau}\alpha(s)ds\right].$$

我们现在证明定理 10.1.3.

设 $k > 0$, 它将在后面决定. 令

$$X = \left\{u \in C([0,+\infty);E) \middle| \sup_{t\geqslant 0} e^{-kt} \cdot ||u(t)|| < +\infty\right\}.$$

则易证 X 在以下范数下是一个 Banach 空间:

$$||u||_X = \sup_{t\geqslant 0} e^{-kt} \cdot ||u(t)||.$$

对 $\forall u \in X$, 我们定义

$$\Phi(u)(t) = u_0 + \int_0^t F(s,u(s))ds.$$

则 u 是 (10.1.16) 的解的充要条件是 $u = \Phi(u)$, 即 u 是 Φ 的不动点.

(1) 首先我们证明 Φ 是从 X 到 X 的自映射. 注意

$$\begin{aligned}||\Phi u||_X =& \sup_{t\geqslant 0} e^{-kt}||(\Phi u)(t)|| \\ \leqslant& \sup_{t\geqslant 0} e^{-kt} \cdot ||u_0|| + \sup_{t\geqslant 0} e^{-kt} \cdot \left\|\int_0^t F(s,u(s))ds\right\|.\end{aligned}$$

我们只需证明:

$$\sup_{t\geqslant 0} e^{-kt} \cdot \int_0^t ||F(s,u(s))||ds < +\infty.$$

注意到,

$$||F(s,u(s)) - F(0,u_0)|| \leqslant L(s) \cdot p(||u(s) - u_0||),$$

$$||F(s,u(s))|| \leqslant L(s) \cdot p(||u(s) - u_0||) + ||F(0,u_0)||.$$

又因为

$$\sup_{t\geqslant 0} e^{-kt} \cdot \int_0^t ||F(0,u_0)||ds = ||F(0,u_0)|| \sup_{t\geqslant 0} e^{-kt} \cdot t < +\infty.$$

因此我们只需证明:

$$\sup_{t\geqslant 0} e^{-kt}\cdot\int_0^t L(s)p(||u(s)-u_0||)ds<+\infty.$$

令

$$\varphi(t)=e^{-kt}\int_0^t L(s)p(||u(s)-u_0||)ds,\qquad \varphi(0)=0,$$

则

$$\begin{aligned}\varphi(t)&\leqslant\left\{\int_0^t [L(s)e^{ks}]e^{-ks}(||u(s)||+||u_0||)ds\right\}e^{-kt}\\&\leqslant\left[\sup_{s\geqslant 0} e^{-ks}||u(s)||+\sup_{s\geqslant 0} e^{-ks}||u_0||\right]\sup_{t\geqslant 0}\left[\left(\int_0^t L(s)e^{ks}ds\right)e^{-kt}\right]\\&\leqslant C_1C_2=C_3<+\infty.\end{aligned}$$

因此我们证明了 Φ 是从 X 到 X 的自映射.

(2) 我们还要证明 Φ 是压缩的. 注意到,

$$\begin{aligned}||\Phi u-\Phi v||&\leqslant\int_0^t ||F(s,u(s))-F(s,v(s))||ds\\&\leqslant\int_0^t L(0)p(||u(s)-v(s)||)ds,\end{aligned}$$

$$\begin{aligned}||\Phi u-\Phi v||_X&\leqslant\sup_{t\geqslant 0} e^{-kt}\cdot\int_0^t L(0)p(||u(s)-v(s)||)ds\\&\leqslant\sup_{t\geqslant 0}\int_0^t L(0)e^{ks}[e^{-ks}||u(s)-v(s)||]ds(e^{-kt})\\&\leqslant\sup_{s\geqslant 0}[e^{-ks}||u(s)-v(s)||]\sup_{t\geqslant 0} e^{-kt}\int_0^t L(0)e^{ks}ds\\&\leqslant\left(\sup_{t\geqslant 0} e^{-kt}\int_0^t L(0)e^{ks}ds\right)||u-v||_X.\end{aligned}$$

因此我们有

$$||\Phi u-\Phi v||_X\leqslant\frac{a}{k}||u-v||_X,\quad \forall u,v\in X.$$

(3) 我们选取 $k>a$, 则由 Banach 压缩映像原理知 (10.1.16) 在 $[0,+\infty)$ 上至少有一个解.

(4) 解的唯一性: 设 u_1, u_2 是 (10.1.16) 的两个解, 我们将证 $u_1(t) \equiv u_2(t)$, 注意,

$$\begin{aligned}||u_1(t)-u_2(t)|| &\leqslant \int_0^t ||F(s,u_1(s))-F(s,u_2(s))||ds \\ &\leqslant \int_0^t L(0)p(||u_1(s)-u_2(s)||)ds \\ &\leqslant \int_0^t L(0)(||u_1(s)-u_2(s)||)ds.\end{aligned}$$

由 Grönwall 不等式, 我们有

$$||u_1(t)-u_2(t)|| \leqslant 0.$$

因此 $\forall t \in [0,+\infty), u_1(t)=u_2(t)$.

定理 10.1.4 (Picard-Lindelöf) 设 $I=[0,b]$ 或者 $[0,+\infty), (E,||\ ||)$ 是 Banach 空间, 映射 $F:\ [0,b]\times E \to E$ 是一致 Lipschitz 连续的, 即存在常数 $0<L<+\infty$ 使 $\forall t_1,t_2 \in I, u_1,u_2 \in E$ 成立:

$$||F(t_1,u_1)-F(t_2,u_2)|| \leqslant L(|t_1-t_2|+||u_1-u_2||) \tag{10.1.17}$$

则对 $\forall u_0 \in E$, (10.1.16) 在区间 I 上存在唯一的解.

证 设 $C(I,E)$ 表示定义在 I 上取值在 E 中的连续映射, 赋予范数

$$||u||_C = \sup_{t\in I}||u(t)|| = \max_{t\in I}||u(t)||, \quad \forall u \in C(I,E)$$

则易证 $C(I,E)$ 在上面的最大模下是一个 Banach 空间.

定义算子 $T: C(I,E)\to C(I,E)$:

$$(Tu)(t) = u_0 + \int_0^t F(\tau,u(\tau))d\tau$$

则易见 T 的不动点的存在唯一性等价于 (10.1.16) 的解的存在唯一性.

则 $\forall u_1,u_2 \in C(I,E)$ 由已知假设 (10.1.17) 有:

$$\begin{aligned}||Tu_1-Tu_2||_C &= \sup_{t\in I}|\int_0^t F(\tau,u_1(\tau))-F(\tau,u_2(\tau)d\tau| \\ &\leqslant (L\cdot||u_1-u_2||_C)\cdot|t| = (L\cdot|t|)||u_1-u_2||_C\end{aligned}$$

我们可以选取 $\varepsilon>0$ 充分小使 $k=L\varepsilon<1$, 则对 $C([0,\varepsilon],E)$ 中的 u_1,u_2 用上面的方法, 相应的不等式仍成立, 由 Banach 压缩映射原理知存在唯一的 $u\in C([0,\varepsilon],E)$ 使 $\forall 0\leqslant t\leqslant \varepsilon$ 有:

$$(Tu)(t) = u_0 + \int_0^t F(\tau,u(\tau))d\tau = u(t)$$

然后将 $u(\varepsilon)$ 作为初值重复上述过程可得到 $[0,2\varepsilon]$ 上的解, 重复上述过程可把解一直延拓到整个 I 上.

10.2 Brouwer 不动点定理、Fan Ky 不等式与 Nash 均衡

1912 年, 荷兰著名数学家 L.E.J.Brouwer[18](1881–1966) 证明了现今以他的名字命名的定理的一般形式, 这个定理后来有许多变化、推广及应用. Brouwer 不动点定理也被认为是整个数学中最漂亮最有用的定理之一, 它已被广泛地应用于纯粹数学、数值分析以及对策论、数理经济等领域. 已有 K.J.Arrow(1921–2017), G.Debreu(1921–2004), J.Nash(1928–2015) 等数学家因将 Brouwer 不动点定理及其变化形式十分有效地用于一般经济均衡理论及对策论并做出重大贡献而分别于 1972, 1983, 1994 年荣获诺贝尔经济学奖.

为了叙述并证明 Brouwer 不动点定理, 我们需要一些准备知识:

定义 10.2.1[115] 设 X, Y 是数域 K 上的赋范线性空间, $S \subset X$, $T: S \to Y$ 是算子. 任给 $x \in S$, 若 $\forall \{x_n\} \subset S$, $\lim\limits_{n\to\infty} x_n = x$, 则有 $Tx_n \to Tx$. 则称 T 在 S 上是序列连续的; 若 $\forall x \in S$ 及 $\forall \varepsilon > 0, \exists \delta(\varepsilon, x) > 0$, 使当 $y \in S$ 且 $||y - x|| < \delta(\varepsilon, x)$ 时有

$$||Ty - Tx|| < \varepsilon,$$

则称算子 T 在 S 上连续. 若可选取 $\delta(\varepsilon, x)$ 不依赖 $x \in S$, 则称算子 T 在 S 上一致连续.

注 易证上述定义的算子 T 的序列连续性与连续性是等价的.

定理 10.2.1 (Brouwer) 设 C 是 R^n 中的非空有界闭凸集, $T: C \to C$ 连续. 则 T 至少有一个不动点.

这里我们先对 Brouwer 不动点定理做一些直观的分析:

(1) 当 $n = 1$ 时, 若 $f: [a, b] \to [a, b]$ 连续即要证明 $\exists \tilde{x} \in [a, b]$ 使 $f(\tilde{x}) = \tilde{x}$.

这是连续函数的 B.Bolzano[115](捷克数学家, 1781–1848) 介值定理 (1817 年发现) 的推论:

令 $F(x) = f(x) - x$, 则 $F(a) \geqslant 0, F(b) \leqslant 0$, 故 $\exists \tilde{x}$ 使 $F(\tilde{x}) = 0 \Leftrightarrow f(\tilde{x}) = \tilde{x}$.

(2) 当 $n = 2$ 时. 当集 C 是 R^2 中单位圆盘 D 时, 若 $T: D \to D$ 连续, 要证 T 至少有一个不动点. 可以采用反证法. 若 T 没有不动点, 则我们可以构造一个连续收缩映射:

$$R: D \to \partial D = S^1.$$

事实上, $\forall u \in D$, 由于 $Tu \neq u$, 故由两点 u, Tu 决定一直线, 可连接 Tu 与 u 并指向 u, 并延长该直线段与 ∂D 相交于某点 $v \in \partial D$, 显然有

$$Ru = u, \quad \forall u \in \partial D,$$

故 R 是一个收缩映射.

直观上, 这样的 R 是不存在的. 因为从拓扑上看, D 是可收缩成一个点的, 而边界 $\partial D = S^1$ 不可缩, 若存在前面这样的 R, 那么 D 与 ∂D 的拓扑性质应相同, 但显然有矛盾.

也可以通过拓扑度或基本群给出证明. 早期 Brouwer 因此还发展出了拓扑度理论.

(3) 当 $n=3$ 时. 1904 年, Latvia 数学家 P.Bohl(1865–1921) 首先给出了一个证明. 1909 年, Brouwer 给出了另一个证明.

(4) 在 1912 年, L.E.J.Brouwer, J.S.Hadamard(1865–1963) 给出了 Brouwer 不动点定理的一般形式的证明.

三位波兰数学家 B. Knaster(1893~1990), K. Kuratowski(1896~1980), S. Mazurkiewicz (1888~1945) 于 1929 年基于德国数学家 E. Sperner(1905~1980) 在 1928 年发现的 Sperner 引理, 给出了一般维数的 Brouwer 不动点定理的一个十分优雅的组合证明. 关于 Brouwev 不动点定理及更一般的“毛球定理”的一个纯分析的证明见 J.Milnor 于 1978 年发表在《The American Math. Monthly》85(521–524) 上的论文.

定义 10.2.2[5] 设 $N=1,2,\cdots$, 而 X 是域 K 上的线性空间, 点 $u_0,u_1,\cdots,u_N \in X$. 若

$$u_1-u_0, u_2-u_0, \cdots, u_N-u_0$$

线性无关, 则称 $u_0,\cdots,u_N$ 处于一般位置, 而它们的凸包:

$$S \triangleq \mathrm{co}\{u_0,\cdots,u_N\} = \left\{u \in X, u=\sum_{i=0}^{N}\lambda_i u_i, \lambda_i \geqslant 0, \sum_{i=0}^{N}\lambda_i = 1\right\}$$

被称为 N 维单纯形.

单纯形 S 的重心定义为

$$b \triangleq \frac{1}{N+1}\sum_{i=0}^{N}u_i.$$

设 $N=1,2,\cdots$. 以下的 $N-1$ 维单纯形:

$$\begin{gathered}S_0=\mathrm{co}\{u_1,\cdots,u_N\},\\ S_1=\mathrm{co}\{u_0,u_2,\cdots,u_N\},\\ \cdots\cdots\\ S_N=\mathrm{co}\{u_0,\cdots,u_{N-1}\}\end{gathered}$$

分别被称为 S 的相对于顶点 $u_0,u_1,\cdots,u_N$ 的 $N-1$ 维面.

S 的一个 k 维面通常理解为 S 的 $k+1$ 个不同的顶点的凸包.

命题 10.2.1[115]　设 M 是赋范线性空间 X 的非空有界闭凸子集且有一个内点. 则 M 同胚于单位闭球 $B=\{x\in X:||u||\leqslant 1\}$.

证明　若 $X=\{0\}$, 则 $M=\{0\}$, 则 $B=\{0\}$, 定理叙述是平凡的.

不妨设 $X\neq\{0\}$, 设 $u_0\in \text{int}M$. 因可用 $u-u_0$ 代替 u, 故可设 $u_0=0$.

类似于本书的 2.2 节, 对 $\forall u\in X$, 定义集合 M 的 Minkowski 泛函:

$$p(u)=\inf\left\{\alpha:\frac{u}{\alpha}\in M,\alpha>0\right\}.$$

则有以下性质:

(i) $p(\alpha u)=\alpha p(u),\forall\alpha\geqslant 0$;

(ii) $p(u+v)\leqslant p(u)+p(v),\forall u,v\in X$;

(iii) $M=\{u\in X:p(u)\leqslant 1\}$;

(iv) $\exists a,b>0$, s.t. $\forall u\in X$ 有: $a||u||\leqslant p(u)\leqslant b||u||$;

(v) $p:X\to R$ 连续.

注意, 我们在 2.2 节中是针对赋范线性空间 E 中包含 0 作内点的任意开集 C 定义的 Minkowski 泛函, 且证明了类似的性质 (i) 和 (ii) 及

(iii)′ $C=\{x\in E,p(x)<1\}$;

(iv)′ $\exists b>0,0\leqslant p(u)\leqslant b||u||,\forall u\in E$.

注意, 我们这里假设 M 是包含内点的闭凸集而不是开凸集, 进一步还假设 M 是有界的, 从而可以得到更好的性质. 与 2.2 节相似的性质的证明可参考 2.2 节, 这里仅指出增加性质的证明:

(iv) 只需证 $p(u)\geqslant a||u||,\forall u\in X$.

因集合 M 有界, 故 $\exists c>0$, s.t.

$$||u||\leqslant c,\quad \forall u\in M.$$

故若 $\dfrac{u}{\alpha}\in M$, 则 $\left\|\dfrac{u}{\alpha}\right\|\leqslant c$, 即

$$\alpha\geqslant\frac{1}{c}||u||.$$

由 p 的定义知

$$p(u)\geqslant\frac{1}{c}||u||,\quad \forall u\in X.$$

(v) 由 (ii) 知

$$p(u)=p(v+(u-v))\leqslant p(v)+p(u-v).$$

将上式中的 u,v 互换有

$$p(v)\leqslant p(u)+p(v-u).$$

故有

$$\begin{aligned}|p(u)-p(v)| &\leqslant \max\{p(u-v),p(v-u)\}\\ &\leqslant b\cdot\|u-v\|,\quad \forall u,v\in X.\end{aligned}$$

因而 p 是具有 Lipschitz 常数 b 的连续泛函.

下面通过 Minkowski 泛函先构造 X 到 X 的同胚映射 T:

$$Tu=\begin{cases}\dfrac{p(u)}{\|u\|}u, & u\in X, u\neq 0,\\ 0, & u=0.\end{cases}$$

往证 T 是同胚.

事实上, 由 (iv) 有

$$\|Tu\|\leqslant b\|u\|,\quad \forall u\in X.$$

尽管 T 不是线性的, 由上不等式易证 T 在 0 连续; 又由于 p 和范数 $\|\cdot\|$ 沿 $\|u\|\neq 0$ 的连续性, 易证若 $u_n\to u$, 则 $Tu_n\to Tu$, 因而 $T: X\to X$ 连续.

T 的逆算子 $T^{-1}: X\to X$ 定义为

$$T^{-1}v=\begin{cases}\dfrac{\|v\|}{p(v)}v, & v\in X, v\neq 0,\\ 0, & v=0.\end{cases}$$

由 (iv) 知 $p(v)\geqslant a\|v\|$, 故

$$\|T^{-1}v\|\leqslant \frac{1}{a}\|v\|,\quad \forall v\in X.$$

易证 T^{-1} 连续, 因而 T 是同胚.

最后回到命题 10.2.1 的证明.

当 $u\in M$ 时, 由 p 的性质 (iii) 知 $\forall u\neq 0$, $\left\|\dfrac{p(u)}{\|u\|}u\right\|\leqslant 1$, 又由定义知 $T0=0$, 故有

$$T(M)\subseteq B,$$

即

$$M\subseteq T^{-1}(B).$$

又由 p 的正齐次性及 (iii) 知

$$T^{-1}(B)\subseteq M.$$

事实上, $\forall u \in T^{-1}(B), u \neq 0, \exists v \in B$ 使

$$u = T^{-1}v = \frac{||v||}{p(v)}v,$$

则 $p(u) = \dfrac{||v||}{p(v)}p(v) = ||v|| \leqslant 1$. 故 $u \in M$; 又若 $u = 0 \in T^{-1}(B)$, 因 $p(0) = 0 \leqslant 1, 0 \in M$.

因此, $T(M) = B$, 故 $T: M \to B$ 是同胚.

命题 10.2.2[115]　设 X 是有限维赋范线性空间, M 是 X 中的一个非空紧凸子集. 则 M 同胚于 X 中某 N 维单纯形.

证明　(1) 若 $M = \{x_0\}$, 则可取 $N = 0$, 结论是平凡的.

(2) M 至少包含二个不同的点.

由于 $\dim X < +\infty$, 故 M 中处于一般位置的点的最大个数 $N + 1 < +\infty$, 设

$$u_0, \cdots, u_N \in M$$

是在一般位置. 在平移后, 可设 $u_0 = 0$. 令

$$L = \operatorname{span}\{u_1, \cdots, u_N\}, \quad S = \operatorname{co}\{u_1, \cdots, u_N\}.$$

则易证 $M \subseteq L$.

又由 M 的凸性知 $S \subseteq M$, 故 $S \subset L$, 则不难证明: 单纯形 S 在赋范空间 L 中有内点 (重心是一个内点), 因此 M 在 L 中也有内点, 故由命题 10.2.1 知集合 M 同胚于球

$$B \triangleq \{u \in L : ||u|| \leqslant 1\}.$$

再一次应用命题 10.2.1, 紧凸集 S 也同胚于球 B, 故存在二个同胚:

$$T: M \to B, \quad C: S \to B,$$

则映射 $C^{-1}T$ 即实现从 M 到单纯形 S 的同胚.

为了叙述和证明 Sperner 引理[114], 我们需要以下概念.

定义 10.2.3[5,115]　设 $N \geqslant 1, S = \operatorname{co}\{u_0, \cdots, u_N\}$ 是一个 N 维单纯形, $S_1, \cdots, S_J$ 也是 N 维单纯形且满足以下条件:

(a)(覆盖性、剖分性) $S = \bigcup_{j=1}^{J} S_j$;

(b)(规则相处) $\forall j \neq k, S_j \cap S_k$ 或者空或者是维数 $\leqslant N-1$ 的一个公共面,

则称 $\{S_1, \cdots, S_J\}$ 是 S 的一个三角剖分.

引理 10.2.1 (Sperner) 将数字 $0,1,\cdots,N$ 中的一个赋予单形 $S_j(j=1,\cdots,J)$ 中每个顶点且满足以下规则:

如果

$$v\in \mathrm{co}\{u_{i_0},\cdots,u_{i_k}\},\quad k=0,\cdots,N,$$

则将数字 $i_0,\cdots,i_k$ 中的一个数赋予顶点 v. 这样, S_j 称为 Sperner 单纯形的充要条件是它的每个顶点被赋予不同的数字. 则 Sperner 单形的个数是奇数.

证明 第一步. 设 $N=1$. 则每个 S_j 是 1 维单形 (线段). S_j 的 0 维面 (顶点) 被称为"与众不同的"充要条件是它被赋予数字 0. 我们正好有以下两种可能:

(i) S_j 正好有一个"与众不同的" $N-1$ 维面 (即, S_j 是一个 Sperner 单形);

(ii) S_j 正好有两个或没有"与众不同的" $N-1$ 维面 (即, S_j 不是一个 Sperner 单形).

因为"与众不同的"每个顶点在内部出现时, 与它左右相连的边总数是 2, 所以内部每个顶点重数是 2, 计算两次, 但是在边界上只有 1 次, 故"与众不同的"顶点数是奇数.

故 Sperner 单形数是奇数.

第二步. 设 $N=2$. 则 S_j 是一个 2 维单形. S_j 的一个 1 维面 (线段) 若它赋予数字 0 和 1, 则称为"与众不同的", 对 $N=2$, 上面的条件 (i) 和 (ii) 仍满足.

"与众不同的"每个 1 维面当在内部出现时, 由于它贡献予两个 2 维单形, 故应计算两次. 由已知假设: 在边界上的"与众不同的" 1 维面是 $\mathrm{co}\{u_0,u_1\}$ 的子集. 由第一步知, 在 $\mathrm{co}\{u_0,u_1\}$ 上的"与众不同的" 1 维面的数目是奇数, 因而"与众不同的" 1 维面的总数是奇数, 因而 Sperner 1 维单纯形的总数是奇数.

第三步. 归纳法. 设 $N\geqslant 3$.

假设引理对 $N-1$ 真, 则要证对 N 也成立, 这只需定义 S_j 的"与众不同的" $N-1$ 维面为它的顶点赋予数字 $0,1,\cdots,N-1$, 然后与第二步证明类似.

引理 10.2.2 (KKM 引理)[114] 设 $S=\mathrm{co}\{u_0,\cdots,u_N\}$ 是有限维赋范线性空间 X 中的一个 N 维单纯形 $(N=0,1,\cdots)$. 假设 $C_0,\cdots,C_N$ 是 X 中的闭子集且对所有 $k=0,\cdots,N$ 及指标 $\{i_0,\cdots,i_k\}$ 的所有可能的组合满足

$$\mathrm{co}\{u_{i_0},\cdots,u_{i_k}\}\subseteq \bigcup_{m=0}^{k} C_{i_m}.$$

则在 S 中存在一点 $v\in \bigcap_{j=0}^{N} C_j$.

特别地, 对 $N=2$, 若平面上三个处于一般位置的点 u_0,u_1,u_2 及三个闭集合满足

(1) $u_j\in C_j(j=0,1,2)$;

(2) $\mathrm{co}\{u_0, u_1\} \subset C_0 \cup C_1, \mathrm{co}\{u_0, u_2\} \subset C_0 \cup C_2, \mathrm{co}\{u_1, u_2\} \subset C_1 \cup C_2$;

(3) $\mathrm{co}\{u_0, u_1, u_2\} \subset C_0 \cup C_1 \cup C_2$,

则 $\bigcap_{i=0}^2 C_i \neq \varnothing$.

证明　1. 若 $N = 0$, 则 S 由单点组成, 陈述是平凡的.

2. 当 $N \geqslant 1$ 时.

第一步. 考虑 S 的一个三角剖分 $S_1, \cdots, S_J$.

设 v 是 $S_j (j = 1, \cdots, J)$ 中任一点, 即 v 可通过 $u_{i_0}, \cdots, u_{i_k}$ 的凸组合表示出来, $v \in \mathrm{co}\{u_{i_0}, \cdots, u_{i_k}\}, k = 0, \cdots, N$, 故由假设 $v \in \bigcup\limits_{m=0}^{k} C_{i_m}$ 知 $\exists C_k$ 使 $v \in C_k$.

我们赋予顶点 v 相应数字 k. 则由 Sperner 引理知, 存在 Sperner 单纯形 S_j, 它的顶点带有数字 $0, \cdots, N$, 因此 S_j 的顶点 $v_0, \cdots, v_N$ 对所有 $k = 0, \cdots, N$ 满足条件 $v_k \in C_k$.

第二步. 考虑单纯形 S 的一列三角剖分使得三角剖分的单纯形的直径趋于 0(这是可以做到的, 例如可以选取 S 的一列重心重分).

再由第一步, 存在点列:

$$v_k^{(n)} \in C_k, \quad \forall k = 0, \cdots, N, \quad n = 1, 2, \cdots,$$

使得

$$\lim_{n \to \infty} \mathrm{diam}\ \mathrm{co}\{v_0^{(n)}, \cdots, v_N^{(n)}\} = 0.$$

因为单纯形 S 是紧的, 故存在一个子列, 仍记为 $\{v_k^{(n)}\}$, 使当 $n \to \infty$ 时

$$v_1^{(n)} \to v \in S.$$

由于 $\lim\limits_{n \to \infty} \mathrm{diam}\ \mathrm{co}\{v_0^{(n)}, \cdots, v_N^{(n)}\} = 0$, 且因 $v_k^{(n)} \in \mathrm{co}\{v_0^{(n)}, \cdots, v_N^{(n)}\}$, 故当 $n \to \infty$ 时有

$$v_k^{(n)} \to v \in S, \quad \forall k = 0, \cdots, N.$$

因为 C_k 是闭的, 故 $v \in C_k (k = 0, \cdots, N)$, 即 $\bigcap_{j=0}^N C_j \neq \varnothing$.

下面我们可以给出 Brouwer 不动点定理的证明.

Brouwer 不动点定理的证明

第一步. S 为单纯形情形:

设 S 是有限维赋范线性空间中的一个 N 维单纯形, 设

$$T : S \to S$$

是连续的, 往证 T 有不动点:

(1) $N=0$ 时, 定理陈述是平凡的;

(2) $N=1$ 时, 已用中值定理证明;

(3) $N=2$ 时, $S=\mathrm{co}\{u_0,u_1,u_2\}$, 即 S 是一个三角形.

S 中每个点 u 有表示:

$$u=\sum_{i=0}^{3}\lambda_i(u)u_i,\quad 0\leqslant\lambda_i(u)\leqslant 1,\quad \sum_{i=0}^{3}\lambda_i=1.$$

故 $u-u_0=\lambda_1(u)(u_1-u_0)+\lambda_2(u)(u_2-u_0)$, 其中 $\lambda_0(u)=1-\lambda_1(u)-\lambda_2(u)$.

由于 u_1-u_0,u_2-u_0 线性无关, 故点 u 的重心坐标为 $(\lambda_0(u),\lambda_1(u),\lambda_2(u))$ 且由 u 唯一决定且连续依赖 u.

令

$$C_j=\{u\in S:\lambda_j(Tu)\leqslant\lambda_j(u)\},\quad j=0,1,2.$$

因为 $\lambda_j(\cdot)$ 和 T 在 S 上连续, 故集合 C_j 是闭的. 进一步要证 KKM 引理中的关键条件

$$\mathrm{co}\{u_{i_0},\cdots,u_{i_k}\}\subseteq\bigcup_{m=0}^{k}C_{i_m},\quad k=0,1,2$$

成立.

事实上, 若上式不成立, 则 $\exists u\in\mathrm{co}\{u_{i_0},\cdots,u_{i_k}\}$, 使 $u\notin\bigcup\limits_{m=0}^{k}C_{i_m}$, 即

$$\lambda_{i_m}(Tu)>\lambda_{i_m}(u),\quad\forall m=0,\cdots,k;\quad k=0,1,2.$$

(i) 显然, 若 $k=2$, 又由 $u\in S$ 及 $Tu\in S$, 故

$$\sum_{m=0}^{2}\lambda_{i_m}(u)=1,\quad \sum_{m=0}^{2}\lambda_{i_m}(Tu)=1.$$

显然矛盾.

(ii) 若 $k=1$, 则 $u\in\mathrm{co}\{u_{i_0},u_{i_1}\}$, 故 $\lambda_{i_2}(u)=0,\lambda_{i_0}(Tu)+\lambda_{i_1}(Tu)>\lambda_{i_0}(u)+\lambda_{i_1}(u)=1$.

(iii) 若 $k=0,u\in\mathrm{co}\{u_{i_0}\}$, 故 $\lambda_{i_1}(u)=\lambda_{i_2}(u)=0$,

$$\lambda_{i_0}(Tu)>\lambda_{i_0}(u)=1,$$

仍然可得出矛盾.

故由 KKM 引理知, $\exists v\in S$ 使 $v\in C_j$, $j=0,1,2$.

由 C_j 的定义有

$$\lambda_j(Tv)\leqslant\lambda_j(v),\quad j=0,1,2.$$

又已知

$$\sum_{j=0}^{2}\lambda_j(Tv)=\sum_{j=0}^{2}\lambda_j(v)=1.$$

故

$$\lambda_j(Tv)=\lambda_j(v),\quad j=0,1,2,$$

即

$$Tv=v.$$

(4) $N\geqslant 3$ 的证明类似 $N=3$ 的情形.

第二步. M 是有限维赋范线性空间中的非空紧凸子集情形:

由上面已证命题 10.2.2, 存在映射 P 使 M 同胚于某 N 维单纯形 S. 利用第一步我们知道 $S\to S$ 的连续映射 A 存在不动点, 设为 v, 即有 $Av=v$. 则复合映射 $P^{-1}\circ A\circ P$ 是 M 到 M 的连续映射. 要证它存在不动点. 事实上, $(P^{-1}v)$ 是 $P^{-1}\circ A\circ P$ 的不动点, 因为

$$(P^{-1}\circ A\circ P)\circ(P^{-1}v)=P^{-1}(Av)=(P^{-1}v).$$

Brouwer 不动点定理有许多应用, 例如可用它来证明 Jordon 曲线定理、梳球定理等; 它也有许多等价形式及其推广, 其中最著名的是 Kakutani 不动点定理、Fan Ky 不等式及 Schauder 不动点定理. 由于篇幅所限, 本节正文中仅选择 Brouwer 不动点定理的一个 Fan Ky 等价形式及其在 Nash 均衡中的应用; 而在下一节中将应用 Brouwer 不动点定理来证明 Schauder 不动点定理.

为了证明 Fan Ky 不等式, 这里我们需要广义形式的 KKM 引理. 著名华裔数学家 Fan Ky(樊畿, 1914~2010) 于 1961 年发表在 Math. Annalen 142, 305–310 上的论文中证明了以下形式的广义 KKM 引理.

引理 10.2.3 (FKKM)　设 X 是拓扑向量空间 E 中的一个非空子集, $\forall x\in X, T(x)$ 是 E 中的闭的非空子集. 对某个固定的 $x_0\in X, T(x_0)$ 是 E 中紧集, 且对 X 中任意有限子集 $\{x_1,\cdots,x_n\}$ 有

$$\mathrm{co}\{x_1,\cdots,x_n\}\subseteq\bigcup_{i=1}^{n}T(x_i),$$

则有

$$\bigcap_{x\in X}(T(x)\cap T(x_0))\neq\varnothing.$$

特别地有 $\bigcap\limits_{x\in X}T(x)\neq\phi$.

证明　(i) 如果 X 是有限集, 则类似于前面的 KKM 引理证明.

(ii) 若 X 是无限集, 则由引理假设 $T(x_0)$ 紧及 $T(x)$ 非空闭知 $\widetilde{T}(x)=T(x)\cap T(x_0)$ 紧. 进一步我们下面将证明若引理结论不成立, 则 $\exists\{x_1,\cdots,x_m\}\subset X$ 有

$$\bigcap_{i=1}^{m}\widetilde{T}(x_i)=\varnothing.$$

因用反证法, 若 $\bigcap\limits_{x\in X}\widetilde{T}(x)=\varnothing$, 则两边取补集有 $\bigcup\limits_{x\in X}\widetilde{T}^c(x)=X, \widetilde{T}^c(x)$ 中取出一个 $\widetilde{T}_1^c(x_1)$, 则紧集 $\widetilde{T}_1(x_1)=X\setminus\widetilde{T}_1^c(x_1)\subset\bigcup\limits_{x\neq x_1}\widetilde{T}^c(x)$, 则由有限覆盖定理可知, $\{\widetilde{T}^c(x), x\in X\setminus x_1\}$ 中可以选取有限多个开集出来覆盖 $\widetilde{T}_1(x_1)$, 即存在 $\bigcup\limits_{i\neq 1}^{m}\widetilde{T}_i^c(x)\supset\widetilde{T}_1(x_1)$ 但它们的补集 $\bigcap\limits_{i\neq 1}^{m}\widetilde{T}_i(x)\subset\widetilde{T}_1^c(x_1)$, 故 $\bigcap\limits_{i=1}^{m}\widetilde{T}_i(x)\subset\widetilde{T}_1^c(x_1)\cap\widetilde{T}_1(x_1)$, 我们又注意 $\widetilde{T}_1^c(x_1)$ 与 $\widetilde{T}_1(x_1)$ 的交是空集.

因此上面得出 $\bigcap\limits_{i=1}^{m}\widetilde{T}(x_i)=\phi$, 与第一种情况 (i) 矛盾.

Fan Ky 于 1972 年证明了以下著名的 minimax 不等式 (Fan Ky 不等式)[42].

定理 10.2.2 (Fan Ky, 1972 年) 设 X 是拓扑向量空间 E 中的紧凸非空子集. $f: X\times X\to R$ 满足:

(i) 对每个固定 $y\in X, x\to f(x,y)$ 在 X 上是拟 - 凹泛函, 即 $-f(x,y)$ 关于 x 是拟 - 凸泛函, 即 $\forall a\in R$, 上水平集

$$\{x\in X: -f(x,y)\leqslant a\}$$

是 X 中的凸集.

(ii) 对每个固定 $x\in X,\ y\to f(x,y)$ 在 X 上下半连续。

则有
$$\min_{y\in X}\left(\sup_{x\in X}f(x,y)\right)\leqslant\sup_{x\in X}f(x,x).$$

证明 希望利用 FKKM 引理来证明 Fan Ky 不等式. 为此, 令

$$m=\sup_{x\in X}f(x,x),$$
$$T(x)=\{y\in X: f(x,y)\leqslant m\}.$$

则由已知假设 (ii) 知, $T(x)$ 是 X 的闭子集. 又因假设 X 是紧的, 故 $T(x)$ 也是紧的, 进一步我们有

$$\mathrm{co}\{x_1,\cdots,x_n\}\subseteq\bigcup_{i=1}^{n}T(x_i).$$

事实上, 若上式不成立, 则存在一个凸线性组合

$$\bar{y}=\sum_{i=1}^{n}\lambda_i x_i\notin\bigcup_{i=1}^{n}T(x_i).$$

故有

$$f(x_i,\bar{y})>m,\qquad\forall i=1,\cdots,n.$$

即存在 $\varepsilon>0$ 使 $f(x_i,\bar{y})\geqslant m+\varepsilon$

又由于已知假设了 $x\to f(x,y)$ 关于 x 拟凹, 即 $M=\{x\in X|-f(x,\bar{y})\leqslant-(m+\varepsilon)\}$ 是 X 中的凸集, 因为 $x_i\in M$, 故 $\bar{y}=\sum_{i=1}^{n}\lambda_i x_i\in M$ 因此 $-f(\bar{y},\bar{y})\leqslant-(m+\varepsilon)$, 故有

$$f(\bar{y},\bar{y}) \geqslant m+\varepsilon > m,$$

这与 m 的定义矛盾.

由 FKKM 引理知,

$$\exists \tilde{y} \in \bigcap_{x\in X} T(x),$$

即

$$f(x,\tilde{y}) \leqslant m, \quad \forall x \in X,$$

即

$$\sup_{x\in X} f(x,\tilde{y}) \leqslant \sup_{x\in X} f(x,x).$$

下面应用 Fan Ky 不等式来研究 Nash 的 n 人博弈显得很自然, 尽管 Nash 当年并未用 Fan Ky 不等式.

考虑 n 个局中人 $P_1,\cdots,P_n$, 每个人 P_i 有策略集 K_i, 假设以下条件 (H):

K_i 是拓扑向量空间 E_i 中的紧凸非空子集.

当每个局中人 P_j 选取策略 $p_j \in K_j$ 时, 用 $f_i(p_1,\cdots,p_n)$ 表示第 i 个局中人 P_i 的损失, $-f_i$ 即为第 i 个局中人的 Payoff(利益或回报) 函数.

特别地, 当 $E_i = R^{n_i}$ 且

$$K_i = \left\{ p_i \in E_i : 0 \leqslant p_{i,k} \leqslant 1, k=1,\cdots,n_i, \sum_{k=1}^{n_i} p_{i,k} = 1 \right\}$$

时, $p_{i,k}$ 可以看作第 i 个局中人做他的第 k 种决定时的概率.

博弈论的核心问题是寻找合适的均衡点的定义并证明它的存在性. 粗略地看, 均衡点对应于所有局中人都最满意的行为.

1950 年, Nash 在他的博士论文[79,80] 中给出了现称为 Nash 均衡点的定义. 在 Nash 均衡点, 没有人愿意单独改变他的策略.

定义 10.2.4 (Nash) 设 $q_j \in K_j (j=1,\cdots,n)$. 点 $(q_1,\cdots,q_n)$ 称为 Nash 均衡点的充要条件是

$$f_i(q_1,\cdots,q_n) = \min_{r_i\in K_i} f_i(q_1,\cdots,q_{i-1},r_i,q_{i+1},\cdots,q_n).$$

即在 Nash 均衡点, 每个局中人都认为他损失最小.

定理 10.2.3 (Nash, 1950 年) 假设上面的条件 (H) 及以下条件成立:

(I) 所有 $f_i : K_1 \times \cdots \times K_n \to R$ 连续;

(II) 如果在 $p=(p_1,\cdots,p_n)$ 中任选一个 $p_i (i=1,2,\cdots,n)$, 所有映射 $p_i \to f_i(p)$ 是凸的,

则 Nash 均衡点存在.

证明 令 $X = K_1 \times \cdots \times K_n$, 且 $\forall p,q \in X$, 令 $p=(p_1,\cdots,p_n), q=(q_1,\cdots,q_n)$ 及

$$f(p,q) = \sum_{i=1}^{n} [f_i(q) - f_i(q_1,\cdots,q_{i-1},p_i,q_{i+1},\cdots,q_n)].$$

则由已知假设知 $f(p,q)$ 对 p 是凹的, 对 q 是连续的, 且有

$$f(p,p)=0.$$

故由 Fan Ky 不等式, $\exists \tilde{q}\in X$ 使

$$f(p,\tilde{q})\leqslant 0,\qquad \forall p\in X.$$

对任何固定的 j, 选取 p 使

$$p_i=\tilde{q}_i,\qquad \forall i\neq j,$$

则有

$$f_j(\tilde{q})-f_j(p)\leqslant 0,\qquad \forall j\in\{1,2,\cdots,n\}$$

即

$$f_j(\tilde{q})\leqslant f_j(p)=f_j(\tilde{q}_1,\cdots,\tilde{q}_{j-1},p_j,\tilde{q}_{j+1},\cdots,\tilde{q}_n).$$

特别地, 在定理 10.2.3 中取 $n=2$, 且设 $f_2=-f_1$, 令 $f_1=L$. 则在 Nash 均衡点 $\tilde{q}=(\tilde{q}_1,\tilde{q}_2)$ 成立:

$$\min\nolimits_{p_1\in K_1} f_1(p_1,\tilde{q}_2)=f_1(\tilde{q}_1,\tilde{q}_2);$$

$$\min\nolimits_{p_2\in K_2}(-f_1(\tilde{q}_1,p_2))=-f_1(\tilde{q}_1,\tilde{q}_2)=-L(\tilde{q}_1,\tilde{q}_2).$$

即 L 有鞍点 $\tilde{q}=(\tilde{q}_1,\tilde{q}_2)$:

$$\max_{p_2\in K_2} L(\tilde{q}_1,p_2)=\min_{p_1\in K_1} L(p_1,\tilde{q}_2)=L(\tilde{q}_1,\tilde{q}_2);$$

$$L(\tilde{q}_1,\tilde{q}_2)=\min\nolimits_{p_1\in K_1}\max\nolimits_{p_2\in K_2} L(p_1,p_2)=\max\nolimits_{p_2\in K_2}\min\nolimits_{p_1\in K_1} L(p_1,p_2)$$

这即是 von Neumann[81] 于 1928 年研究过的二人零和对策 (因为 $f_1+f_2=0$) 的鞍点定理.

下面我们简单回顾一下博弈论的历史.

1928 年, (美籍) 匈牙利大科学家 John von Neumann(1903~1957) 发表 "关于伙伴游戏理论"([81]) 的著名论文, 他研究了二人零和对策, 考虑二个局中人 P,Q, 分别有策略集 A 和 B, 当 P 选取策略 $p\in A,Q$ 选择策略 $q\in B$ 时, 令二元函数:

$$L(p,q)=\begin{cases} gain\ by\ Q\\ loss\ by\ P\end{cases}$$

L 可以看成第一个人 P 的损失函数或第二个人 Q 的赢取函数, 因为若我们允许 $L(p,q)$ 取负值, 则二人的损失之和为 0, 若 $L(p,q)$ 为负值则表示 P 赢得 $|L(p,q)|$, 若 $L(p,q)$ 为正表示 P 真正损失了 $L(p,q)$. 因此 P 和 Q 的博弈又称为二人零和博弈 (对策).

定义 10.2.5　(Neumann, 1928) $(p_0, q_0) \in A \times B$ 称为最优策略对 $\Leftrightarrow (p_0, q_0)$ 是 P 的损失函数 L 相对于 $A \times B$ 的鞍点, 即

$$L(p_0, q) \leqslant L(p_0, q_0) \leqslant L(p, q_0), \quad \forall p \in A, q \in B.$$

这个定义反映了以下事实:

每个局中人都将想使他 (她) 的利益最大化.

如果 $L(p_0, q_0) = 0$, 则没有任何一个局中人赢或输, 即是公平的.

如 $L(p_0, q_0) > 0$ 或 < 0, 则 Q 或 P 赢 $|L(p_0, q_0)|$.

下面的例子显示, 如果二人是纯策略博弈 (以概率 0 或 1 出现), 可能不存在最优策略对.

例 10.2.1　(Coin game) 局中人 P, Q 各自同时掷含有头 (head) 和尾 (tail) 的二面硬币, 他们同意以下游戏规则: 如果同时出现相同图案, 则 Q 赢 1 美元, 否则 P 赢 1 美元.

P, Q 的策略集是

$$A = B = \{H, T\}$$

$$1 = L(H, H) = L(T, T) = -L(H, T) = -L(T, H)$$

显然

$$\min_{u \in A} \max_{p \in B} L(u, p) = 1,$$

$$\max_{p \in B} \min_{u \in A} L(u, p) = -1.$$

此时 L 没有鞍点, 没有最优策略对.

下面用概率方法引进混和策略:

设 P 有策略 $E_1, \cdots, E_m$

Q 有策略 $F_1, \cdots, F_n$.

令 $L(E_i, F_j)$ 表示策略对 (E_i, F_j) 下 Q 的赢得, 进一步, 假设 P 选取策略 E_i 的概率为 p_i,Q 选取策略 F_j 的概率为 q_j.

令 $p = (p_1, \cdots, p_m), q = (q_1, \cdots, q_n)$.

因 p_i, q_j 是概率, 故 $p \in A, q \in B$, 其中 A, B 是以下二个特殊的有界闭凸集:

$A = \{p \in R^m | 0 \leqslant p_i \leqslant 1, \sum\limits_{i=1}^{m} p_i = 1\}$

$B = \{q \in R^n | 0 \leqslant q_j \leqslant 1, \sum\limits_{j=1}^{n} q_j = 1\}$

定义 10.2.6(von-Neumann,1928) 每个对 $(p, q) \in A \times B$ 称为混合策略, 量 $L(p, q) = \sum\limits_{i=1}^{m} \sum\limits_{j=1}^{n} L(E_i, F_j) p_i q_j$ 称为局中人 Q 的期望赢取值或称为局中人 P 的期望损失值. $(p_0, q_0) \in A \times B$ 称为一个最优混合策略对当且仅当 (p_0, q_0) 是 L 的一个鞍点.

1928 年, John von Neumann 证明了博弈论中第一个重要定理:

定理 10.2.4(John von Neumann, 1928) $L(p,q)$ 是 $A\times B$ 上二元函数且 L 关于 p 是凸下半连续; 关于 q 是凹上半连续, 则总存在一个最优混合策略对, 且

$$\min_{p\in A}\max_{q\in B}L(p,q)=\max_{q\in B}\min_{p\in A}L(p,q)$$

对任何最优策略对 (p_0,q_0), 上述表示的公共值等于 $L(p_0,q_0)$.

注 Neumann 当年假设的 L 是双线性连续函数, 后来 Fan Ky, Kakutani 及 Sion 等人发现可以把 L 的条件减弱并可以推广到局部凸拓扑线性空间中.

现在我们又回到前面掷硬币的例子, 但引进了概率:

例 10.2.2(以概率掷硬币对策) 设局中人 (Player)P 选 H 的概率为 p_1, 选 T 的概率为 p_2;Q 选 H 的概率为 q_1, 选 T 的概率为 q_2. 令

$$E_1=F_1=H,\qquad E_2=F_2=T$$

$$L(E_1,F_1)=1,L(E_1,F_2)=-1,L(E_2,F_1)=-1,L(E_2,F_2)=1$$

则第二个人 Q 的期望赢取值是

$$L(p,q)=\sum_{i=1}^{2}\sum_{j=1}^{2}L(E_i,F_j)p_i\cdot q_j=p_1q_1-p_1q_2-p_2q_1+p_2q_2=(p_1-p_2)(q_1-q_2).$$

令 $A=\{(p_1,p_2)\in R^2|0\leqslant p_1\leqslant 1,0\leqslant p_2\leqslant 1,p_1+p_2=1\},B\triangleq A$, 则 A 是连结 (0,1),(1,0) 的线段.

$$\begin{aligned}L(p,q)&=(p_1-p_2)(q_1-q_2)=(2p_1-1)(2q_1-1)\\&=4p_1q_1-2p_1-2q_1+1\triangleq L(p_1,q_1)\\\frac{\partial L}{\partial p_1}&=4q_1-2=0,\ \frac{\partial L}{\partial q_1}=4p_1-2=0.\end{aligned}$$

则 $(p_1,q_1)=\left(\dfrac{1}{2},\dfrac{1}{2}\right)$ 是 L 的唯一鞍点, 且 $L(p_1,q_1)=0$. 和期待的一样, 最优混合策略是对每个局中人都以等概率 $\left(\dfrac{1}{2}\right)$ 选取头或尾, 因此对策是公平的.

1942 年, 诺依曼与普林斯顿大学的经济学家摩根斯特恩 (Morgenstern Oskar, 1902-1977) 合作将二人零和博弈推广到 n 人零和博弈, 并将博弈论系统地应用于经济学领域中, 他们于 1944 年出版了划时代巨著《博弈论与经济行为》, 标志博弈论成为一门独立学科.

1950 年, 美国普林斯顿大学的纳什 (J. F. Nash, Jr. 1928-2015) 在他的博士论文中研究 n 人非合作博弈, 提出了著名的 Nash 均衡的概念并在一定条件下先后应用 Kakutani 不动点定理 ([79]) 及 Brouwer 不动点定理 ([80]) 证明 Nash 均衡的存在性.

定义 10.2.7 (Nash 均衡,1950) 假设有 n 个局中人参与博弈, 如果某情况下无一参与者可以擅自行动而增加收益 (即为了自己利益的最大化, 没有任何单独的一方愿意改变其策略), 则此策略组合被称为 Nash 均衡 (即它使得每个参与人的策略是对其他参与人策略的最优反应; 任何参与人单独改变策略都不会得到好处; 当所有其他人都不改变策略时, 没有人会改变自己的策略), 本质上,Nash 均衡是一种非合作博弈状态.

为了理解 Nash 均衡的概念, 我们可以看看著名的"二人囚徒困境"例子.

在博弈论中, 含有占优战略均衡的一个著名例子是在 1950 年由 Nash 的老师, Princeton 大学的 Albert, Tucker (1905—1995) 教授在 Stanford 大学访问时给一些心理学研究生做演讲时给出的,"囚徒困境" (prisoner's dilemma) 博弈. 该模型用一种特殊的方式为我们讲述了一个警察与小偷的故事, 假设有两个小偷 A 和 B 联合犯事, 私入民宅被警察抓住.

警方将两人分别关闭于不同的两个房间内进行审讯, 对每一个犯罪嫌疑人, 警方给出的政策是: 如果两个犯罪嫌疑人都坦白了罪行, 交出了脏物, 于是证据确凿, 两人都被判有罪, 各被判刑 8 年; 如果只有一个犯罪嫌疑人坦白, 另一个人没有坦白而是抵赖, 则以妨碍公务罪 (因已有证据表明其有罪) 再加刑 2 年, 而坦白者有功被减刑 8 年, 立即释放; 如果两人均抵赖, 则警方因证据不足不能判两人的盗窃罪, 但可以私入民宅的罪名将两人各判入狱 1 年. 下表给出了这个博弈的支付矩阵.

囚徒困境博弈 (Prisoner's dilemma)

$A\backslash B$	坦白	抵赖
坦白	$8,8$	$0,10$
抵赖	$10,0$	$1,1$

对 A 来说, 尽管他不知道 B 作何选择, 但他知道无论 B 选择什么, 他选择"坦白"总是最优的. 显然, 根据对称性, B 也会选择"坦白". 结果是两人都被判刑 8 年. 但是, 倘若他们都选择"抵赖", 每人只判刑 1 年. 在表中的四种行动选择组合中,(抵赖、抵赖) 是 Pareto(帕累托) 最优, 因为偏离这个行动选择组合的任何其他行动选择组合都至少会有一个人的境况变差. 但是,"坦白"是任一犯罪嫌疑人的占优战略, 而 (坦白, 坦白) 是一个占优战略均衡, 即纳什均衡. 不难看出, 此处纳什均衡与帕累托存在冲突.

Nash 均衡首先对古典自由主义经济学之父亚当 · 斯密 (Adam Smith,1723-1790) 于 1776 年出版的名著《国富论》中提出的"看不见的手"的原理提出了挑战, 因按 Smith 的理论, 在市场经济中, 每一个人都从利已的目的出发, 而最终全社会达到利他的效果. 但我们从"Nash 均衡"中引出"看不见的手"原理的一个悖论:"从利已目的出发, 结果损人不利已, 既不利已也不利他”.

Nash 均衡理论对博弈论和经济学产生了重大影响, 1994 年 Nash 和另外二位数理经济学家 F. Harsanyi(匈裔美籍) 及 R.Selten(德国 Born 大学) 分别因在非合作博弈均衡分析及不完全信息博弈以及子博弈精练 Nash 均衡等方面的开创性贡献而荣获 Nobel 经济学奖.

从 1994 年至 2014 年已有 7 届 Nobel 经济学奖颁发给了 16 位因在博弈论方面做出重大贡献的经济学家, 足见博弈论在经济学中的核心地位.

10.3 Schauder 不动点定理及其应用

1930 年, 波兰数学家 Juliusz Schauder(1899~1943) 在文献 [97] 中将 Brouwer 不动点定理从有限维欧氏空间推广到无限维 Banach 空间情形, 他证明了如下著名定理.

定理 10.3.1 如果 M 是 Banach 空间 X 中的非空有界闭凸集, 则紧算子 $T: M \to M$ 至少有一个不动点.

推论 10.3.1 若 M 是 Banach 空间 X 中的非空紧凸子集, 则连续算子 $T: M \to M$ 至少有一个不动点.

为了证明上述定理, 我们需要给出紧算子的定义及紧算子的逼近定理[115].

定义 10.3.1 设 X, Y 是域 K 上的线性赋范空间. 若算子 $T: M \subseteq X \to Y$ 满足:

(i) T 连续;

(ii) T 把 M 中任意有界集映成 Y 中相对紧集 (或叫致密集或列紧集),

则称 T 是紧算子.

为了证明紧算子的逼近定理, 我们还需要相对紧集的一个等价刻画.

引理 10.3.1[110] 设 M 是 Banach 空间 X 中的非空子集. 则 M 是相对紧的等价于 M 具有有限 ε-网, 即

对 $\forall \varepsilon > 0$, 存在有限多点 $v_1, \cdots, v_J \in M$ 使

$$\min_{1 \leqslant j \leqslant J} ||u - v_j|| \leqslant \varepsilon, \quad \forall u \in M.$$

注 若 X 不完备, M 相对紧也可以推出 M 具有有限 ε-网.

定理 10.3.2 (紧算子的逼近定理) 设 X 和 Y 是数域 K 上的 Banach 空间, $M \subset X$ 且 M 有界非空, 设 $T: M \subseteq X \to Y$ 是紧算子. 则对 $\forall n = 1, 2, \cdots$, 存在连续算子 $T_n: M \to Y$ 使

(1) $\sup\limits_{u \in M} ||T_n u - Tu|| \leqslant \dfrac{1}{n}$;

(2) $\dim(\text{span } T_n(M)) < +\infty$;

(3) $T_n(M) \subseteq \text{co}T(M)$.

证明　由于 $T: M \to Y$ 是紧算子, 所以集合 $T(M)$ 在 Y 中相对紧, 因而由引理 10.3.1 知, 对于 $T(M)$, 存在有限 $\frac{1}{2n}$-网, 即存在 $u_j \in T(M), j = 1, \cdots, J_n$ 使

$$\min_{1 \leqslant j \leqslant J_n} ||u_j - Tu|| \leqslant \frac{1}{2n}, \quad \forall u \in M.$$

定义 Schauder 算子:

$$T_n u = \frac{\sum\limits_{j=1}^{J_n} \alpha_j(u) u_j}{\sum\limits_{j=1}^{J_n} \alpha_j(u)}, \quad \forall u \in M,$$

其中

$$\alpha_j(u) = \max\left\{\frac{1}{n} - ||u_j - Tu||, 0\right\}, \quad \forall u \in M, \quad j = 1, \cdots, J_n.$$

注意 T_n 是适定的, 这是因为 $\alpha_j(u)$ 不可能同时为 0, 因为否则, $\forall j = 1, \cdots, J_n$,

$$||u_j - Tu|| \geqslant \frac{1}{n},$$

故 $\min\limits_{1 \leqslant j \leqslant J_n} ||u_j - Tu|| \geqslant \frac{1}{n}$.

这与

$$\min_{1 \leqslant j \leqslant J_n} ||Tu - u_j|| \leqslant \frac{1}{2n} < \frac{1}{n}$$

矛盾.

由于泛函 $u \to ||u_j - Tu||$ 连续, 因而 $\alpha_j(u)$ 也在 M 上连续, $T_n: M \to Y$ 也连续.

$\forall u \in M$, 注意到当 $\|u_j - Tu\| \geqslant \frac{1}{n}$ 时, $\alpha_j(u) = 0$, 我们有估计

$$\begin{aligned} ||T_n u - Tu|| &= \frac{\left\|\sum \alpha_j(u)(u_j - Tu)\right\|}{\sum \alpha_j(u)} \\ &\leqslant \frac{\sum \alpha_j(u)||u_j - Tu||}{\sum \alpha_j(u)} \leqslant \frac{\sum \alpha_j(u)\frac{1}{n}}{\sum \alpha_j(u)} = \frac{1}{n}. \end{aligned}$$

由 T_n 的定义可知 (2) 和 (3) 也成立.

现在我们来证明“Schauder 不动点定理 10.3.1”.

因 M 不空, 设 $u_0 \in M$, 如有必要, 可用 $u - u_0$ 代替 u, 可设 $0 \in M$.

由紧算子的逼近定理可知, 对 $\forall n = 1, 2, \cdots$, 存在 X 的有限维子空间 X_n 及连续算子:

$$T_n: M \to X_n$$

使

$$\|T_n u - Tu\| \leqslant \frac{1}{n}, \quad \forall u \in M.$$

定义

$$M_n = X_n \cap M.$$

则 M_n 是 X_n 的有界闭凸子集. 又因 $0 \in X_n, 0 \in M$, 故 $0 \in M_n$. 且由 T_n 的构造有 $T_n(M) \subseteq \mathrm{co}T(M) \subseteq \mathrm{co}M = M$. 又因 $T_n(M) \subset X_n$, 故 $T_n(M_n) \subset M_n$.

由 Brouwer 不动点定理知, $\forall n$, 算子 $T_n : M_n \to M_n$ 有一个不动点 u_n:

$$T_n u_n = u_n, \quad u_n \in M_n, \quad n = 1, 2, \cdots.$$

代入逼近式有

$$\|Tu_n - u_n\| \leqslant \frac{1}{n}, \quad n = 1, 2, \cdots.$$

由于 $M_n \subseteq M$ 且 M 有界, 故 $\{u_n\}$ 有界. 又由于 $T : M \to M$ 是紧算子, 故 $\{Tu_n\}$ 存在子列, 记为 $\{Tu_{n_k}\}$, 使

$$Tu_{n_k} \to v, \quad k \to +\infty.$$

又由三角不等式, 我们有:

$$\|v - u_{n_k}\| \leqslant \|v - Tu_{n_k}\| + \|Tu_{n_k} - u_{n_k}\| \to 0,$$

故 $u_{n_k} \to v$.

又因为 $\{Tu_{n_k}\} \subset M$ 且 M 闭, 故 $v \in M$. 又因 $T : M \to M$ 连续, 故有

$$Tv = v.$$

即 T 存在至少一个不动点.

注 (i) 如定理 10.3.1 及定理 10.3.2 中空间 X, Y 是一般的赋范线性空间, 定理结论也成立.

(ii) 若 C 是 Banach 空间 X 的闭凸子集, $T : C \to C$ 是连续映射, 使得 $\overline{T(C)}$ 是 X 中紧集, 则 T 至少存在一个不动点.

Schauder 定理有许多应用, 这里仅举一个在常微分方程初值问题中的应用[115]. 希腊裔德籍数学家 Caratheodory, C. (1873–1950) 曾利用 Schauder 不动点定理很容易[115] 地证明和改进意大利数学家 Peano(1858~1932) 于 1886 年用很复杂的方法证明的一个定理.

定理 10.3.3 (Peano-Caratheodory 定理) 考虑常微分方程初值问题:

$$\begin{cases} \dfrac{dx}{dt} = f(t, x), \quad t_0 - \tau \leqslant t \leqslant t_0 + \tau, \\ x(t_0) = x_0. \end{cases} \tag{10.3.1}$$

这里给定 $(t_0, x_0) \in R^2$. 对 $r > 0$, 假设

$$S = \{(t,x) \in R^2 : |t - t_0| \leqslant \tau, |x - x_0| \leqslant r\}, \quad C = \max_{(t,x)\in S} |f(t,x)|$$

(i) $f : S \to R$ 连续;

(ii) τ 满足: $\tau \leqslant r/C$,

则初值问题 (10.3.1) 至少有一个解.

证明　易见 (10.3.1) 等价于以下积分方程:

$$x(t) = x_0 + \int_{t_0}^{t} f(s, x(s))ds, \quad t_0 - \tau \leqslant t \leqslant t_0 + \tau. \tag{10.3.2}$$

令 $a = t_0 - \tau, b = t_0 + \tau, X = C[a,b]$, 且

$$M = \{x \in X : ||x - x_0|| \leqslant r\}$$

定义算子:

$$(Tx)(t) = x_0 + \int_{t_0}^{t} f(s, x(s))ds, \quad \forall t \in [a,b].$$

则有

(1) $T : M \to X$ 连续;

(2) $T(M)$ 等度连续;

(3) $T(M) \subseteq M$, 特别地, $T(M)$ 有界.

为了证明 (1) 和 (2), $\forall t_1, t_2 \in [a,b], \forall x \in M$, 只需观察到

$$\begin{aligned}|(Tx)(t_2) - (Tx)(t_1)| &= \left|\int_{t_0}^{t_2} f(s,x(s))ds - \int_{t_0}^{t_1} f(s,x(s))ds\right| \\ &= \int_{t_1}^{t_2} f(s,x(s))ds \leqslant C \cdot |t_2 - t_1|.\end{aligned}$$

故 $\forall \varepsilon > 0$, 当 $|t_2 - t_1| < \delta = \varepsilon/C$, 有 $|(Tx)(t_2) - (Tx)(t_1)| < \varepsilon$.

为了证明 (3), 注意到, 若 $x \in M$, 则

$$\begin{aligned}||Tx - x_0|| &= \max_{a\leqslant t\leqslant b} \left|\int_{t_0}^{t} f(s,x(s))ds\right| \\ &\leqslant \tau \cdot C \leqslant r.\end{aligned}$$

故由 Arzelà-Ascoli 定理知, $T(M)$ 是 X 中相对紧集. 又因 M 有界, 故 T 是紧算子.

由 Schauder 不动点定理知, T 有一个不动点 $x \in M$, 即它满足 (10.3.2), 故也满足 (10.3.1).

注　比较由 Schauder 不动点定理证明的 Peano 存在定理和前面用 Banach 压缩映像原理证明的经典 Cauchy-Lipschitz-Picard-Lindelöf 定理, 会发现我们这里要求的条件更宽松些, 但不能得到解的唯一性.

10.4 Leray-Schauder 不动点定理

1934 年, 法国数学家 Jean Leray(1906 ~1998) 与波兰数学家 Schauder 合作[61] 发现了重要的拓扑不变量 (Leray-Schauder 拓扑度), 它是同伦不变量. 作为应用, 可以通过先验估计方法来研究方程的解的存在性, 下面仅介绍他们得到的一般性定理的一个特例, 这个特殊情况在有的文献中也叫 Schäfer 不动点定理, 它是由德国数学家 H. Schäfer 于 1955 年发表在 Math. Annalen 129(415–416) 上证明的.

定理 10.4.1 设 X 是数域 K 上的 Banach 空间, $T: X \to X$ 是紧算子. 考虑含参数 λ 的方程

$$u = f(u, \lambda) = \lambda T u, \quad u \in X, \quad 0 \leqslant \lambda < 1. \tag{10.4.1}$$

若存在不依赖 λ 的 $r > 0$ 使 (10.4.1) 的所有解满足:

$$||u|| \leqslant r. \tag{10.4.2}$$

则算子 T 有一个不动点, 即方程 $Tu = u$, 在 X 中有解 $\tilde{u}$.

证明 令

$$M = \{u \in X : ||u|| \leqslant 2r\}.$$

定义算子:

$$Su = \begin{cases} Tu, & ||Tu|| \leqslant 2r, \\ \dfrac{2rTu}{||Tu||}, & ||Tu|| > 2r. \end{cases}$$

则 $\forall u \in X, ||Su|| \leqslant 2r$, 即 $S(M) \subseteq M$.

下证 $S: M \to M$ 是紧算子. 首先从 S 的定义易见它连续, 往证 S 是紧的.

设 $\{u_n\} \subset M$. 则存在子列 $\{u_{n_k}\}$, 满足以下两种情况之一:

(1) $||Tu_{n_k}|| \leqslant 2r, \forall k$;

(2) $||Tu_{n_k}|| > 2r, \forall k$.

情况 (1) 中, 由集合 M 的有界性及算子 T 的紧性知, $\{u_{n_k}\}$ 有子列, 记为 $\{w_l\}$, 使 $Sw_l = Tw_l \to v, l \to +\infty$.

情况 (2) 中, 因为 T 是紧算子且 $\{u_{n_k}\}$ 有界且 $||Tu_{n_k}|| > 2r$, 我们可以从 $\{u_{n_k}\}$ 中选一个子列, 记为 $\{w_m\}$, 使

$$\frac{1}{||Tw_m||} \to a, \quad Tw_m \to \tilde{v}, \text{ 当} m \to +\infty.$$

因此有

$$Sw_m \to 2ra\tilde{v}, \quad m \to +\infty.$$

综上, 我们已证 S 是从 M 到 M 的紧算子, 故由 Schauder 不动点定理, $\exists \tilde{u} \in M$ 使

$$S\tilde{u} = \tilde{u}.$$

1. 如果 $||T\tilde{u}|| \leqslant 2r$, 则由 S 的定义有

$$S\tilde{u} = T\tilde{u},$$

因此

$$T\tilde{u} = \tilde{u}$$

2. 我们证明 $||T\tilde{u}|| > 2r$ 是不可能的.

事实上, 否则有

$$\tilde{u} = S\tilde{u} = \lambda T\tilde{u}, \quad \lambda = \frac{2r}{||T\tilde{u}||} < 1, \tag{10.4.3}$$

上式两边取范数有

$$||\tilde{u}|| = |\lambda| \cdot ||T\tilde{u}|| = 2r. \tag{10.4.4}$$

另一方面由 (10.4.3) 和已知假设有 (10.4.2)

$$||\tilde{u}|| \leqslant r. \tag{10.4.5}$$

这与 (10.4.4) 矛盾.

Leray-Schauder 不动点定理有许多重要应用[61,114,115], 由于篇幅所限, 这里仅举一个在半线性椭圆边值问题 (8.4.37) 中的应用.

定理 10.4.2　设 $\Omega \subset R^N$ 是一个具有 Lipschitz 边界的有界开集, $f(x,t)$: $\Omega \times R^1 \to R^1$ 是 Carathéodory 多元函数且满足以下增长性限制:

$$|f(x,t)| \leqslant b(x) + c|t|^{p-1}$$

其中 $c > 0, b(x) \in L^q(x), p \in (1, 2^*), \dfrac{1}{p} + \dfrac{1}{q} = 1, 2^*$ 是 Sobolev 嵌入 $H_0^1(\Omega) \hookrightarrow L^p(\Omega)$ 中的最大临界指数. $2^* = \begin{cases} \dfrac{2N}{N-2}, & N > 2\text{时}; \\ +\infty, & N = 1\text{或}2. \end{cases}$ 进一步, 若 $p < 2$, 则以下边值问题:

$$\begin{cases} -\Delta u = f(x,u), x \in \Omega; \\ u|_{\partial\Omega} = 0 \end{cases} \tag{10.4.6}$$

至少存在一个弱解 $u \in H_0^1(\Omega)$.

证明 由关于非线性多元函数 $f(x,t)$ 的假设条件可知, Nemytskii 算子 $N_f(u(x)) = f(x,u(x))$ 定义的映射 $N_f : L^p(\Omega) \to L^q(\Omega)$ 有界连续 (见引理 8.4.1). 由 Sobolev 紧嵌入定理知, 当 $1 < p < 2^*$ 时, 嵌入映射 $I : H_0^1(\Omega) \hookrightarrow L^p(\Omega)$ 是紧嵌入, 又由嵌入不等式知 $I^* : L^q(\Omega) \to (H_0^1(\Omega))^* = H^{-1}(\Omega)$ 是线性连续的, 因此 $\widetilde{N}_f = I^* \circ N_f \circ I : H_0^1(\Omega) \to H^{-1}(\Omega)$ 是紧算子.

定义经典 $(-\Delta)$ 的广义算子 $-\widetilde{\Delta} : H_0^1(\Omega) \to H^{-1}(\Omega)$:

$$\langle -\widetilde{\Delta}u, v\rangle = \int_\Omega \nabla u \cdot \nabla v dx, \forall u, v \in H_0^1(\Omega)$$

易证 $-\widetilde{\Delta}$ 定义了一个由 $H_0^1(\Omega)$ 到 $H^{-1}(\Omega)$ 的 1-1 对应, 且 $(-\widetilde{\Delta})^{-1}$ 是单调、有界、连续的. 易见 (10.4.6) 的弱解的存在性问题等价于紧算子 $T = (-\widetilde{\Delta})^{-1}\widetilde{N}_f : H_0^1(\Omega) \to H_0^1(\Omega)$ 的不动点的存在性问题, 由定理 10.4.1 可知, 我们只须证明以下集合

$$S = \{u \in H_0^1(\Omega) : u = \lambda Tu, \quad \lambda \in [0,1]\}$$

在 $H_0^1(\Omega)$ 中一致有界即可. 事实上, 我们由关于 f 的增长性限制条件知, 对 $\forall u \in H_0^1(\Omega)$ 成立:

$$\begin{aligned}
\|Tu\|^2 \equiv \|Tu\|_{H_0^1}^2 &= \int_\Omega \langle \nabla Tu, \nabla Tu\rangle dx = \langle -\widetilde{\Delta}Tu, Tu\rangle \\
&= \langle N_f u, Tu\rangle = \int_\Omega f(x,u)Tu dx \\
&\leqslant \int_\Omega (c|u|^{p-1} + b(x))|Tu| dx
\end{aligned}$$

因此对 $\forall u \in S$, 我们有 $u = \lambda Tu$ 且由 Sobolev 不等式有 $C_1 > 0$ 使:

$$\begin{aligned}
\|Tu\|^2 &\leqslant c\lambda^{p-1}\|Tu\|_{L^p}^p + \|b\|_{L^q}\|\|Tu\|_{L^p} \\
&\leqslant c\lambda^{p-1}C_1^p\|Tu\|_{H_0^1}^p + \|b\|_{L^q} \cdot C_1 \cdot \|Tu\|_{H_0^1}
\end{aligned}$$

由于 $0 \leqslant \lambda \leqslant 1$, 因此 $\forall u \in S$ 有不依赖 λ 的常数 $C_2, C_3 > 0$ 使得:

$$\|Tu\|^2 - C_2\|Tu\|^p - C_3\|Tu\| \leqslant 0$$

故当 $1 < p < 2$ 时, 存在一致常数 C_4 使 $\|Tu\| \leqslant C_4$, 再由 $\|u\| = \lambda\|Tu\|$ 知集合 S 一致有界.

10.5 Poincaré-Birkhoff 不动点定理简介

1912 年, 法国大数学家 H. Poincaré[89](1854–1912) 在他去逝前几个月提出了一个未经完全证明的几何不动点定理, 它来源于对限制三体问题的周期解的研究. 1913 年, 当时美国的年青数学家 G. Diavid, Birkhoff[13](1884–1944) 给出了完全证明. 所以 Poincaré 最后的几何定理有时也称为 Poincaré-Birkhoff 不动点定理.

定理 10.5.1 平面圆环 S 到自身的保面积同胚映射 T, 若使两个边界圆周扭旋反向, 则该映射在平环内部至少有两个不动点.

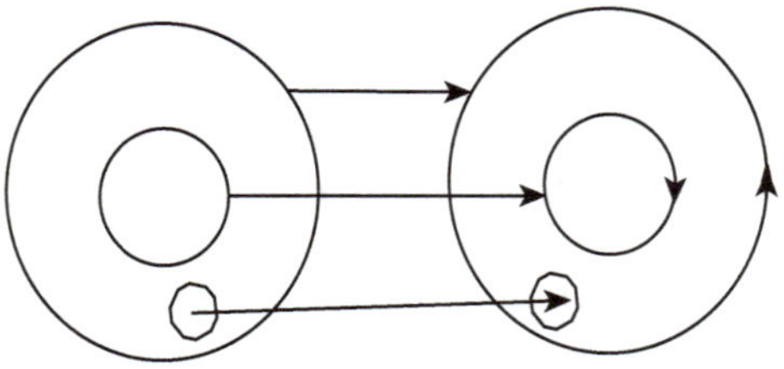

图 10.5.1 Poincaré-Birkhoff 扭转映射

更具体地, 用极坐标 $(x, y(\text{mod } 2\pi))$ 表示圆环区域的点, 这里 x 表示极半径, $y(\text{mod } 2\pi)$ 表示极角, 圆环 S 的两个圆周为 $x = a, x = b > a$, 映射 T 为

$$T : (x, y) \to (f(x, y), y + g(x, y)),$$

其中 f, g 是二元连续函数且关于 y 以 2π 为周期, 且 $\forall y, f(a, y) \equiv a, f(b, y) \equiv b$; $g(a, y) < 0, g(b, y) > 0$. 而映射 T 保面积意味着 T 的 Jacobi 行列式为 1:

$$\begin{vmatrix} \dfrac{\partial f}{\partial x} & \dfrac{\partial f}{\partial y} \\ \dfrac{\partial g}{\partial x} & 1 + \dfrac{\partial g}{\partial y} \end{vmatrix} = 1.$$

由于 Poincaré-Birkhoff 不动点定理的证明很复杂, 这里略去.

值得注意的是 Poincaré-Birkhoff 不动点定理有许多重要推广及应用. 2 维情形, 丁伟岳院士在二十世纪八十年代给出了重要改进[35], 而高维情形, 苏联著名数学家 V. I. Arnold 院士在二十世纪六七十年代提出了著名的 Arnold 猜想[6,7], 1978 年由于美国数学家 P. Rabinowitz 在用变分方法研究 Hamilton 系统周期解对应的强不定 (既无上界又无下界) 泛函的临界点存在性问题方面取得突破[91]. 随后的几十年, Arnold 猜想等重大问题获得新生, 并引发了二十世纪八十年代以来辛几何与辛拓扑的持续研究热潮 ([54][119]).

习　题

1. 用 Banach 压缩映像原理研究隐函数存在定理.

2. 设 T 是从完备度量空间 X 到 X 的映射. 若存在自然数 n 使 $T^n: X \to X$ 是一个压缩映射, 证明 T 在 X 中存在唯一的不动点.

3. 设 $-\infty < a < b < +\infty, \alpha \in R$ 且

$$|\alpha| \cdot (b-a) < 1,$$

给定任何 $u_0 \in C[a,b]$, 构造迭代格式:

$$u_{n+1}(x) = \alpha \cdot \int_a^b \sin u_n(x) dx + 1, \quad n = 0, 1, \cdots, \quad x \in [a,b],$$

证明 $\{u_n(x)\}$ 在 $[a,b]$ 上一致收敛到以下积分方程的唯一解 $u \in C[a,b]$:

$$u(x) = \alpha \cdot \int_a^b \sin u(x) dx + 1, \quad x \in [a,b].$$

4. (S.Kakutani, 1941 年, Duke Math. J. 3(8): 457–459) 设多值映射 $T: M \to 2^M$(M 的所有子集组成的集合) 满足以下条件:

(i) $M \subset R^n$ 是紧凸非空子集;

(ii) $\forall x \in M, T(x)$ 是 M 的凸的非空集合;

(iii) 图像 $G(T) = \{(x, Tx) : x \in M\}$ 在 $M \times M$ 中闭.

证明: $\exists \tilde{x} \in M$, s.t. $\tilde{x} \in T(\tilde{x})$.

5. 设 $\alpha \in R$, 任给 $h \in C[a,b]$. 证明以下非线性积分方程:

$$u(x) = \alpha \cdot \int_a^b \sin u(x) dx + h(x)$$

至少存在一个解 $u \in C[a,b]$.

6. 设 $f: R^2 \to R$ 是二元连续函数, $a \in R, b \in R$. 研究以下方程组:

$$\begin{cases} x = a + \sin f(x,y), \\ y = b + \cos f(x,y) \end{cases}$$

当参数 a, b 在什么范围时, 至少存在一个解?

7. 用 Brouwer 不动点定理证明 Gauss 的代数基本定理.

8. 用 Brouwer 不动点定理证明 Frobenius 定理: (1) 每个元素都是正数的 $n \times n$ 阶矩阵至少有一个正的特征值; (2) 每个元素都非负的方阵存在非负特征值及非负的非零特征向量.

9. 试给出 Brouwer 不动点定理的一个纯分析的证明 (Milnor J, Amer. Math. Monthly 85 (1978), 521–524; Rogers C. A., Amer. Math. Monthly 87(1980), 525–527; Kannai Y., Amer. Math. Monthly 88(1981), 264–268; 及 Gröger K., Math. Nachr. 102 (1981), 293–295).

10. 试给出 Brouwer 不动点定理的构造性证明 (Scarf, H. 的单纯形法: SIAMJ Appl. Math. 15(1967), 1328–1343. Kellogg, R. B., Li, T. Y., York, J. 的连续法: SIAM J. Numer. Anal 13 (1976), no.4, 473-483; 以及 Chow, S. N., Mallet-Paret, J., Yorke, J. 的同论法: Math. Comp. 32(1978), no. 143, 887-899.)

附录 1　Zorn 引理

我们知道, 对涉及自然数集 N 的某些定理的证明, 我们可以用所谓“数学归纳法”, 这里自然数集 N 是可数 (可列) 集; 一个自然的问题是对与“不可数集”相关的一些数学定理的证明, 如何推广通常的“数学归纳法”? 这里涉及到所谓“超限归纳法”, 先回忆一些基本的定义 ([1-2]).

定义 1 设 X 是一个集合, 如果在 X 的元素间有一关系“$\sim$”满足以下性质:

(1)(自反性) $\forall a \in X, a \sim a$

(2)(对称性) 设 $a, b \in X$, 如 $a \sim b$, 则 $b \sim a$

(3)(传递性) 如 $a \sim b$ 且 $b \sim c$ 则 $a \sim c$

则称“$\sim$”是集 X 上的“等价关系”.

定义 2 设 X 是一集合, 在 X 的某些元素之间规定的所谓关系“$\prec$”, 如果满足:

(1)(自反性) 对 X 中的一切元素 a 成立 $a \prec a$;

(2)(反对称性) 如 $a \prec b$, 且 $b \prec a$, 则 $a = b$;

(3)(传递性) 如 $a \prec b$, 且 $b \prec c$, 则 $a \prec c$.

则称“$\prec$”(有时也记为“$<$”) 是 X 中的一个“顺序”, 称 $a \prec b$ 为 a 在 b 前或 b 在 a 后或 b“大于”a, 这时称 X 按顺序“$\prec$”成一个半序集 (也叫偏序集).

如果对 X 中任意二个元素 a, b, 成立 $a \prec b$ 或 $b \prec a$, 则称 X 是全序集.

定义 3 设 X 是一个半序集,$a \in X$, 如在 X 中不存在与 a 不同的元素 b 使 $a \prec b$, 则称 a 为 X 的极大元, 即极大元 a 满足: 如 $b \in X$ 且 $a \prec b$, 则必有 $b = a$; 称 d 为 X 的极小元, 若 $c \in X$ 且 $c \prec d$, 则必有 $c = d$.

易知, 半序集的极大元 (或极小元) 不一定唯一, 但全序集的极大元及极小元是唯一的.

X 的子集 S 的元素 g 称为是 S 的最大元, 若 $\forall s \in S, s \leqslant g (s \preccurlyeq g)$ 成立; l 称为是 S 的最小元, 若 $\forall s \in S, l \leqslant s (l \preccurlyeq s)$ 成立.

早在 1914 年, 点集拓扑学的奠基人, 德国数学家 Felix Hausdorff(1868–1942) 就提出以下最大原理.

Hausdorff 最大原理:在任何偏序集中, 每个全序子集都包含在一个最大全序子集中.

1904 年, 德国数学家 E. Zermelo(1871–1953) 为了证明“良序定理”提出了以下

"选择公理"： 对非空集合族 $\{S_i, i \in I\}$, 存在 S_i 中的元素指标族 $\{x_i, i \in I\}$ 满足 $\forall i \in I, x_i \in S_i$, 即对每个 $i \in I$ 及 S_i, 都可以在 S_i 中选取一个元素 x_i.

或等价地叙述为

设 $X = \{S_i, i \in I\}$ 是一族两两不相交的非空集, 则存在集 A 满足以下条件:

(1) $A \subset \bigcup\limits_{i \in I} S_i$

(2) A 与 X 中每一个集 S_i 有一个且只有一个公共元素.

定义 4 对每一个非严格的全序 $\preceq$, 存在不对称的关系 $\prec$ 使得

(1) $a \prec b$(如果 $a \preceq b$ 且 $a \neq b$)

或等价地

(2) $a \prec b$(如果 $b \preceq a$ 不成立),

则称 $\prec$ 是严格全序.

如果集合 X 的每个非空子集在严格全序下都有最小元, 则称集 X 被严格全序"良序化"了.

1904 年, Zermelo 利用选择公理试图证明以下良序定理:

Zermelo 定理 每个集合都可以被"良序化".

1904 年, Zermelo 发现在所谓一阶逻辑及 Zermelo-Fraenkel 公理体系下, 选择公理与良序定理等价.

另一个与选择公理和良序定理等价的是德国数学家 Zorn M. (1906–1993) 提出的所谓 Zorn 引理 (又叫 Kuratowski-Zorn 引理, 波兰数学家 K.Kuratowski (1896–1980) 于 1922 年, Zorn 于 1935 年独立发现该引理), 为了叙述它, 先给出一个定义:

定义 5 设 X 是一个半序集, S 是 X 的一个子集, 若存在 $a \in X$, 使得 $\forall b \in S$, 有 $b \prec a$, 则称 a 为子集 S 的"上界"; 若存在 $c \in X$, 使得 $\forall b \in S$ 有 $c \prec b$, 则称 c 是 B 的"下界".

Zorn 引理 设 X 是一个半序集, 如果 X 的每个全序子集都有上界, 则 X 必有极大元; 若 X 的每个全序子集都有下界, 则 X 必有极小元.

Zorn 引理的早期形式是 Hausdrott 最大原理, Zorn 引理有许多重要应用, 例如在我们本书第二章证明 Hahn-Banach 延拓定理时要用到它.

参 考 文 献

[1] 陶哲轩著, 王昆扬译, 实分析 [M]. 北京: 人民邮电出版社, 2008.

[2] 夏道行等, 实变函数与泛函分析 (上册), 2 版, 北京: 高等教育出版社, 1985.

附录 2　Lebesgue 可测函数及其积分中的一些重要定理

我们知道闭区间 $[a,b]$ 上的实值有界函数 $f(x)$ 若要 Riemann 可积, 则它的不连续点“不能太多”, 事实上, 易证 $f(x)$ 的连续点在 $[a,b]$ 上处处稠密. 著名的 Riemann 函数:

$$R(x)=\begin{cases}\dfrac{1}{q}, x=\dfrac{p}{q}, q>0, (p,q)=1\\ 0,\ x\text{为无理数}\end{cases}$$

在 $[0,1]$ 上的有理点是不连续的, 但 Riemann 可积. 但 Dirichlet 函数:

$$D(x)=\begin{cases}1,\ x\text{为有理数}\\ 0,\ x\text{为无理数}\end{cases}$$

在 $[0,1]$ 上处处不连续, 它不是 Riemann 可积的.

我们知道 ([3]), 存在 $[0,1]$ 上的连续函数列 $\{f_n(x)\}$ 处处收敛于 $f(x)$ 且满足:

(1) $0\leqslant f_n(x)\leqslant 1, \forall x\in[0,1]$;

(2) $\forall n\geqslant 1, \forall x\in[0,1], f_n(x)\geqslant f_{n+1}(x)$;

(3) $f(x)$ 不 Riemann 可积.

由 (1),(2) 知, $\int_0^1 f_n(x)dx$ 收敛到一个有限极限, 自然要问什么样的积分方法能用于积分 $f(x)$ 且满足:

$$\int_0^1 f(x)dx=\lim_{n\to\infty}\int_0^1 f_n(x)dx$$

另外 ([3]) 也容易构造 $a=(\cdots,a_{-1},a_0,a_1,\cdots)\in l^2(Z)=\{x=(\cdots,x_{-1},x_0,x_1,\cdots),\sum\limits_{i=-\infty}^{\infty}|x_i|^2<+\infty\}$, 它不对应于 $[-\pi,\pi]$ 上的 Riemann 可积函数 $f(x)$ 满足它的 Fourier 级数:

$$f(x)\sim\sum a_n e^{inx}$$

$$a_n=\frac{1}{2\pi}\int_{-\pi}^{\pi}f(x)e^{-inx}dx$$

且有 Parseval 恒等式:

$$\sum_{n=-\infty}^{\infty}|a_n|^2=\frac{1}{2\pi}\int_{-\pi}^{\pi}|f(x)|^2dx$$

另外, 我们知道在 Riemann 积分意义下, 积分与极限交换顺序的条件很强, 如何推广 Riemann 积分解决上述问题. 1901–1902 年, 法国数学家 Henri Léon Lebesgue (1875–1941) 在他老师 Émile Borel (1871–1956) 工作的基础上提出了一种新的测度论和积分理论使得在 Riemann 意义下不可积的 Dirichlet 等奇异函数在 Lebesgue 意义下可积, 而且 Lebesgue 积分与极限交换顺序的条件要求很弱, 本质上, Lebesgue 积分对很弱拓扑意义下的极限运算有封闭性, 它已成为 Fourier 分析, 调和分析, 泛函分析, 概率论, 广义函数论及数学物理方程等许多领域必不可少的工具.

Lebesgue 测度与 Lebesgue 积分 Lebesgue 测度的本质是“长度、面积和体积的推广”, 它不仅仅对 R^1 中的区间, R^2 中的长方形, R^3 中的长方体可以分别定义通常意义下的长度、面积、体积, 还可以定义很复杂的集合如 Cantor 三分集等的“测度”.(以下的定义和定理都是很经典的, 我们主要参考了 [1-3])

定义 1 设 $\Omega \subset R^d, \Sigma$ 是 Ω 上的集合类, 如 $\forall S_1, S_2 \in \Sigma$, 成立:

$$S_1 \cup S_2 \in \Sigma,\ S_1 - S_2 \in \Sigma$$

则称 Σ 是 Ω 上的环; 若还有 $\Omega \in \Sigma$ 则称 Σ 是 Ω 上的代数或域.

定义 2 设 Σ 是由集 $\Omega \subset R^d$ 的某些子集组成的集合类, 若 $\forall S_i \in \Sigma$ 有

$$\cup_{i=1}^{\infty} S_i \in \Sigma,\ S_1 - S_2 \in \Sigma$$

则称 Σ 是 Ω 上的 σ- 环; 又如 $\Omega \in \Sigma$, 就称 Σ 是 Ω 上的 σ- 代数, 或 σ- 域.

定义 3 设 Σ 是由集 Ω 的某些子集所成的环, μ 是 Σ 上的集函数, 如果 μ 满足:

(i) $\mu(\phi) = 0$

(ii)(非负性) $\mu(S) \geqslant 0, \forall S \in \Sigma$

(iii)(可列可加性) $\forall \{S_i\} \subset \Sigma$, 若 $S_i \cap S_j = \emptyset (\forall i \neq j)$, 且 $\cup_{i=1}^{\infty} S_i \in \Sigma$, 且成立

$$\mu(\cup_{i=1}^{\infty} S_i) = \sum_{i=1}^{\infty} \mu(S_i)$$

则称集函数 μ 是环 Σ 上的测度, $\mu(S)$ 称为集 S 的测度.

定义 4 设 Σ 是由集 Ω 的某些子集所成的环, μ 是 Σ 上的测度. 如 $E \in \Sigma$ 且有一列 $E_i \in \Sigma$, 且每个 E_i 都有有限测度且 $E \subset \cup_{i=1}^{\infty} E_i$, 则称 E 的测度是 σ- 有限的. 如每个 $E \in \Sigma$ 的测度是 σ- 有限的, 就称 μ 是 σ- 有限的. 如 $\Omega \in \Sigma$, 即 Σ 是一个代数且 Ω 的测度是 σ- 有限的, 则称 μ 是全 σ- 有限的.

设 E 是一个 μ 测度 σ- 有限集, 如 $E_1 \subset E_2 \subset \cdots \subset E_n \subset \cdots$ 是 E 的一列可测子集, 且 $\mu(E_n) < +\infty, E = \cup_{n=1}^{\infty} E_n$, 则称 $\{E_n\}$ 是 E 的一列测度有限单调覆盖.

设 $a \leqslant b$, 记直线上左开右闭的有限区间 $E=(a,b]$ 全体组成的集类为 P, 定义 P 上的集函数为:

$$m(E)=b-a.$$

P 中的任意有限个区间可以作并集, 这样的并集全体组成的集合记为 R_0, 它是一个环, 对 $\forall E \in R_0$, 记 $E=\cup_{i=1}^{n} E_i, E_i=(a_i,b_i]$, 且 $E_1,\cdots,E_n$ 两两互不相交, 定义:

$$m(E)=\sum_{i=1}^{n}(b_i-a_i)$$

且易证 $m(E)$ 的值只与 E 有关而与 E 的初等分解的具体形式无关.

进一步可以证明:

定理 1　R_0 上的集函数 m 是一个测度.

定义 5(外测度)　令

$$H(R_0)=\{E|\ E\subset E^1, \exists E_i \subset R_0, E\subset \cup_{i=1}^{\infty} E_i\}$$

则 $H(R_0)$ 即是直线 E^1 的所有子集全体所组成的集合类.

对 $\forall E \subset H(R_0)$, 定义 E 的外测度为:

$$m^*(E)=\inf\{\sum_{i=1}^{\infty} m(E_i)|\ E_i\in R_0, E\subset \cup_{i=1}^{\infty} E_i\}$$

定义 6　记 $E\subset E^1$, 如对 $\forall F\subset E^1$ 都成立 Carathéodory 条件:

$$m^*(F)=m^*(F\cap E)+m^*(F-E)$$

则称 E 是 m^*- 可测集或称为 Lebesgue 可测集, 简称为 L- 可测集.

定义 7　R_0 张成的 σ- 环 $S(R_0)$ 中的每个集合称为直线 E^1 上的 Borel 集, 记为 B.

易知 E^1 中的开集和闭集都是 Borel 集和 Lebesgue 可测集, 但存在不是 Borel 集的 Lebesgue 可测集, 也存在 Lebesgue 不可测集.

定义 8　设 Ω 是基本空间, Σ 是 Ω 上的一个 σ- 环, 令

$$\Omega=\cup_{S\in\Sigma} S$$

称 (Ω,Σ) 是可测空间, Σ 中的元素 S 是 (Ω,Σ) 上的可测集. 特别地, 当 $\Omega=E^1, \Sigma=L$(L 表示 E^1 中 Lebesgue 可测集全体) 时, 称 (E^1,L) 为 Lebesgue 可测空间, 当 $\Omega=E^1, \Sigma=S(R_0)=B$ 时, (E^1,B) 称为 Borel 可测空间.

下面研究**Lebesgue 可测函数及其积分**.

定义 9 设 (Ω, Σ) 是可测空间, $E \subset \Omega, f: E \to R$. 如 $\forall c \in R, E(c \leqslant f) = \{x \in E |\ f(x) \geqslant c\}$ 都是 (Ω, Σ) 上可测集, 则称 f 在 E 上关于 (Ω, Σ) 是可测的函数, 简称是 E 上的可测函数.

关于可测函数列的几乎处处收敛与一致收敛的关系有以下著名的 Egorov 定理:

定理 2 (Egorov) 设 E 是 Lebesgue 可测集且 $m(E) < +\infty, f_k: E \to R$ 是一列可测函数, 假设在 E 上 a.e. 有 $f_k \to f$, 则任给定 $\varepsilon > 0$, 我们可以找闭集 $A_\varepsilon \subset E$ 使 $m(E - A_\varepsilon) \leqslant \varepsilon$ 且 $\{f_k\}$ 在 A_ε 上一致收敛于 f.

证 不失一般性, 假设 $\forall x \in E, f_k(x) \to f(x)$. 对每一对非负整数 n, k, 令

$$E_k^n = \{x \in E |\ |f_j(x) - f(x)| < \frac{1}{n}, \forall j > k\}$$

现固定 n, 注意 $E_k^n \subset E_{k+1}^n$ 且当 $k \to +\infty$ 时, $E_k^n \to E$.

因此 $\exists k_n$ 使 $m(E - E_{k_n}^n) < \dfrac{1}{2^n}$.

由上面的 $E_{k_n}^n$ 的构造定义有

$$|f_j(x) - f(x)| < 1/n, \quad \forall j > k_n, x \in E_{k_n}^n.$$

选取 N 使 $\sum\limits_{n=N}^{\infty} 2^{-n} < \varepsilon/2$, 且令

$$\tilde{A}_\varepsilon = \cap_{n \geqslant N} E_{k_n}^n$$

则我们有

$$m(E - \tilde{A}_\varepsilon) \leqslant \sum_{n=N}^{\infty} m(E - E_{k_n}^n) < \varepsilon/2$$

如 $\delta > 0$, 我们选取 $n \geqslant N$ 使 $1/n < \delta$ 且注意到 $x \in \tilde{A}_\varepsilon$ 可以推出 $x \in E_{k_n}^n$. 因此当 $j > k_n$ 时有

$$|f_j(x) - f(x)| < \delta$$

因此 $\{f_k\}$ 在 $\tilde{A}_\varepsilon$ 上一致收敛于 f.

最后, 我们可以选一个闭集 $A_\varepsilon \subset \tilde{A}_\varepsilon$ 且 $m(\tilde{A}_\varepsilon - A_\varepsilon) < \varepsilon/2$, 因此

$$m(E - A_\varepsilon) \leqslant m(E - \tilde{A}_\varepsilon) + m(\tilde{A}_\varepsilon - A_\varepsilon) < \varepsilon.$$

关于可测函数与连续函数的关系有以下著名的 Lusin 定理:

定理 3 (Lusin(鲁津) 定理) 假设 E 是 Lebesgue 可测集, 且 $m(E) < +\infty, f: E \to R$ 是 Lebesgue 可测函数且在 E 上取有限值, 则 $\forall \varepsilon > 0$, 存在闭集 F_ε 满足

$$F_\varepsilon \subset E \text{ 且 } m(E - F_\varepsilon) \leqslant \varepsilon,$$

且 $f|_{F_\varepsilon}$ 在 F_ε 上连续 (即把 f 限制在 F_ε 上做为仅仅定义在 F_ε 上的函数是连续的. 注意我们不能证明 f 做为 E 上的函数在集合 F_ε 上连续).

证　设 $\{f_n\}$ 是一列阶梯函数以致于 $f_n \to f, a.e.$ 则我们可以找集 E_n 使 $m(E_n) < \frac{1}{2^n}$ 且 $\{f_n\}$ 在 E_n 外连续. 由 Egorov 定理, 我们可以找一个集 $A_{\varepsilon/3}$, 使在 $A_{\varepsilon/3}$ 上 $\{f_n\}$ 一致收敛于 f 且 $m(E - A_{\varepsilon/3}) \leqslant \varepsilon/3$, 则令

$$F' = A_{\varepsilon/3} - \cup_{n \geqslant N} E_n$$

这里 N 选取充分大以致于 $\sum\limits_{n \geqslant N} \frac{1}{2^n} < \varepsilon/3$.

现在对 $\forall n \geqslant N, f_n$ 在 F' 上是连续的, 由于 f 是 $\{f_n\}$ 的一致极限, 因而 f 也在 F' 上连续, 为了完成证明, 我们仅需用一个满足 $m(F' - F_\varepsilon) < \varepsilon/3$ 的闭集 $F_\varepsilon \subset F'$ 逼近 F' 即可.

定义 10　设 (Ω, Σ, μ) 是测度空间, E 是一个可测集, $\mu(E) < +\infty, f: E \to R$ 是可测函数, 又设 f 是有界的, 即 f 存在下界 l 和上界 u 使 $f(E) \subset (l, u)$, 在 $[l, u]$ 中任取一分点组 D:

$$l = l_0 < l_1 < \cdots < l_n = u$$

令

$$\delta(D) = \max_k (l_k - l_{k-1})$$

$$E_k = E(l_{k-1} \leqslant f < l_k)$$

且任取 $\xi_k \in [l_{k-1}, l_k]$ 做和式

$$S(D) = \sum_{k=1}^{n} \xi_k \mu(E_k)$$

若存在 $s \in R$ 满足 $\forall \varepsilon > 0, \exists \delta > 0$, 使得对任何分点组 D, 当 $\delta(D) < \delta$ 时

$$|S(D) - s| < \varepsilon$$

则 $S(D)$ 的极限为 s, 记为 $\lim\limits_{\delta(D) \to 0} S(D) = s$. 此时称 f 在 E 上关于测度 μ 是可积的, 并称 s 是 f 在 E 上关于 μ 的积分.

特别地, 当测度空间 (Ω, Σ, μ) 是 Lebesgue 测度空间 $(E^1, L, m), f$ 关于 m 可积时, 称 f 是 Lebesgue 可积函数, 称 s 是 f 在 E 上的 Lebesgue 积分, 记为 $(L)\int_E f dx$ 或简记为 $\int_E f dx$, 当 $E = [a, b]$ 时, 记为 $\int_a^b f dx$.

关于有界可测函数的积分有下面基本定理

定理 4　设 (Ω, Σ, μ) 是测度空间, $E \in \Sigma$ 且 $\mu(E) < +\infty$, 则 E 上一切有界可测函数 f 关于测度 μ 均是可积的.

定理 5　设 f 是定义在 $[a,b]$ 上的有界函数.

(1) 如果它 RIemann 可积, 则它也必 Lebesgue 可积且

$$(L)\int_a^b f dx=(R)\int_a^b f dx$$

(2) f 在 $[a,b]$ 上 Riemann 可积的充要条件是 f 在 $[a,b]$ 上的不连续点组成的集合的 Lebesgue 测度为 0.

下面要进一步定义在测度 σ- 有限集上取有限值的可测函数的积分.

设 $f:E\to R$, 记 $f^+=\max(f,0), f^-=\max(-f,0)$, 分别称为 f 的正部和负部, 则易见

$$f=f^+-f^-,\qquad |f|=f^++f^-$$

由于 $\{f(x)|\ x\in E\}$ 可能是个无界集, 我们需要考虑 f 的截断函数:

$$\begin{aligned}[f]_N(x)&=\max(\min(f(x),N),-N)\\&=\begin{cases}f(x), & |f(x)|\leqslant N;\\ N, & f(x)>N;\\ -N, & f(x)<-N.\end{cases}\end{aligned}$$

定义 11　设 (Ω,Σ,μ) 是测度空间, $E\in\Sigma$, 且 E 是 σ- 有限的.

(1) 若 f 是 E 上非负可测函数.

设 $\{E_n\}$ 是 E 的一列测度有限单调覆盖, 如极限

$$\lim_{N\to\infty}\int_{E_N}[f]_N d\mu<+\infty$$

则称 f 关于 μ 可积, 这个极限值定义为 f 的积分, 记为 $\int_E f d\mu$.

(2) f 是 E 上一般可测函数时. 由于 $f=f^+-f^-$, 这里 $f^+\geqslant 0, f^-\geqslant 0$.

若 $\int_E f^+<+\infty$, $\int_E f^-<+\infty$, 则定义 $\int_E f d\mu=\int_E f^+d\mu-\int_E f^-d\mu$.

以下研究 Lebesgue 积分与极限交换顺序的几个经典结果.

定理 6　(Levi 单调收敛定理)　设 (Ω,Σ,μ) 是 Lebesgue 测度空间, $X\in\Sigma$, 考虑 Lebesgue 可测非负函数列 $f_k:X\to[0,+\infty]$, 即 $\forall k\geqslant 1$, a.e. $x\in X$ 有

$$0\leqslant f_k(x)\leqslant f_{k+1}(x)\leqslant+\infty$$

设 $f(x)\overset{a.e.}{=}\lim\limits_{k\to\infty}f_k(x)$, 则 f 是 Lebesgue 可测且

$$\lim_{k\to\infty}\int_X f_k(x)d\mu=\int_X f(x)d\mu$$

Levi 定理可看成实数列的单调有界收敛定理的推广, 但由于涉及函数列的极限及其与积分交换顺序, 要给出一个不依赖 Fatou 引理或 Lebesgue 控制收敛定理的独立证明较复杂, 我们可以参阅实分析相关教材 ([2][3]), 但后面将会看到, 可由 Levi 引理证明 Fatou 引理, 由 Fatou 引理证明 Lebesgue 控制收敛定理, 事实上还可以用 Fatou 引理很简单地证明 Levi 引理, 也可用 Lebesgue 控制收敛定理证明其它二个引理, 逻辑上 Levi 引理,Fatou 引理及 Lebesgue 控制收敛定理等价, 但我们需要其中一个引理或者定理的证明应该是独立的不依赖于相互等价的其它引理或者定理.

下面我们先来**证明 Levi 单调收敛定理:**

证明: 对 a.e. $x \in E$, 因为 $\{f_n(x)\}$ 是单调增数列, 故它的极限存在 (可能为 $+\infty$). 又由于对 a.e. $x \in E, f_n(x) \leqslant \lim\limits_{n\to\infty} f_n(x) = f(x)$, 故 $\forall n$ 有

$$\int f_n(x)d\mu \leqslant \int f d\mu$$

上式两边取极限有

$$\lim_{n\to\infty} \int f_n d\mu \leqslant \int f d\mu$$

下面要证明反向不等式也成立.

因定 $\alpha \in (0,1)$, 记 ϕ 是满足

$$0 \leqslant \phi \leqslant f$$

的简单函数 (即分段常值函数).

定义

$$E_n = \{x|\ f_n(x) \geqslant \alpha\phi(x)\}$$

则 $E_n \subset E_{n+1}$ 且 E_n 可测且

$$\bigcup_{n=1}^{\infty} E_n = E$$

又 $\forall n$ 显然有

$$\int f_n d\mu \geqslant \int_{E_n} f_n d\mu \geqslant \alpha \int_{E_n} \phi d\mu$$

$$\lim_{n\to\infty} \int_{E_n} \phi d\mu = \int \phi d\mu$$

$$\lim_{n\to\infty} \int f_n d\mu \geqslant \alpha \int \phi d\mu$$

由于上面最后一个式子对 $\forall\alpha \in (0,1)$ 均成立, 特别令 $\alpha \to 1$ 两边取极限仍成立, 故有

$$\lim_{n\to\infty}\int f_n d\mu \geqslant \int \phi d\mu$$

由于 Lebesgue 可测函数 f 可由简单函数逼近且其 Lebesgue 积分可由简单函数的积分逼近:

$$\int_E f d\mu = \sup\{\int_E s d\mu : 0 \leqslant s \leqslant f, s\text{是简单函数}\}$$

事实上, 对非负可测函数 f, 设

$$s_n(x) = \frac{k}{2^n}, x \in \{x \in E, \frac{k}{2^n} \leqslant f(x) < \frac{k+1}{2^n}\}.$$

这里 k 是非负整数且小于 4^n, 则易证

$$\int f d\mu = \lim_{n\to\infty}\int s_n d\mu$$

由上面的分析, 我们有

$$\lim_{n\to\infty}\int f_n d\mu \geqslant \int f d\mu$$

综上, 我们有积分的单调收敛性:

$$\lim_{n\to\infty}\int f_n d\mu = \int f d\mu$$

定理 7 (Fatou(法都) 引理) 给定一个 Lebesgue 测度空间 (Ω, Σ, μ) 和一个集 $X \in \Sigma$, 设 $\{f_n\}$ 是一列 Lebesgue 可测非负函数 $f_n : X \to [0, +\infty]$, 定义 $f : X \to [0, +\infty]$:

$$f(x) = \lim_{n\to\infty}\inf f_n(x) = \underline{\lim}_{n\to\infty} f_n(x), \ \forall x \in X.$$

则 f 是 Lebesgue 可测的, 且

$$\int_X f d\mu \leqslant \underline{\lim}_{n\to\infty}\int_X f_n d\mu$$

证 令 $g_n(x) = \inf_{k\geqslant n} f_\mu(x)$, 则 $g_n(x) \leqslant g_{n+1}(x), \forall x \in X, \forall n \geqslant 1$.
且

$$f(x) = \lim_{n\to\infty} g_n(x) = \underline{\lim}_{n\to\infty} f_n(x)$$

由 Levi 单调收敛定理有

$$\int_X f d\mu = \int_X \lim_{n\to} g_n(x) d\mu = \lim_{n\to\infty}\int_X g_n(x) d\mu$$
$$= \underline{\lim}_{n\to\infty}\int_X g_n d\mu$$

又由 g_n 的定义有

$$g_n(x) \leqslant f_n(x)$$

故

$$\int_X g_n(x)d\mu \leqslant \int_X f_n(x)d\mu.$$

故

$$\int_X \underline{\lim_{n\to\infty}} f_n(x)d\mu = \underline{\lim_{n\to\infty}} \int_X g_n d\mu \leqslant \underline{\lim_{n\to\infty}} \int_X f_n(x)d\mu$$

(具有可积下界的 Fatou 引理) 设 $\{f_n\}$ 是定义在 (Ω, Σ, μ) 上的一列扩张实值可测函数. 若存在 Ω 上的可积函数 g 使得 $\forall n$ 有:

$$f_n(x) \geqslant -g(x), \quad a.e. x \in \Omega$$

则

$$\int_\Omega \underline{\lim}_{n\to\infty} f_n d\mu \leqslant \underline{\lim}_{n\to\infty} \int_\Omega f_n d\mu$$

(逆 Fatou 引理, (Reverse Fatou Lemma)) 设 $\{f_n\}$ 是定义在 (Ω, Σ, μ) 上的一列扩张实值可测函数, 若存在 Ω 上的非负可积函数 g 使

$$f_n(x) \leqslant g(x), \quad \forall n, a.e. x \in \Omega$$

则

$$\lim_{n\to\infty} \sup \int_\Omega f_n(x)d\mu \leqslant \int_\Omega \lim_{n\to\infty} \sup f_n(x)d\mu$$

定理 8 (Lebesgue 控制收敛定理) 设 $\{f_n\}$ 是一列定义在 Lebesgue 可测空间 (Ω, Σ, μ) 上的实值 (或复值)Lebesgue 可测函数. 设 $\{f_n|\ n \in I\}$, 在 Ω 上几乎处处收敛于 $f(x)$, 且存在 L- 可积函数 $g(x)$ 使

$$|f_n(x)| \leqslant g(x),\ \forall n \in I, \quad a.e. x \in \Omega,$$

则 $f(x) = \lim\limits_{n\to\infty} f_n(x)$ 在 Ω 上 L- 可积且

$$\lim_{n\to\infty} \int_\Omega |f_n(x) - f(x)|d\mu = 0$$

因此也成立

$$\lim_{n\to\infty} \int_\Omega f_n(x)d\mu = \int_\Omega f(x)d\mu$$

证明 这里我们仅对 $\{f_n\}$ 是实值函数情形给予证明, 复值情形易于由此推出.

因为

$$f(x) \overset{a.e.}{=} \lim_{n\to\infty} f_n(x)$$

且

$$|f_n(x)| \leqslant g(x) \in L^1(\Omega)$$

故 $f_n \in L^1(\Omega)$ 且 $|f(x)| \leqslant g(x), f \in L^1(\Omega)$. 进一步对 a.e. $x \in \Omega, \forall n \in I$,

$$|f_n - f| \leqslant |f_n| + |f| \leqslant 2g.$$

由于

$$f(x) \overset{a.e.}{=} \lim_{n\to\infty} f_n(x) = \varlimsup_{n\to\infty} f_n(x)$$

故

$$\varlimsup_{n\to\infty} |f_n - f| = 0$$

由 Lebesgue 积分的线性性和单调性有以下不等式:

$$\begin{aligned} |\int_\Omega f_n d\mu - \int_\Omega f d\mu| &\leqslant \int_\Omega |f_n - f| d\mu \\ &\leqslant \int_\Omega 2g d\mu < +\infty \end{aligned}$$

注意前面已证 $|f - f_n| \leqslant 2g$, 故 $|f_n - f| \in L^1(\Omega)$, 由 Reverse Fatou 引理有

$$0 \leqslant \varlimsup_{n\to\infty} \int_\Omega |f_n - f| d\mu \leqslant \int_\Omega \varlimsup_{n\to\infty} |f_n - f| d\mu = 0$$

故有

$$\lim_{n\to\infty} \int_\Omega |f - f_n| d\mu = 0$$

又由于

$$\lim_{n\to\infty} |\int_\Omega f_n d\mu - \int_\Omega f d\mu| \leqslant \lim_{n\to\infty} \int_\Omega |f_n - f| d\mu = 0$$

故有

$$\lim_{n\to\infty} \int_\Omega f_n d\mu = \int_\Omega f d\mu.$$

注 上述定理中 $\{f_n\}$ 由某个可积函数控制的假设不能去掉, 例如, 令

$$f_n(x) = \begin{cases} n, & x \in \left(0, \dfrac{1}{n}\right]; \\ 0, & x \in \left(\dfrac{1}{n}, 1\right]. \end{cases}$$

令 $\sup_n f_n(x) = h(x)$, 则

$$\int_0^1 h(x)dx \geqslant \int_{\frac{1}{m}}^1 h(x)dx = \sum_{n=1}^{m-1} \int_{\frac{1}{n+1}}^{\frac{1}{n}} h(x)dx$$
$$\geqslant \sum_{n=1}^{m-1} \int_{\frac{1}{n+1}}^{\frac{1}{n}} ndx = \sum_{n=1}^{m-1} \frac{1}{n+1} \to +\infty$$

因此 $h \notin L^1[0,1]$, 又对定义在 [0,1] 上函数 $g(x)$, 如

$$|f_n(x)| \leqslant g(x), \quad a.e. x \in [0,1],$$

则必有

$$g(x) \geqslant h(x), \quad a.e. x \in [0,1],$$

此时必有 $\int_0^1 g(x)dx = +\infty$.

因此对上述 $\{f_n(x)\}$, 找不到属于 $L^1[0,1]$ 的可控函数 $g(x)$, 这时不能直接应用 Lebesgue 控制收敛定理得出积分运算和极限运算可交换顺序, 事实上, 易知:

$$\int_0^1 \lim_{n\to\infty} f_n(x)dx = \int_0^1 0dx = 0,$$

$$\lim_{n\to\infty} \int_0^1 f_n(x)dx = \lim_{n\to\infty} \left(\int_0^{\frac{1}{n}} + \int_{\frac{1}{n}}^1 \right) f_n(x)dx = 1.$$

关于二重积分与累次积分的关系有著名的 Tonelli 定理和 Fubini 定理, 它们的证明见 [1-3].

设 $(\Omega_1, \Sigma_1, \mu_1), (\Omega_2, \Sigma_2, \mu_2)$ 是二个 σ- 有限的 Lebesgue 测度空间, 我们可以以标准的方式在 $\Omega = \Omega_1 \times \Omega_2$ 上定义 (Ω, Σ, μ) 的结构.

定理 9 (Tonelli) 设 $F(x,y) : \Omega_1 \times \Omega_2 \to R$ 是 Lebesgue 可测函数且满足:

(1) 对 a.e. $x \in \Omega_1, \int_{\Omega_2} |F(x,y)|d\mu_2 < +\infty$,

(2) $\int_{\Omega_1} d\mu_1 \int_{\Omega_2} |F(x,y)|d\mu_2 < +\infty$

则 $F \in L^1(\Omega_1 \times \Omega_2)$.

定理 10 (Fubini) 假设 $F \in L^1(\Omega_1 \times \Omega_2)$, 则

对 a.e. $x \in \Omega_1$, $F(x,y) \in L_y^1(\Omega_2)$ 且

$$\int_{\Omega_2} F(x,y)d\mu_2 \in L_x^1(\Omega_1);$$

对 a.e. $y \in \Omega_2, F(x,y) \in L_x^1(\Omega_1)$ 且

$$\int_{\Omega_1} F(x,y)d\mu_1 \in L_y^1(\Omega_2);$$

进一步有

$$\iint_{\Omega_1\times\Omega_2} F(x,y)d\mu_1 d\mu_2 = \int_{\Omega_1} d\mu_1 \int_{\Omega_2} F(x,y)d\mu_2$$
$$= \int_{\Omega_2} d\mu_2 \int_{\Omega_1} F(x,y)d\mu_1$$

参 考 文 献

[1] 夏道行等,《实变函数论与泛函分析》(上册)[M].2 版 (修订本), 北京: 高等教育出版社,2010.

[2] Folland G.B. Real Analysis: Modern techniques and their applications [M]. New York: John Wiley & Sons Inc., 1999.

[3] Stein E.M., Shakarchi R. Real Analysis [M]. Princeton University Press, 2005.

附录 3　Eberlein-Shmul'yan 定理

1940 年, 苏联数学家 V.L.Shmulyan 研究了 Banach 空间自反的必要条件,1947 年, 美国数学家 William F. Eberlein 研究了 Banach 空间自反的充分条件, 他们得到以下十分深刻而重要的定理:

定理 1(Eberlein-Shmulyan) X 是自反 Banach 空间的充要条件是 X 中任何按范数有界的点列必存在弱收敛子列.

本定理的证明很复杂, 这里我们主要参考了 [1]-[7] 以及 Banach 在 1932 年出版的经典著作.

定义 1 称集 A 是列紧的, 是指 A 中任意点列都存在一个强收敛子列; 称集 A 是**弱列紧**的, 是指 A 中的任意点列有一个弱收敛子列; 称 A 是**弱 * 列紧**的, 是指 A 中的任意点列有一个弱 * 收敛的子列.

引理 1 (Banach, 1932) 设 X 是可分的赋范线性空间, 那么 X^* 上的任意有界点列 $\{f_n\}$ 必有弱 * 收敛的子列.

证 因为 X 可分, 所以 X 有可数的稠密子集 $\{x_m\}$. 因为 $\{f_n\}$ 有界, 所以数集

$$\{< f_n, x_m > | n, m \in N\}$$

对每一个固定的 m 是有界的, 用对角线法则可以抽出子列 $\{f_{n_k}\}_{k=1}^{\infty}$, 使得对于 $\forall m \in N$,

$$\{< f_{n_k}, x_m >\}_{k=1}^{\infty}$$

是收敛数列. 再由 $\{x_m\}$ 在 X 中稠密, 以及 $\{f_n\}$ 有界, 可见对于 $\forall x \in X$,

$$\{< f_{n_k}, x >\}_{k=1}^{\infty}$$

是收敛数列. 记 $F(x) \triangleq \lim\limits_{k\to\infty} < f_{n_k}, x >$. 易见 F 是线性的, 并且

$$|F(x)| \leqslant \sup_n ||f_n||\ ||x||, \quad \forall x \in X$$

从而有 $f \in X^*$, 使得

$$< f, x >= F(x) = \lim_{k\to\infty} < f_{n_k}, x > \quad \forall x \in X$$

即得 $w^* - \lim\limits_{k\to\infty} f_{n_k} = f$.

后面为了避免空间的可分性, 我们要利用空间的自反性假设导出弱 * 列紧性 (此时弱 * 列紧与弱列紧是等价的), 但是我们需要先证 Banach 和 Pettis 的二个定理 [1,4]:

引理 2(Banach)　设 X 是赋范线性空间. 若 X 的共轭空间 X^* 是可分的, 则 X 本身必是可分的.

证　(1) 令 $S_1^* \triangleq \{f \in X^* | \, ||f|| = 1\}$, 则我们断言: S_1^* 是可分的. 事实上, 由 X^* 可分, $\forall f \in S_1^*, \exists \{f_n\} \subset X^*$ 及 $\exists \{n_k\}_{k=1}^{\infty}$, 使得

$$\lim_{n \to \infty} f_{n_k} = f$$

又令 $g_n \triangleq f_n / ||f_n||$(不妨设 $f_n \neq 0$), 注意到由 $f_{n_k} \to f$ 且 $||f|| = 1$ 可知 $||f_{n_k}|| \to 1$. 则有

$$\begin{aligned} ||f - g_{n_k}|| &\leqslant ||f - f_{n_k}|| + ||f_{n_k} - g_{n_k}|| \\ &= ||f - f_{n_k}|| + |1 - ||f_{n_k}||| \to 0 \quad (k \to \infty), \end{aligned}$$

由此可见 S_1^* 有可数的稠密子集 $\{g_n\}$.

(2) 对于每个 g_n, 因为 $||g_n|| = 1$, 所以可以选取 $x_n \in X$, 使得

$$||x_n|| = 1, \quad \text{并且} g_n(x_n) \geqslant \frac{1}{2},$$

记 $X_0 \triangleq \overline{\text{span}\{x_n\}}$, 它显然是可分的 (因为 x_n 的有理系数的线性组合在 X_0 中稠).

(3) 证明 $X_0 = X$. 倘若不然, 存在 $x_0 \in X \backslash X_0$, 不妨设 $||x_0|| = 1$, 利用 Hahn-Banach 定理, $\exists f_0 \in X^*$, 使得

$$||f_0|| = 1, \quad \text{并且} \forall x \in X_0, f_0(x) = 0.$$

对此 f_0 我们有

$$\begin{aligned} ||g_n - f_0|| &= \sup_{||x||=1} |g_n(x) - f_0(x)| \\ &\geqslant |g_n(x_n) - f_0(x_n)| \\ &= |g_n(x_n)| \geqslant 1/2. \end{aligned}$$

这与 $\{g_n\}$ 在 S_1^* 中稠相矛盾, 即得 $X = X_0$. 从而 X 是可分的.

引理 3(Pettis)　自反空间 X 的闭子空间 X_0 必是自反空间.

证　我们要证: 若 $z_0 \in X_0^{**}$, 则必 $z_0 \in X_0$; 也就是要证:$\exists x \in X_0$ 使得

$$< z_0, f_0 > = < f_0, x >, \quad \forall f_0 \in X_0, \tag{1}$$

现对 $\forall f \in X^*$, 研究 f 在 X_0 上的限制 $Tf = f_0 \in X_0^*$. 显然

$$||f_0|| \leqslant ||f||,$$

所以 $T \in L(X^*, X_0^*)$. 于是 $z \triangleq T^* z_0 \in X^{**}$, 又 X 自反, 因此 $\exists x \in X$, 使得

$$< z, f >=< f, x >, \quad \forall f \in X^*. \tag{2}$$

现证此 $x \in X_0$. 倘若不然, 由 Hahn-Banach 定理的推论知, $\exists f \in X^*$, 使得

$$f(X) = 0, \quad 且 \quad (f, x) = 1;$$

从而 $Tf = 0$, 但这与下面等式矛盾:

$$0 =< z_0, Tf >= (T^* z_0, f) =< z, f >=< f, x >= 1.$$

这就证明了 $\exists x \in X_0$, 使得 (2) 式成立. 现在要证此 x 还适合 (1) 式. 事实上, $\forall f_0 \in X_0^*$, 由 Hahn-Banach 定理, 存在 $f \in X^*$, 使得 $f_0 = Tf$. 从而我们有

$$< z_0, f_0 >=< z_0, Tf >=< z, f > .$$

以及

$$< f_0, x >=< f, x >, \quad \forall x \in X_0.$$

由此可见, 适合 (2) 式的 x 必适合 (1) 式.

定理 1′ (Eberlein-Shmulyan 定理的必要性部分) 自反空间的单位 (闭) 球是弱 (自) 列紧的.

证 (i) 我们要证: 自反空间 X 中的任何有界点列 $\{x_n\}$ 必有一个在 X 中弱收敛的子列. 令

$$X_0 \triangleq \overline{\text{span}\{x_n\}}.$$

由 Pettis 定理, 因为 X 自反, 所以 X_0 也是自反的, 又显然 X_0 是可分的, 这表明 $(X_0^*)^*$ 是可分的. 再由 Banach 定理, X_0^* 也是可分的, 若记 $\{g_n\}$ 为 X_0^{**} 中的点列, 它满足

$$< g_n, f >=< f, x_n >, \quad \forall f \in X_0^*, \tag{3}$$

则 $(||g_n||)$ 有界, 设 M_0^* 是 X_0^* 中的可数稠密子集. 类似于引理 1 的证明, 用对角线法则, 在 $\{g_n\}$ 中可以抽出一子列 $\{g_{n_k}\}$ 及 $\exists g \in X_0^{**}$, 使得

$$\lim_{k \to 0} < g_{n_k}, f >=< g, f >, \quad \forall f \in M_0^*, \tag{4}$$

由 (4) 即可得

$$\lim_{k \to \infty} < g_{n_k}, f >=< g, f > \quad \forall f \in X_0^* \tag{5}$$

又由 X_0 的自反性, $\exists x_0 \in X_0$ 使

$$< g, f >=< f, x_0 >, \quad \forall f \in X_0^* \tag{6}$$

联合 (3),(5) 与 (6), 即得到

$$\begin{aligned}\lim_{k\to\infty} < f, x_{n_k} > &= \lim_{k\to\infty} < g_{n_k}, f > \\ &=< f, x_0 >, \forall f \in X_0^* \end{aligned} \tag{7}$$

进一步对 $\forall \tilde{f} \in X^*$, 记 $f \triangleq T\tilde{f}$ 为 $\tilde{f}$ 在 X_0 上的限制. 因为 $\{x_{n_k}\} \subset X_0$, 及 $x_0 \in X_0$. 由 (7) 式便有

$$\lim_{k\to 0} < f, x_{n_k} >= \lim_{k\to\infty} < f, x_{n_k} >=< f, x_0 >=< \tilde{f}, x_0 >, \forall \tilde{f} \in X^*$$

即得 $x_{n_k} \rightharpoonup x_0$, 于是 X 中的任意有界集是弱列紧集, 特别地单位球是弱列紧的. 同样, 单位闭球也是弱列紧的.

(ii) 证明单位闭球是弱自列紧的, 设 $x_{n_k} \rightharpoonup x_0$, 并且 $||x_{n_k}|| \leqslant 1$. 由 Hahn-Banach 定理的推论知, $\exists f \in X^*$ 满足

$$f(x_0) = ||x_0||, \quad 且 \quad ||f|| = 1.$$

因此, 我们有

$$||x_0|| = f(x_0) = \lim_{k\to\infty} f(x_{n_k}) \leqslant ||f|| \sup_{k\geqslant 1} ||x_{n_k}|| \leqslant 1.$$

即 x_0 也在单位闭球内, 从而单位闭球是弱自列紧的.

引理 4([3]) 设 E 是 Banach 空间, $\varphi : E^* \to R$ 对 w^*- 拓扑是线性连续泛函, 则存在 $x_0 \in E$ 使

$$\varphi(f) =< f, x_0 >=< x_0^{**}, f >=< x_0'', f >, \quad \forall f \in E^*, \tag{8}$$

引理 5(Banach-Alaoglu-Bourbaki, [3]) 设 E 是 Banach 空间, 闭单位球:

$$B_{E^*} = \{f \in E^* | \ ||f|| \leqslant 1\}$$

在 w^*- 拓扑 $\sigma(E^*, E)$ 下是紧的.

为了证明 Eberlein-Shmulyan 定理的充分性部分, 我们还需要 Banach 的一个引理.

引理 6(Banach) Banach 空间 X 的共轭空间 X^* 的一个线性子空间 M' 是 w^* 闭的充要条件是 M' 是有界 w^*- 闭的; 即, M' 是 w^*- 闭的充要条件是 M' 包含 M' 的每一个强有界子集的所有 w^*- 聚点.

证明　显然只需证明充分性部分.

由假设, M' 是强闭的.

设 $x_0' \notin M'$. 则我们要证明, 对任意满足

$$0 < C < \inf_{x' \in M'} ||x' - x_0'||$$

的常数 C, 存在 $x_0 \in X$ 使 $||x_0|| \leqslant \frac{1}{C}$ 且

$$< x_0, x_0' >= 1; < x_0, x' >= 0,\ \forall x' \in M', \tag{9}$$

因而强闭集合 M' 必包含所有它的 w^*- 聚点.

为了证明上述 x_0 的存在性, 我们选取 $C_1 = C$ 且 $\{C_n\}$ 单调增加且 $\lim_{n\to\infty} C_n = +\infty$. 则存在单位球 $S = \{x \in X : ||x|| \leqslant 1\}$ 的有限子集 σ_1 使得若成立

$$||x' - x_0'|| \leqslant C_2,$$
$$\sup_{x \in \sigma_1} | < x, x' > - < x, x_0' > | \leqslant C_1$$

则有 $x' \notin M'$.

事实上, 若上述不成立. 则对 S 的每个有限子集 σ, 存在 $x_\sigma' \in M$ 使

$$||x_\sigma' - x_0'|| \leqslant C_2,$$
$$\sup_{x \in \sigma} | < x, x_\sigma' > - < x, x_0' > | \leqslant C_1$$

我们通过包含关系定义集 σ 的序关系且记 $\{x_\sigma' : \sigma' \geqslant \sigma\}$ 的 w^*- 闭包为 N_σ'. 显然 N_σ' 具有有限交性质.

另一方面, 因为 M' 是有界 w^*- 闭的. 由 Banach-Alaoglu-Bourbaki 定理 ([2]) 可知集合

$$M_{\varepsilon'}' = \{x' \in M' : ||x'|| \leqslant C'\}$$

是 w^*- 紧的. 因此对 $C' = C_2 + ||x_0'||, N_\sigma' \subseteq M_{\varepsilon'}'$, 且存在 $x_1' \in \cap_\sigma N_\sigma' \subseteq M'$. 因此有 $\sup_{x \in S} | < x, x_1' > - < x, x_0' > | \leqslant C_1$.

因此 $||x_1' - x_0'|| \leqslant C_1$, 这与假设

$$0 < C_1 < \inf_{x' \in M'} ||x' - x_0'||$$

矛盾.

由上述相似的方法, 我们可以证明存在 S 的一列有限子集 $\sigma_1, \sigma_2, \cdots$ 使从

$$\begin{cases} ||x' - x_0'|| \leqslant C_k \\ \sup_{x \in \sigma_i} | < x, x' > - < x, x_0' > | \leqslant C_i\ (i = 1, 2, \cdots, k-1) \end{cases}$$

推不出 $x' \in M'$.

因而由 $C_i \to +\infty$ 及 $\forall j = 1, 2, \cdots$

$$|< x, x' > - < x, x_0' > | \leqslant C, \quad \forall x \in \left(\frac{C}{C_j}\right)\sigma_j$$

有 $x' \notin M'$.

设 $\{x_n\} \subset \left(\frac{C}{C_j}\right)\sigma_j (j = 1, 2, \cdots)$, 且 $\lim\limits_{n\to\infty} x_n = 0$, 因此 $L(x') = \{< x_n, x' >\}$ 是 X_s^* 到 Banach 空间 c_0 的有界线性变换. 我们知道点 $\{< x_n, x_0' >\} \in c_0$ 与线性子空间 $L(M')$ 的距离大于 C. 因而由 Hahn-Banach 延拓定理的推论可知, 存在连续线性泛函 $\{\alpha_n\} \in (c_0)^* = l^1$ 使得

$$\begin{aligned}
&||\{\alpha_n\}|| = \sum_{n=1}^{\infty} |\alpha_n| \leqslant 1/C,\\
&\sum_{n=1}^{\infty} \alpha_n < x_n, x_0' >= 1,\\
&\sum_{n=1}^{\infty} \alpha_n < x_n, x' >= 0, \quad \forall x' \in M'.
\end{aligned}$$

则元素 $x_0 = \sum\limits_{n=1}^{\infty} \alpha_n x_n$ 满足所需条件 (9).

因为 $x_w \subseteq (X_s^*)^*_{w^*}$, 我们有 $\bar{M} = \bar{\bar{M}} \cap X_w$, 其中 $\bar{\bar{M}}$ 是 $\bar{M}$ 在 $(X_s^*)^*$ 的 w^* 拓扑下的闭包. 设 S_r' 是 X_s^* 中的中心在 0 半径为 r 的球. 由对应关系:

$$\bar{\bar{M}} \ni m \leftrightarrow \{< x', m >: ||x'|| \leqslant 1\} \in \prod_{x' \in S_1'} I_{x'},$$

其中 $I_{x'} = \{z : |z| \leqslant \sup\limits_{m \in \bar{M}} |< x', m >|\}$, $\bar{\bar{M}}$ 可以看成与拓扑积 $\prod\limits_{x' \in S_1'} I_{x'}$ 的一个闭子集恒等.

由 Tychonov 定理, $\prod_{x' \in S_1'} I_{x'}$ 是紧的, 因此 $\bar{\bar{M}}$ 在 $(X_s^*)^*$ 的 w^*- 拓扑下是紧的, 因此我们还仅须证明 $\bar{\bar{M}} \subseteq X_w$.

设 $x_0'' \in (X_s^*)^*$ 是集合 $\bar{M}$ 在 $(X_s^*)^*$ 的 w^* 拓扑下的聚点. 为了证明 $x_0'' \in X_w$, 我们必须证明

$$N(x_0'') = \{x' \in X^* :< x', x_0'' >= 0\}$$

是 w^*- 闭的.

因为上面一旦证明, 由引理 4 就知道 $\exists x_0 \in X$ 使

$$< x', x_0'' >=< x_0, x' >, \quad \forall x' \in X^*$$

下面首先证明

对 X^* 的每个有限集 $x_1', x_2', \cdots, x_n'$, 存在 $z \in \bar{M}$ 使得

$$< x_j', x_0'' >=< z, x_j' >, (j = 1, 2, \cdots, n). \tag{10}$$

事实上, 因为 x_0'' 是在 $\bar{M}$ 的 w^*- 闭包中, 故存在 $z_m \in \bar{M}$ 使

$$| < z_m, x_j' > - < x_j, x_0'' > | \leqslant \frac{1}{m}, \quad j = 1, 2, \cdots, n.$$

由假设存在 $\{z_m\}$ 的子列弱收敛于 $z \in X$, 因为 $\bar{M}$ 的序列弱闭包包含在 $\bar{M}$ 中, 故 $z \in \bar{M}$, 因而我们已证明了 (10) 式.

下面我们证明 Eberlein-Shmulyan 定理的充分性部分: 由引理 6, 如对 $\forall r > 0, N(x_0'') \cap S_r'$ 是 w^*- 闭, 则 $N(x_0'')$ 是 w^*- 闭. 设 y_0' 在 $N(x_0'') \cap S_1'$ 的 w^*- 闭包中, 我们须证 $y_0' \in N(x_0'') \cap S_1'$.

事实上, 我们选任意 $\varepsilon > 0$ 且构造三个序列 $\{z_n\} \subseteq \bar{M}, \{x_n\} \subseteq M, \{y_n'\} \subseteq N(x_0'') \cap S_1'$ 如下:

由 (10), 我们可以选 $z_1 \in \bar{M}$ 使

$$< z_1, y_0' >=< y_0', x_0'' >,$$

其中 z_1 是在 M 的弱闭包中, 存在 $x_1 \in M$ 使

$$| < x_1, y_0' > - < z_1, y_0' > | \leqslant \frac{\varepsilon}{4}$$

y_0' 在 $N(x_0'') \cap S_1'$ 的 w^*- 闭包中, 存在 $y_1' \in N(x_0'') \cap S_1'$ 使得

$$| < x_1, y_1' > - < x_1, y_0' > 1 \leqslant \varepsilon/4$$

重复上述方法并且由 (10) 式, 我们获得 $\{z_n\} \subseteq \bar{M}, \{x_n\} \subseteq M$ 和 $\{y_n'\} \subseteq N(x_0'') \cap S_1'$ 使

$$\begin{cases} < z_1, y_0' >=< y_0', x_0'' > \\ < z_n, y_m' >=< y_m', x_0'' >= 0, m = 1, 2, \cdots, n-1, \\ < x_n, y_m' > - < z_n, y_m' > | \leqslant \frac{\varepsilon}{4}, \\ | < x_i, y_n' > - < x_i, y_0' > | \leqslant \varepsilon/4, i = 1, 2, \cdots, n \end{cases} \tag{11}$$

因而我们有

$$| < y_0', x_0'' > - < x_i, y_n' > | \leqslant \varepsilon/4 + \varepsilon/4 = \frac{\varepsilon}{2}, i = 1, 2, \cdots, n, \tag{12}$$

因为 $\{x_n\} \subset M$, 存在它的子列弱收敛于 $x \in \bar{M}$, 不失一般性, 假设子列仍记为 $\{x_n\}$, 因此由 (11) 式有

$$|< x, y'_m >| \leqslant \varepsilon/4$$

由 $x_n \rightharpoonup x$ 及 Mazur 定理知, 存在凸组合 $u = \sum_{j=1}^{n} \alpha_j x_j (\alpha_j \geqslant 0, \sum_{j=1}^{n} \alpha_j = 1)$ 使

$$||x - u|| \leqslant \varepsilon/4$$

因此由 (12) 式有

$$|< y'_0, x''_0 > - < u, y'_n >| \leqslant \sum \alpha_j |< y'_0, x''_0 > - < x_j, y'_n >| \leqslant \varepsilon/2$$

因此有

$$\begin{aligned} |< y'_0, x''_0 >| &\leqslant |< y'_0, x''_0 > - < u, y'_n >| \\ &+ |< u, y'_n > - < x, y'_n >| + |< x, y'_n >| \\ &\leqslant \varepsilon/2 + ||u - x|| \cdot ||y'_n|| + \varepsilon/4 \leqslant \varepsilon \end{aligned}$$

因为 $\varepsilon > 0$ 是任意的, 故有 $< y'_0, x''_0 >= 0$, 因此$y'_0 \in N(x''_0)$.
又 S'_1 是 w^*- 闭的, 故 $y'_0 \in N(x''_0) \cap S'_1$.

参 考 文 献

[1] 张恭庆, 林源渠, 泛函分析讲义, [M]. 北京: 北京大学出版社,1987.

[2] Alaoglu, L., Weak topologies of normed linear spaces [J]. Ann. of Math., 1940, 41: 252–267.

[3] Brézis H., Functional Analysics, Sobolev Spaces and PDE [M]. First Edition, 1983; Second Edition, 2011, New York: Springer.

[4] Dunford, N. and Schwartz J. Linear Operator, Vol.I, II, III, Interscience, 1958, 1963, 1971.

[5] Eberlein W., Weak compactness in Banach spaces I [J]. Proc. of the National Academy of Sciences, USA, 1947, 33: 51–53.

[6] Šmulian V. L., Über lineare topologische Räume [J]. Mathematiceskii Sbornik, N. S., 1940, 49: 425-448.

[7] Yosida K., Functional Analysis. [M]. 6th ed. Berlin: Springer, 1980.

附录 4 Ascoli-Arzelà定理及 Kolmogorov-Riesz-Fréchet 定理

设 K 为紧度量空间, $C(K)$ 是由所有的连续函数 $f: K \to R$ 组成的空间, 在空间 $C(K)$ 上赋以 sup 范数 $||\cdot||$, 即对所有的 $f \in C(K)$, 定义:

$$||f|| = \sup_{z \in K} |f(x)|.$$

则易证 $C(K)$ 是一个 Banach 空间.

1883 年, 意大利数学家 G.Ascoli (1843–1896) 和 C.Arzelà(1847–1912) 给出了 $(C(K), ||\cdot||)$ 中的子集是致密集 (准紧集或叫列紧集) 的充要条件:

定理 1 (Ascoli-Arzelà 定理) 设 (K, d) 是紧度量空间, 则子集 $F \subset C(K)$ 是 $(C(K), ||\cdot||)$ 中的列紧集当且仅当下列两个条件同时满足:

(a) 存在 M 使得

$$||f|| \leqslant M$$

对所有的 $f \in F$ 成立, 即 F 是有界的.

(b) 任意给定 $\varepsilon > 0$, 存在 $\delta(\varepsilon) > 0$, 使得对任意的 $x, y \in K$, 当 $d(x, y) < \delta(\varepsilon)$ 时, 对所有的 $f \in F$ 成立:

$$|f(x) - f(y)| < \varepsilon$$

即 F 是等度连续的.

证 以下的证明方法我们主要参考了 Ciarlet [2]. 在度量空间中, 用 $B(a; r)$ 表示以 a 为中心,$r > 0$ 为半径的 (开) 球, 用 diam A 表示子集 A 的直径.

(i) 设 F 为 $C(K)$ 的子集. 使 $\bar{F}$ 在 $C(K)$ 中紧, 于是 $\bar{F}$ 是 $C(K)$ 中的有界集, 从而满足性质 (a).

任意给定 $\varepsilon > 0$, 并集 $\cup_{f \in \bar{F}} B(f; \frac{\varepsilon}{3})$ 构成了紧集 $\bar{F}$ 的一个开覆盖. 因此由有限覆盖定理, 存在有限个函数 $f_j \in \bar{F} \subset C(K), 1 \leqslant j \leqslant n$, 使得

$$F \subset \bar{F} \subset \cup_{j=1}^{n} B\left(f_j; \frac{\varepsilon}{3}\right).$$

因为易证紧集上的连续函数是一致连续的, 故 f_j 是一致连续的, 且由于个数有限, 因而存在 $\delta(\varepsilon) > 0$, 使得对任何 $x, y \in K$, 当 $d(x, y) < \delta(\varepsilon)$ 时,

$$|f_j(x) - f_j(y)| < \frac{\varepsilon}{3}$$

对所有的 $1 \leqslant j \leqslant n$ 成立. 任意给定 $f \in F$, 取 j_0 使得 $f \in B\left(f_{j_0}; \frac{\varepsilon}{3}\right)$. 于是, 对任意的 $x, y \in K$, 当 $d(x,y) < \delta(\varepsilon)$ 时

$$|f(x) - f(y)| \leqslant |f(x) - f_{j_0}(x)| + |f_{j_0}(x) - f_{j_0}(y)| + |f_{j_0}(y) - f(y)| < \varepsilon.$$

因此性质 (b) 也满足.

(ii) 反之, 设 F 是 $C(K)$ 的子集, 满足性质 (a),(b). 为了证明 $\bar{F}$ 在 $C(K)$ 中紧, 只需证明 $\bar{F}$ 是完备的, 且是准紧的. 因为 $\bar{F}$ 是 Banach 空间 $C(K)$ 中的一个闭子集, 从而是完备的, 余下只需证明 $\bar{F}$ 是准紧的, 这又等价于 F 自身是准紧的.

设给定的 $\varepsilon > 0$. 首先, 由性质 (b) 可知, 存在 $\delta(\varepsilon) > 0$, 使得对任意的 $x, y \in K$, 当 $d(x,y) < \delta(\varepsilon)$ 时

$$|f(x) - f(y)| \leqslant \frac{\varepsilon}{3}$$

对一切 $f \in F$ 成立. 另一方面, 因为 $K \subset \cup_{x \in K} B(x; \delta(\varepsilon))$ 且 K 是紧的, 所以存在有限个点 $x_l \in K, 1 \leqslant l \leqslant p$, 使得

$$K \subset \cup_{l=1}^{p} B(x_l; \delta(\varepsilon)).$$

其次, 存在有限多个数 $y_m \in R, 1 \leqslant m \leqslant q$, 使得

$$-M = y_1 < y_2 < \cdots < y_q = M$$

且

$$y_{m+1} - y_m < \frac{\varepsilon}{2}, 1 \leqslant m \leqslant q-1,$$

其中 M 是性质 (a) 中出现的常数.

用 $\{\sigma_j; 1 \leqslant j \leqslant n\}$ 表示由所有从集合 $\{1, 2, \cdots, p\}$ 到集合 $\{1, 2, \cdots, q\}$ 的映射组成的有限集, F 的子集 A_j(可能为空集), $1 \leqslant j \leqslant n$, 定义为

$$A_j := \{f \in F; |f(x_l) - y_{\sigma_{j(l)}}| < \frac{\varepsilon}{4}, 1 \leqslant l \leqslant p\}, 1 \leqslant j \leqslant n.$$

我们断言

$$F \subset \cup_{j=1}^{n} A_j \text{且 } diam A_j \leqslant \varepsilon, \quad 1 \leqslant j \leqslant n,$$

由此证得 F 是准紧的.

为证明这个结论, 设 f 是 F 中的任意函数. 因为由性质 (a), 对 $1 \leqslant l \leqslant p$ 均有 $|f(x_l)| \leqslant M$, 故对每个 $l \in \{1, 2, \cdots, p\}$, 存在整数 $k = k(f,l) \in \{1, 2, \cdots, q\}$, 使得 $|f(x_l) - y_{k(f,l)}| \leqslant \frac{\varepsilon}{4}$(由构造, $y_{m+1} - y_m < \frac{\varepsilon}{2}, 1 \leqslant m \leqslant q-1$). 因而, 由映射 $\sigma_j(1 \leqslant j \leqslant n)$ 的定义, 存在整数 $j(f) \in \{1, \cdots, n\}$, 使得映射 $\sigma_{j(f)}$ 满足 $\sigma_{j(f)}(l) = k(f,l), 1 \leqslant l \leqslant p$, 或等价于使 $f \in A_{\sigma_{j(f)}}$. 因此, $F \subset \cup_{j=1}^{n} A_j$.

任意给定整数 $j \in \{1,2,\cdots,n\}$, 设 $f,g \in A_j, x \in K$. 因为 $K \subset \cup_{l=1}^{p} B(x_l;\delta(\varepsilon))$, 又存在 $l = l(x) \in \{1,2,\cdots,p\}$, 使得 $x \in B(x_l;\delta(\varepsilon))$, 由 $\delta(\varepsilon)$ 的定义和集合 A_j 的定义可得

$$\begin{aligned}|f(x)-g(x)| \leqslant &|f(x)-f(x_l)| + |f(x_l) - y_{\sigma_{j(f)}l}| \\ &+ |y_{\sigma_{j(f)}l} - g(x_l)| + |g(x_l) - g(x)| < \varepsilon.\end{aligned}$$

因此, $diamA_j \leqslant \varepsilon$. 证毕.

在应用中经常采用 Ascoli-Arzelà 定理的下面的推论.

推论 1 设 K 为紧距离空间, $\{(f_n)\}_{n=0}^{\infty}$ 是函数 $f_n \in C(K)$ 的序列, 满足下列性质:

(a) 存在常数 M, 对一切 $n \geqslant 0$, 有

$$||f_n|| \leqslant M.$$

(b) 对任意给定的 $\varepsilon > 0$, 存在 $\delta(\varepsilon) > 0$, 使得对任意的 $x, y \in K$, 当 $d(x,y) < \delta(\varepsilon)$ 时, 对一切 $n \geqslant 0$ 成立:

$$|f_n(x) - f_n(y)| < \varepsilon$$

则存在子列 $\{f_{\sigma(n)}\}_{n=0}^{\infty}$ 和函数 $f \in C(K)$, 使得

$$\lim_{n\to\infty} ||f_{\sigma(n)} - f|| = 0.$$

二十世纪初, 苏联大数学家 A.N. Kolmogorov (1903–1987) 及匈牙利数学家 M. Riesz (1886–1969) 及法国数学家 M. Fréchet 各自独立地研究了 $L^p(R^N)$ 空间中有界集成为列紧集的充分条件及必要条件.

定理 2 (Kolmogorov-M. Riesz-Fréchet) 设 F 是 $L^p(R^N)$ 中的一个有界集, $1 \leqslant p < +\infty$, 记 $(\tau_h f)(x) = f(x+h), x \in R^N, h \in R^N$, $f \in F$.

假设对 $f \in F$ 一致地成立以下极限:

$$\lim_{|h|\to 0} ||\tau_h f - f||_p = \lim_{|h|\to 0} \left(\int_{R^N} |f(x+h) - f(x)|^p dx \right)^{1/p} = 0,$$

(也即 F 是 L^p- 平均等度连续函数族)

即 $\forall \varepsilon > 0, \exists \delta > 0$, 使得 $\forall f \in F, \forall h \in R^N$, 当 $|h| < \delta$ 时, $||\tau_h f - f||_p < \varepsilon$.

则对任何具有有限测度的可测集 $\Omega \subset R^N, F|_\Omega$ 在 $L^p(\Omega)$ 中的闭包是紧的.

证 以下的证明我们主要参考了 ([1])

第 1 步 我们证明

$$||(\rho_n * f) - f||_{L^p(R^N)} \leqslant \varepsilon, \ \forall f \in F, \forall n > 1/\delta, \tag{1}$$

这里 $\rho_n(x) = cn^N\rho(nx), C = \int_{R^N}\rho(x)dx$, 而

$$\rho(x) = \begin{cases} e^{1/(|x|^2-1)}, & |x| < 1; \\ 0, & |x| \geqslant 1. \end{cases}$$

则 $\rho_n \in C_c^\infty(R^N), supp\rho_n \subset \overline{B(0, \frac{1}{n})}$, 且 $\forall x \in R^N, \rho_n(x) \geqslant 0, \int_{R^N}\rho_n(x)dx = 1$.

现在证明 (1) 式, 事实上, 由 Hölder 不等式我们有

$$\begin{aligned} |(\rho_n * f)(x) - f(x)| &\leqslant \int |f(x-y) - f(x)|\rho_n(y)dy \\ &= \int |f(x-y) - f(x)|\rho_n^{\frac{1}{p}} \cdot \rho_n^{\frac{1}{p'}} dy \\ &\leqslant \left[\int |f(x-y) - f(x)|^p \rho_n(y)dy\right]^{1/p} \end{aligned}$$

因而我们由 Fubini 定理, 且若 $\frac{1}{n} < \delta$, 则由平均等度连续性, 我们有以下不等式:

$$\begin{aligned} \int |(\rho_n * f)(x) - f(x)|^p dx &\leqslant \int \left[\int |f(x-y) - f(x)|^p \rho_n(y)dy\right] dx \\ &= \int_{B(0,1/n)} \left[\rho_n(y) \int |f(x-y) - f(x)|^p dx\right] dy \\ &\leqslant 1 \cdot \varepsilon^p = \varepsilon^p \end{aligned}$$

第 2 步 存在仅依赖 n 的常数 c_n 使

$$||\rho_n * f||_{L^\infty(R^N)} \leqslant C_n \cdot ||f||_{L^p(R^N)}, \forall f \in F, \tag{2}$$

$$|(\rho_n * f)(x_1) - (\rho_n * f)(x_2)| \leqslant C_n \cdot ||f||_p \cdot ||x_1 - x_2||,\ \forall f \in F, \forall x_1, x_2 \in R^N, \tag{3}$$

事实上,(2) 式来自于 Hölder 不等式:

$$\begin{aligned} |(\rho_n * f)(x)| &\leqslant \int |f(x-y)\rho_n(y)|dy \\ &\leqslant c_n \cdot ||f||_{L^p(R^N)} \end{aligned}$$

为了证明 (3) 式, 注意到由卷积的定义和分部积分公式有:

$$\begin{aligned} ((\nabla\rho_n) * f)(x) &= \int f(x-y)\nabla\rho_n(y)dy \\ &= -\int \nabla_y(x-y)\rho_n(y) = \nabla(\int f(x-y)\rho_n(y)) \\ &= \nabla(\rho_n * f). \end{aligned}$$

即

$$\nabla(\rho_n * f) = (\nabla\rho_n) * f$$

因此有

$$||\nabla(\rho_n * f)||_{L^\infty(R^N)} \leqslant ||\nabla\rho_n||_{L^{p'}(R^N)} \cdot ||f||_{L^p(R^N)}$$

因此再由中值定理即可证明 (3) 式.

第 3 步　给定 $\varepsilon > 0, \Omega \subset R^N$ 且 $|\Omega| < +\infty$, 下证 Ω 中存在有界可测子集 ω 使得

$$||f||_{L^p(\Omega-\omega)} < \varepsilon, \quad \forall f \in F$$

事实上, 我们有以下不等式

$$\begin{aligned}||f||_{L^p(\Omega-\omega)} &\leqslant ||f-(\rho_n * f)||_{L^p(\Omega-\omega)} + ||\rho_n * f||_{L^p(\Omega-\omega)}\\ &\leqslant ||f-(\rho_n * f)||_{L^p(R^N)} + ||\rho_n * f||_{L^p(\Omega-\omega)}\end{aligned}$$

由于第 1 步已证当 n 充分大时有:

$$||f-(\rho_n * f)||_{L^p(R^N)} \leqslant \varepsilon$$

又由第 2 步 (2) 式, 当选取 ω 使 $|\Omega-\omega|$ 充分小时,$||\rho_n * f||_{L^p(\Omega-\omega)}$ 也充分小. 事实上, 由于 (2) 式中 $c_n = ||\rho_n||_{p'} < 1$, 故成立一致有界性估计:

$$\begin{aligned}||\rho_n * f||_{L^\infty(R^N)} &\leqslant ||f||_{L^p(R^N)} \leqslant M\\ ||\rho_n * f||_{L^p(\Omega-\omega)} &\leqslant ||\rho_n * f||_{L^\infty} \cdot |\Omega-\omega|^{1/p} \to 0\end{aligned}$$

第 4 步　因为 $L^p(\Omega)$ 是完备的, 故为证 $F|_\Omega$ 是相对紧的, 只须证 $F|_\Omega$ 是完全有界集, 即给定任何 $\varepsilon > 0$, 存在半径为 ε 的有限多个球覆盖 $F|_\Omega$.

给定 $\varepsilon > 0$, 我们固定一个有界可测集 ω 使得 $\forall f \in F, ||f||_{L^p(\Omega-\omega)} < \varepsilon$. 我们也固定 $n > 1/\delta$, 则由第 2 步, 函数族 $H = (\rho_n * F)|_{\bar{\omega}}$ 满足 Ascoli-Arzelà 定理的所有假设. 因此 H 在 $C(\bar{\omega})$ 中有紧的闭包. 因为 $L^p(\omega)$ 的拓扑比 $C(\bar{\omega})$ 的拓扑弱, 因此 H 在 $L^p(\omega)$ 中也有紧的闭包. 因此我们可以用 $L^p(\omega)$ 中的有限多个半径为 ε 的球覆盖 H:

$$H \subset \cup_{i\in I} B(g_i, \varepsilon), g_i \in L^p(\omega)$$

考虑函数 $\bar{g}_i : \Omega \to R$:

$$\bar{g}_i(x) = \begin{cases} g_i(x), & x \in \omega;\\ 0, & x \in \Omega - \omega,\end{cases}$$

考虑 $L^p(\Omega)$ 中的球 $B(\bar{g}_i, 3\varepsilon)$, 下面证明它们覆盖 $F|_\Omega$.

事实上, 给定 $f \in F$, 存在 i 使

$$||(\rho_n * f) - g_i||_{L^p(\omega)} < \varepsilon$$

又因为

$$||f - \bar{g}_i||^p_{L^p(\Omega)} = \int_{\Omega-\omega} |f|^p + \int_\omega |f - g_i|^p$$

故由前面已证明的不等式 $||f||_{L^p(\Omega-\omega)} < \varepsilon$ 有

$$\begin{aligned} ||f - \bar{g}_i||_{L^p(\Omega)} &\leqslant \varepsilon + ||f - g_i||_{L^p(\omega)} \\ &\leqslant \varepsilon + ||f - (\rho_n * f)||_{L^p(R^N)} + ||(\rho_n * f) - g_i||_{L^p(\omega)} < 3\varepsilon \end{aligned}$$

故 $F|_\Omega$ 在 $L^p(\Omega)$ 中有紧闭包.

定理 3(Kolmogorov-M. Riesz-Fréchet) 设 F 是 $L^p(R^N)(1 \leqslant p < +\infty)$ 中有界集, 假设 $\lim\limits_{|h|\to 0} ||\tau_h f - f||_p = 0$, 对 $f \in F$ 一致成立且 $\forall \varepsilon > 0$, 存在有界可测子集 $\Omega \subset R^N$ 使 $\forall f \in F$ 有

$$||f||_{L^p(R^N-\Omega)} < \varepsilon$$

则 F 在 $L^p(R^N)$ 中有紧闭包.

上述定理的逆定理也成立.

证 由假设, 给定 $\varepsilon > 0$, 可固定有界可测子集 $\Omega \subset R^N$ 使 $\forall f \in F$ 成立:

$$||f||_{L^p(R^N-\Omega)} < \varepsilon.$$

由定理 2 知, $F|_\Omega$ 在 $L^p(\Omega)$ 中有紧闭包, 因此我们可以用 $L^p(\Omega)$ 中半径为 ε 的有限多个球覆盖 $F|_\Omega$:

$$F|_\Omega \subset \cup_{i\in I} B(g_i, \varepsilon), \quad g_i \in L^p(\Omega).$$

令 $\tilde{g}_i(x) = \begin{cases} g_i(x), & x \in \Omega \\ 0, & x \in R^N - \Omega \end{cases}$

则易证 F 可由 $L^p(R^N)$ 中有限个球 $B(\tilde{g}_i, 2\varepsilon)$ 覆盖.

逆定理的证明这里略去, 读者可以试一试证明之.

参考文献

[1] Brézis H. Functional Analysis, Sobolev Space and PDE [M]. New York: Springer, Second Ed. 2011.

[2] Ciarlet P. G., Linear and Nonlinear Functional Analysis with Applications SIAM, 2013.

附录 5　Laplace 算子的特征值及特征函数

法国著名数学家、天文学家、物理学家拉普拉斯 (Laplace, 1749-1827) 在 1784~1785 年期间发现某一个天体所受到的其它天体的牛顿万有引力的合力:

$$\vec{F_i}=\sum_{j\neq i,j=1}^{N}\frac{Gm_jm_i}{|q_j-q_i|^2}\frac{q_j-q_i}{|q_j-q_i|}$$

可以用势函数

$$V(q)=-\sum_{1\leqslant i<j\leqslant N}\frac{Gm_im_j}{|q_i-q_j|}=-U(q)$$

关于相应的那个天体的位置的梯度来表示:

$$\vec{F_i}=\frac{\partial(-V(q))}{\partial q_i}$$

进一步, 他还发现 V 满足所谓 Laplace 方程:

$$\Delta V(q)=-\Delta U(q)=0,$$

这里 $q=(q_1,\cdots,q_N), q_i=(x_i,y_i,z_i), \Delta=\sum\limits_{i=1}^{N}\frac{\partial^2}{\partial q_i^2}=\sum\limits_{i=1}^{N}\left(\frac{\partial^2}{\partial x_i^2}+\frac{\partial^2}{\partial y_i^2}+\frac{\partial^2}{\partial z_i^2}\right)$, 是所谓 Lapace 算子.

Lapace 方程以及更一般的 Poisson 方程及高维波动方程, 热传导方程等许多来自物理、化学、生物等学科的偏微分方程中都会出现 Lapace 算子, 因此研究 Lapace 算子的谱理论十分重要.

定义 1([1~3])　设 $\Omega\subset\mathbf{R}^n$ 是有界开集, 若存在 $u\in C^2(\bar{\Omega}), u\neq 0$, 及 $\lambda\in R$ 使

$$\begin{cases}-\Delta u=\lambda u, x\in\Omega\\ u|_{\partial\Omega}=0,\end{cases}\tag{1}$$

则称 u 是算子 $-\Delta$ 相应于特征值 λ 的特征函数.

我们有下列经典结果 ([1~3])

定理 1　1.Dirichlet 零边值问题 (1) 的特征值是正的可数集 $\{\lambda_1,\lambda_2,\cdots,\lambda_n,\cdots\}$ 且 $\lambda_n\to+\infty$;

2. 相应于任意 λ_n, 存在有限多个 (称为重数) 线性独立的特征函数;

3. 第一特征值 (主特征值)λ_1 的重数为 1 且相应的特征函数在 Ω 中不变号;

4. 对应于不同特征值的特征函数正交;

5. 特征函数可把定义在 Ω 上的很任意的函数展开成无穷级数.

为了证明上述定理, 我们需要将抽象的泛函分析与具体的方程 (1) 通过 Sobolev 空间 $H_0^1(\Omega)$ 联系起来, 为此需要定义广义特征值和广义特征函数:

定义 2([1~3]) 若存在 $\lambda \in R$ 及 $u \in H_0^1(\Omega), u \neq 0$ 使

$$\int_\Omega DuDvdx = \lambda \cdot \int_\Omega uvdx, \quad \forall v \in H_0^1(\Omega) \tag{2}$$

则称 λ 是 $-\Delta$ 的广义特征值, u 是 $-\Delta$ 的相应于 λ 的广义特征函数.

定理 2([1~3]) 存在满足 (2) 的广义特征值 λ_1 和特征函数, 并且 $\lambda_1 > 0$.

证明 定义泛函:

$$f(u) = \int_\Omega |Du|^2,\ u \in M_1 = \{u|u \in H_0^1(\Omega), ||u||_{L^2(\Omega)} = 1\}$$

易证 M_1 是自反 Banach 空间 $H_0^1(\Omega)$ 中的弱闭子集, 且 $f(u) = ||u||^2_{H_0^1(\Omega)}$ 在 M_1 上是强制的弱下半连续泛函, 因此 f 在 M_1 上达到下确界, 即存在 $\tilde{u} \in M_1$ 使

$$f(\tilde{u}) = \inf\{f(u), u \in M_1\}.$$

相应的一阶必要条件是拉氏函数 $F(u) = f(u) - \lambda(\|u\|^2_{L^2(\Omega)} - 1)$ 在 $\tilde{u}$ 满足 E-L 方程, 即 $\exists \lambda_1 \in R, \forall v \in H_0^1(\Omega)$, 使:

$$F(\tilde{u} + \varepsilon v) = f(\tilde{u} + \varepsilon v) - \lambda_1(||\tilde{u} + \varepsilon v||^2_{L^2(\Omega)} - 1)$$

关于 ε 的导数满足:

$$\left.\frac{dF(\tilde{u} + \varepsilon v)}{d\varepsilon}\right|_{\varepsilon=0} = 0$$

即

$$\int_\Omega (D\tilde{u}, Dv)dx - \lambda_1 \int_\Omega \tilde{u}vdx = 0$$

因 $\tilde{u} \in M_1, ||\tilde{u}||_{L^2(\Omega)} = 1$, 故 $\tilde{u} \neq 0$ 且满足:

$$\int_\Omega D\tilde{u} \cdot Dvdx = \lambda_1 \int_\Omega \tilde{u}vdx \tag{3}$$

取 $v = \tilde{u}$, 则由 Friedrichs 不等式, 我们有

$$\lambda_1 = \int_\Omega |D\tilde{u}|^2dx \Big/ \int_\Omega |\tilde{u}|^2dx \geqslant c > 0.$$

因为 $||\tilde{u}||_{L^2(\Omega)} = 1$, 故 $\tilde{u} \neq 0$ 且由 (3) 式, $\tilde{u}$ 是相应于 λ_1 的特征函数. 易见, λ_1 是 $-\Delta$ 的最小 (广义) 特征值.

定理 3([1~3])　在 Dirichlet 零边值条件下,(2) 存在无穷多个特征值 $0<\lambda_1\leqslant\lambda_2\leqslant\cdots\to+\infty$, 且相应的特征函数 $\{\varphi_1,\varphi_2,\cdots\}\subset H_0^1(\Omega)$ 满足

(1) $\int_\Omega|\varphi_i|^2dx=1, i=1,2,\cdots$;

(2) $<\varphi_i,\varphi_j>=\int_\Omega\varphi_i\cdot\varphi_jdx+\int_\Omega(D\varphi_i,D\varphi_j)dx=0,\forall i\neq j$.

证明　在定理 2 的证明中, 已用约束极值方法证明存在 λ_1 和 $\tilde{u}\triangleq\varphi_1\neq0$ 使在分布意义下成立:

$$\begin{cases}-\Delta\varphi_1(x)=\lambda_1\varphi_1(x),\ x\in\Omega\\ \varphi_1(x)|_{x\in\partial\Omega}=0,\end{cases}$$

下面令

$$M_2=\{u\in M_1|\ \int_\Omega u\varphi_1dx=0\}$$

易证 M_2 是 $H_0^1(\Omega)$ 中弱闭子集, 又 $f(u)=\int_\Omega|Du|^2dx=||u||_{H_0^1}^2$ 在 M_2 上强制且弱下半连续, 故 $f(u)$ 在 M_2 上达到下确界, 即 $\exists\varphi_2\in M_2$ 使

$$f(\varphi_2)=\inf\{f(u)|\ u\in M_2\}$$

由 Lagrange 乘子法, 存在 $\lambda_2,\mu_2\in R$ 使得在分布意义下有

$$-\Delta\varphi_2=\lambda_2\varphi_2+\mu_2\varphi_1$$

即

$$\int_\Omega D\varphi_2\cdot Dvdx=\lambda_2\int_\Omega\varphi_2\cdot vdx+\mu_2\int_\Omega\varphi_1vdx,\forall v\in H_0^1(\Omega).\tag{4}$$

又由于 λ_1 是 $-\Delta$ 的广义特征值, 故 $\int_\Omega D\varphi_1D\varphi_2dx=\lambda_1\int_\Omega\varphi_1\varphi_2dx=0$.

故在 (4) 中取 $v=\varphi_1$ 且应用分部积分有

$$\begin{aligned}0=\int_\Omega D\varphi_2\cdot D\varphi_1&=\lambda_2\int_\Omega\varphi_2\varphi_1dx+\mu_2\int_\Omega|\varphi_1|^2dx\\&=\mu_2\int_\Omega|\varphi_1|^2dx=\mu_2\end{aligned}$$

故在分布意义下有

$$-\Delta\varphi_2=\lambda_2\varphi_2$$

且

$$\begin{aligned}f(\varphi_2)&=\int_\Omega|D\varphi_2|^2dx=\lambda_2\int_\Omega|\varphi_2|^2dx=\lambda_2\\&=\min\{f(u)|u\in M_2\}\geqslant\min\{f(u)|u\in M_1\}=\lambda_1.\end{aligned}$$

用数学归纳法可构造约束集 $M_n = \{u \in M_{n-1} | \int_\Omega u\varphi_{n-1}dx = 0\}$, 并易证 $f(u)$ 在 M_n 上某 φ_n 达到最小值 λ_n 且在分布意义下满足:

$$\begin{cases} -\Delta\varphi_n(x) = \lambda_n\varphi_n(x), x \in \Omega \\ \varphi_n|_{\partial\Omega} = 0. \end{cases}$$

显然 $\lambda_n \geqslant \lambda_{n-1}$ 且 $\varphi_n(x) \neq 0$ 是 $-\Delta$ 的 (广义) 特征函数.

下面进一步证明 $\lambda_n \to +\infty$.

用反证法, 若 $\forall n \in N, \lambda_n \leqslant C$, 则

$$\int_\Omega |D\varphi_n|^2 dx = \int_\Omega (-\Delta\varphi_n, \varphi_n)dx = \lambda_n \int_\Omega |\varphi_n|^2 = \lambda_n \leqslant C,$$

即 $\{\varphi_n\}$ 是 $H_0^1(\Omega)$ 中有界序列, 故有弱收敛子列:

$$\varphi_{n_k} \rightharpoonup \varphi$$

由 Rellich-Kondrachov 紧嵌入定理知

$$||\varphi_{n_k} - \varphi||_{L^2(\Omega)} \to 0$$

又由 $\{\varphi_i\}$ 按 $L^2(\Omega)$ 的内积的正交性知 $\forall i \neq j$,

$$\int_\Omega |\varphi_i - \varphi_j|^2 dx = 2$$

即

$$||\varphi_i - \varphi_j||_{L^2} = \sqrt{2}$$

$$||\varphi_{n_i} - \varphi_{n_j}||_{L^2} = \sqrt{2}, \quad \forall n_i \neq n_j$$

即 $\{\varphi_{n_k}\}$ 不是 L^2 中的 Gauchy 列, 这与 $\varphi_{n_k} \to \varphi$(按 $L^2(\Omega)$ 范数) 矛盾.

由椭圆型偏微分方程弱解的正则性理论 ([4]) 有

定理 4([4]) 算子 $-\Delta$ 的特征函数 $u \in C^\infty(\Omega)$; 若 $\partial\Omega$ 是光滑的, 则 $u \in C^\infty(\bar{\Omega})$.

定理 5([1~3]) $-\Delta$ 的特征值相应的特征函数 $\{\varphi_1, \varphi_2, \cdots\}$ 是 $L^2(\Omega)$ 的正交基, 也是 $H_0^1(\Omega)$ 的正交基. 即

(1) $\forall u \in L^2(\Omega), \exists|C_i \in R$, 使得

$$||\sum_{i=1}^n C_i\varphi_i - u||_{L^2(\Omega)} \to 0, n \to +\infty,$$

这里 $C_i = \langle u, \varphi_i\rangle_{L^2} = \int_\Omega u(x)\varphi_i(x)dx$.

(2) $\forall u \in H_0^1(\Omega), \exists | \tilde{C}_i \in R$, 使得

$$||\sum_{i=1}^{n} \tilde{C}_i \varphi_i - u||_{H_0^1(\Omega)} \to 0, n \to +\infty$$

这里 $\tilde{C}_i = \langle u, \varphi_i \rangle_{H_0^1} = \int_\Omega Du \cdot D\varphi_i dx$.

证明 (1) $\forall u \in L^2(\Omega)$, 做形式 Fourier 级数:

$$u = \sum_{i=1}^{\infty} C_i \varphi_i, \quad C_i = \int_\Omega u(x)\varphi_i(x)dx,$$

利用 $\{\varphi_i\}$ 在 $L^2(\Omega)$ 内积下的规范正交性, 我们有

$$\begin{aligned}
0 \leqslant \int_\Omega |u - \sum_{i=1}^{n} C_i\varphi_i|^2 dx &= \int_\Omega |u|^2 dx - 2\int_\Omega u \cdot \sum_{i=1}^{n} C_i\varphi_i dx + \int_\Omega \left|\sum_{i=1}^{n} C_i\varphi_i\right|^2 dx \\
&= \int_\Omega |u|^2 dx - 2 \cdot \sum_{i=1}^{n} |C_i|^2 + \sum_{i=1}^{n} |C_i|^2 \\
&= \int_\Omega |u|^2 dx - \sum_{i=1}^{n} |C_i|^2
\end{aligned}$$

故 $\sum\limits_{i=1}^{n} |C_i|^2 \leqslant \int_\Omega |u|^2, \forall n \in N$, 故级数 $\sum\limits_{i=1}^{\infty} |C_i|^2$ 收敛.

又注意到当 $n > m$ 时

$$||\sum_{i=1}^{n} C_i\varphi_i - \sum_{i=1}^{m} C_i\varphi_i||_{L^2(\Omega)}^2 = \sum_{i=m+1}^{n} |C_i|^2 \to 0, m, n \to +\infty$$

故 $||\sum\limits_{i=1}^{n} C_i\varphi_i(x) - u||_{L^2(\Omega)} \to 0, n \to +\infty$.

(2) $\forall u = \sum\limits_{i=1}^{\infty} \widetilde{C}_i\varphi_i \in H_0^1(\Omega)$, 由特征函数系 $\{\varphi_i\}$ 关于 $H_0^1(\Omega)$ 内积的正交性知

$$\begin{aligned}
&\int_\Omega |Du - D\left(\sum_{i=1}^{n} \tilde{C}_i\varphi_i\right)|^2 dx \\
&= \int_\Omega |Du|^2 dx - 2\int_\Omega (Du \cdot D\sum_{i=1}^{n} \tilde{C}_i\varphi_i) dx + \int_\Omega |\sum_{i=1}^{n} \tilde{C}_i \cdot D\varphi_i|^2 \\
&= \int_\Omega |Du|^2 dx + 2\int_\Omega u \cdot \Delta(\sum_{i=1}^{n} \tilde{C}_i\varphi_i) dx + \sum_{i=1}^{n} \lambda_i |\tilde{C}_i|^2
\end{aligned}$$

$$
\begin{aligned}
&= \int_\Omega |Du|^2 dx - 2\cdot\sum_{i=1}^{n}\lambda_i|\tilde{C}_i|^2 + \sum_{i=1}^{n}\lambda_i|\tilde{C}_i|^2 \\
&= \int_\Omega |Du|^2 dx - \sum_{i=1}^{n}\lambda_i|\tilde{C}_i|^2 \\
&\leqslant \int_\Omega |Du|^2 dx,
\end{aligned}
$$

另一方面由于 $\int_\Omega |Du - D(\sum\limits_{i=1}^{n}\tilde{C}_i\varphi_i)|^2 dx \geqslant 0$, 我们有

$$
\sum_{i=1}^{n}\lambda_i|\tilde{C}_i|^2 \leqslant \int_\Omega |Du|^2 dx
$$

即 $\sum\limits_{i=1}^{\infty}\lambda_i|\tilde{C}_i|_n^2$ 收敛.

由于 $(u - \sum\limits_{i=1}^{n}\tilde{C}_i\varphi_i)/||u - \sum\limits_{i=1}^{n}\tilde{C}_i\varphi_i||_{L^2(\Omega)} \in M_{n+1}$, 故由特征值的极值性质我们有

$$
\int_\Omega |D\left(u - \sum_{i=1}^{n}\tilde{C}_i\varphi_i\right)|^2 dx \geqslant \lambda_{n+1}\int_\Omega |u - \sum_{i=1}^{n}\tilde{C}_i\varphi_i|^2 dx
$$

即

$$
||u - \sum_{i=1}^{n}\tilde{C}_i\varphi_i||_{L^2}^2 \leqslant \frac{1}{\lambda_{n+1}}\int_\Omega |D\left(u - \sum_{i=1}^{n}\tilde{C}_i\varphi_i\right)|^2 dx \to 0.
$$

进一步, $\forall n > m$, 由 $\{\varphi_i\}$ 的正交性及分部积分公式易知

$$
\begin{aligned}
&||D\left(\sum_{i=1}^{n}\tilde{C}_i\varphi_i\right) - D\left(\sum_{i=1}^{m}\tilde{C}_i\varphi_i\right)||_{L^2(\Omega)}^2 \\
&= \sum_{i=m+1}^{n}\lambda_i|\tilde{C}_i|^2 \to 0, m, n \to +\infty.
\end{aligned}
$$

故 $(\sum\limits_{i=1}^{n}\tilde{C}_i\varphi_i)$ 是 $H_0^1(\Omega)$ 中的 Cauchy 列, 所以收敛于 u:

$$
||\sum_{i=1}^{n}\tilde{C}_i\varphi_i - u||_{H_0^1(\Omega)} \to 0
$$

且易见有以下 Parseval 恒等式:

1. $\int_\Omega |u|^2 dx = \int_\Omega |\sum\limits_{i=1}^{\infty}\tilde{C}_i\varphi_i|^2 dx = \sum\limits_{i=1}^{\infty}|\tilde{C}_i|^2$
2. $\int_\Omega |Du|^2 dx = \int_\Omega |\sum\limits_{i=1}^{\infty}\tilde{C}_i D\varphi_i|^2 dx = \sum\limits_{i=1}^{\infty}\lambda_i|\tilde{C}_i|^2$

定理 6([1~3]) $-\Delta$ 的同一个特征值相应的特征函数构成的空间是有限维的.

证明 用反证法. 若结论不成立, 若对应于 $-\Delta$ 的某特征值 λ 有无穷多个线性无关的特征函数 $\{\varphi_k\}$, 由 $\{\varphi_k\}$ 的 L^2- 正交性, 无妨设它规范正交, 则由特征函数的定义有

$$||\varphi_k||_{H_0^1}^2 = \int_\Omega |D\varphi_k|^2 dx = \lambda \int_\Omega |\varphi_n|^2 dx = \lambda$$

故 $\{\varphi_k\}$ 按 $H_0^1(\Omega)$ 模有界, 由紧嵌入定理知, 它在 $L^2(\Omega)$ 中列紧, 故有子列 $\{\varphi_{k_l}\}$ 在 $L^2(\Omega)$ 中收敛, 由于 $||\varphi_{k_l} - \varphi_{k_m}||_{L^2}^2 = 2, \{\varphi_{k_l}\}$ 不可能在 $L^2(\Omega)$ 中收敛, 矛盾.

定理 7([1~3]) $-\Delta$ 的最小特征值 (又叫主特征值)λ_1 对应的特征函数 (又叫主特征函数) 在 Ω 上保号, 即恒正或者恒负.

为了证明上述定理, 我们需要应用上 (下) 调和函数的强最小 (大) 值原理, 本质上, 它们来源于调和及上 (下) 调和函数的平均值不等式.

引理 1([3]) 设 $u \in C^2(\Omega)$ 在 Ω 中满足

$$-\Delta u = 0(\leqslant 0, \geqslant 0),$$

则对任何一个球 $B_R(y) \subset\subset \Omega$ 有:

$$\begin{aligned} u(y) &= (\leqslant, \geqslant) \frac{1}{n\omega_n R^{n-1}} \int_{\partial B_R} u dS \\ &= \frac{1}{\omega_n R^n} \int_{B_R(y)} u dx \end{aligned}$$

其中 ω_n 是 $\mathbf{R}^n$ 中单位球的体积.

定理 8([3])(下 (上) 调和函数的强最大 (小) 值原理) 设在 Ω 中 $\Delta u \geqslant 0(\leqslant 0)$, 并设存在一点 $y \in \Omega$, 使得 $u(y) = \sup\limits_\Omega u$ $(\inf\limits_\Omega u)$, 则 u 是常数. 因而一个调和函数不能有内部最大值或最小值, 除非它是常数.

引理 2([3][4]) 设 $f \in C^1(R), f' \in L^\infty(R)$ 及 $u \in W^1(\Omega) = \{u \in L_{\text{loc}}^1(\Omega), Du \in L_{\text{loc}}^1(\Omega)\} \supset W^{1,1}(\Omega)$, 则复合函数 $f \circ u \in W^1(\Omega)$ 且 $D(f \circ u) = f'(u)Du$.

定义函数 u 的正部和负部:

$$u^+ = \max\{u, 0\}, \quad u^- = \min\{u, 0\}$$

则 $u = u^+ + u^-, |u| = u^+ - u^-$.

引理 3([3]) 设 $u \in W^1(\Omega)$, 则 $u^+, u^-, |u| \in W^1(\Omega)$ 且

$$Du^+ = \begin{cases} Du, \text{ 若} u > 0, \\ 0, \text{ 若} u \leqslant 0; \end{cases}$$

$$Du^- = \begin{cases} 0, \text{ 若} u \geqslant 0, \\ Du, \text{ 若} u < 0; \end{cases}$$

$$D|u| = \begin{cases} Du, \text{ 若} u > 0 \\ 0, \text{ 若} u = 0 \\ -Du, \text{ 若} u < 0 \end{cases}$$

有了上述一些准备, 现在我们来证明 $-\Delta$ 的主特征函数的保号性:

设 λ_1 对应的特征函数为 $\varphi_1 \in H_0^1(\Omega)$, 则 $\int_\Omega |\varphi_1|^2 dx = 1$ 且 $\int_\Omega |D\varphi_1|^2 dx = \lambda_1$. 由引理 3 知,

$$\begin{aligned} \lambda_1 = \int_\Omega |D\varphi_1|^2 dx &= \int_\Omega |D\varphi_1^+ + D\varphi_1^-|^2 dx \\ &= \int_\Omega |D\varphi_1^+|^2 dx + \int_\Omega |D\varphi_1^-|^2 dx \\ &\geqslant \lambda_1 ||\varphi_1^+||_2^2 + \lambda_1 ||\varphi_1^-||_2^2 = \lambda_1 ||\varphi||_2^2 = \lambda_1 \end{aligned}$$

故成立

$$\int_\Omega |D\varphi_1^+|^2 dx = \lambda_1 ||\varphi_1^+||_{L^2}^2$$
$$\int_\Omega |D\varphi_1^-|^2 dx = \lambda_1 ||\varphi_1^-||_{L^2}^2$$

(1) 若在 Ω 内 $\varphi_1^+ \not\equiv 0$. 则 φ_1^+ 是 $-\Delta$ 对应于 λ_1 的特征函数, 故 $\varphi_1^+ \in C^\infty(\Omega)$ 且满足

$$\begin{cases} -\Delta\varphi_1^+ = \lambda_1 \varphi_1^+ \geqslant 0, x \in \Omega \\ \varphi_1^+ = 0, \ x \in \partial\Omega \end{cases}$$

由上调和函数的强最小值原理可知, 在 Ω 内成立 $\varphi_1^+ > 0$, 进一步 $\varphi_1 = \varphi_1^+ + \varphi_1^- = \varphi_1^+ > 0, x \in \Omega$.

(2) $\varphi_1^+(x) \equiv 0, \forall x \in \Omega$.

则此时 $\varphi \equiv \varphi_1^- \leqslant 0$. 又 φ_1^- 是 $-\Delta$ 对应于 λ_1 的特征函数, 故 $\varphi_1^- \in C^\infty$ 且满足

$$\begin{cases} -\Delta\varphi_1^- = \lambda_1 \varphi_1^- \leqslant 0, \ x \in \Omega \\ \varphi_1^- = 0, \ x \in \partial\Omega \end{cases}$$

进一步, 由下调和函数的强最大值原理知, 在 Ω 内有 $\varphi_1^- < 0$, 故此时 $\forall x \in \Omega, \varphi(x) = \varphi_1^+ + \varphi_1^- = \varphi_1^- < 0$.

定理 9([1~3]) $-\Delta$ 的第一特征值 λ_1 的重数为 1, 相应的特征函数空间维数为 1.

证明 前面已证 λ_1 的特征函数 $\varphi_1(x)$ 具有保号性, 要么 $\varphi_1(x) > 0(\forall x \in \Omega)$, 要么 $\varphi_1(x) < 0(\forall x \in \Omega)$.

如果 λ_1 的特征函数空间的维数大于 1, 则至少存在二个线性无关的特征保号函数 $\varphi_1(x), \varphi_2(x)$, 它们的任意线性组合仍是特征函数且保号, 这是不可能的. 因为不妨设 $\varphi_1(x) > 0, \varphi_2(x) < 0$, 则 $\forall a, b \in R, \forall x \in \Omega, a\varphi_1(x) + b\varphi_2(x)$ 不可能保号.

往证 λ_1 的重数必为 1, 因为若 $\lambda_1 = \lambda_2$, 则由 λ_2 的构造知, 它相应的特征函数 φ_2 与 λ_1 相应的特征函数 φ_1 正交, 故必线性无关, 又由 $\lambda_1 = \lambda_2$ 知 $a\varphi_1 + b\varphi_2$ 也是 λ_1 的特征函数, 这与 λ_1 相应的特征函数空间维数为 1 矛盾.

荷兰大物理学家 Lorentz H.A. (1853–1928) 于 1910 年在德国哥延根讲演时提出：能否由听鼓声推知鼓的形状？即能否由鼓膜振动的自然频率来确定鼓膜的形状？这个问题立即引起在场的 Hilbert D 的学生、年轻数学家 Weyl H. (1885–1955) 的极大兴趣.

关于 $-\Delta$ 的特征值问题 (1), Weyl H. 在著名论文 Math. Ann. 71(1912), 441–479. 中曾给出 max-min 刻划.

定理 10(Weyl 极小极大原理)

$$\lambda_K = \sup_{E_{K-1}} \inf_{u \in E_{K-1}^{\perp} \setminus \{0\}} \frac{\int_\Omega |\nabla u|^2 dx}{\int_\Omega |u|^2 dx}$$

这里 E_{K-1} 是 $H_0^1(\Omega)$ 中任意的 $(K-1)$ 维线性子空间.

Weyl 在 1912 年还给出了 λ_K 的渐近估计定理 (也见 [11]).

设 $\Omega \subset \mathbf{R}^n$, 对大的 K 值, H. Weyl 证明了以下渐近估计:

$$\lambda_K \approx \frac{4\pi^2 K^{2/n}}{(C_n|\Omega|)^{2/n}},$$

这里 $|\Omega|, C_n = \pi^{n/2}/\Gamma(n/2+1)$ 分别表示 Ω 和 $\mathbf{R}^n$ 中单位球的体积.

上面结果证明了 Lorentz 的猜想：频率在 ν 和 $\nu + d\nu$ 之间的充分高的谐波数仅与区域的面积成正比, 与边界形状无关.

关于 λ_k 的估计, 1961 年, Pólya([10]) 证明以下定理:

定理 11 对任何平面覆盖域, 即可用于覆盖平面的建筑单元 A, 在允许旋转、平移及反射变换下, 无空隙无重叠地盖满平面, 则有以下不等式:

$$\lambda_K \geqslant \frac{4\pi K}{A}, \quad K = 1, 2, \cdots$$

这里 A 是域的面积.

他还猜测对 $\mathbf{R}^2$ 中任何有界域, 上述下界估计也成立.

在 n 维情形的 Pólya 猜测等价于

$$\lambda_K \geqslant \frac{4\pi^2 K^{2/n}}{(C_n|\Omega|)^{2/n}}, \quad K=1,2,\cdots$$

(1°) 若 Ω 是 R^2 中的单连通区域,1983 年, Li-Yau [8] 证明

$$\lambda_1(\Omega) \geqslant \frac{\alpha}{r_\Omega^2}.$$

其中 $\alpha = 0.6197, r_\Omega$ 是包含在 Ω 中的最大圆盘的半径.

(2°) 若 $\Omega \subset R^n$ 是有界区域, 1983 年, Li-Yau([8]) 证明

$$\sum_{i=1}^K \lambda_i \geqslant \frac{n}{n+2}\frac{4\pi^2 K^{1+2/n}}{(C_n|\Omega|)^{2/n}}, \ K=1,2,\cdots$$

2007 年, Cheng Q.M. 和 Yang H.C. (Math. Ann. 337, 159–175.) 获得估计:

$$\lambda_{K+1} \leqslant \left(1+\frac{4}{n}\right) K^{\frac{2}{n}} \lambda_1$$

我们已经知道, Dirichlet 特征值完全由 Ω 的几何刻划,1966 年, Kac[6] 在他发表的一篇著名论文“我们能听到鼓的形状吗?”中更精细地再次提出 1910 年物理学家 Lorentz H.A. 演讲中提到的反问题: 利用特征值序列 $\{\lambda_n|n=1,2,\cdots\}, \Omega$ 的几何能恢复到什么程度? 更通俗地说, 如何“听音辩鼓”? 我们能否从边缘固定的平面区域薄膜振动的自然频率辩别出区域自身的形状?

对 $n=2$, 且 $\partial\Omega$ 光滑, 他猜测当 $t\to 0$ 时,

$$\sum_{K=1}^\infty e^{-\lambda_K t} \approx \frac{A}{4\pi t} - \frac{L}{8\sqrt{\pi t}} + \frac{1}{6}(1-r) + O(t),$$

其中 A 是 Ω 的面积, L 是 $\partial\Omega$ 的周长, r 是 Ω 的洞的数目.

进一步, Kac M. 证明了当 $\partial\Omega$ 是圆周时, 圆盘的形状能够完全从鼓的声音“听”出来.

尽管 Ω 的部分几何特征可以从 $\{\lambda_K\}$ 恢复出来, 但 Gordon-Web-Wolpert [5] 证明了由 $\{\lambda_K\}$ 完全恢复 Ω 的几何是不可能的, 他们构造了 $\mathbf{R}^2$ 中两个等谱的区域, 但它们的几何不同. 注意到 $\partial\Omega$ 的边界是不光滑的, 若 Ω 是具有光滑边界的凸区域, Kac 猜想是否能成立是一个有待解决的重要问题, 有关进展也见 [12]–[13].

参 考 文 献

[1] 张恭庆, 变分学讲义 [M]. 北京: 高等教育出版社, 2011.

[2] Courant R., Hilbert D. Methods of mathematical physics, Vol I, [M]. Interscience, 1953.

[3] Evans L. C., Partial Differential Equations [M]. Providence: AMS, 1998.

[4] Gilbarg D. Trudinger N.S., Elliptic Partial Differential Equations of Second Order [M]. Berlin: Springer, 2001.

[5] Gordon C., Webb D., Wolpert S., Isospectral plane domains and surfaces via Riemannian orbifolds [J]. Invent. Math., 1992, 110: 1-22.

[6] Kac M., Can one hear the shape of a drum? [J]. Amer. Math. Monthly, 1966, No.4, 73: 1-23.

[7] Kuttler J.R. Sigillito V.G., Eigenvalues of the Laplacian in two dimensions [J]. SIAM Review, 1984, 26:163-193.

[8] Li P., Yau S. T., On the Schrödinger equation and the eigenvalue problem [J]. Comm. Math. Phy. 1983, 88: 309-318.

[9] Osserman R., Isoperimetric inequalities and eigenvalues of the Laplacian, Proc. ICM[M]. Helsinki: Acad Sci. Fennica, 1978, 435-441.

[10] Pólya G., On the eigenvalues of vibrating membranes [J]. Proc. London Math. Soc., 1961, 11: 419-433.

[11] Weyl H., Ramifications, old and new, of the eigenvalue problem [J]. Bull. Amer. Math. Soc., 1950, 56: 115-139.

[12] Zelditch S., Inverse spectral problem for analytic domains. II. Z_2-symmetric domains [J]. Ann. of Math., 2009, 170: 205-269.

[13] Zelditch S., Survey on the inverse spectral problem [M]. ICCM Not.2 no.2, 2014: 1-20.

附录 6　弱解的正则性

我们知道, 当我们用变分方法 (min, max 或 minimax 等方法) 研究方程的解的存在性问题时, 由于 $C^1(\Omega)$ 或 $C^2(\Omega)$ 的拓扑较强且不是自反的 Banach 空间, 在其本身或某种子集上一般不能直接求出变分泛函的最小值点或者最大值点或者 minimax 点, 我们常常需要在 Sobolev 空间 $W^{1,2}(\Omega)$(或更一般地 $W^{k,p}(\Omega)$) 上先证明弱解的存在性, 然后根据变分泛函的结构进一步研究弱解更高阶的正则性.

6.1　内部正则性与差商方法

本小节研究以下极小化问题的解的内部正则性:

(P) $\inf\{I(u)=\int_\Omega f(x,u(x),\nabla u(x))dx : u\in u_0+W_0^{1,p}(\Omega)\}=m$

特别地, 这里

$$f(x,u,\xi)=g(x,\xi)-h(x)u$$

且 g 关于 $|\xi|$ 二次增长, $h\in L^2(\Omega)$.

我们有以下经典定理 ([1-9]):

定理 6.1　第 1 部分: 存在性.

设 $\Omega\subset R^n$ 是具有 Lipschitz 边界的有界开集, $u_0\in W^{1,2}(\Omega)$, $h\in L^2(\Omega)$ 且 $g\in C^1(\bar\Omega\times R^n)$, $g=g(x,\xi)$, $\xi\to g(x,\xi)$ 凸且满足存在 $0<\alpha_1\leqslant\alpha_3$ 和 $\alpha_2\in R$ 使

(G_1) $\alpha_1|\xi|^2-\alpha_2\leqslant g(x,\xi)\leqslant\alpha_3(|\xi|^2+1)$, $\forall(x,\xi)\in\bar\Omega\times R^n$

则存在 (P) 的一个最小值点 $u\in u_0+W_0^{1,2}(\Omega)$ 满足弱形式的 Euler-Lagrange 方程:

$$\int_\Omega\sum_{i=1}^n\frac{\partial g}{\partial\xi_i}(x,\nabla u(x))\varphi_{x_i}(x)dx=\int_\Omega h(x)\varphi(x)dx,\ \forall\varphi\in W_0^{1,2}(\Omega),\tag{6.1}$$

第 2 部分: 正则性.

在第 1 部分的假设及进一步的假设 $g\in C^2(\bar\Omega\times R^n)$ 下, 我们还假设 $\exists\alpha_4,\alpha_5,\alpha_6>0$ 使

(G_2) $\left|\dfrac{\partial^2 g}{\partial\xi_i\partial\xi_j}(x,\xi)\right|\leqslant\alpha_4,\forall(x,\xi)\in\bar\Omega\times R^n,\forall i,j=1,\cdots,n.$

(G_3) $\sum\limits_{i,j=1}^n\dfrac{\partial^2 g}{\partial\xi_i\partial\xi_j}(x,\xi)\lambda_i\lambda_j\geqslant\alpha_5|\lambda|^2,\forall\xi,\lambda\in R^n,\forall x\in\bar\Omega$

$$(G_4)\left|\frac{\partial^2 g}{\partial x_i\partial\xi_j}(x,\xi)\right|\leqslant\alpha_6|\xi|,\forall(x,\xi)\in\bar\Omega\times R^n,\forall i,j=1,\cdots,n$$

则最小值点 $u\in u_0+W_0^{1,2}(\Omega)$ 是唯一的且 $u\in W_{loc}^{2,2}(\Omega)$. 更精确地, 对每一个开集 $O\subset\bar O\subset\Omega$, 存在常数 $\gamma>0$ 使得

$$||u||_{W^{2,2}(O)}\leqslant\gamma\left[||h||_{L^2(\Omega)}+||u||_{W^{1,2}(\Omega)}\right]\tag{6.2}$$

进一步, 下面形式的 Euler-Lagrange 方程满足:

$$\sum_{i=1}^n\frac{\partial}{\partial x_i}\left[\frac{\partial g}{\partial\xi_i}(x,\nabla u)\right]=-h,\qquad \text{a.e. } x\in\Omega,\tag{6.3}$$

引理 6.1([1,2,4])　设 $\Omega\subset R^n$ 是开集, $1<p\leqslant+\infty$, $u\in L^p(\Omega)$. 则下面的几条性质等价:

(i) $u\in W^{1,p}(\Omega)$

(ii) $\exists\gamma=\gamma(u,\Omega,p)$ 使

$$\left|\int_\Omega u(x)\varphi_{x_i}(x)dx\right|\leqslant\gamma\cdot||\varphi||_{L^{p'}},\qquad\forall\varphi\in C_0^\infty(\Omega),\forall i=1,2,\cdots,n.$$

其中 $\dfrac{1}{p}+\dfrac{1}{p'}=1$.

(iii) 对 $\tau\in R^n$, $\tau\neq 0$, 定义差商

$$(D_\tau u)(x)=\frac{u(x+\tau)-u(x)}{|\tau|}.$$

则 $\exists\gamma=\gamma(u,\Omega,p)$ 使得对任意开集 $\omega\subset\bar\omega\subset\Omega$ 且 $\bar\omega$ 紧, 及对 $\forall\tau\in R^n:\ 0\neq|\tau|<\text{dist}(\omega,\Omega^c)$(这里 $\Omega^c=R^n-\bar\Omega$), 成立以下不等式:

$$||D_\tau u||_{L^p(\omega)}\leqslant\gamma$$

进一步, 若 (ii) 或 (iii) 成立, 则

$$||\nabla u||_{L^p(\Omega)}\leqslant\gamma$$

若 (i) 成立, 则在 (ii) 或 (iii) 中的 γ 可以选取为 $||\nabla u||_{L^p}$ 且

$$||D_\tau u||_{L^p(\omega)}\leqslant||\nabla u||_{L^p(\Omega)}$$

证　这里仅证 $n=1$, 且 $\Omega=(a,b)$ 的情形. 一般情形可见 Brézis[1] 及 Evans[4].

(i) $\Rightarrow$ (ii). 由于 u 有弱导数, 又由 Hölder 不等式有

$$\begin{aligned}\left|\int_a^b u(x)\varphi'(x)dx\right|&=\left|\int_a^b u'(x)\varphi(x)dx\right|\\&\leqslant||u'||_{L^p}\cdot||\varphi||_{L^{p'}}\end{aligned}$$

(ii) ⇒ (i). 设 F 是以下线性泛函:

$$F(\varphi)=\langle F,\varphi\rangle=\int_a^b u(x)\varphi'(x)dx,\quad \forall\varphi\in C_0^\infty(a,b)$$

由假设 (ii) 知 F 在 $C_0^\infty(a,b)$ 上连续. 因为 $C_0^\infty(a,b)$ 在 $L^{p'}(a,b)$ 中稠密, 则可由 Hahn-Banach 延拓定理扩张 F 到整个 $L^{p'}(a,b)$ 上, 因此可以定义 $L^{p'}(a,b)$ 上的连续线性算子 F 且

$$|F(\varphi)|\leqslant\gamma||\varphi||_{L^{p'}},\quad \forall\varphi\in L^{p'}(a,b)$$

由 $L^{p'}$ 空间的共轭空间的 Riesz 表示定理知, $\exists v\in L^p(a,b)$, 使

$$F(\varphi)=\langle F,\varphi\rangle=\int_a^b v(x)\varphi(x)dx,\quad \forall\varphi\in L^{p'}(a,b)$$

因此 $\forall\varphi\in C_0^\infty(a,b)$, 我们有 $F(\varphi)$ 的二个表示, 它们必须相等, 由此有

$$\int_a^b(-v(x))\varphi(x)dx=-\int_a^b u(x)\varphi'(x)dx,\quad \forall\varphi\in C_0^\infty(a,b)$$

因此 $u'=-v\in L^p(a,b)$, 即 $u\in W^{1,p}(a,b)$. 且由上面 $F(\varphi)$ 的表示及不等式有

$$||u'||_{L^p(a,b)}=||v||_{L^p(a,b)}\leqslant\gamma.$$

(iii) ⇒ (ii). 设 $\varphi\in C_0^\infty(a,b)$ 且设 $\omega\subset\bar{\omega}\subset(a,b)$ 且 $\bar{\omega}$ 紧并满足 $\operatorname{supp}\varphi\subset\omega$, 记 $\tau\in R$, $0\neq|\tau|<dist(\omega,(a,b)^c)$.

对 $1<p\leqslant+\infty$, 应用 Hölder 不等式及条件 (iii) 有

$$\begin{aligned}\left|\int_a^b[D_\tau u(x)]\varphi(x)dx\right|&\leqslant||D_\tau u||_{L^p(\omega)}\cdot||\varphi||_{L^{p'}(a,b)}\\&\leqslant\gamma\cdot||\varphi||_{L^{p'}(a,b)}\end{aligned}$$

由假设, 若 $\tau>0$ 有

$$\varphi(x)=\begin{cases}0, & x\in(a,a+\tau);\\ 0, & x\in(b-\tau,b)\end{cases}$$

$$\begin{aligned}\int_a^b u(x+\tau)\varphi(x)dx&=\int_{a+\tau}^{b+\tau}u(x+\tau)\varphi(x)dx\\&=\int_a^b u(x)\varphi(x-\tau)dx\end{aligned}$$

因为对 $\tau<0$ 可用相似的办法, 故由上面二式有

$$\int_a^b u(x)\left[\varphi(x-\tau)-\varphi(x)\right]dx\leqslant\gamma|\tau|||\varphi||_{L^{p'}(a,b)}$$

令 $|\tau|\to 0$, 我们有

$$\left|\int_a^b u\varphi' dx\right| \leqslant \gamma||\varphi||_{L^{p'}(a,b)},\qquad \forall\varphi\in C_0^\infty(a,b)$$

(i) $\Rightarrow$ (iii). 因为 $\forall u\in W^{1,p}(a,b)$, $1\leqslant p\leqslant+\infty$, $\exists\tilde{u}\in C[a,b]$ 使 $u=\tilde{u}$, *a.e.* 且

$$\tilde{u}(y)-\tilde{u}(x)=\int_x^y u'(t)dt,\qquad \forall x,y\in[a,b].$$

因此 $\forall x\in\omega$, 我们有

$$u(x+\tau)-u(x)=\int_x^{x+\tau}u'(t)dt=\tau\int_0^1 u'(x+s\tau)ds$$

因此

$$|u(x+\tau)-u(x)|\leqslant|\tau|\cdot\int_0^1|u'(x+s\tau)|ds$$

$p=+\infty$ 时, 结论显然, 下设 $1<p<+\infty$, 由 Jensen 不等式有

$$|u(x+\tau)-u(x)|^p\leqslant|\tau|^p\int_0^1|u'(x+s\tau)|^p ds$$

因此

$$\begin{aligned}\int_\omega|u(x+\tau)-u(x)|^p&\leqslant|\tau|^p\int_\omega\int_0^1|u'(x+s\tau)|^p dsdx\\&=|\tau|^p\int_0^1\int_\omega|u'(x+s\tau)|^p dxds\end{aligned}$$

又因为 $\omega+s\tau\subset(a,b)$, 故

$$\int_\omega|u'(x+s\tau)|^p=\int_{\omega+s\tau}|u'(y)|^p dy\leqslant||u'||_{L^p(a,b)}.$$

因此

$$||D_\tau u||_{L^p(\omega)}\leqslant||u'||_{L^p(a,b)}$$

下面来证明定理 6.1.

证　最小值点的存在性立即可从定理 4.3.8 得到. Euler-Lagrange 方程可由定理 4.2.5 得到.

又由 (G_1) 可知, $\exists\alpha_7>0$ 使

$$\left|\frac{\partial g}{\partial\xi_i}(x,\xi)\right|\leqslant\alpha_7(|\xi|+1),\qquad\forall(x,\xi)\in\bar{\Omega}\times R^n,\ \forall i=1,\cdots,n$$

又由 (G_3) 可知 g 是严格凸的, 则最小值点的唯一性可以得出, 又若一旦证明了 $u \in W^{2,2}_{loc}$, 则对 (6.1) 通过分部积分立即可得 (6.3). 因此下面要证明估计式 (6.2).

第 1 步 先回顾三个基本事实.

事实 1 差商的性质.

由引理 6.1 有:

性质 (i). 对每个开集 $\omega \subset \bar{\omega} \subset \Omega$, 这里 $\bar{\omega}$ 紧, 且 $\forall u \in W^{1,2}(\Omega)$ 及 $0 \neq |\tau| < dist(\omega, \Omega^c)$ 成立:

$$||D_\tau u||_{L^2(\omega)} \leqslant ||\nabla u||_{L^2}(\Omega) \tag{6.4}$$

(ii). 若 $u \in L^2(\Omega)$, 且对某个开集 $\omega \subset \bar{\omega} \subset \Omega$ ($\bar{\omega}$ 紧), $0 \neq |\tau| < dist(\omega, \Omega^c)$, 存在独立于 τ 的常数 $\gamma > 0$ 满足

$$||D_\tau u||_{L^2(\omega)} \leqslant \gamma$$

则我们有

$$u \in W^{1,2}(\omega) \text{ 且 } ||\nabla u||_{L^2(\omega)} \leqslant \gamma \tag{6.5}$$

(iii). 进一步, 一个直接的计算可知, 对 $u, v \in W^{1,2}(\Omega)$, 且 v 在 Ω 中具有紧支集且 $0 \neq |\tau| < dist(suppv, \Omega^c)$, 则

$$\int_\Omega \langle \nabla u, \nabla D_{-\tau} v\rangle dx = \int_\Omega \langle D_\tau \nabla u, \nabla v\rangle dx \tag{6.6}$$

事实 2 由定理假设 (G_3) 可知:

$$\langle \nabla_\xi g(x,\xi) - \nabla_\xi g(x,0), \xi\rangle \geqslant \alpha_5 |\xi|^2, \quad \forall (x,\xi) \in \bar{\Omega} \times R^n$$

这里 $\nabla_\xi g(x,\xi) = \left(\dfrac{\partial g}{\partial \xi_1}(x,\xi), \cdots, \dfrac{\partial g}{\partial \xi_n}(x,\xi)\right)$.

上述不等式是因为:

$$\begin{aligned}\frac{\partial g}{\partial \xi_i}(x,\xi) - \frac{\partial g}{\partial \xi_i}(x,0) &= \int_0^1 \frac{d}{dt}\left[\frac{\partial g}{\partial \xi_i}(x,t\xi)\right] dt \\ &= \int_0^1 \sum_{j=1}^n \left[\frac{\partial^2 g}{\partial \xi_i \partial \xi_j}(x,t\xi)\xi_j\right] dt\end{aligned}$$

事实 3 对 $\forall \varepsilon > 0$, 由 $ab \leqslant \varepsilon a^2 + \frac{b^2}{\varepsilon}$ 可知

$$||u \cdot v||_{L^1} \leqslant ||u||_{L^2} \cdot ||v||_{L^2} \leqslant \varepsilon ||u||^2_{L^2} + \frac{1}{\varepsilon}||v||^2_{L^2}$$

第 2 步 差商方法.(参 Evans[4])

固定开集 $O \subset \bar{O} \subset \Omega$, 找 $\rho \in C_0^\infty(\Omega)$ 使 $0 \leqslant \rho \leqslant 1$ 且在 O 上 $\rho \equiv 1$.

在 Euler-Lagrange 方程 (6.1) 中选取特殊的 $\varphi \in W_0^{1,2}(\Omega)$, 对 $|\tau|$ 充分小, 令

$$\varphi = D_{-\tau}(\rho^2 D_\tau u)$$

方程 (6.1) 变成为:

$$\int_\Omega \langle \nabla_\xi g(x, \nabla u), \nabla(D_{-\tau}\rho^2(D_\tau u))\rangle dx = \int_\Omega hD_{-\tau}(\rho^2 D_\tau u)dx$$

利用差商的性质 (6.6), 我们有

$$\int_\Omega \langle D_\tau\left[\nabla_\xi g(x,\nabla u)\right], \rho^2(D_\tau Du)\rangle dx + 2\int_\Omega \langle D_\tau\left[\nabla_\xi g(x,\nabla u)\right], \rho\nabla\rho(D_\tau u)\rangle dx$$
$$= \int_\Omega hD_{-\tau}(\rho^2 D_\tau u)dx \tag{6.7}$$

这里 $D_\tau[\nabla_\xi g(x,\nabla u)] = \left(D_\tau\left[\frac{\partial g}{\partial \xi_1}(x,\nabla u)\right], \cdots, D_\tau\left[\frac{\partial g}{\partial \xi_n}(x,\nabla u)\right]\right)$,

$$D_\tau\left[\frac{\partial g}{\partial \xi_i}(x,\nabla u)\right] = \frac{1}{|\tau|}\left[\frac{\partial g}{\partial \xi_i}(x+\tau, \nabla u(x+\tau)) - \frac{\partial g}{\partial \xi_i}(x, \nabla u(x))\right]$$

下面需要估计 (6.7) 中的每一项.

第 2.1 步: 先做二个简单的观察:

观察 1 注意到

$$\begin{aligned}
&\frac{\partial g}{\partial \xi_i}(x+\tau, \nabla u(x+\tau)) - \frac{\partial g}{\partial \xi_i}(x+\tau, \nabla u(x))\\
=&\int_0^1 \frac{d}{dt}\left[\frac{\partial g}{\partial \xi_i}(x+\tau, \nabla u(x) + t(\nabla u(x+\tau) - \nabla u(x)))\right]dt\\
=&\sum_{j=1}^n \int_0^1 \left[\frac{\partial^2 g}{\partial \xi_i \partial \xi_j}(x+\tau, \nabla u(x) + t(\nabla u(x+\tau) - \nabla u(x)))\cdot(u_{x_j}(x+\tau) - u_{x_j}(x))\right]dt
\end{aligned} \tag{6.8}$$

观察 2 我们注意到

$$\begin{aligned}
&\frac{\partial g}{\partial \xi_i}(x+\tau, \nabla u(x)) - \frac{\partial g}{\partial \xi_i}(x, \nabla u(x))\\
=&\int_0^1 \frac{d}{dt}\left[\frac{\partial g}{\partial \xi_i}(x+t\tau, \nabla u(x))\right]dt\\
=&\int_0^1 \sum_{j=1}^n \frac{\partial^2 g}{\partial \xi_i \partial x_j}(x+t\tau, \nabla u(x))\tau_j dt
\end{aligned} \tag{6.9}$$

令

$$g_{ij}(x)=\int_0^1 \frac{\partial^2 g}{\partial\xi_i\partial\xi_j}(x+\tau,\nabla u(x)+t(\nabla u(x+\tau)-\nabla u(x)))dt,$$

$$\tilde{g}_{ij}(x)=\int_0^1 \frac{\partial^2 g}{\partial\xi_i\partial x_j}(x+t\tau,\nabla u(x))dt,$$

则 (6.8) 与 (6.9) 式两边相加再除以 $|\tau|$ 得:

$$D_\tau\left[\frac{\partial g}{\partial\xi_i}(x,\nabla u)\right]=\sum_{j=1}^n g_{ij}(D_\tau u_{x_j})+\sum_{j=1}^n \tilde{g}_{ij}\frac{\tau_j}{|\tau|} \tag{6.10}$$

又从 (G_2) 和 (G_4) 即得

$$|D_\tau[\nabla_\xi g(x,\nabla u)]|\leqslant n\alpha_4|D_\tau\nabla u|+n\alpha_6|\nabla u| \tag{6.11}$$

进一步, 由 (6.10) 可得

$$\langle D_\tau[\nabla_\xi g(x,\nabla u)],D_\tau Du\rangle=\sum_{i,j=1}^n g_{ij}(D_\tau u_{x_j})(D_\tau u_{x_i})+\sum_{i,j=1}^n \tilde{g}_{ij}\frac{\tau_j}{|\tau|}(D_\tau u_{x_i})$$

因而由 (G_3) 有

$$\langle D_\tau[\nabla_\xi g(x,\nabla u)],D_\tau\nabla u\rangle\geqslant\alpha_5|D_\tau\nabla u|^2-n^2\alpha_6|\nabla u|\cdot|D_\tau\nabla u|$$

固定 $\varepsilon>0$, 我们因此由第 1 步事实 3 的简单 Young 不等式得

$$\langle D_\tau[\nabla_\xi g(x,\nabla u)],D_\tau\nabla u\rangle\geqslant(\alpha_5-n^2\alpha_6\varepsilon)|D_\tau\nabla u|^2-\frac{n^2\alpha_6}{\varepsilon}|\nabla u|^2. \tag{6.12}$$

第 2.2 步 : 下面回来估计 Euler-Lagrange 方程 (6.7) 中的三项:

估计 1 我们从 (6.12) 两边乘以 ρ^2 再积分有

$$\begin{aligned}&(\alpha_5-n^2\alpha_6\varepsilon)\cdot||\rho(D_\tau\nabla u||_{L^2}^2-\frac{n^2\alpha_6}{\varepsilon}||\rho\nabla u||_{L^2}^2\\ \leqslant&\int_\Omega\langle D_\tau[\nabla_\xi g(x,\nabla u)],\rho^2(D_\tau\nabla u)\rangle\end{aligned}$$

因为 $0\leqslant\rho\leqslant 1$, 我们有

$$(\alpha_5-n^2\alpha_6\varepsilon)||\rho(D_\tau\nabla u)||_{L^2}^2-\frac{n^2\alpha_6}{\varepsilon}||\nabla u||_{L^2}^2\leqslant\int_\Omega\langle D_\tau[\nabla_\xi g(x,\nabla u)],\rho^2(D_\tau\nabla u)\rangle dx \tag{6.13}$$

估计 2　由 (6.11), 对任意固定的 $\varepsilon>0$, 我们有

$$\begin{aligned}&\left|2\int_\Omega\langle D_\tau\left[\nabla_\xi g(x,\nabla u)\right],\rho\nabla\rho(D_\tau u)\rangle\right|\\ \leqslant&2n\alpha_4\int_\Omega|\rho(D_\tau\nabla u)|\cdot|\nabla\rho(D_\tau u)|+2n\alpha_6\cdot\int_\Omega|\rho\nabla u|\cdot|\nabla\rho(D_\tau u)|dx\\ \leqslant&2n\alpha_4\varepsilon||\rho(D_\tau\nabla u)||_{L^2}^2+\left(\frac{2n\alpha_4}{\varepsilon}+2n\alpha_6\right)\cdot||\nabla\rho(D_\tau u)||_{L^2}^2+2n\alpha_6||\rho\nabla u||_{L^2}^2\end{aligned}$$

又从 (6.6), 我们有

$$\begin{aligned}||\nabla\rho(D_\tau u)||_{L^2}^2=&\int_{supp\ \rho}|\nabla\rho(D_\tau u)|^2dx\\ \leqslant&||\nabla\rho||_{L^\infty}^2\cdot\int_{supp\ \rho}|D_\tau u|^2dx\leqslant||\nabla\rho||_{L^\infty}^2\cdot||\nabla u||_{L^2}^2\end{aligned}\tag{6.14}$$

因而对 $0\leqslant\rho\leqslant1$ 有

$$\begin{aligned}&\left|2\int_\Omega\langle D_\tau\left[\nabla_\xi g(x,\nabla u)\right],\rho\nabla\rho(D_\tau u)\rangle\right|\\ \leqslant&2n\alpha_4\varepsilon||\rho(D_\tau\nabla u)||_{L^2}^2+\left(\frac{2n\alpha_4}{\varepsilon}+2n\alpha_6\right)||\nabla\rho||_{L^\infty}^2\cdot||\nabla u||_{L^2}^2+2n\alpha_6\cdot||\nabla u||_{L^2}^2\end{aligned}$$

估计 3　由 (6.4) 式, 对固定的 $\varepsilon>0$ 有

$$\begin{aligned}|\int_\Omega h(D_{-\tau}\rho^2(D_\tau u))|\leqslant&\varepsilon||(D_{-\tau}\rho^2(D_\tau u))||_{L^2}^2+\frac{1}{\varepsilon}||h||_{L^2}^2\\ \leqslant&\varepsilon||\nabla(\rho^2(D_\tau u))||_{L^2}^2+\frac{1}{\varepsilon}||h||_{L^2}^2\end{aligned}$$

又因为

$$\begin{aligned}||\nabla(\rho^2(D_\tau u))||_{L^2}^2=&\int_\Omega|\rho^2(D_\tau\nabla u)+2\rho\nabla\rho(D_\tau u)|^2\\ \leqslant&2\int_\Omega|\rho^2(D_\tau\nabla u)|^2+2\int_\Omega|2\rho\nabla\rho(D_\tau u)|^2\end{aligned}$$

因为 $0\leqslant\rho\leqslant1$, 故 $\rho^2\leqslant\rho$, 则相似于 (6.14) 有

$$|\int_\Omega h(D_{-\tau}\rho^2(D_\tau u))|\leqslant2\varepsilon||\rho(D_\tau\nabla u)||_{L^2}^2+8\varepsilon||\nabla\rho||_{L^\infty}^2\cdot||\nabla u||_{L^2}^2+\frac{1}{\varepsilon}||h||_{L^2}^2$$

现在把前面获得的三个估计式全部插入 Euler-Lagrange 方程 (6.7), 我们有

$$\begin{aligned}&(\alpha_5-n^2\alpha_6\varepsilon-2n\alpha_4\varepsilon-2\varepsilon)||\rho(D_\tau\nabla u)||_{L^2}^2\\ \leqslant&\left(\frac{2n\alpha_4}{\varepsilon}+2n\alpha_6+8\varepsilon\right)||\nabla\rho||_{L^\infty}^2\cdot||\nabla u||_{L^2}^2\\ &+(2n\alpha_6+\frac{n^2\alpha_6}{\varepsilon})||\nabla u||_{L^2}^2+\frac{1}{\varepsilon}||h||_{L^2}^2\end{aligned}$$

因而选取 $\varepsilon > 0$ 充分小, 则 $\exists\gamma_1 = \gamma_1(\varepsilon, \rho) > 0$, 使

$$||\rho(D_\tau \nabla u)||_{L^2}^2 \leqslant \gamma_1(||\nabla u||_{L^2}^2 + ||h||_{L^2}^2).$$

利用 ρ 的定义我们有

$$||(D_\tau \nabla u)||_{L^2(O)}^2 \leqslant \gamma_1(||\nabla u||_{L^2(\Omega)}^2 + ||h||_{L^2(\Omega)}^2)$$

由 (6.5) 我们有

$$\begin{aligned} ||\nabla^2 u||_{L^2(O)}^2 &\leqslant \gamma_1(||u||_{W^{1,2}(\Omega)}^2 + ||h||_{L^2(\Omega)}^2) \\ ||u||_{W^{2,2}(O)}^2 &\leqslant (\gamma_1 + 1)(||u||_{W^{1,2}(\Omega)}^2 + ||h||_{L^2(\Omega)}^2) \end{aligned}$$

因此定理得证.

6.2 边界正则性 (差商方法)

下面在一种特殊情况下进一步研究定理 6.1 中解的正则性, 我们可以进一步证明解 u 的正则性可以延拓到 Ω, 即不仅仅是 $u \in W_{loc}^{2,2}$, 而是 $u \in W^{2,2}(\Omega)$. 本定理及其更多证明细节见 Brézis[1], Dacorogna[2], Evans[4], John[7]

定理 6.2 设 $\Omega \subset R^n$ 是具有 C^2 边界的有界开集, $h \in L^2(\Omega)$ 且 $g_{ij} = g_{ji} \in C^1(\bar{\Omega})$ 满足存在 $\alpha > 0$ 使

(G) $\sum\limits_{i,j=1}^{n} g_{ij}(x)\lambda_i\lambda_j \geqslant \alpha|\lambda|^2, \quad \forall\lambda \in R^n, \forall x \in \bar{\Omega}$

则存在唯一的 $u \in W_0^{1,2}(\Omega) \cap W^{2,2}(\Omega)$ 是以下问题的解

(P) $\inf\{I(u) = \sum\limits_{i,j=1}^{n} \int_\Omega g_{ij}u_{x_i}u_{x_j}dx - \int_\Omega hudx : u \in W_0^{1,2}(\Omega)\}$

且 $\exists\gamma > 0$ 使

$$||u||_{W^{2,2}(\Omega)} \leqslant \gamma||h||_{L^2(\Omega)}$$

且定理的结论可以推广至定理 6.1 中非二次情形.

证 (P) 的弱解对应的 Euler-Lagrange 方程为

$$2\int_\Omega \sum_{i,j=1}^{n} g_{ij}u_{x_i}\varphi_{x_j} = \int_\Omega h\varphi, \quad \forall\varphi \in W_0^{1,2}(\Omega), \tag{6.15}$$

因为由定理 6.1, $u \in W_{loc}^{2,2}(\Omega)$.

上式分部积分并由变分基本引理有

$$\sum_{i=1,j=1}^{n} g_{ij}u_{x_ix_j} + \sum_{i,j=1}^{n} \frac{\partial}{\partial x_j}(g_{ij})u_{x_i} = -\frac{h}{2}, \quad a.e. x \in \Omega \tag{6.16}$$

第 1 步　先选取特殊的 Ω, 即设 $Q=(-1,1)^n$ 且 $\Omega=Q_+=Q\cap\{x_n>0\}$. 设 $q\subset\bar{q}\subset Q$ 且 q 是开的, 令

$$q_+=q\cap\{x_n>0\}$$

找一个 $\rho\in C_0^\infty(Q)$ 使 $0\leqslant\rho\leqslant 1$ 且在 q 上 $\rho\equiv 1$. 注意 q 在 ∂Q_+ 的多数部分为 0. 但不是全部, 更准确地, 当任何一个 $x_i=\pm 1,(i=1,\cdots,n-1)$, 且 $x_n=1$ 时 ρ 为 0, 但当 $x_n=0$ 时, ρ 不一定为 0.

相似于定理 6.1, 在 (6.15) 中选取测试函数

$$\varphi=D_{-\tau}(\rho^2 D_\tau u),\ \tau=(\tau_1,\cdots,\tau_{n-1},0)\neq 0.$$

因为 $u\in W_0^{1,2}(Q_+)$ 且 $\rho\in C_0^\infty(Q)$, 则当 $|\tau|$ 充分小时, $\varphi\in W_0^{1,2}(Q_+)$. 因此正如内部正则性估计中的方法, 我们可得

$$||D_\tau\nabla u||^2_{L^2(q_+)}\leqslant\gamma_1\left[||u||^2_{W^{1,2}(Q_+)}+||h||^2_{L^2(Q_+)}\right]$$

因而除 $u_{x_nx_n}$(因 $\tau_n=0$) 外, 我们获得所有 $u_{x_ix_j}\in L^2(q_+)$, 更精确地,

$$\sum_{2\leqslant i+j\leqslant 2n}||u_{x_ix_j}||^2_{L^2(q_+)}\leqslant\gamma_2(||u||^2_{W^{1,2}(Q_+)}+||h||^2_{L^2(Q_+)})\tag{6.17}$$

为了获得所有 $u_{x_ix_j}$ 的完全估计, 我们还需要估计 $u_{x_nx_n}$.

由 (6.16) 和 (6.17) 我们有

$$g_{nn}u_{x_nx_n}=-\sum_{2\leqslant i+j<2n}g_{ij}u_{x_ix_j}-\sum_{i,j=1}^n\frac{\partial}{\partial x_j}(g_{ij})u_{x_i}-\frac{h}{2}$$

因为由已知条件 (G) 有 $g_{nn}\geqslant\alpha>0$, 因此类似于定理 6.1 的证明有

$$||u||^2_{W^{2,2}(q_+)}\leqslant\gamma_3(||u||^2_{W^{1,2}(Q_+)}+||h||^2_{L^2(Q_+)})\tag{6.18}$$

第 2 步　下面考虑比 Q_+ 更一般的集合. 注意原来已定义

$$Q=(-1,1)^n,\quad Q_+=Q\cap\{x_n>0\}$$

设 $W\subset R^n$ 是有界开集且满足存在一一到上的映射 $H:\bar{Q}\to\bar{W}$ 使 $H\in C^2(\bar{Q}),H^{-1}\in C^2(\bar{W})$ 且 $det\nabla H>0$.

设 $W_+=H(Q_+)$, $w\subset\bar{w}\subset W$, w 是开集, 且 $w_+=w\cap W_+$. 下证存在 $\gamma_4>0$ 使

$$||u||^2_{W^{2,2}(w_+)}\leqslant\gamma_4(||u||^2_{W^{1,2}(W_+)}+||h||^2_{L^2(W_+)})\tag{6.19}$$

我们改变变量且令

$$x=H(y),u(x)=v(H^{-1}(x)),\varphi(x)=\psi(H^{-1}(x))$$

则易证

$$\sum_{i,j=1}^{n}\int_{W_+}g_{ij}(x)u_{x_i}(x)\varphi_{x_j}(x)dx=\sum_{k,l=1}^{n}\int_{Q_+}\tilde{g}_{kl}(y)v_{y_k}(y)\psi_{y_l}(y)dy$$

其中

$$\tilde{g}_{kl}(y)=\sum_{i,j=1}^{n}g_{ij}(H(y))\frac{\partial H_k^{-1}}{\partial x_i}(H(y))\frac{\partial H_l^{-1}}{\partial x_j}(H(y))det(\nabla H(y))$$

相似地, 令 $\tilde{h}(y)=h(H(y))det\nabla H(y)$, 则我们有

$$\int_{W_+}h(x)\varphi(x)dx=\int_{Q_+}\tilde{h}(y)\psi(y)dy$$

则 Euler-Lagrange 方程 (6.15) 变成为

$$2\sum_{k,l=1}^{n}\int_{Q_+}\tilde{g}_{kl}(y)v_{y_k}(y)\psi_{y_l}(y)dy=\int_{Q_+}\tilde{h}(y)\psi(y)dy,\quad\forall\psi\in W_0^{1,2}(Q_+)\tag{6.20}$$

又注意到“变量的正则变换, 保持一致椭圆性”, 即 $\exists\beta>0$ 使

$$\sum_{k,l=1}^{n}\tilde{g}_{kl}(y)\lambda_k\lambda_l\geqslant\beta|\lambda|^2,\ \forall\lambda\in R^n,\ \forall y\in\bar{Q}_+$$

再对 (6.20) 应用第 1 步的结论得到

$$||v||_{W^{2,2}(q_+)}^2\leqslant\tilde{\gamma}_3(||v||_{W^{1,2}(Q_+)}^2+||\tilde{h}||_{L^2(Q_+)}^2)\tag{6.21}$$

这里 $q_+=H^{-1}(W_+)$.

因为 $u=v\circ H^{-1}$ 且 $h=\tilde{h}\circ H^{-1}(det\nabla H)^{-1}$, 因此由 (6.21) 得 (6.19).

第 3 步 我们正如在 C^2- 边界的定义中使用过的, 用有限多个 $U_1,\cdots,U_n$ 覆盖 $\partial\Omega$, 然后找一个开集 $O\subset\bar{O}\subset\Omega$ 使

$$\bar{\Omega}\subset O\cup U_1\cup\cdots\cup U_N$$

对每个 U_i 应用 (6.19) 且对 O 应用内部正则性估计, 则 $u\in W^{2,2}(\Omega)$ 且 $\exists\gamma_5>0$ 使

$$||u||_{W^{2,2}(\Omega)}^2\leqslant\gamma_5(||u||_{W^{1,2}(\Omega)}^2+||h||_{L^2(\Omega)}^2)\tag{6.22}$$

第 4 步　证明估计式

$$||u||_{W^{2,2}(\Omega)} \leqslant \gamma||h||_{L^2(\Omega)}$$

因为 $u \in W_0^{1,2}(\Omega)$, 故由 Poincaré 不等式, $\exists\theta > 0$ 使

$$\theta||u||_{W^{1,2}}^2 \leqslant ||\nabla u||_{L^2}^2 \tag{6.23}$$

回到 Euler-Lagrange 方程 (6.15), 令 $\varphi = u \in W_0^{1,2}(\Omega)$, 我们有

$$2\int_\Omega \sum_{i,j=1}^n g_{ij}u_{x_i}u_{x_j} = \int_\Omega hu$$

再利用定理条件 (G), 则对 $\forall\varepsilon > 0$,

$$\begin{aligned} 2\alpha||\nabla u||_{L^2}^2 &\leqslant 2\int_\Omega \sum_{i,j=1}^n g_{ij}u_{x_i}u_{x_j} = \int_\Omega hu \\ &\leqslant \varepsilon||u||_{W^{1,2}}^2 + \frac{1}{\varepsilon}||h||_{L^2}^2 \end{aligned}$$

选取 $\varepsilon > 0$ 充分小且结合 (6.23) 有

$$||u||_{W^{1,2}}^2 \leqslant \frac{1}{\varepsilon(2\alpha\theta - \varepsilon)}||h||_{L^2}^2$$

再应用 (6.22) 即知 $\exists\gamma > 0$ 使

$$||u||_{W^{2,2}(\Omega)} \leqslant \gamma||h||_{L^2(\Omega)}.$$

6.3　Dirichlet 积分的高阶正则性

定理 6.3　设 $k \geqslant 0$ 是整数, $\Omega \subset R^n$ 是具有 Lipschitz 边界的有界开集, $h \in W^{k,2}(\Omega)$ 且

(P) $\inf\{I(u) = \frac{1}{2}\int_\Omega |\nabla u(x)|^2dx - \int_\Omega h(x)u(x)dx : u \in W_0^{1,2}(\Omega)\}$
则 (P) 存在唯一的最小值点 $u \in W_0^{1,2}(\Omega) \cap W_{loc}^{k+2,2}(\Omega)$ 且存在 $r > 0$ 使

$$||u||_{W^{k+2,2}(\Omega)} \leqslant r||h||_{W^{k,2}(\Omega)} \tag{6.24}$$

特别地, 若 $k = +\infty$, 则最小值点 u 在 Ω 的一个零测集上重新定义后 $\tilde{u} \in C^\infty(\bar{\Omega})$.

证　$I(u)$ 的最小值点在 $W_0^{1,2}(\Omega)$ 上的存在唯一性可由第四章第 3 节中有关定理得出. 下面要进一步研究正则性.

我们仅讨论内部正则性, 因为直到边界的正则性可应用定理 6.2 获得. 由定理 6.2 的证明的第 3 和第 4 步, 存在 $\gamma_1=\gamma_1(O)$ 使最小值点 $u\in W_0^{1,2}(\Omega)\cap W_{loc}^{2,2}(\Omega)$ 满足:

$$\int_\Omega\langle\nabla u,\nabla\varphi\rangle dx=\int_\Omega h(x)\varphi(x)dx,\ \forall\varphi\in W_0^{1,2}(\Omega) \tag{6.25}$$

$$||u||_{W^{2,2}(O)}\leqslant\gamma_1||h||_{L^2(\Omega)} \tag{6.26}$$

$$\Delta u=-h,\quad a.e.\ x\in\Omega \tag{6.27}$$

假设 $h\in W^{1,2}(\Omega)$, 我们要证 $u\in W_{loc}^{3,2}(\Omega)$, 更一般地, 若 $h\in W^{k,2}(\Omega)$, 则可重复上述过程得到 $u\in W_{loc}^{k+2,2}(\Omega)$.

证明的思想是对 $u_{x_i}=\partial u/\partial x_i$ 应用定理 6.1 且观察到由 $\Delta u=-h$ 有 $\Delta u_{x_i}=-h_{x_i}$.

事实上, 对 $\forall i=1,\cdots,n$, 我们断言:

$$\int_\Omega\langle\nabla u_{x_i}(x),\nabla\varphi(x)\rangle dx=\int_\Omega h_{x_i}(x)\varphi(x)dx,\ \forall\varphi\in W_0^{1,2}(\Omega)$$

为了证明上式对 $\forall\varphi\in W_0^{1,2}(\Omega)$ 成立, 由于 $C_0^\infty(\Omega)$ 在 $W_0^{1,2}(\Omega)$ 中稠, 只需证明上式对 $\forall\varphi\in C_0^\infty(\Omega)$ 成立.

利用 (6.25) 式及分部积分公式, 我们对 $\forall\varphi\in C_0^\infty(\Omega)$ 有:

$$\begin{aligned}&\int_\Omega\langle\nabla u_{x_i}(x),\nabla\varphi(x)\rangle dx=\int_\Omega\langle(\nabla u)_{x_i},\nabla\varphi\rangle dx\\=&-\int_\Omega\langle\nabla u,(\nabla\varphi)_{x_i}\rangle dx=-\int_\Omega\langle\nabla u,\nabla\varphi_{x_i}\rangle dx\\=&-\int_\Omega h\varphi_{x_i}dx=\int_\Omega h_{x_i}\varphi dx\end{aligned}$$

因为 $h\in W^{1,2}$, 我们有 $h_{x_i}\in L^2$, 因此由定理 6.1 和定理 6.2, 我们知 $u_{x_i}\in W_{loc}^{2,2}$ 且 $\exists\gamma_2>0$ 使

$$||u_{x_i}||_{W^{2,2}(O)}\leqslant\gamma_2||h_{x_i}||_{L^2(\Omega)}\leqslant\gamma_2||h||_{W^{1,2}(\Omega)}$$

由于上式对 $\forall i=1,\cdots,n$ 均成立, 故 $u\in W_{loc}^{3,2}(\Omega)$. 更进一步有估计 $||u||_{W^{3,2}(O)}\leqslant\gamma_3||h||_{W^{1,2}(\Omega)}$, 更一般的情形可用数学归纳法类似地证明.

6.4 一些一般性的结果

为了将上一节中的被积式推广到 $f=f(x,u,\nabla u)$ 的一般情形, 特别是对具有散度型的椭圆型方程, 若变系数不连续, 仅要求 L^∞, 如何得到解的 Hölder 连续性? 这是一个很困难的问题, 1957 年, 意大利数学家 De Giorgi([3]) 首先取得突破, 几乎同

时美国数学家 Nash([11]) 独立地于 1958 年用完全不同的方法给出了抛物及椭圆型方程解的 Hölder 连续性, 德国数学家 Moser([10]) 于 1960 年把 De Giorgi 及 Nash 的方法进行了简化, 现在 ([1]-[2],[5],[6],[9]) 称之为 De Giorgi-Nash-Moser 理论, 本质上它是通过变换把非线性 Euler-Lagrange 方程变为具有有界可测系数的椭圆线性方程, 然后得到相应的估计. 他们得到以下定理:

定理 6.4.1([3,10,11])　设 $\Omega \subset R^n$ 是有界开集, $v \in W^{1,2}(\Omega)$ 满足

$$\sum_{i,j=1}^{n} \int_{\Omega} \left[a_{ij}(x) v_{x_i}(x) \varphi_{x_j}(x)\right] dx = 0,\ \forall \varphi \in W_0^{1,2}(\Omega),$$

其中 $a_{ij} = a_{ji} \in L^{\infty}(\Omega)$ 且 $\exists \gamma > 0$ 使

$$\sum_{i,j=1}^{n} a_{ij}(x) \lambda_i \lambda_j \geqslant \gamma |\lambda|^2,\ a.e.\ x \in \Omega, \forall \lambda \in R^n$$

则 $\exists 0 < \alpha < 1$ 使 $\forall O \subset \bar{O} \subset \Omega$ 有 $v \in C^{0,\alpha}(O) = C^{\alpha}(O)$.

定理 6.4.2([9])　设 $\Omega \subset R^n$ 是有界开集且 $f \in C^{\infty}(\Omega \times R \times R^n), f = f(x,u,\xi)$. 设 $f_x = (f_{x_1}, \cdots, f_{x_n}), f_{\xi} = (f_{\xi_1}, \cdots, f_{\xi_n})$ 且类似地可定义高阶导数.

设 $\forall (x,u,\xi) \in \Omega \times R \times R^n, \forall \lambda \in R^n, f$ 满足以下条件:

$$\begin{cases} \alpha_1 V^p - \alpha_2 \leqslant f(x,u,\xi) \leqslant \alpha_3 \cdot V^p, \\ |f_{\xi}|, |f_{x\xi}|, |f_u|, |f_{xu}| \leqslant \alpha_3 V^{p-1}, \\ |f_{u\xi}|, |f_{uu}| \leqslant \alpha_3 V^{p-2}, \\ \alpha_4 V^{p-2} |\lambda|^2 \leqslant \sum\limits_{i,j=1}^{n} f_{\xi_i \xi_j}(x,u,\xi) \lambda_i \lambda_j \leqslant \alpha_5 V^{p-2} |\lambda|^2 \end{cases}$$

其中 $p \geqslant 2, V^2 = 1 + u^2 + |\xi|^2, \alpha_i > 0, i = 1, \cdots, 5$ 是常数.

则变分极值问题:

$(P)\ \inf\{I(u) = \int_{\Omega} f(x,u(x),\nabla u(x)) dx : u \in u_0 + W_0^{1,p}(\Omega)\}$

的任何最小值点 $u \in C^{\infty}(O)$, 这里 $O \subset \bar{O} \subset \Omega$.

注 1　关于一般情况下的边界正则性也有一些工作 [1-11].

注 2　以上几节的正则性结果对具有弱形式的 Euler-Lagrange 方程的解也应成立.

参 考 文 献

[1] Brézis H. Functional analysis, Sobolev spaces and PDE [M]. 2nd edition, New York: Springer, 2011.

[2] Dacorogna B. Introduction to the calculus of variations [M]. 2nd edition, Imperial College Press, 2008.

[3] De Giorgi E. Sulla differenziabilità e l'analiticità delle estremali degli integrali multipli regolari [J]. Mem. Acad. Sci. Torino CL. Sci. Fis. Mat. Natur, 1957: (3)3, 25-43.

[4] Evans L C. Partial differential equations [M]. Providence: AMS, 1998.

[5] Giaquinta M. Multiple integrals in the calculus of variations and nonlinear elliptic systems [M]. Princeton: Princeton Univ. Press, 1983.

[6] Gilbarg D. and Trudinger N. S. Elliptic partial differential equations of second order [M]. 2nd edition, Berlin: Springer, 2001.

[7] John F. Partial differential equations [M]. Berlin: Springer, 1982.

[8] Ladyzhenskaya O.A. and Uraltseva N.N. Linear and quasilinear elliptic equations [M]. New York: Academic Press, 1968.

[9] Morrey C.B. Multiple integrals in the calculus of variations [M]. Berlin: Springer, 1966.

[10] Moser J. A new proof of de Giorgi's theorem concerning the regularity problem for elliptic differential equations [J]. Comm. Pure Appl. Math. 1960, 13:457-468.

[11] Nash J. Parabolic equations [J]. Proc. Nat. Acad. Sci. U.S. A. 43 (1957), 754-758; Continuity of solutions of parabolic and elliptic equations [J]. Amer. J. Math. 1958, 80: 931-954.

附录 7　用 Ekeland 变分原理证明山路引理

我们在第 5 章和第 8 章中分别讲述了经典的 Ekeland 变分原理及 Ambrosetti-Rabinowitz 山路引理. 它们的原始形式都是在上个世纪七十年代初被发现的. 山路引理的原始证明用了拓扑学中的形变引理, 证明相对较复杂. Ekeland 变分原理本质上用到基空间的完备性, 证明相对简单一些.

Ekeland 变分原理是非凸分析中的一个重要原理. 它的经典表述如下:

定理 7.1 (Ekeland 变分原理) ([4, 5])

设 $(V,\ d)$ 为一完备度量空间, $F: V \to R \cup \{+\infty\}$ 但不恒为 $+\infty$ 且是有下界的下半连续泛函, 则对任意 $\varepsilon > 0$ 及满足以下不等式的 $u_\varepsilon \in V$:

$$F(u_\varepsilon) \leqslant \inf_V F + \varepsilon,$$

$\exists\ v \in V,\ s.t.$

$$F(v) \leqslant F(u),$$

$$d(u,\ v) \leqslant 1,$$

$$F(w) > F(v) - \varepsilon d(v,\ w) \quad \forall w \neq v.$$

山路引理是关于泛函的临界点理论中的一个重要引理, 它在寻找既无上界又无下界的泛函的临界点中很有用. 它的经典形式如下:

定理 7.2 (山路引理) ([1])

设 X 是 Banach 空间, $f \in C^1(X,\ R)$ 且在 $f^{-1}(0,\ \infty)$ 上满足 $(P.S.)$ 条件, 即: 若 $\{x_n\}$ 满足:

$$|f(x_n)| \leqslant M, \qquad f'(x_n) \to 0.$$

则 $\{x_n\}$ 有强收敛子列.

又若存在 0 的一个开邻域 $\Omega \subset X$, 点 $x_0 \notin \bar{\Omega}$; 满足:

$$f(0),\ f(x_0) < c_0 \leqslant \inf_{\partial\Omega} f,$$

则如下定义的实数:

$$c = \inf_{g\in\Gamma} \max_{t\in[0,\ 1]} f(g(t)) \geqslant c_0$$

是 f 的临界值, 其中,

$$\Gamma = \{g \in C([0,\ 1]; X) : g(0) = 0,\ g(1) = x_0\}.$$

山路引理有许多推广和应用 (如 [2], [6], [7]). 特别地, 1981 年, 张恭庆先生在他的著名论文 [2] 中用形变引理给出了局部 Lipschitz 泛函的临界点理论. 二十世纪八十年代中, 史树中先生在 [6] 使用 Ekeland 变分原理给出了局部 Lipschitz 泛函的山路引理及其多种 minimax 定理的统一证明, 本附录就来介绍史先生的巧妙证明. 为了读者的方便, 我们先回忆局部 Lipschitz 泛函的定义以及它的广义梯度, 以及相应的 (P.S.) 条件.

设 $f: X \to R$, 如果对于任意给定的 $x \in X$, 存在 $\delta_x > 0$, $c_x > 0$, 使得任意的 x_1, $x_2 \in B(x,\ \delta_x) = \{y \in X : |y - x| < \delta_x\}$,

$$|f(x_1) - f(x_2)| \leqslant c_x \|x_1 - x_2\|.$$

则称 $f: X \to R$ 是局部 Lipschitz 泛函.

局部 Lipschitz 泛函 f 的广义梯度为 X^* 中的子集:

$$\partial f(x) = \{x^* \in X^* : \langle x^*,\ v\rangle \leqslant f^0(x; v)\},$$

其中,

$$f^0(x; v) = \lim_{y \to x,} \sup_{\lambda \downarrow 0} \frac{f(y + \lambda v) - f(y)}{\lambda}.$$

我们回忆一些广义梯度 ∂f 的基本性质 ([3]):

(i) $f^0(x; v)$ 关于变量 $(x,\ v)$ 是上半连续的, 并且关于变量 v 是次线性的.

(ii) ∂f 是 w^* 闭的, 即: 如果 $x_\alpha \to x$, $x_\alpha^* \in \partial f(x_\alpha)$, $x_\alpha^* \to x^*$(在 w^* 意义下), 则 $x^* \in \partial f(x)$

(iii) ∂f 是局部有界的, 即: 对于任意 $x \in X$, 存在 $\delta_x > 0$, 与 $c_x > 0$, 使得

$$\|x^*\| \leqslant c_x, \quad \forall x_1 \in B(x,\ \delta_x), \quad \forall x^* \in \partial f(x_1).$$

(iv) ∂f 满足中值定理, 即: 对于任意的 x_1, $x_2 \in X$, 存在 $\theta \in (0,\ 1)$, 和 $x^* \in \partial f(x_1 + \theta(x_2 - x_1))$ 使得:

$$f(x_2) - f(x_1) = \langle x^*,\ x_2 - x_1\rangle.$$

张恭庆 [2] 引进了局部 Lipschitz 泛函的 (P.S.) 条件:

若 $\{x_n\}$ 满足: $|f(x_n)| \leqslant M$, $\min_{x^* \in \partial f(x_n)} \|x^*\| \to 0$, 则 $\{x_n\}$ 有强收敛子列.

张恭庆 [2] 引进了局部 Lipschitz 泛函的山路引理:

定理 7.3 设 f 是定义在 Banach 空间 X 上的局部 Lipschitz 泛函, 且满足 (P.S.) 条件. 又若存在 0 的一个开邻域 $\Omega \subset X$, 以及点 $x_0 \notin \bar{\Omega}$, 使得:

$$f(0),\ f(x_0) < c_0 \leqslant \inf_{\partial\Omega} f \tag{1}$$

则,

$$c = \inf_{g\in\Gamma} \max_{t\in[0,\ 1]} f(g(t)) \geqslant c_0 \tag{2}$$

是 f 的临界值, 其中,

$$\Gamma = \{g \in C([0,\ 1]; X) : g(0) = 0,\ g(1) = x_0\}. \tag{3}$$

定理的证明思路如下: 考虑定义在 $C([0,\ 1]; X)$ 中的闭线性流形 Γ 上的泛函

$$F(g) = \max_{t\in[0,\ 1]} f(g(t)),$$

显然, F 是 Γ 上的局部 Lipschitz 泛函. 根据 Ekeland 变分原理, 当 F 满足某些条件时, F 的扰动泛函存在极小化序列. 我们通过建立 Γ 中极小化序列与 X 中 f 满足 (P.S.) 的序列的关系,这个序列的子列的极限就是 f 的临界点.

我们在证明定理 7.3 前, 先给出以下三个引理. 特别地, 我们将 [0,1] 写成一般的紧度量空间 K, 这三个引理也可以用来证明更加广义的山路引理.

引理 7.1　设 $f : X \to R$ 是定义在 Banach 空间 X 上的局部 Lipschitz 泛函,K 是一个紧度量空间, 则 $F : C(K; X) \to R$:

$$F(g) = \max_{t\in K} f(g(t)), \quad \forall g \in C(K; X)$$

是 $C(K; X)$ 上的局部 Lipschitz 泛函.

证明. 一方面, 对于任意的 $g \in C(K; X)$, 因为 K 是一个紧度量空间, $g(K)$ 是一个紧子集. 又因为 $f : X \to R$ 是定义在 Banach 空间 X 上的局部 Lipschitz 泛函, 则对于任意的 $t \in K$, 存在 $\delta_t > 0$,$c_t > 0$ 使得

$$\forall x_1, x_2 \in B(g(t), \delta_t), \quad |f(x_1) - f(x_2)| \leqslant c_t\|x_1 - x_2\|. \tag{4}$$

则 $\{B(g(t), \delta_t)\}_{t\in K}$ 构成了 $g(K)$ 的开覆盖, 由有限覆盖定理, 存在 $t_1, \ldots, t_k \in K$ 使得

$$g(K) \subset \cup_{i=1}^{k} B(g(t_i), \delta_{t_i}). \tag{5}$$

另一方面, 由于 Lebesgue 引理, 存在一个与 $g(K)$ 有关的 Lebesgue 数 $\delta > 0$, 使得对于任意的 $x \in g(K)$, 存在某个 i, 满足

$$B(x, \delta) \subset B(g(t_i), \delta_{t_i}). \tag{6}$$

令 $c_g = \max_{1\leqslant i\leqslant k} c_{t_i}$, 由 (4),(5),(6), 我们可得:

$$\forall t \in K, \forall x_1, x_2 \in B(g(t), \delta), |f(x_1) - f(x_2)| \leqslant c_g\|x_1 - x_2\|.$$

因此, 当 $h_1, h_2 \in C(K;X)$ 满足:

$$\|h_i - g\|_{C(K;X)} = \max_{t\in K}\|h_i(t) - g(t)\| < \delta, \quad i = 1, 2,$$

我们可以得到

$$|F(h_1) - F(h_2)| = |\max_{t\in K} f(h_1(t)) - \max_{t\in K} f(h_2(t))| \leqslant \max_{t\in K}|f(h_1(t)) - f(h_2(t))|$$
$$\leqslant c_g \max_{t\in K}\|h_1(t) - h_2(t)\| = c_g\|h_1 - h_2\|.$$

引理 7.2　设 f, F, X, K 满足引理 7.1 中的假设, 并且假设 $h \in C(K;X)$,

$$F^0(g;h) = \lim_{u\to g, \lambda\to 0} \sup \frac{F(u+\lambda h) - F(u)}{\lambda},$$

且

$$M(g) = \{s \in K : f(g(s)) = F(g) = \max_{t\in K} f(g(t)),\}$$

则有

$$F^0(g;h) \leqslant \max_{s\in M(g)} f^0(g(s); h(s)).$$

证明. 我们选择两个合适的序列 $u_i \subset C(K;X)$, $\lambda_i \subset R_+$. 使得当 $i \to \infty$ 时有:

$$\|u_i - g\| = \max_{t\in K}|u_i(t) - g(t)| \to 0, \lambda_i \downarrow 0,$$

以及

$$F^0(g;h) = \lim_{i\to\infty} \frac{F(u_i + \lambda_i h) - F(u_i)}{\lambda_i}, \tag{7}$$

任选一列数 $s_i \in M(u_i + \lambda_i h), i = 1, 2\ldots$, 则可以得到

$$\frac{F(u_i + \lambda_i h) - F(u_i)}{\lambda_i} \leqslant \frac{f(u_i(s_i) + \lambda_i h(s_i)) - f(u_i(s_i))}{\lambda_i}. \tag{8}$$

由中值定理, 存在 $\theta_i \in (0,1)$, 以及 $x_i^* \in \partial f(u_i(s_i)) + \theta_i\lambda_i h(s_i)$, 使得

$$\frac{f(u_i(s_i) + \lambda_i h(s_i)) - f(u_i(s_i))}{\lambda_i} = \langle x_i^*, h(s_i)\rangle, \quad i = 1, 2, \ldots. \tag{9}$$

因为 K 是一个紧的度量空间, $\{s_i\}$ 有一个收敛子序列, 不妨仍记为 $\{s_i\}$, 且 $s_i \to s \in K$. 则我们可得到

$$u_i(s_i) + \theta_i\lambda_i h(s_i) \to g(s).$$

根据广义梯度的局部有界性与弱 * 闭性, $\{x_i^*\}$ 有弱 * 聚点 $x^* \in \partial f(g(s))$. 不妨假设 $\langle x_i^*, h(s)\rangle \to \langle x^*, h(s)\rangle$, 并且由 (7),(8),(9), 我们可得

$$F^0(g;h) \leqslant \lim_{i\to\infty}\langle x_i^*, h(s_i)\rangle = \lim_{i\to\infty}\langle x_i^*, h(s_i) - h(s)\rangle + \lim_{i\to\infty}\langle x_i^*, h(s)\rangle.$$

最后, 我们只须验证 $s \in M(g)$. 因为 $s_i \in M(u_i + \lambda_i h)$, 则

$$f(u_i(s_i) + \lambda_i h(s_i)) \geqslant f(u_i(t) + \lambda_i h(t)), \quad \forall t \in K,$$

对上式两边关于 i 取极限, 可知, $\forall t \in K$, 我们有:

$$f(g(s)) \geqslant f(g(t)).$$

引理 7.3　*设 f, F, X, K 满足引理 7.1 的条件, 且 $K_0 \subset K$ 是一个闭子集. 如果对 $g \in C(K; X)$ 成立:*

$$M(g) \subset K \setminus K_0, \tag{10}$$

且存在 $\varepsilon > 0$, 使得

$$\forall h \in C_0(K; X) = \{h \in C(K; X) : h(t) = 0, \forall t \in K_0\},$$

$$F^0(g; h) \geqslant -\varepsilon \|h\|, \tag{11}$$

则存在 $s \in M(g)$ 使得

$$f^0(g(s); v) \geqslant -\varepsilon \|v\|, \forall v \in X. \tag{12}$$

证明　反证法. 假设不存在这样的 s, 则对于任意的 $t \in M(g)$, 存在 $v_t \in X$, 且 $\|v_t\| = 1$, 使得

$$f^0(g(t); v_t) < -\varepsilon.$$

因为 g 连续, 且 f^0 是上半连续泛函, 则对于任意的 $t \in M(g)$, 存在 $v_t \in X$ 且 $\|v_t\| = 1$, $\delta_t > 0$ 使得

$$\forall s \in B(t, \delta_t) = \{s \in K : d(s, t) < \delta_t\}, \quad f^0(g(s); v_t) < -\varepsilon, \tag{13}$$

由于 $\{B(t, \delta_t)\}_{t \in M(g)}$ 是 $M(g)$ 的一个开覆盖, 又由于 $M(g)$ 的紧性和关系 (10), 我们可以假设

$$K_0 \cap B(t, \delta_t) = \emptyset, \quad \forall t \in M(g), \tag{14}$$

且存在有限个 $t_1, \ldots, t_k \in M(g)$, 使得

$$M(g) \subset \cup_{i=1}^{k} B(t_i, \delta_{t_i}). \tag{15}$$

对于任意的 $t \in K$, 定义

$$\rho_0(t) = \min_{s \in M(g)} d(t, s), \tag{16}$$

$$\rho_i(t) = \min_{s \in K \setminus B(t_i, \delta_{t_i})} d(t, s), \quad i = 1, 2, \ldots, k. \tag{17}$$

由 (15), 我们有

$$K = \{\cup_{i=1}^{k} B(t_i, \delta_{t_i})\} \cup \{K \setminus M(g)\},$$

因此

$$\sum_{i=0}^{k} \rho_i(t) > 0, \quad \forall t \in K. \tag{18}$$

令

$$h(t) = \frac{\sum_{i=1}^{k} v_{t_i} \rho_i(t)}{\sum_{i=0}^{k} \rho_i(t)},$$

由 (13)-(18), 我们有

$$h \in C_0(K; X) \quad \text{且} \quad \|h\| \leqslant 1.$$

因为 $f^0(x;v)$ 关于 v 是次线性的, 因此我们有:

$$f^0(g(t); h(t)) \leqslant \frac{\sum_{i=1}^{k} \rho_i(t) f^0(g(t); v_{t_i})}{\sum_{i=0}^{k} \rho_i(t)}.$$

根据 (13), (16), (17), 对于任意的 $t \in M(g)$, 可得

$$\rho_0(t) = 0, \quad \text{且} \quad \rho_i(t) > 0 \Rightarrow f^0(g(t); v_{t_i}) < -\varepsilon,$$

则

$$\forall t \in M(g), \ f^0(g(t); h(t)) < -\varepsilon \leqslant -\varepsilon \|h\|,$$

由引理 7.2, 可得

$$F^0(g; h) \leqslant \max_{s \in M(g)} f^0(g(s), h(s)) < -\varepsilon \|h\|,$$

这与 (11) 矛盾, 因此 (12) 得证.

下面可用引理 7.1-7.3 来给出定理 7.3 的证明.

证明. 令 $K = [0,1]$, 且 $K_0 = \{0,1\}$. 因为 $\partial\Omega$ 分离 0 与 x_0. 对于任意的 $g \in \Gamma$, 可得

$$g(K) \cap \partial\Omega = g([0,1]) \cup \partial\Omega \neq \emptyset, \tag{19}$$

由 (1) 与 (3), 我们有:

$$\max_{t \in [0,1]} f(g(t)) \geqslant \inf_{\partial\Omega} f \geqslant c_0 > f(g(0)), f(g(1)). \tag{20}$$

因此, 我们可得:

$$\forall g \in \Gamma, M(g) = \{s \in [0,1] : f(g(s)) = \max_{t \in [0,1]} f(g(t))\} \subset (0,1) = K \setminus K_0.$$

另一方面, Γ 是 $C([0,1];X)$ 的闭线性流形, 且是一个完备的度量空间. 定义 $F:\Gamma\to R$,

$$F(g)=\max_{t\in[0,1]}f(g(t)),\quad \forall g\in\Gamma.$$

由引理 7.2, F 是 Γ 上的局部 Lipschitz 泛函. 由 (2) 及 (20) 可知, F 是下有界泛函. 根据 Ekeland 变分原理, 对于任意一列 $\{\varepsilon_n\}$, $\varepsilon_n\downarrow 0$, 存在序列 $\{g_n\}\subset\Gamma$ 使得

$$c\leqslant F(g_n)\leqslant c+\varepsilon_n,$$

且

$$F(u)>F(g_n)-\varepsilon_n\|u-g_n\|,\quad \forall u\neq g_n, n=1,2,\ldots.$$

因此, 对于任意的 $h\in C_0([0,1];X)=\{h\in C([0,1];X):h(0)=h(1)=0\}$, 可得

$$F^0(g_n;h)\geqslant\limsup_{\lambda\downarrow 0}\frac{F(g_n+\lambda h)-F(g_n)}{\lambda}\geqslant-\varepsilon_n\|h\|,\forall n=1,2,\ldots.$$

由引理 7.3, 存在序列 $s_n\in M(g_n)$, 使得

$$f(g_n(s_n))=F(g_n),$$

$$f^0(g_n(s_n);v)\geqslant-\varepsilon_n\|v\|,\forall v\in X,n=1,2,\ldots,$$

接下来, 令 $x_n=g_n(s_n)$, $n=1,2,\ldots$, 则有:

$$f(x_n)\to c,$$

$$0\in\partial f(x_n)+\varepsilon_n\bar{B}^*,\quad n=1,2,\ldots.$$

其中, $\bar{B}^*\subset X^*$ 是 X^* 中的闭单位球. 由 (P.S.) 条件, $\{x_n\}$ 有一个收敛子序列 $\{x_{n_i}\}$. 假设 $\lim_{n_i\to\infty}x_{n_i}=\bar{x}$, 则

$$f(\bar{x})=\lim_{n_i\to\infty}f(x_{n_i})=c,$$

且

$$\forall v\in X, f^0(\bar{x};v)\geqslant\lim_{n_i\to\infty}\sup f^0(g_{n_i}(s_{n_i});v)\geqslant-\lim_{n_i\to\infty}\varepsilon_{n_i}\|v\|=0,$$

即: $0\in\partial f(\bar{x})$.

史先生的上述证明方法还适用于 Banach 空间上的 Lipschitz 泛函的一般 minimax 定理.

近几十年来, 非光滑临界点理论又有进一步发展, 见张世清与李凤英及李秉宇的论文 [7] 及那里的参考文献.

参 考 文 献

[1] Ambrosetti, A. and Rabinowitz, P.H., *Dual variational methods in critical point theory and applications* . J. Fun. Anal. 14(1973), 349-381.

[2] Chang Kung-Ching, *Variational methods for non-differentiable functionals and their applications to partial differential equations,* J. Math. Anal. Appl. 80(1981), 102-129.

[3] Clarke, F. H., *Optimization and Nonsmooth Analysis,* Wiley-Interscience, New York, 1983.

[4] Ekeland, I., *On the variational principle.* J. Math. Anal. Appl., 47(1974), 324-353.

[5] Ekeland, I., *Nonconvex minimization problems,* Bull. Am. Math. Soc. 1(1979), 443-473.

[6] Shi Shuzhong, *Ekeland's Variational Principle and the Mountain Pass Lemma,* Acta. Mathematica Sinica, New Series. 1(1985), 348-355.

[7] Li F., Li B. and Zhang S.Q., *A generalized mountain Pass Lemma with a closed subset for locally Lipschitz functionals,* Appl. Anal. 101(2022), 5643-5659.

附录 8　超二次一阶凸 Hamilton 系统的极小周期解

Hamilton 系统起源于经典力学，我们在第七章中已做了初步讨论。1978 年，P.Rabinowitz 在 [18] 中首次利用大范围变分方法证明了:

定理 8.1　设 $H \in C^1(R^{2n}, R)$ 满足:

(H1) $H(x) = o\left(|x|^2\right), |x| \to 0$,

(H2) $H(x) \geqslant 0$, 且存在 $r > 0$, $\beta > 2$, 满足以下超二次条件:

$$0 < \beta H(x) \leqslant \langle x, H^{'}(x)\rangle, \quad |x| \geqslant r,$$

则对任何 $T > 0$, 一阶 Hamilton 系统

$$\begin{cases} \dfrac{dx}{dt} = JH^{'}(x), \quad x \in R^{2n}, \\ x(0) = x(T) \end{cases} \tag{1}$$

存在非常数的 T 周期解.

同时, 在假设 (H1), (H2) 之下, Rabinowitz 猜测 Hamilton 系统 (1) 存在以 T 为极小周期的非常值解. 这一猜测提出后, 许多人 ([1],[6]-[9], [12]-[17],[20]) 对此进行了大量研究, 在这些结果中, 一个重大的突破是 Ekeland-Hofer 于 1985 年在 [13] 中得到的, 他们利用凸分析中共轭作用原理, 山路引理中山路临界点的结构以及 Ekeland 指标理论, 在 Hamilton 函数为 C^2 严格凸的假设下, 基本解决了 Rabinowitz 猜测.

笔者在二十世纪九十年代初发现 Ekeland-Hofer 的原始证明 ([13]) 以及用共轭变分方法的相关论著 [[2],[7],[10],[12],[15]] 均有漏洞. 主要原因是他们为了利用山路引理须先对凸 Hamilton 函数附加一个在无穷远处的增长限制, 然后通过对山路临界点做能量估计和对 Hamilton 函数的光滑化, 但凸性和光滑性不能同时保证. 笔者在 [20] 中利用张恭庆先生 ([3]) 关于局部 Lipschitz 函数的山路引理, 通过先验估计和截断函数技巧, 不仅弥补了相关论文的漏洞，还统一了当时在 Hamilton 函数为 C^2 严格凸假设下得到的关于 Rabinowitz 猜测方面的所有已知结果, 我们的主要结果为

定理 8.2　设 $H \in C^2(R^{2n}, R)$ 满足:

(1) 对于任何 $x \neq 0$, $H^{''}$ 正定; $H(x) \geqslant H(0) = 0$,

(2) 存在 $\varepsilon>0,\omega>0$, 使得当 $|x|\leqslant\varepsilon$ 时, $H(x)\leqslant\dfrac{\omega}{2}|x|^2$,

(3) 存在 $r>0,\beta>2$, 使得当 $|x|\geqslant r$ 时, $\langle H'(x),x\rangle\geqslant\beta H(x)$,

令 ω 是 Hessian 矩阵 $H''(0)$ 的最大特征值, 则对于任何 $T<\dfrac{2\pi}{\omega}$, 系统 (1) 存在以 T 为极小周期的非常值解.

为了证明定理 8.2, 我们需要先使用 Clarke ([4]) 共轭作用原理, 张恭庆先生 [3] 关于局部 Lipschitz 函数的山路引理, 得到一个非常值的周期解. 然后利用能量估计构造一个截断函数, 并且注意到这个截断函数在周期解轨道的一个邻域内是 C^2, 但在 R^{2n} 上不是全局 C^2 的, 仅是局部 Lipschitz 函数. 最后, 使用 Ekeland 指标理论和临界点的 Hofer 拓扑特征, 可得该周期是极小周期. 为此, 我们先证明以下引理.

以下用 $C^{1-0}(X,R)$ 表示空间 X 上的局部 Lipschitz 函数集. 设 $x\in X$, 用 $\partial f(x)$ 表示 f 在点 x 的 Clarke 广义梯度.

引理 8.1　设 $H\in C^{1-0}(R^{2n},R)$ 满足:

(1) H 严格凸, $H(x)\geqslant H(0)=0$,

(2) 存在 $\varepsilon>0,\omega>0$, 使得当 $|x|\leqslant\varepsilon$ 时, $H(x)\leqslant\dfrac{\omega}{2}|x|^2$,

(3) 存在 $r>0,\beta>2$, 使得

$$\langle x^*,x\rangle\geqslant\beta H(x),\|x\|\geqslant r,\ x^*\in\partial H(x),$$

(4) $\lim_{|x|\to\infty}\sup_{x\in R^{2n}}H(x)|x|^{-\beta}<\infty$,

又假设 H 在 $-J\dot{x}\in\partial H(x)$ 的周期轨道的一邻域中是 C^2 的, 则对任意 $T<\dfrac{2\pi}{\omega}$ 存在一个以 T 为极小周期的非常值解.

首先利用张恭庆先生 [3] 的 C^{1-0} 函数的山路引理来证明引理 8.1.

引理 8.2　设 X 是 Banach 空间, $f\in C^{1-0}(X,R)$ 满足 (P.S.) 条件, 即对任意 $\{x_n\}\subset X$, 若 $|f(x_n)|$ 有界, 且 $\lambda(x_n)=\min_{x^*\in\partial f(x_n)}\|x^*\|\to 0$, 则 $\{x_n\}$ 有强收敛子列.

又若存在 0 的邻域 Ω 及 $x_0\notin\bar{\Omega}$, 使得

$$f(0),f(x_0)<c_0\leqslant\inf_{\partial\Omega}f,$$

则

$$C=\inf_{g\in\Gamma}\max_{t\in[0,1]}f(g(t))\geqslant C_0$$

是 f 的临界值, 其中,

$$\Gamma=\{g\in C([0,1];X)|g(0)=0,g(1)=x_0\}.$$

进一步若 f 在 $K_c=\{x\in X|0\in\partial f(x),f(x)=c\}$ 的开邻域中是 C^2 的, 且 $f'(x)$ 在 K_c 上是 Fredholm 算子, 则存在 $\bar{x}\in K_c$ 使 $\bar{x}$ 的 Morse 指标 $m(\bar{x})\leqslant 1$.

以下用 $H^*(y)$ 表示 $H(x)$ 的 Fenchel 共轭.

下面利用引理 8.2 来证明 8.1 . 为此, 需要另外几个引理, 它们容易从凸函数的共轭理论得到，也可参考 Ekeland [12].

引理 8.3　$\forall\, y \in R^{2n}, H^*(y) \geqslant H^*(0) = 0$

(5) $\exists\, \eta > 0, \forall |y| \leqslant \eta, H^*(y) \geqslant \dfrac{|y|^2}{2\omega}$,

其中 $\eta = \min\{|x^*| : |x| \geqslant \varepsilon, x^* \in \partial H(x)\}$

引理 8.4　$H^*(y)$ 严格凸且:

(6) $\langle y, \partial H^*(y)\rangle \leqslant \alpha H^*(y), |y| \geqslant R$

其中 $\dfrac{1}{\alpha} + \dfrac{1}{\beta} = 1$, $R = \max\{|x^*| : |x| \leqslant r, x^* \in \partial H(x)\}$.

引理 8.5　$\exists\, C > 0, k > 0$, 使得

(7) $\dfrac{m^\beta |x|^\beta}{\beta r^\beta} \leqslant H(x) \leqslant \dfrac{C^\beta |x|^\beta}{\beta},\ |x| \geqslant r$

(8) $\dfrac{M^\alpha |y|^\alpha}{\alpha R^\alpha} \geqslant H^*(y) \geqslant \dfrac{|y|^\alpha}{\alpha k^\alpha},\ |y| \geqslant R$

(9) $|x^*| \leqslant \dfrac{2}{\beta}\left[\left(\dfrac{3C}{2}\right)^\beta - \left(\dfrac{m}{r}\right)^\beta\right] |x|^{\beta-1},\ |x| \geqslant r,\ x^* \in \partial H(x)$.

(10) $|y^*| \leqslant \dfrac{2}{\alpha}\left[\left(\dfrac{3M}{2R}\right)^\alpha - \left(\dfrac{1}{k}\right)^\alpha\right] |y|^{\alpha-1},\ |y| \geqslant R,\ y^* \in \partial H(y)$.

其中 $M = \max\{H^*(y) : |y| = R\},\ \dfrac{m^\beta}{\beta} = \min\{H(x) : |x| = r\} > 0$.

引理 8.6　$\exists\, K > k$, 使得

(11) $H^*(y) \geqslant \dfrac{|y|^2}{2\omega},\ |y| \leqslant \eta,$

(12) $H^*(y) \geqslant \dfrac{|y|^\alpha}{\alpha K^\alpha},\ |y| \geqslant \eta.$

定义空间

$$L_0^\alpha = \{u \in L^\alpha(0, T; R^{2n}) : \int_0^T u(t)dt = 0\},$$

在空间 L_0^α 上定义共轭泛函 $\varnothing$:

(13) $\varnothing(u) = \displaystyle\int_0^T \left[\frac{1}{2}(Ju, \pi u) + H^*(-Ju)\right] dt,$

其中 $\pi u = \left(\dfrac{d}{dt}\right)^{-1} u(t) = \displaystyle\int_0^t u(s)ds - \frac{1}{T}\int_0^T \left(\int_0^t u(s)ds\right) dt$

则由 *Clarke* ([5]) 共轭变分原理知, 若 $\varnothing$ 有临界点 $\bar{u}$, 那么 $\exists\, \xi \in R^{2n}$　使得

$x(t)=\pi\bar{u}(t)+\xi$ 是 $\dot{x}=JH^{'}(x)$ 的 T 周期解；且若 $\bar{u}(t)$ 有极小周期 T，那么 $x(t)$ 也有极小周期 T.

引理 8.7([12]) $\pi: L_0^\alpha\to L_0^\beta$ 是紧算子.

有了上述几个引理之后, 我们还要进行以下几个步骤:

第一步: 利用 C^{1-0} 函数的山路引理来寻找 $\varnothing$ 的非平凡临界点.

显然 L_0^α 是 Banach 空间, 且 $\varnothing\in C^{1-0}(L_0^\alpha,R)$.

下面证明 1^0:$\varnothing$ 在 L_0^α 上满足 (P.S.) 条件. 设 $\{u_n\}$ 是满足如下两条件的序列:

(14) $a\leqslant\varnothing(u_n)\leqslant b$,

(15) $\lambda(u_n)=\min_{u^*\in\partial\varnothing(u_n)}\|u^*\|_\alpha\to 0$

令 $u_n=v_n+w_n$,

(16) $v_n(t)=\begin{cases}u_n(t), & t\in\{t:|u_n(t)|\leqslant\eta\}=A_n,\\ 0 & t\in[0,T]\backslash A_n=B_n;\end{cases}$

(17) $w_n(t)=\begin{cases}0, & t\in A_n,\\ u_n(t) & t\in B_n.\end{cases}$

由于 $\partial\varnothing(u)=-J\pi u+J\partial H^*(-Ju)$，而又由于 H 严格凸且强制, 应用定理 7.1.5 知, $\partial H^*(-Ju)$ 实际上是一个点, 故 $\exists\xi_n\in R^{2n},\varepsilon_n\in L^\beta$, 使得

(18) $J\pi u_n-J\bar{u}_n^*=\xi_n+\varepsilon_n,\ \|\varepsilon_n\|_\beta\to 0,\bar{u}_n^*=\partial H^*(-Ju_n)$,

(19) $\pi u_n=\bar{u}_n^*-J\xi_n-J\varepsilon_n$,

$$\begin{aligned}b\geqslant\phi(u_n)&=\int_0^T\left[\frac{1}{2}(Ju_n,\pi u_n)+H^*(-Ju_n)\right]dt\\&=\int_0^T\left[\frac{1}{2}(Ju_n,\bar{u}_n^*)+H^*(-Ju_n)-\frac{(u_n,\varepsilon_n)}{2}\right]dt\\&=\int_{A_n}\left[\frac{1}{2}(Ju_n,\bar{u}_n^*)+H^*(-Ju_n)-\frac{(u_n,\varepsilon_n)}{2}\right]dt\\&\quad+\int_{B_n}\left[\frac{1}{2}(Ju_n,\bar{u}_n^*)+H^*(-Ju_n)-\frac{(u_n,\varepsilon_n)}{2}\right]dt.\end{aligned}$$

由 (6) 知, $\exists\ C_2\geqslant 0$, 使得

$$\langle y,\partial H^*(y)\rangle\leqslant\alpha H^*(y)+C_2,\forall\ y\in R^{2n},$$

又由于 $\|v_n\|_\infty\leqslant\eta$, 故 $\exists\ C_1>-\infty$ 使得

$$\begin{aligned}&\int_{A_n}\left[\frac{1}{2}(Ju_n,\partial H^*(-Ju_n))+H^*(-Ju_n)-\frac{(u_n,\varepsilon_n)}{2}\right]dt,\\&\geqslant\int_{A_n}\left(1-\frac{\alpha}{2}\right)H^*(-Jv_n)dt-TC_2-\frac{\|v_n\|_\alpha\|\varepsilon_n\|_\beta)}{2},\\&\geqslant C_1.\end{aligned}$$

又由 (12) 有:

$$\begin{aligned}&\int_{B_n}\left[\frac{1}{2}(Ju_n,\partial H^*(-Ju_n))+H^*(-Ju_n)-\frac{(w_n,\varepsilon_n)}{2}\right]dt,\\ \geqslant&\int_{B_n}\left(1-\frac{\alpha}{2}\right)H^*(-Ju_n)dt-TC_2-\frac{\|w_n\|_\alpha\|\varepsilon_n\|_\beta)}{2},\\ \geqslant&\left(1-\frac{\alpha}{2}\right)\frac{\|w_n\|_\alpha^\alpha}{\alpha K^\alpha}-TC_2-\frac{\|w_n\|_\alpha\|\varepsilon_n\|_\beta)}{2}.\end{aligned}$$

令 $C=C_1-TC_2$, 则有

$$b\geqslant C+\left(1-\frac{\alpha}{2}\right)\frac{\|w_n\|_\alpha^\alpha}{\alpha K^\alpha}-\frac{(\|w_n\|_\alpha\|\varepsilon_n\|_\beta)}{2}.$$

因为 $\left(1-\dfrac{\alpha}{2}\right)>0$, 故 w_n 在 L_0^α 中一致有界, 即有弱收敛子列.

另一方面, 因为 $\|v_n\|_\infty\leqslant\eta$, $\{v_n\}$ 也有弱收敛子列, 故 $u_n=v_n+w_n$ 在 L_0^α 中有弱收敛子列, 仍记为 u_n , 并设 $u_n\rightharpoonup u\in L_0^\alpha$.

由 (10), $\partial H^*(y)$ 在 L_0^β 中有界, 故由 (18) 知, $\{\xi_n\}$ 在 R^{2n} 中有界, $\{\xi_n\}$ 有收敛子列, 仍记为 $\{\xi_n\}$, 并设 $\xi_n\to\xi\in R^{2n}$.

由于 π 紧, 故 πu_n 在 L_0^β 中强收敛于 πu, 故成立:

$$\pi u_n+J\xi_n+J\varepsilon_n\to\pi u+J\xi,$$

对 (18) 应用 Fenchel 反演公式有:

$$-Ju_n\in\partial H(\pi u_n+J\xi_n+J\varepsilon_n),$$

由 Clarke 广义梯度的 w^* 闭性即知

$$-Ju\in\partial H(\pi u+J\xi).$$

即 $x=\pi u+J\xi$ 是 $-J\dot{x}\in\partial H(x)$ 的解.

由于 H 在 $-J\dot{x}\in\partial H(x)$ 的周期轨道的一邻域中是 C^2 的, 故当 n 充分大时,

$$-Ju_n=\nabla H(\pi u_n+J\xi_n+J\varepsilon_n),$$

又由 (9) 知, Nemitskii 算子 $\nabla H:L^\beta\to L^\alpha$ 连续, 故

$$u_n\to J\nabla H(\pi u+J\xi).$$

2^0, 我们证明 $\exists\,\rho>0,a>0$ 使得当 $\|u\|_\alpha=\rho$ 时, $\phi(u)\geqslant a$.

令 $u=v+w$, 其中

$$v(t)=\begin{cases}0, & |u(t)|>\eta,\\ u(t) & |u(t)|\leqslant\eta;\end{cases}\quad w(t)=\begin{cases}u(t), & |u(t)|>\eta,\\ 0 & |u(t)|\leqslant\eta.\end{cases}$$

对 $\pi u(t)=\int_0^t u(s)ds-\frac{1}{T}\int_0^T dt\int_0^t u(s)ds$, 应用 Hölder 不等式:

$|\pi u|\leqslant\|u\|_\alpha\left(t^{\frac{1}{\beta}}+\frac{1}{T}\int_0^T t^{\frac{1}{\beta}}dt\right), t\in[0,T]$. 故 $\exists\, a>0$, 使得 $|\pi u|\leqslant a\|u\|_\alpha$, 即 $\forall r\geqslant 1,\exists\, C_1>0$, 使得 $\|\pi u\|_r\leqslant C_1\|u\|_\alpha$, 注意到对 w 此不等式也成立.

由此及对 v 应用 Wirtinger 不等式有:

$$\|\pi u\|_2\leqslant\|\pi v\|_2+\|\pi w\|_2\leqslant\frac{T\|v\|_2}{2\pi}+C_1\|w\|_\alpha.$$

将 $u=v+w$ 代入 (13), 并由 (11),(12) 得:

$$\begin{aligned}\phi(u)&\geqslant-\frac{1}{2}[\|v\|_2\|\pi u\|_2+\|w\|_\alpha\|\pi u\|_\beta]+\frac{\|v\|_2^2}{2\omega}+\frac{\|w\|_\alpha^\alpha}{\alpha K^\alpha}\\ &\geqslant-\frac{1}{2}\left[\frac{T}{2\pi}\|v\|_2^2+C_2\|w\|_\alpha\|v\|_2+C_3\|w\|_\alpha^2\right]+\frac{\|v\|_2^2}{2\omega}+\frac{\|w\|_\alpha^\alpha}{\alpha K^\alpha}\end{aligned}$$

又由 Young 不等式, $\forall\varepsilon>0$, 有 $\|w\|_\alpha\|v\|_2\leqslant\frac{1}{2}(\frac{\|w\|_\alpha^2}{\varepsilon^2}+\varepsilon^2\|v\|_2^2)$,
故 $\phi(u)\geqslant\varphi(\|v\|_2,\|w\|_\alpha)$,
其中 $\varphi:R^+\times R^+\to R$ 定义为:

$$\varphi(s,t)=\frac{1}{2}\left(\frac{1}{\omega}-\frac{T}{2\pi}-C_2\frac{\varepsilon^2}{2}\right)s^2-\frac{1}{2}\left(\frac{C_2}{2\varepsilon^2}+C_3\right)t^2+\frac{t^\alpha}{\alpha K^\alpha}.$$

因为 $\frac{1}{\omega}-\frac{T}{2\pi}>0$, 故可以选 ε 充分小使得 s^2 的系数为正. 又 t^2 的系数为负, 且因 $1<\alpha<2$, 故 $\varphi(s,t)$ 在原点邻域的性态由 t^α 的系数的正负号决定. 由于 t^α 的系数为正, 知 $\varphi(s,t)$ 在 $(0,0)$ 有严格局部极小值, 即在 $R^+\times R^+$ 中存在 $(0,0)$ 的一个邻域 U 使得

$$(0,0)\neq(s,t)\in U\Rightarrow\varphi(s,t)>\varphi(0,0)=0,$$

又由 $\|v\|_\infty\leqslant\eta$ 及 Hölder 不等式, 我们有:

$$T^{-\frac{1}{\beta}}\cdot\eta^{-1}\cdot\|v\|_2^2\leqslant\|v\|_\alpha\leqslant T^{\frac{2-\alpha}{2\alpha}}\|v\|_2,$$

又注意到

$$\begin{aligned}\int_0^T|u|^\beta dt&=\int_0^T(|v+w|^2)^{\beta/2}dt=\int_0^T(|v|^2+|w|^2)^{\beta/2}dt\\ &\geqslant\max\left\{\int_0^T|v|^\beta dt,\int_0^T|w|^\beta dt\right\}\end{aligned}$$

即 v 的 L^2 范数与 L^α 范数同时很小. 故若 $\|u\|_\alpha=\rho$ 充分小, 对 $(\|v\|_2,\|w\|_\alpha)\in U$ 有

$$0<a:=\min\{\varphi(s,t)|(s,t)\in U,T^{\frac{2\alpha}{2-\alpha}}s+t\leqslant\rho\}.$$

3^0, $\varnothing$ 在 $\{u|u\in L_0^\alpha,\|u\|_\alpha\leqslant\rho\}$ 外的一个点上取负值.

设 E_1 表示 $J\pi$ 的正特征值 $\dfrac{T}{2\pi}$ 对应的特征子空间, 设 $\bar{u}_1\in E_1$, 则我们有 $\int_0^T(J\bar{u}_1,\pi\bar{u}_1)dt=\int_0^T(-J\pi\bar{u}_1,\bar{u}_1)dt<0$. 由于当 $|u|\to+\infty$ 时, $\dfrac{H^*(u)}{|u|^2}\to 0$, 故可选 s 充分大使 $u_1=s\bar{u}_1$ 满足

$$\varnothing(u_1)=\int_0^T\left[\frac{1}{2}(Ju_1,\pi u_1)+H^*(-Ju_1)\right]dt<0.$$

又 $\varnothing(0)=0$, 故由 C^{1-0} 函数的山路引理知, $\varnothing$ 存在临界点 $\bar{u}$ 使得 $\varnothing(\bar{u})>0$, 即 $\exists\xi\in R^{2n}$, 使得 $\bar{x}(t)=\pi\bar{u}(t)+\xi$ 是 $-J\dot{x}\in\partial H(x)$ 的非常值 T 周期解.

第 2 步 周期的极小性

这一步需要仔细分析山路型临界点的拓扑结构和 Morse 指标, 并利用关于凸 Hamilton 系统的 Ekeland 指标迭代理论. 仿效 Ekeland-Hofer ([13]) 的思路可证明周期 T 的极小性.

第 3 步 能量估计

引理 8.8 (Clarke [5]) 如果对于 $[a,b]$ 中几乎所有的 t, $z(t)$ 满足 $J\dot{z}\in\partial H(z)$, 其中对于每一个 t, H 在 $z(t)$ 附近是 Lipschitz 的, 且在 $z(t)$ 处正则 (凸 Lipschitz 必正则), 则 $H(z(t))$ 在 $[a,b]$ 上是常数.

证明 定义 Lipschitz 函数 $\theta:\theta(t)=H(z(t))$, 我们只需证明 $\theta'(t)=0$ 几乎处处成立即可. 对于任意一个使得 $\theta'(t)$ 及 $\dot{z}(t)$ 都存在, 且 $J\dot{z}(t)\in\partial H(z(t))$ 的 t 而言, 因为对任意 $w\in R^{2n}$, $\langle w,Jw\rangle=0$, 因此我们有:

$$\begin{aligned}0=&\langle J\dot{z}(t),\dot{z}(t)\rangle\leqslant H^0(z(t);\dot{z}(t))\\=&H'(z(t);\dot{z}(t))\\=&\lim_{\delta\downarrow 0}\frac{H(z(t)+\delta\dot{z}(t))-H(z(t))}{\delta}\\=&\lim_{\delta\downarrow 0}\frac{H(z(t+\delta))-H(z(t))}{\delta}\\=&\theta'(t)\end{aligned}$$

因此 $\theta'(t)$ 是非负的, 为了得到 $\theta'(t)=0$, 我们再次计算可得:

$$\begin{aligned}\theta'(t)=&\lim_{\delta\downarrow 0}\frac{H(z(t)-\delta\dot{z}(t))-H(z(t))}{-\delta}\\=&-H'(z(t);-\dot{z}(t))=-H^0(z(t);-\dot{z}(t))\\\leqslant&-\langle-\dot{z}(t),J\dot{z}(t)\rangle=0\end{aligned}$$

下面我们利用 Clarke 的引理 8.8 来对引理 8.1 中的山路型临界点做先验估计. 我们断言: 存在两个只依赖于 β, T 及 H 在 $\{x\in R^{2n}||x|\leqslant r\}$ 中的值的常数 h, M 使得

$$H(\bar{x})\leqslant h,\|\bar{x}\|_\infty\leqslant M.$$

事实上, 不妨设 $r>1$, 令:

$$A_r=\{t\in[0,T]:|\bar{x}(t)|>r\},$$

$$B_r=\{t\in[0,T]:|\bar{x}(t)|\leqslant r\},$$

$$C(r)=\max\{H(x):|x|\leqslant r\}.$$

则由能量守恒, 我们有:

$$\begin{aligned}H(\bar{x})=&\frac{1}{T}\int_0^T H(\bar{x}(t))dt\\=&\frac{1}{T}\int_{A_r}H(\bar{x}(t))dt+\frac{1}{T}\int_{B_r}H(\bar{x}(t))dt\\\leqslant&\frac{1}{T}\int_{A_r}H(\bar{x}(t))dt+C_r.\end{aligned}$$

另一方面, 由 $\bar{u}=\dot{\bar{x}}\in J\partial H(\bar{x})$ 及 Fenchel 反演公式有:

$$\begin{aligned}\varnothing(\bar{u})=&\int_0^T\left[\frac{1}{2}(J\bar{u},\pi\bar{u})+H^*(-J\bar{u})\right]dt\\=&-\int_0^T\left[\frac{1}{2}(J\dot{\bar{x}},\bar{x})+H(\bar{x})\right]dt.\end{aligned}$$

由于 $-J\dot{\bar{x}}\in\partial H(\bar{x})$, 故存在 $\bar{x^*}\in\partial H(\bar{x})$ 使得

$$\varnothing(\bar{u})=\int_0^T[\frac{1}{2}\langle\bar{x^*},\bar{x}\rangle-H(\bar{x})]dt.$$

由于 H 是凸函数, 故

$$0=H(0)\geqslant-\langle x^*,x\rangle+H(x),\ x^*\in\partial H(x).$$

又由 H 的超二次条件 (3), 我们有:

$$\langle x^*, x\rangle \geqslant \beta H(x),\ |x| \geqslant r,\ x^* \in \partial H(x),$$

故

$$\varnothing(\bar{u}) \geqslant \frac{\beta-2}{2}\int_{A_r} H(\bar{x})dt - \frac{1}{2}\int_{B_r} H(\bar{x})dt,$$

即

$$H(\bar{x}) \leqslant \frac{2}{T(\beta-2)}\left[\varnothing(\bar{u}) + \frac{TC(r)}{2}\right] + C(r).$$

下面估计临界值 $\varnothing(\bar{u})$:

考虑到 $\bar{u}$ 的构造, 有:

$$\varnothing(\bar{u}) \leqslant \max_{s\geqslant 0}\varnothing(s\bar{u_1}),\ \bar{u_1} \in E_1,\ \|\bar{u_1}\|_\beta = 1.$$

由 H 的超二次条件知, 存在 $a_1, a_2, a_3 \geqslant 0$, 且 a_1, a_2, a_3 只依赖于 β, H 在 $\{x \in R^{2n}||x| \leqslant r\}$ 中的值使得

$$H(x) \geqslant a_1|x|^\beta - a_2,\ x \in R^{2n}, \tag{2}$$

即

$$H^*(y) \leqslant a_3|y|^\alpha + a_2,\ y \in R^{2n}.$$

$$\begin{aligned}\varnothing(s\bar{u_1}) &\leqslant \int_0^T \left[\frac{1}{2}s^2(J\bar{u_1}, \pi\bar{u_1}) + a_3 s^\alpha |J\bar{u_1}|^\alpha + a_2\right]dt \\ &\leqslant \frac{-T}{4\pi}\|\bar{u_1}\|_2^2 s^2 + a_3\|J\bar{u_1}\|_\alpha^\alpha s^\alpha + a_2 T \\ &= f(s).\end{aligned}$$

由于 $1 < \alpha < 2$, 故 $f(s)$ 在 $s \geqslant 0$ 上有最大值 M_1, 且 M_1 只依赖于 β, T 及 H 在 $\{x \in R^{2n}||x| \leqslant r\}$ 中的值, 故

$$H(\bar{x}) \leqslant \frac{2}{T(\beta-2)}[M_1 + \frac{T}{2}C(r)] + C(r) := h.$$

显然 h 是一个只依赖于 β, T 及 H 在 $\{x \in R^{2n} : |x| \leqslant r\}$ 中的值的常数. 由 (2) 即知, 存在只依赖 β, T 及 H 在 $\{x \in R^{2n} : |x| \leqslant r\}$ 中的值的常数 $M_2 > 0$ 使得

$$|\bar{x}|_\infty \leqslant M_2.$$

下面我们证明定理 8.2.

证明 令

$$M = \max(r, M_2), \quad \Omega = \{x \in R^{2n} : |x| \leqslant 2M\},$$

下面构造一个新的函数 $\bar{H} \in C^{1-0}(R^{2n}, R)$ 使得:

(i) $\bar{H}$ 满足定理 8.2 中条件 (1),(2) 以及 (3).

(ii) $\exists r > 0, C > 0$, 使得 $\lim_{|x|\to\infty} \sup_{x\in R^{2n}} \bar{H}(x)|x|^{-\beta} \leqslant C$,

(iii) $x \in \Omega,\ \bar{H}(x) = H(x)$.

考虑 H 的 Fenchel 共轭 H^*, H^* 凸且处处有限, 设 $A > 0$ 且令

$$H_A^*(y) = \begin{cases} H^*(y), & |y| \leqslant A, \\ +\infty, & |y| > A. \end{cases}$$

定义 $H_A = (H_A^*)^*$, 则 H_A 凸且处处有限且在无穷远处线性增长.

选 A 充分大使 $\forall x \in \Omega$,

$$H(x) = H_A(x)$$

选取 $K > 0$, 使 $\forall x \in \{x \in R^{2n} : |x| \leqslant 2M\}$, 有

$$H(x) \geqslant |x|^\beta - K.$$

我们定义 $\bar{H}(x) = \max\{H_A(x), |x|^\beta - K\}$, 则 $\bar{H}$ 是局部 Lipschitz 函数, 且成立:

(I) 当 $x \in \Omega$ 时, $\bar{H}(x) = H(x)$, 因此 $\bar{H}$ 满足引理 8.1 中的条件 (2).

(II) 当 $|x|$ 充分大时, 由于 H_A 线性增长且由于 $\beta > 2$, 故 $\bar{H}(x) = |x|^\beta - K$, 因此 $\bar{H}$ 满足引理 8.1 中的条件 (3) 以及 (4) $\lim_{|x|\to\infty} \sup_{x\in R^{2n}} \dfrac{\bar{H}(x)}{|x|^\beta} < \infty$, 又由 $\bar{H}$ 的构造知它满足引理 8.1 中的条件 (1).

故 $\bar{H}$ 满足条件 (i),(ii),(iii). 又由于 $\bar{H}$ 满足引理 8.1 中的条件, 故对于每一个 $T < \dfrac{2\pi}{\omega}$, $-J\dot{x} \in \partial\bar{H}(x)$ 存在非常值周期解 $\bar{x}$ 且 $|\bar{x}| < M$. 根据 $\bar{x}, \bar{H}$ 的构造, 对任意的 $x \in B(\bar{x}, \varepsilon)$, $\bar{H}(x) = H(x)$, 故在 $\bar{x}$ 的邻域中 $\bar{H}$ 是 C^2 的. 因此可用 Ekeland 指标理论证明 T 的极小性. 因此, $\bar{x}$ 也是 (1) 的最小 $T-$ 周期解.

注记 8.1 非凸二阶 Hamiltonian 系统及一阶 Hamiltonian 系统的指标迭代理论及其在极小周期解中的应用见龙以明等 ([9], [16]-[17]).

参 考 文 献

[1] Ambrosetti A,Mancini G., *Solutions of minimal period for a class of convex Hamiltonian systems* , Math. Ann.1981,255:405-421.

[2] Aubin J.P., Ekeland I., *Applied nonlinear analysis*, New York: Wiley, 1984.

[3] Chang K C., *Variational methods for nondifferential functionals and their applications to partial differential equations*, J.Math.Anal.Appl.1981,80:102-129.

[4] Clarke, F., *Solutions périodiques des équations hamiltoniennes,*, C. R. Acad. Sci. Paris, 1978,287: 951-952.

[5] Clarke F H., *Optimization and Nonsmooth Analysis*, Wiley-Interscience,New York,1983.

[6] Clarke, F., Ekeland, I., *Hamiltonian trajectories having prescribed minimal period,* Comm. Pure. Appl. Math. 1980,33:103-116.

[7] Coti-Zelati,V.,Ekeland, I. and Lions,P.L., *Index estimates and critical points of functionals not satisfying Palais-Smale*, Ann. Scuola Norm. Sup. Pisa, Cl. Sci.1990,17:569-581.

[8] Deng S., *Minimal periodic solutions of a class of Hamiltonian equation systems,* Acta Math.Sinica,1984,27:664-675.

[9] Dong, D.,Long Y., *The iteration formula of the Maslov-type index theory with applications to nonlinear Hamiltonian systems*, Trans. AMS 1997,349: 2619-2661.

[10] Ekeland I., *Periodic solutions of Hamiltonian equations and a Theorem of P. Rabinowitz,* J.D.E. 1979, 34:523-534.

[11] Ekeland I., *An index theory for periodic solutions of convex Hamiltonian systems,* AMS Summer Institute on Nonlinear Functional Analysis, Berkeley, 1983.

[12] Ekeland I., *Convexity Methods in Hamiltonian Mechanics,* Springer-Verlag, Berlin, 1990.

[13] Ekeland, I. Hofer, H., *Periodic solutions with prescribed period for convex autonomous Hamiltonian systems*, Inv. Math.1985,81:,155-188.

[14] Girardi M,Matzeu M., *Some results on solutions of minimal period to superquadratic Hamiltonian equations,* Non-linear Anal.TMA.1983, 7:475-482.

[15] Girardi M.Matzeu M., *Periodic solutions of convex autonomous Hamiltonian systems with a quadratic growth at the origin and superquadratic at infinity,* Ann. Mat.Pura ed.Appl.1987,147:21-72.

[16] Long Y., *The minimal period problem of periodic solutions for autonomous superquadratic second order Hamiltonian systems,* JDE.,1994, 111: 147-174.

[17] Long Y., *Index Theory for Symplectic Paths with Applications,* Progress in Math.207, Birkhäuser Verlag, Basel, 2002.

[18] Rabinowitz P., *Periodic solutions of Hamiltonian systems,* Comm. 1978,31:157-184.

[19] Shi Shuzhong, *Ekeland's variational principle and the Mountain Pass Lemma,* Acta Mathematica Sinica,NewSeries,1985,1:348-355.

[20] Zhang Shiqing, *The Minimal Periodic Solution of Superquadratic Convex Autonomous Hamiltonian System*（摘要）, Northeastern Math J. 71991,7: 379-381. 详细证明见《重庆大学学报》,1996,19:96-103. .

参 考 文 献

[1] Abraham R, Marsden J. Foundations of Mechanics [M]. London: The Benjamin Publication Company, 1978.

[2] Adams R. Sobolev Spaces [M]. New York: Academic Press, 1975, Second edition 2003 (中译本, 叶其孝, 译,《索伯列夫空间》, 人民教育出版社, 北京, 1983.).

[3] Ambrosetti A, Coti Zelati V. Periodic Solutions of Singular Lagrangian Systems [M]. Boston: Birkhäser, 1993.

[4] Ambrosetti A, Rabinowitz P. Dual variational methods in critical point theory and applications [J]. JFA, 1973, 14: 349-381.

[5] Armstrong M A. Basic Topology [M]. Berlin: Springer-Verlag, 1983(中译本, 孙以丰, 译,《基础拓扑学》, 北京：北京大学出版社, 1983.).

[6] Arnold V I. Mathematical Methods of Classical Mechanics[M]. New York: Springer, 1986(中译本, 齐民友, 译,《经典力学中的数学方法》, 北京：高等教育出版社, 2006.).

[7] Arnold V I, et al. Dynamical Systems III [M]. Berlin: Springer, 1998.

[8] Aubin J P, Ekeland I. Applied Nonlinear Analysis [M]. New York: Wiley, 1984.

[9] Bahri A, Rabinowitz P. Periodic solutions of Hamiltonian systems of three-body type[J]. Ann. Inst. H. Poincaré Anal. Non Linéaire, 1991, 8: 561-649.

[10] Banach S. Théorie des Opérations Linéaires [M]. Poland: Warszawa, 1932(English edition: Theory of linear operators, Amsterdam, North-Holland: 1987.).

[11] Bartolo P, Benci V, Fortunato D. Abstract critical point theorems and applications to some nonlinear problems with "strong" resonance at infinity [J]. Nonlinear Analysis TMA, 1983, 7: 981-1012.

[12] Benci V, Rabinowitz P. Critical point theorems for indefinite functionals [J]. Invent. Math., 1979, 52: 241-273.

[13] Birkhoff G. Proof of Poincaré's geometric theorem [J]. Trans. AMS, 1913, 14: 14-22.

[14] Birkhoff G. Dynamical Systems [M]. Providence: AMS, 1927.

[15] Borwein J M, Preiss D. A smooth variational principle with applications to subdifferentiability and to differentiability of convex functions [J]. Trans. AMS, 1987, 303: 517-527.

[16] Brézis H. Functional Analysis, Sobolev Spaces and Partial Differential Equations[M]. first edition, 1983; New York: Springer, second edition, 2011 (中译本, 叶东, 周风, 译,《泛函分析》, 北京：清华大学出版社, 2009.).

[17] Brézis H, Coron J-M, Nirenberg L. Free vibrations for a nonlinear wave equation and a theorem of P. Rabinowitz [J]. Comm. Pure Appl. Math., 1980, 33: 667-684.

[18] Brouwer L. Über Abbildungen von Mannigfaltigkeitem [J]. Math. Ann., 1912, 71: 97-115.

[19] Caklović L, Li S J, Willem M. A note on Palais-Smale condition and coercivity [J]. Differential and Integral Equations, 1990, 3: 799-800.

[20] Caristi J. Fixed point theorems for mappings satisfying inwardness conditions [J]. Trans. AMS, 1976, 215: 241-251.

[21] Cerami G. Un criterio di esistenza per i punti critici su varietà illimitati [J]. Rendiconti dell'Academia di Sci. Lett. dell' Istituto Lombardo, 1978, 112: 332-336.

[22] Chen K C. Action-minimizing orbits in the parallelagram four-body problem with equal masses [J]. Arch. Ration. Mech. Anal., 2001, 158: 293-318.

[23] 陈文塬. 非线性泛函分析 [M]. 兰州: 甘肃人民出版社,1982.

[24] Chenciner A, Desolneux N. Minima de l'integrale d'action et equilibres relatifs de n corps [J]. C. R. Acad. Sci. Paris, Sr.1.Math., 1998, 326: 1209-1212.

[25] Chenciner A, Montgomery R. A remarkable periodic solution of the three body problem in the case of equal masses [J]. Ann. Math., 2000, 152: 881-902.

[26] Chenciner A. Action minimizing solutions of the Newtonian n-body problem: from homology to symmetry [M]. ICM III, I, 2002: 279-294, 651-653.

[27] Clarke F. Solution périodique des équations hamiltoniennes C. R. Acad. Sci. Paris Sér. A-B, 1978, 287: A951-A952.

[28] Clarke F. Optimization and Non-smooth Analysis [M]. New York: Wiley, 1983.

[29] Conway J. A Course in Functional Analysis [M]. 2nd ed. New York: Springer, 1990.

[30] Costa D G, Silva E. The Palais-Smale versus coercitivity[J]. Nonlinear Analysis TMA, 1991, 16: 371-381.

[31] Coti Zelati V. The periodic solutions of n-body type problems[J]. Ann. Inst. H. Poincaré Anal. Non Linéaire, 1990, 7: 477-492.

[32] Courant R, Hilbert D. Methods of Mathematical Physics [M]. New York: Interscience Publishers, Vol I. 1953, Vol. II 1962(中译本, 钱敏, 郭敦仁; 熊振翔, 杨应辰译, 《数学物理方法 I, II》, 北京: 科学出版社, 2011, 2012.).

[33] Dacorogna B. Direct methods in the calculus of variations [M]. Berlin: Springer-Verlag, First Edition, 1989, Second Edition, 2008.

[34] Diacu F, Perez-Chavela E, Santopretre M. Saari's conjecture of the n-body problem in the collinear case [J]. Trans. AMS, 2005, 357: 4215-4223.

[35] Ding W Y. A generalization of the Poincaré-Birkhoff theorem [J]. Proc. AMS, 1983, 88: 341-346.

[36] Ding Y H. Variational Methods for Strongly Indefinite Problems [M]. Singapore: World Scientific, Publishing Co. Pte Ltd, 2007.

[37] Ekeland I. On the variational principle [J]. JMAA, 1974, 47: 324-353.

[38] Ekeland I. Nonconvex minimization problems [J]. Bull. AMS, New Series, 1979, 1: 443-474.

[39] Euler L. De motu rectilineo trium corpörum so mutuo attrahentium [J]. Novi. Comm. Acad. Sci. Imp. Petropll., 1767, 2: 332-342.

[40] Evans L C. Partial Differential Equations [M]. Providence: AMS, 1998.

[41] Fan K. Fixed-point and minimax theorems in locally convex topological linear spaces

[J]. Proc. Nat. Sci. USA, 1952, 38: 121-126.

[42] Fan K. A minimax inequality and applications//Shisha O. Inequalities[M]. New York: Academic Press, 1972: 103-113.

[43] Ferrario D, Terracini S. On the existence of collisionless equivariant minimizers for the classical n-body problem [J]. Invent. Math., 2004, 155: 305-362.

[44] Fusco G, Gronchi G F, Negrini P. Platonic polyhedra, topological constraints and periodic solutions of the classical N-body problem [J]. Invent. Math., 2011, 185: 283-332.

[45] Gelfand I, Fomin S. Calculus of Variations [M]. New York: Dover Publications, Inc., 2000.

[46] Gelfand I, Shilov E. Generalized Functions [M]. Vols. 1-5. New York: Academic Press, 1964.

[47] Giaquinta M, Hildebrant S. Calculus of Variations [M]. Berlin: Springer, 1996.

[48] Gordon W B. A minimizing property of Keplerian orbits [J]. Amer. J. Math., 1977, 99: 961-971.

[49] 关肇直. 泛函分析讲义 [M], 北京: 高等教育出版社,1958.

[50] 关肇直, 张恭庆, 冯德兴. 线性泛函分析入门 [M]. 上海: 上海科学技术出版社, 1979.

[51] 郭大钧. 非线性泛函分析 [M]. 3 版. 北京: 高等教育出版社,2015.

[52] Hardt R. Six Themes on Variation [M]. Providence: AMS, 2004.

[53] Hilbert D. Gesammelte Werke (Collected Works) [M]. Vols. 1-3. Berlin: Springer-Verlag, 1932.

[54] Hofer Z, Zehnder E. Symplectic Invariants and Hamiltonian Dynamics, [M]. Basel: Birkhäuser, 1994.

[55] 江泽坚, 孙善利. 泛函分析 [M]. 2 版. 北京: 高等教育出版社, 2006.

[56] Jost J, Li-Jost X. Calculus of Variations [M]. Cambridge: Cambridge University Press, 1998.

[57] Kline M. Mathematical Thought from Ancient to Modern Times [M]. New York: Oxford University Press, 1972(中译本, 北京大学数学系, 译,《古今数学思想》, 上海: 上海科学技术出版社, 2002.).

[58] Lagrange J. Essai sur le Probléme des Trois Corps [M]. Euvres, Vol. 6. Paris, Gauthier-Villars, 1772: 272-292.

[59] Lax P D. Functional Analysis [M]. New York: Wiley-Interscience, 2002 (中译本, 侯成军、王利广, 译,《泛函分析》, 北京: 人民邮电出版社, 2010.).

[60] Lax P D, Milgram A N. Parabolic Equations [M]. Annals of Math. Studies, Princeton, 1954, 33: 167-190.

[61] Leray J, Schauder J. Topologie et équations fonctionnelles [J]. Ann. Sci. École Norm. Sup., 1934, 51: 45-78.

[62] Li S J, Liu J Q. Morse theory and asymptotic linear Hamiltonian system [J]. JDE, 1989, 78: 53-73.

[63] Li S J, Wang Z Q. Mountain pass theorem in order intervals and multiple solutions for semilinear elliptic Dirichlet problems [J]. J. Anal. Math., 2000, 81: 373-396.

[64] Li S J, Willem M. Applications of local linking to critical point theory [J]. JMAA, 1995, 189: 6-32.

[65] Li Y, Shi S. A generalization of Ekeland's ε-variational principle and its Borwein-Preiss smooth variant [J]. JMAA, 2000, 246, 308-319.

[66] Long Y. Index Theory for Symplectic Paths with Applications [M]. Progress in Math. 207, Basel: Birkhäuser, 2002.

[67] Long Y, Zhang S Q. Geometric characterizations for variational minimization solutions of the 3-body problem [J]. Acta Math. Sinica, 2000, 16: 579-592.

[68] 陆文端. 微分方程中的变分方法 (修订版)[M]. 北京: 科学出版社, 2003.

[69] Marchal C. How the method of minimization of action avoid singularities [J]. Cel. Mech., 2002, 83: 325-353.

[70] Mawhin J, Willem M. Critical Point Theory and Hamiltonian Systems [M]. Berlin: Springer, 1989.

[71] Mawhin J, Willem M. Origin and evolution of the Palais-Smale condition in critical point theory [J]. J. Fixed Point Theorey Appl., 2010, 7: 265-290.

[72] McOwen R C. Partial Differential Equations [M]. Englewood, NJ: Prentice-Hall Inc., 1996.

[73] Meyer K, Hall G. Introduction to Hamiltonian Systems and the N-body Problems [M]. Berlin: Springer, 1992.

[74] Moeckel R. On central configurations [J]. Math. Z., 1990, 205: 499-517.

[75] Moeckel R. A computated-assisted proof of Saari's conjecture for the planar three-body problem [J]. Trans. AMS, 2005, 357: 3105-3117.

[76] Moore C. Braids in classical gravity [J]. Phys. Rev. Letters, 1993, 70: 3675-3679.

[77] Morrey C B. Multiple Integrals in the Calculus of Variations [M]. Berlin: Springer-Verlag, 1966.

[78] Morse M. The Calculus of Variations in the Large [M]. Providence: AMS, 1934.

[79] Nash J. Equilibrium points in n-person games [J]. Proc. Nat. Acal. Sci USA, 1950, 36: 48-49.

[80] Nash J. Non-cooperative games [J]. Ann. of Math., 1951, 54: 286-295.

[81] von Neumann J. Zur theorie der gesellschaftsspiele [J]. Math. Ann., 1928, 100: 295-320.

[82] Ni W -M. Some minimax principles and their applications in nonlinear elliptic equations, [J]. J. d' Analyse Math., 1980, 37: 248-275.

[83] Nirenberg L. Variational and topological methods in nonlinear problems [J]. Bull. AMS-New Series, 1981, 4: 267-302.

[84] Palais R. The principle of symmetric criticality [J]. Comm. Math. Phy., 1979, 69: 19-30.

[85] Palais R. Lusternik-Schnirelman theory on Banach manifolds [J]. Topology, 1966, 5: 115-132.

[86] Palais R. Morse theory on Hilbert manifolds [J]. Topology, 1963, 2: 299-340.

[87] Palais R, Smale S. A generalized Morse theory [J]. Bull. AMS, 1964, 70: 165-171.

[88] Poincaré H. Les Méthodes Nouvelles de la Mécanique Céleste [M]. Vols. I-III, Paris: Gauthier-Villars, 1892, 1893, 1899.

[89] Poincaré H. Sur un Théorème de Géomètrie [J]. Rend del Gir. Mat. di Palermo, 1912, 33: 375-407.

[90] Pontryagin L, Boltyanskii V, Gamkrelidze R, et al. The mathematical Theory of Optimal Processes [M]. New York: John Wiley and Sons-Interscience Publishers, 1962.

[91] Rabinowitz P. Minimax Methods in Critical Point Theory and Applications to Differential Equations [M]. Providence: AMS, 1986.

[92] Riesz F, Sz.-Nagy B. Lecons Dánalyse Fonctionnell [M]. Budapest: Akadémiai Kiadó 1965; Functional Analysis [M]. New York: Dover Publications, 1990(中译本, 梁文骐, 庄万, 译,《泛函分析讲义》, 第一卷, 第二卷, 北京：科学出版社,1963, 1980.).

[93] Rockafellar R. Convex Analysis [M]. Princeton: Princeton University Press, 1970.

[94] Rudin W. Functional Analysis [M]. New York: McGraw-Hill, 1973.

[95] Saari D G. On bounded solutions of the n-body problem//Periodic Orbits, Stability and Resonances [M]. New York: Springer, 1970.

[96] Saari D G. Collisions, Rings, and Other Newtonian N-body Problems[M]. CBMS Regional Conference Series in Math. No. 104. Providence: AMS, 2005.

[97] Schauder J. Der Fixpunktsatz in funktionalräumen [J]. Studia Math., 1930, 2: 171-180.

[98] Schwartz L. Théorie des Distributions [M]. Vols 1, 2. Paris: Hermann, 1950, 1951.

[99] Schwartz J. Nonlinear Functional Analysis [M]. New York: Gordon and Breach, 1969.

[100] Shi S. Ekeland's variational principle and the mountain pass lemma [J]. Acta Math. Sinica-New Series, 1985, 1: 348-355.

[101] Siegel C L, Moser J K. Lectures on Celestial Mechanics [M]. Berlin: Springer, 1971.

[102] Simó C. New families of solutions in n-body problems [M]. Proc. ECM. Bacelona Progress in Math., Birkhäuser, 2000, 201: 101-115.

[103] Stein E, Shakarchi R. I Fourier Analysis; II Complex Analysis; III Real Analysis; IV Functional Analysis [M]. Princeton: Princeton University Press, 2003, 2003, 2005, 2011.

[104] Struwe M. Variational Methods [M]. Berlin: Springer-Verlag, 1990.

[105] Venturelli A. Une caractérisation variationnelle des solutions de Lagrange du probleme plan des trois corps [J]. C.R. Acad. Sci. Paris, t, 332, Série I, 2001: 641-644.

[106] 汪嘉禾. 三体问题 [M]. 北京: 科学出版社,1961.

[107] Wang Z Q. On a superlinear elliptic equation [J]. Ann. Inst. H. Poincaré Anal., Non Linéaire, 1991, 8: 43-57.

[108] Wang Z Q, Zhang S Q. New periodic solutions for Newtonian n-body problems with dihedral group symmetry and topological constraints [J]. Arch. Ration. Mech. Anal., 2016, 219: 1185-1206.

[109] Wintner A. The Analytial Foundation of Celestial Mechanics [M]. Princeton: Princeton University Press, 1941.

[110] 夏道行, 吴卓人, 严绍宗, 舒五昌. 实变函数与泛函分析 (下册)[M]. 2 版. 北京: 高等教育出版社, 1985.

[111] Xia Z. The existence of noncollision singularities in Newtonian systems [J]. Annals of Math., 1992, 135: 411-468.

[112] Yosida K. Functional Anaysis [M]. 6th ed. Berlin: Springer, 1978(中译本, 吴元恺, 等译,《泛函分析》, 北京: 人民教育出版社, 1980.).

[113] Yu X, Zhang S Q. Saari's conjecture for elliptical motions and minimizing solutions of the N-body problem [J]. SIAM J. Math. Anal., 2016, 48: 709-724.

[114] Zeidler E. Nonlinear Functional Analysis and Its Applications [M]. Vols. 1-4. Berlin: Springer, 1986, 1990, 1985, 1988.

[115] Zeidler E. Applied Functional Analysis [M]. Berlin: Springer, 1995.

[116] 张恭庆. 变分学讲义 [M]. 北京: 高等教育出版社,2011.

[117] 张恭庆. 临界点理论及其应用 [M]. 上海: 上海科学技术出版社,1986.

[118] 张恭庆, 林源渠. 泛函分析讲义 (上册)[M]. 北京: 北京大学出版社,1987.

[119] Chang K C. Infinite Dimensional Morse Theory and Multiple Solution Problems [M]. Basel: Birkhäuser, 1993.

[120] Chang K C. Variational methods for nondifferential functionals and their application to PDE [J]. JMAA, 1981, 80: 102-129.

[121] Chang K C. Solutions of asymptotically linear operator equations via Morse theory [J]. Comm. Pure and Appl. Math., 1981, 34: 693-712.

[122] Zhang S Q, Zhou Q. A minimizing property of Lagrangian solutions [J]. Acta Mathematica Sinica. English Ser., 2001, 17: 497-500.

[123] Zhang S Q, Zhou Q. Variational methods for the choreography solution to three-body problem [J]. Science in China, 2002, 45: 594-597.

[124] Zhang S Q, Zhou Q, Liu Y. New periodic solutions for 3-body problems [J]. Celestial Mechanics and Dynamical Astronomy, 2004, 88: 365-378.

[125] Zhang S Q, Zhou Q. Nonplanar and noncollision periodic solutions for N-body problems [J]. Discrete and Continuous Dynamical Systems, 2004, 10: 679-685.

[126] 钟承奎, 范先令, 陈文塬. 非线性泛函分析引论 [M]. 兰州: 兰州大学出版社,2004.

[127] Ziemer W. Weakly Differentiable Functions, Sobolev Spaces and Functions of Bounded Variations [M]. New York: Springer, 1989.

[128] Zou W M, Schechter M. Critical Point Theory and Its Applications[M]. New York: Springer, 2006.

致 谢

感谢曾经教我的许多老师, 尤其是感谢激发我对数学产生浓厚兴趣的老师们.

我的母校南开大学和重庆大学即将百年和九十华诞, 谨以此书献给母校南开大学和重庆大学, 感谢母校的培养和教育.

感谢我的家人, 尤其是我的妻子朱娅玲, 她多年来容忍我以数学为生并长期支持我潜心数学教学和研究.

作者于 2009~2013 年多次应时任宜宾学院校长的汪明义教授及数学学院院长王雄瑞教授的邀请, 为有关教师讲授过本书的大部分章节, 在此对他们表示感谢.

本书是作者近二十年来在重庆大学、扬州大学及四川大学给研究生讲课的基础上整理而成的, 其中部分章节作者在 2006 年给四川大学研究生讲课时已由胡晓红做笔记并整理, 在此表示感谢.

感谢余春兰女士为作者打印初稿.

感谢科学出版社王丽平女士, 她多次来四川大学约稿并提出一些有益建议, 感谢她为本书的出版付出的辛勤劳动.

感谢复旦大学袁小平教授和浙江大学李松教授通读本书并提出了一些修改建议.

感谢国家自然科学基金委和四川大学对本书的资助.

2017 年 11 月 8 日

四川大学